起伏地表条件下的地震偏移成像理论与方法

曲英铭　魏国华　李振春　著

科学出版社

北　京

内 容 简 介

剧烈的起伏地表严重影响地震成像的精度。在常规成像方法中，使用高程静校正方法克服起伏地表的影响，该方法需要满足地表一致性假设的基本条件，但在起伏地表较为剧烈或者地表横向变速明显时，地表一致性假设不再成立。同时，复杂的近地表条件会使地震记录产生严重畸变。因此，常规的偏移方法无法准确地获得山前带地区的成像结果。为了对山前带地区进行准确成像，起伏地表成像方法得到了广泛的研究与快速的发展。笔者根据多年的起伏地表偏移成像方面的积累和研究工作，针对起伏地表偏移成像方法进行了详细介绍，主要针对叠前深度偏移方法，包括射线类、单程波类及逆时偏移的起伏地表叠前深度偏移方法。

本书可供勘探地球物理、固体地球物理学专业的科研人员使用与参考，也可供山前带起伏地表成像技术研究相关专业技术人员参考，对高等院校相关专业教师、研究生和本科生也有参考价值。

图书在版编目（CIP）数据

起伏地表条件下的地震偏移成像理论与方法／曲英铭，魏国华，李振春著.
—北京：科学出版社，2022.6
ISBN 978-7-03-071755-9

Ⅰ.①起⋯　Ⅱ.①曲⋯　②魏⋯　③李⋯　Ⅲ.①地震层析成像　Ⅳ.①P631.4

中国版本图书馆 CIP 数据核字（2022）第 037277 号

责任编辑：焦　健　李　静／责任校对：何艳萍
责任印制：赵　博／封面设计：无极书装

科 学 出 版 社 出版
北京东黄城根北街 16 号
邮政编码：100717
http://www.sciencep.com

北京中科印刷有限公司 印刷
科学出版社发行　各地新华书店经销
*

2022 年 6 月第　一　版　开本：787×1092　1/16
2024 年 3 月第二次印刷　印张：20 1/2
字数：486 000
定价：198.00 元
（如有印装质量问题，我社负责调换）

前　言

地震勘探面对的地质、地震条件日趋复杂。地表涉及沙漠、戈壁、山地、黄土塬、水网等地貌，如此则近地表纵、横向速度变化大，同时还可能使高速岩层直接出露地表，不存在低降速带。也就是说，复杂地表，不仅包括起伏地表，还包括近地表速度变化剧烈及高近地表速度的情况。其中，山地勘探是当今地球物理界面临的世界性难题，其中最突出的两个问题就是信噪比低及静校正困难，这对地震勘探工作及资料处理提出新的挑战。

在常规处理中，通常采用高程基准面静校正的办法来解决地形起伏的影响。这种方法隐含着一个明显的基本假设就是地表一致性假设，即在地表起伏不大、低速带横向速度变化缓慢的地区，地下浅、中、深层的反射经过低速带时，几乎遵循同一路径近乎垂直入射至地表，这时它们的静校正量基本相等，用简单的垂直时移进行校正，其处理精度是足够的。在地表起伏剧烈且横向速度变化剧烈、地表速度高的山区，地震波在近地表的射线传播路径不再是垂直的，如再用高程静校正的垂直时移进行校正，由于实际情况和适用条件不一致，其处理精度不能满足要求。同时，复杂的近地表形态及剧烈的横向速度变化和较高的近地表速度，会使地下反射在地面上的记录发生畸变，使用常规的偏移方法不能对其进行很好的深度成像，结果产生较大偏差，影响了地震解释和地质解释的结果。

鉴于常规处理对于复杂起伏地表成像的局限性，本书作者根据多年的起伏地表偏移成像方面的积累和研究工作，针对起伏地表偏移成像方法进行了详细介绍，为相关工作的学者及研究生提供参考。

本书共分为 9 章。第 1 章是绪论，主要概述起伏地表直接成像方法、双程波波场延拓算子、网格剖分策略和自由边界条件；第 2 章为基于射线理论的起伏地表偏移成像，主要讲述起伏地表 Kirchhoff 叠前时间偏移成像、起伏地表高斯束偏移；第 3 章为单程波起伏地表偏移成像，主要讲述基于单程波方程的保幅叠前深度偏移、起伏地表条件下的单程波偏移成像、起伏地表单程平面波偏移；第 4 章为起伏地表条件下的叠前逆时偏移，主要讲述叠前逆时偏移基本原理、基于时空双变有限差分的起伏地表逆时偏移、基于贴体网格的起伏地表声波逆时偏移、基于垂向坐标变换的弹性波逆时偏移；第 5 章为起伏地表最小二乘逆时偏移成像，主要讲述最小二乘逆时偏移成像、起伏地表声波最小二乘逆时偏移、起伏地表弹性波最小二乘逆时偏移；第 6 章为起伏地表速度反演方法，主要讲述起伏地表层析速度反演方法、起伏地表声波全波形反演、起伏地表弹性波全波形反演；第 7 章为起伏海底界面成像方法，主要讲述起伏-耦合介质逆时偏移、起伏海底声-弹耦合介质最小二乘逆时偏移；第 8 章为起伏地表与各向异性黏声介质偏移，主要讲述起伏地表黏声逆时偏移、起伏地表黏声最小二乘逆时偏移、起伏地表各向异性拟声波偏移成像；第 9 章为起伏地表与起伏海底构造条件下特殊波成像，主要讲述起伏地表棱柱波偏移成像、起伏海底界面黏声多次波成像。

　　本书由曲英铭副教授[①]、魏国华高级工程师[②]和李振春教授[①]执笔，全书由曲英铭副教授统稿。本书在编写过程中得到了中国石油大学（华东）地震波传播与成像实验室各位老师和研究生的大力支持，在此表示感谢。同时，感谢国家自然科学基金（42174138、41904101、42074133）和中国科学技术协会青年人才托举工程（YESS20200237）资助。

　　由于作者数理和地球物理专业水平有限，书中定有许多不妥之处，望专家和同行批评指正。

作　者

2021 年 4 月

---

　　① 　中国石油大学（华东）；②中石化胜利物探研究院

目　　录

第1章 绪 论

1.1 引 言

1.1.1 起伏地表的挑战

由于油气资源的日益短缺，以及我国东部油气勘探的饱和，目前地震勘探逐步向勘探难度极大的西部和南方移动。这些区块复杂的地表、剧烈变化的近地表纵横向速度，以及复杂的地下构造等，都给地震勘探带来了极大的挑战和困难。多种复杂地表及复杂地下构造的区块，如山地、沙漠、黄土塬、山前，以及山前逆冲带、南方碳酸岩裸露区、断裂异常复杂地区、地层褶皱强烈带、逆掩推覆体构造带、横向非均质引起横向速度剧烈变化的勘探区域等使得数据处理工作困难重重，常规地震数据处理模块在这些区域中较难得到好的成像效果。也就是说，复杂地表，不仅包括起伏地表，也包括近地表速度变化剧烈及高近地表速度的情况。山地勘探是当今地球物理界所面临的世界性难题，其中最突出的两个问题就是信噪比低及静校正困难，这对地震勘探工作及资料处理提出了新的挑战。

1.1.2 起伏地表常规处理存在的问题

动校正（normal moveout，NMO）、倾角校正（dip moveout，DMO）、叠后偏移和叠前偏移等这些常用的处理与成像方法，一般只适用于地表较平缓的地震资料中，平缓的地表可以是完全水平或局部水平。这是因为常规成像算法的前提要求是地震道的炮点和检波点在同一高程上。然而，在陆上地震数据处理中，尤其是在地形极为恶劣的山地地震资料处理中，这种前提是不现实的。

地表起伏对地震勘探的观测影响极大，其处理方法的发展过程是：常规静校正、高精度静校正、波动方程基准面校正、起伏地表偏移成像。由于静校正问题是我国山地勘探的难点，很多学者致力于改进静校正方法，进而改进叠加和偏移效果，但我们认为，在起伏地形和高陡地层条件下，共中心点叠加的前提条件不再成立，常规处理不再适用于复杂条件下的地震波成像，必须采用叠前偏移才能取得较好的效果，而且最好避开静校正，或者说把静校正融入偏移过程中而不是单独处理，也就是基于起伏的自然地表实际观测面直接做偏移成像，这应当是解决当前地震勘探界面临的复杂地表地区资料处理问题的根本方法。

1.1.3　起伏地表直接成像的意义

我国南方山地地下地质构造以复杂褶皱、陡倾构造和逆掩断层为主，采集到的地震数据被地表起伏变化所扭曲，由于地表地形变化很大、近地表速度很高，静校正时常做得不充分。当对以叠瓦构造、逆掩断层和复杂褶皱等为主的区块进行处理时，这些地下地质体极不满足常规高程静校正和 CMP 叠加的假设，为克服这些问题，只能使用从起伏地表进行偏移的偏移方法来得到精确的成像效果。

从地表直接偏移已经是复杂地区勘探的必然需求。复杂地区的山地地形，在一个排列范围内可能达到上千米，这种情况下常规的 NMO 校正和 CMP 叠加不可能得到一个满意的效果。特别是对于那些地表起伏较大且基岩出露、地表速度很高的地区，更有必要研究从地表直接偏移的方法。

1.2　起伏地表直接成像方法

根据起伏地表地震成像方法不同，可分为叠加成像和偏移成像，叠加成像本书不做论述。根据偏移算法的不同，起伏地表直接偏移又包括三种：基尔霍夫（Kirchhoff）积分法、单程波方法和逆时偏移法。

1.2.1　射线类起伏地表偏移方法

基尔霍夫积分法，可以直接处理复杂地表。理论基础是对地下某绕射点的时距曲面上所有点叠加，即是该点的成像值。在 Wiggins（1984）提出后，又发展了保幅基尔霍夫偏移。该方法计算效率高、处理地表灵活。但是本身也有缺陷，如对复杂构造成像困难、偏移噪声严重等。在基尔霍夫基础上发展的束偏移，可以对多次波成像，效果比基尔霍夫偏移好，保持了基尔霍夫本身高效灵活的优点，能较好地处理复杂地表条件，其中 Gray（2005）提出的高斯束偏移得到快速发展和应用。岳玉波（2011）实现了复杂地表保幅高斯束偏移，成像精度高，振幅保持性好，但该方法受成像角度控制，成像角度大会造成折射波成像而产生低频噪声，成像角度小又会削弱大角度反射波能量甚至陡倾角成像。

1.2.2　单程波起伏地表偏移方法

单程波方法又逐步发展出了零速层法、逐步累加法和"波场上延"法。首先来看看什么是零速层法。简单地说就是把水平基准面挪到了地表最高点或最高点以上，该水平基准面和实际地表之间用常速度（零速度或非常小的速度）填充，然后从水平基准面进行偏移，这期间只考虑地震波的垂向传播，遇到实际地层再恢复正常。零速层法最先由 Beasley 和 Lynn（1989）提出，其优势在于无须做高程静校正，只对速度模型做微小改变，巧妙地化解了起伏地表的影响。再来看看逐步累加法，该方法跟零速层法有相似之处，都要在地表最高处建立水平面，只是逐步累加法在水平面和地表之间填充的是近地表速度。接下来是将接收点波场（地表以上波场值为零）从水平面开始延拓，每延拓一步判断该位置是否记录波场，有的话就加进来作为该点新的波场，以新的波场值继续向下延拓，直到到达地表以下某个基准面为止。对于叠前情况，是对炮点波场和检波点波场同时延拓，这一方法是 Reshef（1991）提出的。近些年来学者们将逐步累加法和零速层法结合起来，提出了"直接下延"法和"波场上延"法。两者有很大的相似之处，"直接下延"法本质上就是逐步累加法，操作步骤跟逐步累加法的实现步骤是一样的。"波场上延"法在水平面位置的确定和水平面与地表间速度的填充两方面跟"直接下延"法是一样的，不同之处在于"波场上延"法要将野外数据先延拓到定义的水平面上，然后从该水平面再向下进行深度延拓。因此"波场上延"法的特别之处在于，延拓可以从起伏地表直接开始，而不是从水平面开始。在深度延拓算子方面，程玖兵等（2001）提出具有优化系数的傍轴近似方程偏移算子，在频率空间域有限差分（XWFD）进行叠前深度偏移，对横向变速情况有非常好的成像效果。但 XWFD 方法会引入两种误差：微分方程近似和差分方程近似，这两种误差的存在严重影响双复杂构造成像。何英等（2002）通过模拟起伏小的山丘和起伏大的高山模型，对零速层法和"波场上延"法做了对比，证明了起伏较小时两者成像效果都比较好，但起伏较大时零速层法远远不如"波场上延"法，"波场上延"法对复杂地表的构造成像效果更加清晰。但该方法也带来一些问题，如偏移精度、效率、偏移噪声、偏移振幅及适用性等问题。王成祥（2002）利用混合法实现了起伏地表的叠前深度偏移，对起伏地表情况下的构造成像精度高。叶月明（2008）采用带误差补偿的频率空间域有限差分算子对双复杂介质进行了偏移，省去了频率波数域很多步骤，提高了效率。而常规 XWFD 或 FFD 在向上延拓时效果较好，而且"波场上延"法不能加入带误差补偿的 XWFD，否则严重影响成像质量。同一年，叶月明等（2008）还通过加入保幅算子实现了双复杂介质的保幅偏移。

1.2.3　双程波偏移

双程波偏移原理是将炮记录作为逆时延拓波场的边界值，从最大时刻开始延拓到零时刻，然后将正演波场和逆时延拓波场应用互相关成像条件进行成像。逆时偏移不受成像倾角限制，不存在高频近似，成像精度高，但是计算量很大，所需内存也大，所以 Whitmore 等（1983）提出来后没有得到应用，直到计算机发展起来才开始成为热点。针对计算量大这一问题国内外专家做了很多工作，Symes（2007）提出优化设置点来解决正演波场的存储量大的问题，但降低存储量一定程度上却增加了计算量。Liu 等（2008）提出面向目标的逆时偏移，潜在地减少运行时间和庞大的存储需求。刘红伟等（2010a）用 GPU 实现了高阶有限差分逆时偏移，跟 CPU 的计算速度相比提高了一个数量级。Xu 等（2010）在频率域进行逆时偏移，无需波场的存储和输入输出，计算速度得到提高，内存占用也大大减少。另外的研究主要集中在压制偏移噪声和成像方面。Kaelin 和 Guitton（2006）提出震源归一化和检波归一化互相关成像条件，证明两者都可以很好地压制浅层噪声，但检波归一化成像条件对深层反射层成像更好。Robin 等（2005）采用将声波阻抗常数化，对无反射波动方程加入定向阻尼项，再用零延迟互相关成像条件来压制噪声。Bulcão（2007）在每个时间步长上，对上行波场和下行波场应用新的分离方案，只留有向下传播的波场，避免了上行传播的反射波带来的噪声。Guitton 等（2008）将预测误差滤波应用在最小平方滤波中来压制噪声。除了发展有限元法、有限元-有限差分和谱元法逆时偏移外，研究最多的还是有限差分法逆时偏移。Sun 等（2008）对逆时延拓中自由边界振幅的影响做了研究，自由地表会产生反射波和转换波，让重建的逆时波场从地表向上传播时进入吸收区域，消除地表干扰波的影响。徐义（2008）用格子法（实际就是三角网格法）实现了起伏地表情况下声波逆时偏移。刘红伟等（2010b）先对叠前资料做相位和振幅校正，再通过拉普拉斯滤波来压制噪声。由于地震勘探的需要，越来越多的人开始研究起伏地表的逆时偏移。

1.3　双程波波场延拓算子

逆时偏移跟正演密不可分，正演技术的发展一定程度上决定了逆时偏移的发展。关于起伏地表影响波场传播一说要追溯到 20 世纪 40 年代，由 Widess（1945）提出来，他指出地表是影响地震成像的主要因素之一，会给地震解释带来误差。只是因为当时技术不发达，这项工作一直没有展开。到了 70 年代，计算机迅速发展，地震模拟技术也随之迅速发展。Alford 等（1974）对声波方程有限差分进行准确性研究，随后又给出了弹性波方程的有限差分格式。Ilan 和 Loewenthal（1976）探讨了弹性介质自由边界存在下有限差分法的稳定性。紧接着 80~90 年代大批学者涌进，掀起了研究起伏地表正演模拟的浪潮。总体上分为两类，即射线类和波动方程类。射线类最早由 Wiggins（1984）提出，证明了起伏地表情况下 Kirchhoff 积分偏移的适应性，可以灵活处理起伏地表，但因其是基于高频近似，在速度横向变化地区适应性差，发展较缓慢。而波动方程类是将建立的地质模型进行网格划分，划分后的地质模型由有限个离散点组成。该方法解决了射线类出现的问题，没有介质的横向变化的限制，如果网格足够小，得到的解将会非常精确。而且波动方程类方法综合考虑了地震波运动学和动力学特征，对复杂介质中出现的散射、绕射、透射、反射等现象刻画细致。由于其众多优点，在实际工作中应用广泛，得到地震工作者的一致肯定。几十年来，解决起伏地表问题的波动方程方法大致分为四类：有限差分法、有限元法、谱元法和边界元法。

1.3.1　有限差分法

有限差分法的原理简单来讲是用差分算子代替微分算子，将波动方程离散化，得到差分格式，不断更新迭代得到各个时刻各个成像点的波场，其中最关键的是差分算子的选取。该方法对整个成像空间进行了离散，得到的也是各个离散点的波场值，没有考虑离散点邻域波场情况，也是种近似。所用到的差分算子是空间局部算子，在空间域分辨率较高而在频率域较低。目前，高阶有限差分方法的应用广泛并已发展成熟，源于它能同时考虑差分阶数、模拟精度和计算速度三种因素。有限差分应用在地震勘探上是从 20 世纪 60 年代开始的，由 Alterman 和 Karal（1968）首先研究了弹性波有限差分在层状介质中的传播，因其开创性的突破，差分方法在地震勘探的实际应用中不断发展。到了 1984 年，Virieux（1984）发展了交错网格有限差分，对象是一阶速度应力波动方程，用该方法实现了各向同性介质中 SH 波、P-SV 波的波场模拟。跟常规网格有限差分相比,其精度提高了四倍,并且之后还会提高,收敛速度也加快了,且没有增加工作量和存储空间。但有限差分本身由于差分时存在截断误差而会产生高频散射,与精确解还是有差异的,在起伏地表情况下这种频散会更严重,针对这一问题,起伏地表有限差分模拟出现了很多解决方法。对复杂地表进行离散,必然出现阶梯状的自由边界,这种边界会使地表产生散射、绕射等干扰波,数值频散严重。为了减弱干扰波的产生,Jastram 和 Tessemer(1994)提出垂直可变网格弹性波模拟方法,紧接着 Hayashi 等(2001)对起伏地表采用可变网格进行弹性波模拟,后来又用三倍的精细网格实现了低速区的非规则网格模拟。张慧和李振春(2011)用双变网格对非均质储层进行正演模拟,把变网格从空间域扩展到了时间域,但是有限差分处理起伏地形还是存在一定难度。Tessmer 等(1992)把对速度应力的特征处理应用于起伏地表,用坐标变换法,即从曲网格转换到矩形网格,来对起伏地表进行弹性波模拟,1994 年将其扩展到三维,水平方向用频谱离散,垂直方向(空间)用切比雪夫(Chebyshev)方法。在自由地表,速度应力都转换到垂直坐标系下,该坐标系纵轴与局部地表的法向平行。在旋转到原始坐标系前,将自由边界条件的速度和应力分量进行特征处理。Ruud 和 Hestholm(2001)推导出新的自由边界条件公式,给出解决数值计算和由于边界条件离散导致的系统不稳定(空间)的方法,并应用于黏弹性介质。另外,Jih 等(1988)将地表分成几种类型并用有限差分进行模拟。Robertsson(1996)将地表剖面与主要轴线平行,像 Jih 等(1988)一样对地表进行分类。Komatitsch 等(1996)在模拟弯曲界面起伏地表时考虑了波动方程完整的张量公式。这些方法虽然结果准确,但是与 Hestholm 和 Ruud(1994)用到的链式法相比二维要多出 30% 的存储,三维多出 60% 的存储。国内,董良国(2005)用纵向坐标变换的方法实现了二维和三维起伏地表弹性波模拟。之后又发展了基于泰勒展开的非规则网格差分方法和基于 Voronoi Cell 的差分方法。国外以 Kaser 和 Igel(2001)采用显式差分算子对非规则网格进行弹性波模拟为代表。国内以褚春雷(2003)为代表,他在 Kaser 和 Igel(2001)基础上使用 non-Sibson 插值方法,采用吸收边界条件,对声波方程进行正演模拟,并应用在逆时偏移中,处理起伏地表效果显著,但扩展到弹性波需要建立二级网格,目前还没有理想的选取和建立方法。

1.3.2 有限元法

有限元法用的是变分和剖分插值,对每一段近似。最先出现在工程科学和计算科学领域,主要应用于工程桥梁等。到了 20 世纪 70 年代,国外的一些地质工作者将其引入勘探领域,最先应用于 VSP 技术中,而有限元网格生成是该方法的灵魂。有限元网格生成技术按照优胜劣汰的规律发展,最终出现了自适应网格、并行网格、贴体网格和各向异性网格等。Thompson 等(1974)系统研究了贴体网格,提出数值求解偏微分方法,得到数据空间和物理空间的映射关系,证明 Laplace 方程和 Poisson 方程可以实现保角变换,但在应用上还有些问题仍待研究。国内以蒋丽丽(2008)为代表,用自适应网格技术生成网格,并将贴体网格应用于起伏地表正演模拟中,但如何更好地应用于实际生产中,还需要进一步研究。有限元的发展也给逆时偏移开辟了新天地。Teng 和 Dai(1989)用有限元法做了弹性波逆时偏移。张美根和王妙月（2001）用有限元法对各向异性介质做了弹性波逆时偏移，偏移结果清晰。董渊等（2003）又将有限差分和高精度的有限元结合起来，一定程度上降低了计算量，但实现较困难，应用在起伏地表的效果如何还有待研究。薛东川和王尚旭（2008）尝试用有限元法对声波波动方程进行叠前逆时偏移，并对起伏地表模型进行试算，表明该方法能对双复杂构造很好地成像。总体来说，有限元法虽然模拟精度高，处理起伏地表灵活而逼真，但计算量太大，要求内存也相当高，对于本身计算量就很大的逆时偏移来说，无疑是雪上加霜。

1.3.3　谱元法

谱元法也是从工程学中引进的，是把伪谱法和有限元结合起来的一种方法。Komatisch 等（2000）、Komatitsch 和 Vilotte（1998）用谱元法对起伏地表地震波进行二维和三维弹性波数值模拟，对由于复杂地表的存在而产生的各种干扰波进行讨论，未研究在强地表干扰背景下的有效反射问题和表层的不均匀问题。车承轩（2007）修改模拟弹性波的 Chebyshev 谱元算法，对起伏地表情况进行模拟，分析地表产生的各种干扰波，证明该方法收敛速度快、计算效率高，但如何消除还未做研究。王童奎等（2008）将 Legendre 谱元法分别应用于叠前和叠后弹性波逆时偏移，证明不管是各向同性还是各向异性，偏移结果都与速度模型吻合得比较好。但这些都停留在理论方面，对实际资料的处理效果如何还需要进一步探讨。Komatisch 等（2010）用谱元法对弹性波模拟并在 GPU 上实现，发展到 192GPUs，跟 CPU 相比大大地提速了。总体来说，该方法具有费机时少、精度高、稳定性好等优点，但计算量还是比较大，得不到广泛应用。

1.3.4　边界元法

边界元法是一种跟有限元和有限差分不同的数值求解方法，它是将微分方程转换为边界积分方程，对边界进行网格剖分，调整微分方程来逼近边界条件，而有限元和有限差分是调整边界条件来逼近微分方程。Pedersen 等（1996）用该方法研究了地表变化与天然地震之间的关系，分析地形变化导致的地表散射和地表振动。Wu 等（2005）提出混合模拟算法——边界元与广义屏算子结合起来，提高了计算效率。该方法问题表征准确，适用特定形状的地震波模拟，没有边界条件类型限制，经常用于起伏地表地震波模拟。但是因其方程系数大，计算量也大，本身的半解析性质使得该方法不能用于地表速度变化大的情况，因此很难在实际工作中得到广泛应用。

1.4　网格剖分策略

1.4.1　曲网格与映射法

在曲网格上做数值计算的想法最早由 Fornberg（1987）提出，但这只能使网格沿着主要的界面进行映射，并在新坐标系下采用伪谱法来模拟波场；Nielsen 等（1994）采用了分块映射技术使网格可以沿着所有界面变化，提高了算法的精确性。通常情况下，根据地质模型不同，进行合理的映射，并将含有曲面的坐标系映射成某一曲坐标系下的矩形。将内部各点按照插值法产生，从而生成所需的曲网格。Fornberg 曲网格方法具体实现如下：将直角坐标系下的任意不规则多边形按照四个边界——映射到曲坐标系下的矩形边界，相应地建立了一个曲坐标系，在其中进行规则网格离散，然后采用伪谱法进行数值模拟。区域内部点实际坐标值是利用 4 条边界上的点插值出来的。对应的直角坐标系的波动方程变换成曲坐标系下的方程，在曲坐标系下的规则网格上进行数值运算。曲网格剖分及映射法如图 1.1 所示。

在映射法的基础上，很多学者又做了很多扩展研究。Tessmer 等（1992）、Tessmer 和 Kosloff（1994）将映射理论推广至二维和三维起伏地表弹性波模拟，为了处理起伏地表，将起伏界面在纵向上拉伸处理。空间上采用伪谱法离散，其在水平和垂直方向上的处理方式不同。曲网格中一阶速度应力弹性波波动方程变换成矩形坐标系下的波动方程，在变换后的局部坐标系中，局部坐标下满足垂向坐标轴垂直于对应该点的自由边界，并在上述边界处使用自由边界条件。董良国（2005）基于上述映射法，将曲网格坐标变换为矩形网格，在新坐标系下利用有限差分方法求解起伏地表条件下的弹性波波动方程，并利用交错网格高阶差分算法来提高模拟精度，在地表起伏不剧烈的情况下，该模拟方法是稳定的。

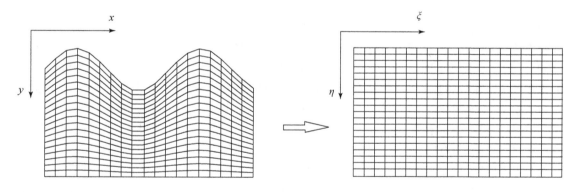

图 1.1 曲网格剖分及映射法示意图

1.4.2 变网格法

在地表下通常会有一个低速层，一般情况下在低速层内需要加密采样点，如果都用较小的网格来模拟势必会增加计算量，因此在网格离散的时候可以在低速层采用较小的网格步长，在高速层采用较大的网格步长，变网格如图 1.2 所示。很明显，这种变网格方法同常规网格相比，计算效率较高，占用内存较少。

为了更好地模拟复杂的非均匀介质模型，避免规则剖分的交错网格存在过采样和计算量大的缺点，前人提出了基于不规则网格或变步长网格的有限差分算法。简单的不规则直角网格可以通过沿 x 轴和 z 轴取不同的网格间距来实现。Jastram 和 Behle（1992）提出了

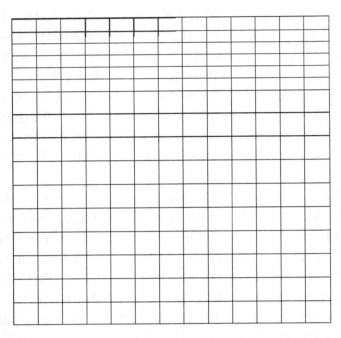

图 1.2　变网格示意图

基于二维声波方程中某一深度变网格步长的算法；Jastram 和 Tessemer（1994）用了一种类似的方法针对二维弹性波模型，提出了在垂向上网格步长逐渐变化的算法。随后 Falk（1996，1998）将变网格步长算法用于模拟井间地震中产生的管波。Mufti（1990）使用了不规则矩形网格进行逆时偏移研究，证明了适应速度沿深度变化的垂直网格步长能极大地提高声波逆时偏移的效率。Pitarka（1999）将不规则交错网格扩展到速度–应力方程，并提出四阶空间精度的变网格差分系数公式，实现低阶精度的不规则交错网格正演模拟。Oliveira（2003）使用不规则网格得到全声波波动方程的四阶差分近似方法，并首次分析网格尺度变化导致的数值反射问题，提出在使用不规则网格时，即使在速度、密度等物性参数不变的情况下，网格步长的这种变化也可能会导致较强的人工数值反射。

对于弹性波的情况，Opral 和 Zahradnik（1999）提出一种基于不规则网格的有限差分方法求解位移波动方程。Wang 等（2001）利用不规则网格实现了对黏弹性介质的模拟，在他的算法中需要在波数域对过渡区进行插值计算，并且只能适应 2 倍和 3 倍的空间网格变化。张剑锋（1998）基于应力、速度混合变量弹性波方程及任意四边形网格差分算子，给出了基于非规则交错网格的弹性波速度–应力差分法，该方法可应用于模拟起伏地表情况下的地震波传播。孙卫涛等（2004）提出一种空间不规则网格有限差分方法用于求解非均匀各向异性介质中的弹性波正演模型，并且在粗细网格之间不需要插值计算。朱生旺和魏修成（2005）在声波位移方程中使用了非规则任意阶精度差分法正演，在不增加太多计算量的前提下，消除离散倾斜界面时产生的绕射噪声问题，为提高复杂地质模型的正演精度提供了一种实用有效的方法。

在有限差分算法中为了保证计算过程的稳定，当空间网格变化时，时间稳定性仍然必须满足最短波长的原则，即时间采样需要满足精细网格采样对应的稳定性条件。因此，除了对网格步长的控制外，在满足稳定性条件的情况下选用尽可能大的时间外推步长也会减少计算时间。但是在正演模拟中时间算子作为一个全局变量，局部变化非常困难，相关的研究也非常少。Falk 等（1998）实现了一种局部时间采样变化的算法，进一步减少了对大尺度网格区域的计算耗时，但是不能用于交错网格技术中，并且只允许 $2n$ 倍的时间采样变化。Tessmer（2000）发展了二阶运动方程的变时间算法，同样对一阶速度-应力方程中时间采样在半程上交错计算的情况不适用。Thomas 等（2000）利用交错位移-应力方程实现了大地地震声波模拟中的 P 波传播。尽管 Thomas 等（2000）实现了局部稳定性条件，但是在不同区域边界如何实现局部时间采样步长变化并没有给出详细的处理说明。Hayashi 等（2001）用 3 倍精细网格对近地表的低速区域实现了不规则网格正演模拟。

1.4.3　非结构性网格

非结构性网格适合应用于复杂区域，可以控制网格的疏密，所以非结构性网格可以较好地模拟曲界面。目前来说非结构性网格有很多形式，其中不规则的三角网格是很典型的一种形式（图 1.3）。尧德中和刘光远（1994）利用六角形网格差分离散，对波动方程利用傅里叶变换来求取，并将其应用于复杂地表模拟。张剑锋（1998）提出用不规则四边形网格法来处理起伏边界，其本质就是对于任意形状的自由表面的边界进行坐标变换，对一阶速度应力方程离散时，引入非规则网格差分算子，应力速度方程可以适用于任意形状的边界和内部边界。将直角坐标系下的任意不规则四边形经坐标变换到新坐标系下变为规则矩形，并将波动方程的差分计算也转换到新坐标系下求取。

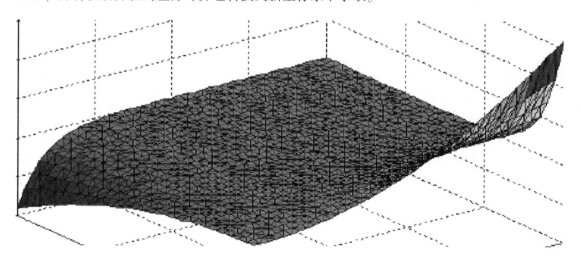

图 1.3　非结构性网格

1.4.4　贴体曲网格法

为了便于处理物面边界条件，要求网格具有贴体的性质，即贴体网格。贴体坐标的概念最早在 1971 年由 Chu 提出的，贴体网格对地质模型的适应性较为精确，对其的研究便逐渐发展起来。贴体网格可以根据地质构造等变化来自动分配网格离散的大小及疏密情况。

贴体网格是采用的坐标面与所研究物体的上表面一致的网格（图 1.4）。与坐标变换的思路类似，但更精确；贴体网格实质是指将所研究物体的实际不规则平面区域经过一定的变换关系转化到计算平面上的规则平面区域上，其对应的坐标称为贴体坐标。

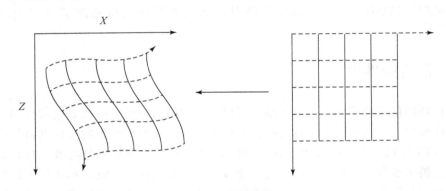

图 1.4　贴体网格

Zhang 和 Chen（2006）、Zhang 等（2012）实现了贴体同位网格下的一阶速度-应力方程有限差分正演模拟，并在自由边界条件实施时提出了牵引力镜像法，取得了较好的模拟效果。由于同位网格下的一阶中心差分格式容易产生奇偶失联高频振荡现象，需要特殊的滤波处理，其采用了 DRP/opt MacCormack 格式（祝贺君等，2009）计算空间导数，基本消除了格点振荡现象，但增加了实现的复杂性，为了获得同交错网格相同的精度，需要使用更小的网格步长，增加了计算成本。随后，Appelo 和 Petersson（2009）、兰海强等（2011）、唐文等（2013）等推导并实现了贴体网格下的二阶波动方程正演模拟算法，其空间差分精度在边界和内部都是二阶。然而二阶位移方程在泊松比较大的介质下容易不稳定，且该算法不易推广到高阶。丘磊等（2012）实现了曲坐标系下的标准交错网格正演模拟算法，但由于曲坐标系下的波场变量不满足交错分布，其采用四阶插值算子给出相应缺失点的变量信息，不仅降低了模拟精度还增加了计算量。上述几种算法在实施自由边界条件时主要采用两种方案：一种是单边差分；另一种是牵引力镜像法。

1.4.5　混合网格法

有限元虽对于起伏地表具有较好的自适应性，但其计算效率低；有限差分虽然实现较为简单，但处理起伏地表存在一定困难。之后便陆续发展了将有限元和有限差分结合的方法。黄自萍等（2004）采用有限元和有限差分结合（FE-FD）的方法来模拟起伏地表，仅在自由边界处采用有限元处理，其他部分采用有限差分处理，很好地解决了起伏地表模拟问题（图 1.5）。

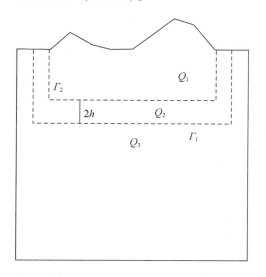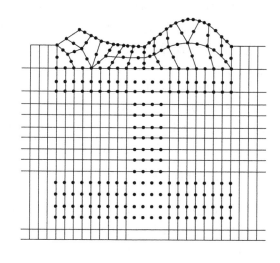

图 1.5　混合网格法网格剖分示意图

将计算区域分成如图 1.5 所示的三部分，其中区域 Q_1 是靠近地表的，且包含起伏边界的区域，区域 Q_2 是由区域 Q_3 的边界围起来的凹字形区域。为了方便差分，此处将区域 Q_3 的宽度定义为网格步长的偶数倍。

首先，在区域 Q_1 上做四边形网格离散，现将其边界 Γ_1 等分，等分点之间距离为网格步长的两倍；然后再对区域 Q_2 和区域 Q_3 以上述等分点做相应的四边形（此处是长方形或正方形等）剖分，该等分点为其四边形的一边，最后将区域 Q_3 处划分成边长为 $2h$ 的正方形区域，则区域 Q_3 的边界上不仅有不规则离散的四边形的网格离散点还有正方形划分的离散点，且正方形对应的离散点正好是不规则四边形的顶点或边界中点处，区域 Q_2 以网格步长 h 来进行剖分。

1.5　自由边界条件

1.5.1　水平自由表面的处理方法

在地震波场模拟中，时域有限差分（FD）方法是一个了解地球内部地震波和解释实际地震数据的强大工具，FD 模型的精度取决于自由表面的实现（牵引自由）条件。很显然曲自由界面的模拟要比水平界面困难得多，但是即使是水平自由表面也很难精确地模拟，在过去的 40 年中，至少有六种自由表面边界条件的近似方法，如单边差分、中心差分、边界修正近似等，在模拟均匀介质和横向非均匀介质中的波场时，经常使用这些自由边界条件的近似格式来定量评价不同的近似方案的精度，研究证明在纵波速度和横波速度的比小于 0.57 时，这些方案变得不稳定。这些方式中，单边差分格式精度是一阶，所以在短波长中会产生严重的误差，其他的方案都是二阶精度；组合方式、隐式和边界修正格式甚至在横波速度和纵波速度比小于 0.2 时都稳定，隐式和边界修正格式能够处理横向变化的自由表面，在相应的稳定范围内，单边差分格式在相位和振幅中都有比较大的误差（这就意味着旅行时间和反射强度有较大的误差），其他的五种格式在旅行时间上要比振幅有更好的表现。

用有限差分模拟地震波时，水平的自由边界，有些学者使用 Vidale 和 Clayton（1986）隐式条件，尽管这个格式比较稳定，但是精度只能达到二阶，在交错网格（Virieux，1986）后，自由边界的条件开始变为显式格式，但是随之带来的是精度和收敛性方面的问题。之后，Levander（1988）提出应力镜像方法。

1. 单边差分法

在用有限差分求解波动方程的时候存在两个问题：一个是自由边界条件的稳定性范围；另一个是表面速度和密度的横向变化。Alterman 和 Karal（1968）基于中心差分格式提出了一种边界处理方式，在该方法中虚拟层内的位移值是通过满足边界条件、应力边界条件计算得出的。该方法只有在纵波速度和横波速度小于 0.3 的情况下才稳定。Alterman 和 Rotenberg（1969）提出的单边差分也有着同中心差分一样的局限性。Vidale 和 Rotenberg（1986）提出了一种自由表面近似模型（图 1.6），该方法适合所有的泊松比和速度横向变化介质，这个格式虽然是隐性的，但是只需要一个简单的五对角系统就能实现。目标边界条件的波动方程在二阶精度且泊松比大于 0.01，在精度为四阶且泊松比大于 0.02 时是稳定的。

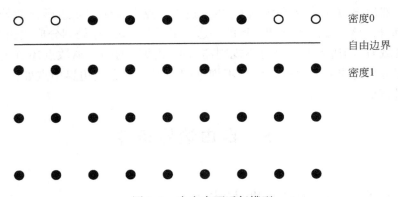

图 1.6　自由表面近似模型

2. 边界修正法

Mitter（2002）提出了一个准确的、稳定的、易实现的交错网格弹性波自由界面方法，这个方法基于自由界面的弹性胡克张量，可以近似看作横向各向同性介质，因此分析了各向异性弹性性质，最终的格式是各向同性的，但是自由表面的弹性性质是改变后的，

Mitter（2002）提出的格式与解析解非常吻合，结果表明，瑞利波（Rayleigh waves）距离自由表面呈指数衰减，因此在地表附近需要在每个波长取得的网格点数多。

Xu 等（2007）提出了一种新的自由表面条件，该方法具有 Mitte（2002）方法的所有优点，即易于编程和运行速度较快，任何自由地表的方法都必须在物理上是合理的，边界修正的处理方法实现起来非常简单，该方法不需要对地表处理增加虚拟层的处理，仅仅改变地表的弹性参数，但只能应用在交错网格里。

3. 真空法

Boore（1972）在求解二维 SH 波的时候提出了真空法，真空法的基本做法就是把位于地表的网格点扩展到地表之上，对这些扩展的网格，直接看作空气层，即拉梅系数赋值为零，密度也赋零值。这样的话，在自由边界上可以用差分格式直接离散，Zahradnik 和 Hron（1992）在模拟 P-SV 波的时候，应用了这个方法，但是精度不是很高，稳定性也不太好。Schultz（1997）用四阶交错网格模拟自由地表的地震响应时证明了密度逐渐变小的方法的精确性，这个方法在二维深度模型的近自由表面条件的精确性经过严格的测试，是用空间密度过滤器来降低人为噪声，修改后的噪声逐渐变小，边界条件精确到每个波长为 15 个网格点，且噪声低于 5%。Zahradnik 和 Priolo（1995）对真空法做了改进，把有效介质的参数用于真空法，通过算数平均来平滑地表的介质参数，使得精度和稳定性都有了很大的提高。Zahradnik 和 Priolo（1995）证明了这个格式精度只有一阶，因此不能够用于差分精度比较高的格式中。Graves（1996）证明了在差分格式为四阶的时候会不稳定，因此在四阶格式中这种方法并不适用。Moczo 等（2002）在数学上证明了真空法。物质参数是由实际速度或者由算术或相邻网格点上的谐波的平均值得来的，如为了实现自由界面，地表之上的拉梅系数可以赋值为零，为了避免分母为零所以速度设为一个接近零的极小值，通过这种方式来近似真空（丘磊，2011）。

Frankel 和 Leith（1992）用真空法的一种具有空间四阶精度的有限差分格式成功模拟了自由表面，将地表附近密度逐渐变为零，但是不改变 P 波速度，不过该方法并不是完全标准的；Zahradnik 和 Urban（1984）把真空法应用在曲自由表面 SH 波模拟中，并得到很好的效果；Zahradnik 等（1993）在四阶精度中每个波长内取 5 个网格点，在二阶精度中每个波长内取 10 个网格点，但是都没有得到理想的效果。Ohminato 和 Chouet（1997）把真空法应用在三维模型中，其中把切应力分布在有限差分模版中的 12 个边界网格点上，这样只有切应力出现在自由表面，正应力分布在模拟区域内，数值模拟证明如果要得到满足的精度每个波长内至少需要 25 个网格点；Oprsal 和 Zahradnik（1999）在不规则网格中的二维弹性有限差分中使用了真空法，要想比较精确地模拟瑞利波，每个波长内需要取 13~27 个网格点。Gold 等（1997）和 Saenger 等（2000）在空间导数旋转 45°的旋转性交错网格中使用了真空法。这个方法的有效性已经由 Krüger 等（2005）通过与解析解对比验证了模拟在腔体内 SH 波的散射的有效性。

4. 特征向量法

特征向量法是同位网格中一种处理自由表面的方法，它把波动方程写成矩阵的形式，然后再把矩阵形式对角化，因而可以得到单向的解耦波动方程，每个方程都代表单方向波场，自变量就是特征量，但是这种方法也有局限性，它只能得到边界网格点上的变量值，虚拟层内的变量值则需要通过插值得到，因此在一定程度上影响精度。Bayliss 等（1986）在模拟 PSV 波时第一次把特征量方法引入地震波的数值模拟中。Kosloff 等（1990）在用切比雪夫展开代替傅里叶展开的伪谱法中引入了特征变量来处理自由地表。Kosloff 和Carcione（2010）用正弦函数和余弦函数的傅里叶变换来模拟瑞利波时，自由边界的处理就是利用了特征量法。

5. 应力镜像法

交错网格中，水平的自由表面可以设置在水平网格平面上的正应力分量的位置处，也可以设置在切应力分量所在的网格平面上。Levander（1988）提出了在虚拟层的应力分量使用实际值，在自由界面上使用应力反对称得到虚拟层内的应力值，他在使用四阶交错网格方法模拟二维 P-SV 波时应用了关于地表应力反对称的思想，这个方法后来被称为应力镜像方法，然而，我们并不知道他在自由地表处怎样设置的应力张量，也并不清楚虚拟层内的速度是怎么处理的。

Rodrigues 和 Mora（1993）在三维波模拟中提出了一种八阶交错网格位移应力格式，使用了应力镜像方法，把正应力放在自由界面上，为了避免严重的数值频散，每个波长内需要 10～15 个网格点，因此 Rodrigues 和 Mora（1993）把应力镜像方法用在近地表处垂直细化网格并且得到了很好的精度。Graves（1996）在三维模拟中提出四阶交错网格速度应力格式，使用了应力镜像方法，Graves 明确给出了虚拟层内应力和速度的处理方法，发现这个方法要比交替真空法效果好。应力镜像方法并没有在数学上得到严格证明，但是很多学者（Levander，1988；Graves，1996；Ohminato and Chouet，1997；Gottschammer and Olsen，2001；Kristek et al.，2002；Sato，2007）验证了应力镜像方法有很高的精度和稳定性。

1.5.2　起伏地表自由边界条件

1. 曲自由地表的处理方式

模拟曲自由界面下的弹性波的传播在地震勘探中有着重要的作用，起伏地表的自由边界条件和水平地表相比更加复杂，由于在起伏的情况下，自由边界上的法线的方向并不是垂直向上的，而是随着起伏界面不断变化的，所以在水平界面下的很多方法在起伏的情况下都不适用，下面简单地介绍三种起伏界面的处理方法。

1）真空近似结合阶梯网格

Oprsal 和 Zahradnik（1999）在用真空法模拟二阶的位移方程中，自由边界条件使用的就是真空法，但是由于该方法只适用于二阶精度，所以不大实用，Bohlen 和 Saenger（2003）把这个方法应用于旋转性交错网格中，来模拟黏弹介质，同样也是只能适用于二阶精度，如果应用于高精度中，很容易产生不稳定现象，由于二阶精度对于地震波模拟来说精度比较低，意味着每个波长内网格数取得比较多，容易产生数值频散，发生不稳定现象，所以这个方法在适用上有很大的局限性，不容易推广。

2）应力镜像结合阶梯网格

鉴于真空法结合阶梯网格的缺点，很多情况下在曲界面下使用应力镜像来结合阶梯网格，使用交错网格模拟地震波是现今最常用的方法之一，在自由表面是弯曲的情况下使用交错网格时一般在边界的处理就是阶梯网格，因此在模拟的时候需要对阶梯网格的不同的角点进行分类、细化处理，对不同类型的角点使用应力镜像的方法是不同的，Robertsson（1996）把阶梯网格下的角点分了七个大类，给出二维二阶精度的交错网格格式。Ohminato 和 Chouet（1997）将这个格式扩展到了三维，即使只是在模拟传播几个地震波的情况下，至少在每个波长中取 25 个网格，否则很容易出现虚假散射。Wang 等（2004）在使用有限差分模拟非均匀介质时优化了 Robertsson（1996）的方法，把直接方法和应力镜像方法结合起来，在边界处只需要处理切应力和正应力镜像，而不需要考虑在其他的有限差分格式中的其他约束，这个方法减少了计算时间，且易于并行计算。裴正林（2004）使用四阶精度和零速度成功模拟了起伏地表是任意的弹性波波场。但是由于阶梯网格固有的局限性，所以不可避免地会出现虚假散射和绕射波。

3）曲网格下的处理方法

对地表起伏的模型，用曲网格进行剖分离散后，由于曲网格下法向量和网格线之间已经不是重合的了，所以常用的应力镜像方法在这里就不适用了。Hestholm 和 Ruud（1994，1998）在交错网格中近地表附近使用垂向坐标变换网格，在地表处应用速度的自由表面条件。Robertsson（1996）指出，在地表处应用速度自由表面条件，但是不应用应力镜像，即使是平层，计算结果也与解析解有很大的偏离。Tessmer 等（1992）在切比雪夫伪谱法中也采用了垂向的变网格法，在自由表面处，通过对局部做坐标变换，局部变成了与地表垂直的坐标系，在这个坐标系中使用特征向量的自由表面的条件，然后再通过逆变换变换到计算坐标系中，这个方法需要通过插值的方法来获得虚拟层内的变量值。Tarrass 等（2011）应用同位网格算法和垂向变换的网格，在地表处也对局部做了坐标变换，但是这个方法对瑞利波的分辨精度不高，并且在地表起伏幅度大的地方容易出现不稳定现象。

2. 牵引力的镜像方法

常用的应力镜像在处理水平的自由表面时是非常准确的一种方法，但是缺陷是不能用在弯曲的地表处的自由表面，通过上述的分析发现在很多的处理弯曲地表的条件中都有一定的局限性，结果和真实的解都有或多或少的差距。在地形存在起伏的情况下，自由表面的基本要求是斜面的正应力分量在地表处合力为零，但是在地表处的应力分量并不是非零值，这时候采用应力镜像，相当于在地表处切应力和正应力都是零，这种情形在真实的物理模型中是不可能存在的。张伟（2006）提出的牵引力的镜像方法，简单说就是令牵引力在地表处反对称，同应力镜像做类似处理，在虚拟层内牵引力的值与地表对称，则牵引力的合力在地表处的值为零。

3. 自由表面上速度的格式

由上面的牵引力的镜像条件，可以得到位于虚拟层内的应力值，但是自由的边界上的速度表面条件却不可以通过上述方式得出，对于虚拟层内的速度值的处理有很多方式：Craves 和 Clayton（1990）提出了一种速度的镜像方法，他假设速度位移分量（即使是函数）是可以镜像的，这就意味着速度位移关于自由地表是可以镜像的。Rodrigues 和 Mora（1993）成功地应用了这个方法，但是由方程可以看出只是在波垂直入射的时候才成立，局限性比较大；Robertsson（1996）在 Levander（1988）基础上提出一种新的镜像方法，在自由的地表之上的速度设置为零，这个在物理上是合理的。Ohminato 和 Chouet（1997）在交错网格有限差分的二阶精度中，把切应力放在自由边界，这样就不需要设置位于地表之上的速度分量。Jastram 和 Tessmer（1994）使用垂向变网格技术，在靠近边界的地方开始逐渐降低精度，在自由地表下面一层以及在地表处使用二阶精度格式。这样的话，在计算的时候并不需要虚拟层内的速度值，该格式通过在近地表加密网格，可以保证地表处的低阶精度同网格内部的高阶精度相匹配。Graves（1996）在用交错网格有限差分格式模拟三维的弹性介质中的地震波传播时，在处理自由边界的时候，采用二阶差分算子来获得自由地表上虚拟层内的速度。

参 考 文 献

车承轩 . 2007. 谱元法模拟起伏自由表面地层中的弹性波传播 . 大庆：大庆石油学院 .

程玖兵，王华忠，马在田 . 2001. 频率-空间域有限差分法叠前深度偏移 . 地球物理学报，44（3）：390-395.

褚春雷 . 2003. 非规则网格有限差分声波方程地震正演模拟及逆时偏移 . 青岛：中国海洋大学 .

董良国 . 2005. 复杂地表条件下地震波传播数值模拟 . 勘探地球物理进展，28（3）：187-194.

董渊，杨慧珠，杜启振 . 2003. 有限元-有限差分法二维波动逆时偏移初探 . 石油大学学报，27（6）：26-29.

何英，王华忠，马在田，等 . 2002. 复杂地形条件下波动方程叠前深度偏移 . 勘探地球物理学进展，25（3）：14-19.

黄自萍，张铭，吴文青，等 . 2004. 弹性波传播数值模拟的区域分裂法 . 地球物理学报，47（6）：1094-1100.

蒋丽丽 . 2008. 面向地质条件的贴体网格生成技术 . 长春：吉林大学 .

兰海强，刘佳，白志明 . 2011. VTI 介质起伏地表地震波场模拟 . 地球物理学报，54（8）：2072-2084.

刘红伟，刘洪，邹振 . 2010a. 地震叠前逆时偏移中的去噪与存储 . 地球物理学报，9（53）：2171-2180.

刘红伟，李博，刘洪，等 . 2010b. 地震叠前逆时偏移高阶有限差分算法及 GPU 实现 . 地球物理学报，53（7）：1725-1733.

裴正林 . 2004. 任意起伏地表弹性波方程交错网格高阶有限差分法数值模拟 . 石油地球物理勘探，39（6）：629-634.

丘磊 . 2011. 正交曲线坐标系下的地震波数值模拟技术研究 . 杭州：浙江大学 .

丘磊，田钢，石战结，等 . 2012. 起伏地表条件下有限差分地震波数值模拟——基于广义正交曲线坐标系 . 浙江大学学报（工学版），46（10）：1923-1930.

孙卫涛，杨慧珠，舒继武 . 2004. 非均匀介质弹性波动方程的不规则网格有限差分方法 . 计算力学学报，

21（2）：135-141.

唐文，王尚旭，袁三一．2013．起伏地表二阶弹性波方程差分策略稳定性分析．石油物探，52（5）：457-463

王成祥．2002．基于起伏地表的混合法叠前深度偏移．石油地球物理勘探，37（3）：219-223.

王童奎，付兴深，朱德献，等．2008．谱元法叠前逆时偏移研究．地球物理学进展，23（3）：681-685.

徐义．2008．格子法在起伏地表叠前逆时深度偏移中的应用．地球物理学进展，23（3）：839-845.

薛东川，王尚旭．2008．波动方程有限元叠前逆时偏移．石油地球物理勘探，43（1）：17-21.

尧德中，刘光远．1994．六角形网格波动方程数值模拟的傅氏变换算法．计算物理，11（1）：5.

叶月明．2008．双复杂条件下带误差补偿的频率空间域有限差分法叠前深度偏移．地球物理学进展，23（1）：136-145.

叶月明，李振春，仝兆岐，等．2008．双复杂介质条件下频率空间域有限差分法保幅偏移．地球物理学报，51（5）：1511-1519.

岳玉波．2011．复杂介质高斯束偏移成像方法研究．青岛：中国石油大学（华东）．

张慧．2011．非均质储层双变网格正演模拟和弹性逆时偏移方法研究．青岛：中国石油大学（华东）．

张慧，李振春．2011．基于双变网格算法的地震波正演模拟．地球物理学报，54（1）：77-86.

张剑锋．1998．弹性波数值模拟的非规则网格差分法．地球物理学报，41（增刊）：357-366.

张美根，王妙月．2001．各向异性弹性波有限元叠前逆时偏移．地球物理学报，44（5）：712-718.

张伟．2006．含起伏地形的三维非均匀介质中地震波传播的有限差分算法及其在强地面震动模拟中的应用．北京：北京大学．

朱生旺，魏修成．2005．波动方程非规则网格任意阶精度差分法正演．石油地球物理勘探，40（2）：149-153.

祝贺君，张伟，陈晓非．2009．二维各向异性介质中地震波场的高阶同位网格有限差分模拟．地球物理学报，52（6）：1536-1546.

Alford R M，Kelly K R，Boore D M．1974．Accuracy of finite-difference modeling of the acoustic wave equation．Geophysics，39（6）：834-842.

Alterman Z，Karal Jr F C．1968．Propagation of elastic waves in layered media by finite-difference methods．Bulletin of the Seismological Society of America，58（6）：367-398.

Alterman Z，Rotenberg A．1969．Seismic waves in a quarter plane．Bull Seis Sot Am，59：347-368.

Appelo D，Petersson N A．2009．A stable finite difference method for the elastic wave equation on complex geometries with free surfaces．Commun Comput Phys，5：84-107.

Bayliss A，Jordan K E，LeMesurier B J，et al．1986．A fourth-order accurate finite-difference scheme for the computation of elastic waves．Bulletin of the Seismological Society of America，76（4）：1115-1132.

Beasley C J，Lynn W．1989．The zero velocity layer：Migration from irregular surfaces．Expanded abstracts of 59th SEG Mtg.

Bohlen T，Saenger E H．2003．3-D Viscoelastic finite-difference modeling using the rotated staggered grid-tests of accuracy．65th EAGE Conference & Exhibition．European Association of Geoscientists & Engineers，2-5.

Boore D M．1972．A note on the effect of simple topography on seismic SH waves．Bulletin of the Seismological Society of America，62（1）：275-284.

Bulcão A．2007．Improved quality of depth images using reverse time migration．Geophysics，2407-2411.

Ch T，Igel H，Weber M，et al．2000．Acoustic simulation of P-wave propagation in a heterogeneous spherical earth：Numerical method and application to precursor waves to PKPdf．Geophysical Journal International，141：307-320.

Che C, Wang X, Lin W. 2010. The Chebyshev spectral element method using staggered predictor and corrector for elastic wave simulations. Applied Geophysics, 7 (2): 174-184.

Cambiazo V, González M, Maccioni R B, et al. 1995. DMAP-85: A τ-Like Protein from Drosophila melanogaster Larvae. Journal of Neurochemistry, 64 (3): 1288-1297.

Falk J, Tessmer E, Gajewski D. 1996. Tube wave modeling by the finite-difference method with varying grid spacing. Prospecting, 148: 77-93.

Falk J, Tessmer E, Gajewski D. 1998. Efficient finite-difference modelling of seismic waves using locally adjustable time steps. Geophysical Journal International, 46: 603-616.

Fletcher R F. 2005. Suppressing artifacts in prestack reverse time migration. Geophysics, 2049-2051.

Fornberg B. 1987. The pseudospectral method: Comparisons with finite differences for the elastic wave equation. Geophysics, 52 (4): 483-501.

Frankel A, Leith W. 1992. Evaluation of topographic effects on P-waves and S-waves of explosions at the northern novaya test site using 3-D numerical simulations. Geophys Res Lett, 19: 1887-1890.

Gold N, Shapiro S A, Burr E. 1997. Modeling of high contrasts in elasticmedia using a modified finite difference scheme: 68th Annual International Meeting, SEG, Expanded Abstracts, ST 14. 6.

Gottschammer E, Olsen K B. 2001. Accuracy of the explicit planar free-surface boundary condition implemented in a fourth-order staggered-grid velocity-stress finite-difference scheme. Bull Seism Soc Am, 91: 617-623.

Graves R W. 1996. Simulating seismic wave propagation in 3D elastic media using staggeredgrid finite differences. Bull Seism Soc Am, 86: 1091-1106.

Graves R W, Clayton R W. 1990. Modeling acoustic waves with paraxial extrapolators. Geophysics, 55 (3): 306-319.

Gray S H. 2005. Gaussian beam migration of common-shot records. Geophysics, 70 (4): 71-77.

Groenenboom J, Falk J. 2000. Scattering by hydraulic fractures: Finite difference modeling and laboratory data. Geophysics, 65: 612-622.

Groenenboom J, Fokkema J. 1996. Guided waves along hydraulic fractures. 68th Annual International Meeting, SEG, Expanded Abstracts, 1632-1635.

Guitton A, Kaelin B, Biondi B. 2008. Least-squares attenuation of reverse-time-migration artifacts. Geophysics, 72 (1): 19-23.

Hayashi K, Burns D R, Toksoz M N. 2001. Discontinuous-grid finite difference seismic modeling including surface topography. Bulletin of the Seismological Society of America, 91: 1750-1764.

Hestholm S O, Ruud B O. 1994. 2D finite-difference elastic wave modelling including surface topography. Geophysical Prospecting, 42 (5): 371-390.

Ilan A, Loewenthal D. 1976. Instability of finite difference schemes due to boundary conditions in elastic media. Geophysical Prospecting, 24 (3): 431-453.

Jih R S, McLaughlin K L, Der Z A. 1988. Free-boundary conditions of arbitrary polygonal topography in a two-dimensional explicit elastic finite-difference scheme. Geophysics, 53 (8): 1045-1055.

Jastram C, Behle A. 1992. Acoustic modeling on a vertically varying grid. Geophysical Prospecting, 40 (2): 157-169.

Jastram C, Tessmer E. 1994. Elastic modeling on a grid with vertically varying spacing. Geophysical Prospecting, 42 (4): 357-370.

Kaelin B, Guitton A. 2006. Imaging condition for reverse time migration. Geophysics, 25 (1): 2594-2598.

Kaser M, Igel H. 2001. Numerical simulation of 2D wave propagation on unstructured grids using explicit differential operators. Geophysical Prospecting, 49: 607-619.

Komatitsch D, Barnes C, Tromp J. 2000. Wave propagation near a fluid-solid interface: A spectral-element approach. Geopyhsics, 65: 623-631.

Komatitsch D, Coute F, Mora P. 1996. Tensorial formulation of the wave equation for modelling curved interfaces. Geophysical Journal International, 127 (1): 156-168.

Kosloff D, Carcione J. 2010. Two-dimensional simulation of Rayleigh waves with staggered sine/cosine transforms and variable grid spacing. Geophysics, 75 (4): T133-T140.

Kosloff D, Kessler D, Filho A Q, et al. 1990. Solution of the equations of dynamic elasticity by a Chebychev spectral method. Geophysics, 55 (6): 734-748.

Komatitsch D, Vilotte J P. 1998. The spectral element method: an efficient tool to simulate the seismic response of 2D and 3D geological structures. Bulletin of the seismological society of America, 88 (2): 368-392.

Kristek J, Moczo P, Archuleta R J. 2002. Efficient methods to simulate planar free surface in the 3D 4 (th) - order staggered-grid finite-difference schemes. Studia Geophysica et Geodaetica, 46: 355-381.

Krüger O S, Saenger E H, Shapiro S. 2005. Scattering and diffraction by a single crack: An accuracy analysis of the rotated staggered grid. Geophysical Journal International, 162: 25-31.

Levander A. 1988. Fourth-order finite-difference P-SV seismograms. Geophysics, 53 (11): 1425-1436.

Liu F Q. 2008. An anti-dispersion wave equation for modeling and reverse-time migration. SEG Expanded Abstracts, 27 (1): 2277-2281.

Mittet R. 2002. Free-surface boundary conditions for elastic staggered-grid modeling schemes. Geophysics, 67 (5): 1616-1623.

Moczo P, Kristek J, Vavrycuk V, et al. 2002. 3D heterogeneous staggered-grid finite-difference modeling of seismic Motion with volume harmonic and arithmetic averaging of elastic moduli and densities. Bulletin of the Seismological Society of America, 92 (8): 3042-3066.

Mufti I R. 1990. Large-scale three-dimensional seismic models and their interpretive significance. Geophysics, 55 (9): 1166-1182.

Nielsen P, Berg P, Skovgaard O. 1994. Using the pseudospectral technique on curved grids for 2D acoustic forward modelling. Geophysical Prospecting, 42 (4): 321-341.

Ohminato T, Chouet B A. 1997. A free-surface boundary condition for including 3D topography in the finite-difference method. Bull Seism Soc Am, 87: 494-515.

Oliveira S A M. 2003. A fourth-order finite-difference method for the acoustic wave equation on irregular grids. Geophysics, 68: 672-676.

Oprsal I, Zahradnik J. 1999. Elastic finite-difference method for irregular grids. Geophysics, 64 (1): 240-250.

Pedersen H A, Maupin V, CampilloM. 1996. Wave diffraction In multilayered media with the indirect boundary element method: Application to 3-D diffraction of long-period surface waves by 2-D lithospheric structures. Geophysical Journal of the Royal Astronomical Society, 125 (2): 545-558.

Pitarka A. 1999. 3D elastic finite-difference modeling of seismic motion using staggered grids with nonuniform spacing. Bulletin of the Seismological Society of America, 89 (1): 54-68.

Reshef M. 1991. Depth migration from irregular surfaces with the depth extrapolation methods. Geophysics, 56 (1): 119-122.

Robertsson J O A. 1996. A numerical free-surface condition for elastic/viscoelastic finite-difference modeling in the presence of topography. Geophysics, 61: 1921-1934.

Rodrigues D, Mora P. 1993. An efficient implementation of the free-surface boundary condition in 2-D and 3-D elastic cases, 63th Ann. Internat Mtg, Soc Expl Geophys, Expanded Abstracts, 215-217.

Ruud B, Hestholm S. 2001. 2D surface topography boundary conditions in seismic wave modeling. Geophysical Prospecting, 49: 445-460.

Saenger E H, Gold N, Shapiro S A. 2000. Modeling the propagation of elastic waves using a modified finite-difference grid. Wave Motion, 31 (1): 77-92.

Sato M. 2007. Comparing three methods of free boundary implementation for analyzing elastodynamics using the finite-difference time-domain formulation. Acoustic Science and Technology, 28 (1): 49-52.

Schneider W A. 1978. Integral formulation of migration in two and three dimension. Geophysics, 43 (1): 49-76.

Schultz C A. 1997. A density-tapering approach for modeling the seismic response of free surface topography. Geophys Res Lett, 24: 2809-2812.

Sherwood J W C. 1958. Elastic wave propagation in a semi-infinite solid medium. Proc of the Physical Soc, 71: 207-219.

Sun R, McMechan G A. 2008. Amplitude effect of the free surface in elastic reverse-time extrapolation. Geophysics, 73 (5): 177-184.

Symes W W. 2007. Reverse time migration with optimal checkpointing. Geophysics, 72 (5): 213-221.

Tarrass I, Giraud L, Thore P. 2011. New curvilinear scheme for elastic wave propagating in presence of curved topography. Geophysical Prospecting, 59: 889-906.

Teng Y C, Dai T F. 1989. Finite-element prestack reverse-time migration for elastic waves. Geophysics, 54 (9): 1204-1208.

Tessmer E. 2000. Seismic finite-difference modeling with spatially varying time steps. Geophysics, 65: 1290-1293.

Tessmer E, Kosloff D. 1994. 3D elastic modelling with surface topography by a Chebychev spectral method. Geophysics, 59 (3): 464-473.

Tessmer E, Kosloff D, Behle A. 1992. Elastic wave propagation simulation in the presence of surface topography. Geophysical Journal International, 108: 621-632.

Thompson J F, Thames F C, Mastin C W. 1974. Automatic numerical generation of body-fitted curvilinear coordinates for a field containing any number of arbitrary two-dimensional bodies. Journal of Computational Physics, 15 (3): 299-319.

Vidale J E, Clayton R W. 1986. A stable free-surface boundary-condition for two-dimensional elastic finite-difference wave simulation. Geophysics, 51: 2247-2249.

Virieux J. 1984. SH-wave propagation in heterogeneous media: Velocity-stress finite-difference method. Geophysics, 49 (11): 1933-1957.

Virieux J. 1986. P-SV wave propagation in heterogeneous media: Velocity-stress finite-difference method. Geophysics, 51 (4): 1933-1942.

Wang X M, Zhang H. 2004. Modeling of elastic wave propagation on a curved free surface using an improved finite-difference algorithm. Science in China Series G: Physics, Mechanics and Astronomy, 47 (5): 633-648.

Wang Y, Xu J, Schuster G T. 2001. Viscoelastic wave simulation in basins by a variable-grid finite-difference method. Bulletin of the Seismological Society of America, 91: 1741-1749.

Whitemore N D. 1983. Iterative depth migration by backward time propagation. SEG Expanded Abstracts, 382-384.

Widess M B. 1945. Effect of surface topography on seismic mapping. Geophysics, 362-372.

Wiggins J W. 1984. Kirchhoff integral extrapolation and migration of nonplanar data. Geophysics, 49 (8): 1239-1248.

Wu C, Harris J M, Nihei K T, et al. 2005. Two-dimensional finite-difference seismic modeling of an open fluid-filled fracture: comparison of thin-layer and linear-slip models. Geophysics, 70 (4): 57-62.

Xu S, Zhang Y, Tang B. 2010. 3D common image gathers from reverse time migration. 80th Annual International Meeting of SEG, 3257-3261.

Xu Y, Xia J, Miller R. 2007. Numerical investigation of implementation of air-earth boundary by acoustic-elastic boundary approach. Geophysics, 72 (5): 147-153.

Zahradník J, Urban L. 1984. Effect of a simple mountain range on underground seismic motion. Geophysical Journal of the Royal Astronomical Society, 79: 167-183.

Zahradnik J, Hron F. 1992. Robust finite-difference scheme for elastic-waves on coarse grids. Studia Geophysica Et Geodaetica, 36: 1-19.

Zahradník J, Priolo E. 1999. Heterogeneous formulations of elastodynamic equations and finite-difference schemes. Geophysical Journal International, 120: 663-676.

Zahradník J, Moczo P, Hron F. 1993. Testing four elastic finite-difference schemes for behavior at discontinuities. Bulletin of the Seismological Society of America, 83 (1): 107-129.

Zhang W, Chen X. 2006. Traction image method for irregular free surface boundaries in finite difference seismic wave simulation. Geophysical Journal International, 167: 337-353.

Zhang W, Shen Y, Zhao L. 2012. Three-dimensional anisotropic seismic wave modelling in spherical coordinates by a collocated-grid finite-difference method. Geophysical Journal International, 188: 1359-1381.

Zhu H, Zhang W, Chen X. 2009. Two-dimensional seismic wave simulation in anisotropic media by non-staggered finite-difference method. Chinese J Geophys, 52 (6): 1536-1546.

第2章　基于射线理论的起伏地表偏移成像

2.1　引　言

时间偏移假设介质横向速度不变或变化很小，它是把绕射波收敛至其绕射线顶点上的一种偏移成像方法，成像结果在时间域上表示。在介质横向变速的情况下，时间偏移在对变速层下的反射界面成像时，成像同相轴会发生畸变。在深度偏移中假设介质速度是任意变化的，能把接收到的绕射波完全收敛到产生它的绕射点上，成像结果在深度域上表示。任意介质分布情况下，深度偏移能正确地给出地下反射界面的像。

时间偏移后的成像结果可通过射线深度偏移沿成像射线进行校正。把时间偏移中得到的不准确的横向空间位置校正到其真实的空间位置上去。同理，我们也可把叠加剖面上的同相轴用以上技术来进行校正，然后就可将其映射到深度域了。一般认为动校正加倾角动校正后的叠加剖面可以看作基于爆炸反射面模型激发后得到的剖面，波的传播一般也认为是沿界面法线方向向上到达地表面的。

Kirchhoff 偏移是最常用的射线类偏移方法，其起源于 20 世纪 60 年代的绕射扫描叠加方法，利用波动方程的 Kirchhoff 积分解来实现地震波场的反向传播及成像（French，1975；Schneider，1978）。自 80 年代开始，Kirchhoff 偏移在勘探地球物理界得到了广泛的研究，衍生出一系列真振幅的偏移算法（Beylkin，1985；Schleicher et al.，1993；Bleistein，1987），以及与之相关的地震波走时算法等技术，并因其灵活、高效的特点，在西方工业界得到了广泛的应用。

作为射线类偏移方法的另一个分支，束偏移是一种改进的 Kirchhoff 偏移方法，其不但可以对多次波进行成像，而且往往具有潜在的效率上的优势。Hill（1990，2001）及 Sun 等（2000）奠定了此类方法的理论基础，此后一系列衍生的束偏移方法开始出现（Cockshott，2006；Ting and Wang，2008；Gray，2005，2009）。

射线深度偏移的过程可以认为是进行沿法向射线或成像射线的一个射线追踪过程。很明显，用射线深度偏移对时间偏移剖面进行校正是比较合理的。首先偏移剖面中消除了绕射波的干扰，横向分辨率得到了很大提高，使得能比较容易地对反射层位进行解释。垂直地表示射线追踪的初始方向，已知射线出射方向。已知一个点 (x, t_j)，其中 t_j 是第 j 层的走时。只要沿着成像射线往下追踪，直至走时等于 t_j，那么此时的空间点 (x, z_j) 便是时间点 (x, t_j) 在深度域对应的地下空间点。

从理论上分析，解决复杂地质体成像最理想的方法是叠前深度偏移（PSDM），但它对速度有很强的敏感性，需要较精确的深度域的层速度模型。因此，需要反复迭代分析其速度，以便获得偏移成像质量最高的深度域的层速度模型。此外，叠前深度偏移成本高，成功率低，周期长。叠前时间偏移和深度偏移在进行起伏地表成像时各具利弊，在 2.2 节中对 Kirchhoff 叠前时间偏移进行介绍，在 2.3 节中对高斯束叠前深度偏移进行介绍。

同波动方程偏移相比，射线类偏移成像方法具有对复杂地表条件天然的适应性。

Kirchhoff 偏移利用射线理论计算格林函数且可对单道地震记录进行成像，也可直接在起伏地表进行波场的延拓和成像。Wiggins（1984）提出了适用于非水平观测地震数据的 Kirchhoff 积分延拓和偏移公式。Gray 等（1995）证明直接在起伏地表进行 Kirchhoff 偏移要优于首先进行基准面校正后的偏移结果。Jager 等（2003）提出了起伏地表条件下的真振幅 Kirchhoff 偏移方法。

作为 Kirchhoff 偏移准确而有效的替代方法，高斯束偏移不但具有接近于波动方程偏移的成像精度，同时还保留了积分法偏移灵活、高效的特点，以及对非规则观测系统良好的适应性。高斯束偏移的核心在于利用倾斜叠加将单个高斯窗内的地震记录分解为同高斯束相匹配的局部平面波，并利用相对应的高斯束进行成像。Gray（2005）利用单个高斯窗内接收点高程变化相对较小的特点，提出了一种适应于复杂地表条件的高斯束偏移方法（在此简称局部静校正法），其基本思想是通过简单的高程静校正将高斯窗内接收点的高程校正到束中心所在的基准面上，然后在此基准面上进行局部平面波的分解及延拓成像。

当地表高程变化剧烈时，直接进行静校正对波场造成的畸变依然会对后续的偏移成像，特别是对近地表的成像造成不利的影响。针对上述问题，2.2.3 节介绍了一种精度更高的，且具有相对振幅保持特点的复杂地表条件下的高斯束偏移方法（保幅延拓法）。首先，通过瑞利 II 积分来近似描述复杂地表反向延拓的地震波场并结合基于高斯束表示的格林函数，推导出基于高斯束表示的波场反向延拓公式；接下来，结合反褶积成像条件并通过最速下降法将推导过程中的二维复值积分进行简化，得到了保幅的高斯束偏移公式。同局部静校正法相比，保幅延拓法可以通过考虑平面波在起伏地表的传播特点，直接在起伏地表进行局部平面波的分解，具有更高的成像精度（尤其是近地表部分），而且可以消除地震波几何扩散对成像振幅的影响，从而得到保幅的成像结果，有利于此后的 AVO 及岩性分析。

2.2 起伏地表 Kirchhoff 叠前时间偏移成像

2.2.1 起伏地表旅行时计算问题

由于地表崎岖不平，炮点和检波点的高程坐标不一致，炮点到地下反射点，以及地下反射点到检波点的路径不再对称，在偏移成像过程中的走时计算不能再用常规 Kirchhoff 积分法，而需要导出非水平地表情况下旅行时的计算方法。在 Kirchhoff 叠前时间偏移中，走时计算的正确与否直接关系到能否得到精确的成像结果。常规 Kirchhoff 叠前时间偏移中假设 $Z_s = Z_r = Z_o$，因此我们得到如下走时计算方程（Li and Pham，2002；图 2.1）：

$$t = \sqrt{\left(\frac{\tau}{2}\right)^2 + \left(\frac{\overrightarrow{SQ}}{v}\right)^2} + \sqrt{\left(\frac{\tau}{2}\right)^2 + \left(\frac{\overrightarrow{RQ}}{v}\right)^2} \tag{2.1}$$

式中，v 为均方根速度；τ 为垂直双程成像时间。

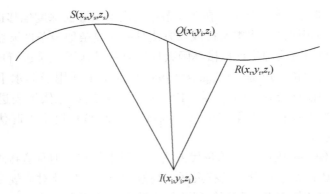

图 2.1　起伏地表炮点、检波点、成像点几何关系

在地表水平的情况下，计算出的走时是"对称"的，而在地表非水平的情况下，零时刻成像时间为 x 与 y 的函数，炮点和检波点的坐标此时将不再对称。因此，旅行时的计算将变得不是那么简单了。从图 2.1 中可知，旅行时的计算由两部分组成，可以用下式表示：

$$t = \frac{1}{v}(\overrightarrow{SI} + \overrightarrow{RI}) \tag{2.2}$$

其中：

$$\overrightarrow{SI} = \sqrt{(x_i - x_s)^2 + (y_i - y_s)^2 + (z_i - z_s)^2} \tag{2.3}$$

$$\overrightarrow{RI} = \sqrt{(x_i - x_r)^2 + (y_i - y_r)^2 + (z_i - z_r)^2} \tag{2.4}$$

$$z_i = z_0 + \frac{\tau v}{2} \tag{2.5}$$

式中，z_i 为"伪"成像深度。本书讨论了非水平地表情况下的旅行时的计算问题，文中的处理方法是先将非水平地表数据按射线路径做坐标变换映射到水平坐标下，再在此新的水平坐标下对走时进行计算。下面具体讨论此方法的计算过程。

如图 2.2 所示，我们定义原坐标为 $R(x_r,\ y_r,\ z_r)$ 和 $S(x_s,\ y_s,\ z_s)$，反射点坐标为

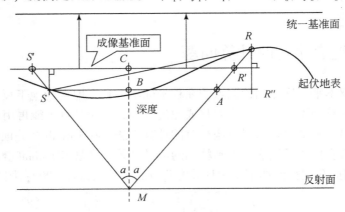

图 2.2　起伏地表成像坐标示意图

$M(x_m, y_m, z)$，变换后在局部水平观测面上的坐标为 $R'(x_r', y_r', z_r')$ 和 $S'(x_s', y_s', z_s')$。从图中可以知道，要校正到平面 $z_r' = z_s' = z'$ 上，根据向量平行原理，我们有：

$$\begin{cases} \dfrac{x_m - x_s}{x_m - x_s'} = \dfrac{y_m - y_s}{y_m - y_s'} = \dfrac{z - z_s}{z - z'} \\[3mm] \dfrac{x_m - x_r}{x_m - x_r'} = \dfrac{y_m - y_r}{y_m - y_r'} = \dfrac{z - z_r}{z - z'} \end{cases} \tag{2.6}$$

因此，根据上式可得：

$$\begin{cases} x_s' = x_m - \dfrac{z - z'}{z - z_s}(x_m - x_s) \\[3mm] y_s' = y_m - \dfrac{z - z'}{z - z_s}(y_m - y_s) \\[3mm] x_r' = x_m - \dfrac{z - z'}{z - z_r}(x_m - x_r) \\[3mm] y_r' = y_m - \dfrac{z - z'}{z - z_r}(y_m - y_r) \end{cases} \tag{2.7}$$

因此，在新坐标中，我们可以使用常规 Kirchhoff 积分叠前时间偏移的单道偏移法进行偏移成像，然后再把成像结果用一个较合适的速度校正到统一的基准面上去，在此面上进行后续的速度分析处理和叠加成像处理。这时的旅行时计算公式为

$$T^{cal}(\tau, x, y) = \sqrt{\left(\frac{\tau}{2}\right)^2 + \frac{(x_s - x)^2 + (y_s - x)^2}{v_{rms}^2}} + \sqrt{\left(\frac{\tau}{2}\right)^2 + \frac{(x_r - x)^2 + (y_r - x)^2}{v_{rms}^2}} \tag{2.8}$$

需要注意的是，上式计算出的旅行时取不到真实反射层的振幅值，实际反射层对应的旅行时需要根据地面观测的炮检点坐标及其相应的速度值来计算获得。根据实际观测得到的炮检点坐标计算真实的旅行时见下式：

$$T^{obs} = T^{cal} + \mathrm{sgn}(z_s - z_s')\frac{\sqrt{(x_s - x_s')^2 + (y_s - y_s')^2 + (z_s - z_s')^2}}{v_{s0}} + \mathrm{sgn}(z_r - z_r')\frac{\sqrt{(x_r - x_r')^2 + (y_r - y_r')^2 + (z_r - z_r')^2}}{v_{r0}}$$

$$\tag{2.9}$$

根据非水平地表计算得出的旅行时 T^{obs} 从观测数据中取出相应的振幅值，经过加权处理后放到计算参考面对应的旅行时 T^{cal} 的等时面上。

2.2.2　临时基准面选择问题

1. 炮检对中间高程为临时基准面

当临时基准面选取在当前道炮检对中间高程处时，根据式（2.10）可知：

$$T^{obs} = T^{cal} \tag{2.10}$$

可见这时新坐标下计算得到的旅行时与实际地面观测到的旅行时相等。以炮检对中间高程为临时基准面会面临如下两个问题。

（1）即使是同一个共中心点（CMP）道集，每一道都有一个临时基准面，即临时基

准面随着每道变化而变化。每一道的成像影响相对于最终的时移量都不同，这将不利于最终基准面上的同相叠加处理。

（2）成像速度 v_{rms} 是定义在共中心点（common middle point，CMP）处的速度，此次选择的基准面所利用的速度与成像深度无法对应上，将破坏同相叠加。

2. 共中心点高程为临时基准面

当临时基准面选择 CMP 处的高程所在水平面时有如图 2.3 中所示的三种实际情况。

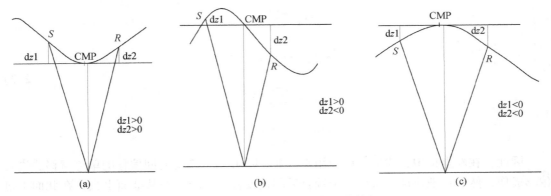

图 2.3　CMP 为临时基准面的三种情况

（a）～（c）分别为 CMP 高程在炮检点高程之下、中间和之上

根据式（2.8）和式（2.9）我们可以计算出此三种情况下基准面上的旅行时和观测面上的旅行时，三种情况下使用的公式是统一的。CMP 位置确定后，对每一道就可以应用常规 Kirchhoff 积分叠前时间偏移方法进行偏移处理了。

相对于以炮检点中点高程为基准面来说，以 CMP 高程为基准面的方法对同一个 CMP 道集中的所有道集只需要一个共同基准面，这将有利于同相叠加。这种基准面的选择相对于第一种基准面的选择更合理，因为在偏移中使用 v_{rms} 速度是 CMP 道集分析得来的，临时基准面若与 CMP 高程不一致将导致使用 v_{rms} 速度在深度上发生错位，破坏同相叠加。

2.2.3　模型试算

1. 简单起伏地表模型

首先我们对一个简单的起伏地表模型进行测试。图 2.4 为起伏地表模型，模型中的起伏面为地表面。观测系统为中间放炮两边接收，301 道/炮；最小偏移距 10m；最大偏移距 3010m；记录时长为 2s，$dx = 10$m；炮间距为 30m，$dt = 0.002$s，总共 500 炮。图 2.5、图 2.6 分别为常规 Kirchhoff 叠前时间偏移剖面和起伏地表 Kirchhoff 叠前时间偏移剖面。从图中比较可以看出，起伏地表 Kirchhoff 叠前时间偏移比常规的经过静校正后的 Kirchhoff 叠前时间偏移的偏移效果要好，同相轴没有像常规 Kirchhoff 叠前时间偏移中那样由于起伏地表的影响而弯曲，更加连续，归位准确。

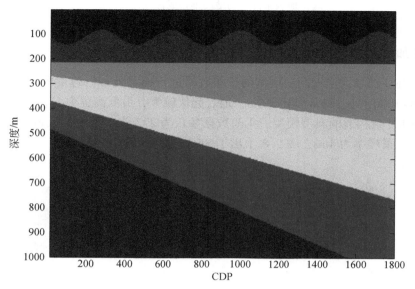

图 2.4　起伏地表模型一

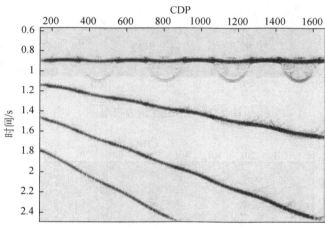

图 2.5　常规 Kirchhoff 叠前时间偏移剖面

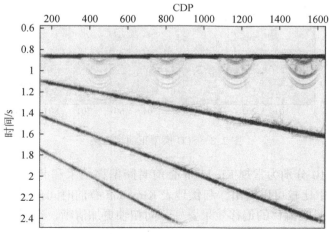

图 2.6　起伏地表 Kirchhoff 叠前时间偏移剖面

2. SEG 加拿大逆掩断层模型

我们对 SEG 加拿大逆掩断层模型的正演数据进行偏移处理。速度模型如图 2.7 所示，大小为 1668×1000，$dx=15m$，$dz=10m$，地表起伏较大，最低高程为 -1747m，该速度模型为复杂地表和复杂构造的典型模型。正演数据参数为 277 炮，单炮最大道数为 480 道，采样点为 2000，采样率为 4ms，图 2.8 给出了 SEG 模型正演炮道集数据。

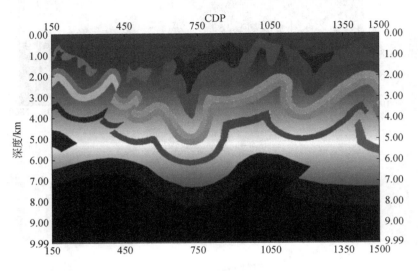

图 2.7　SEG 起伏地表模型一

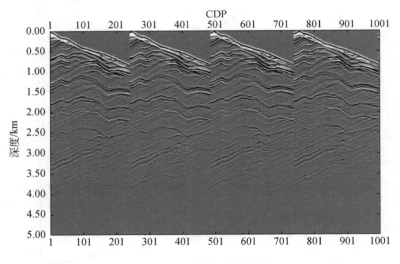

图 2.8　SEG 模型正演炮道集

图 2.9 与图 2.10 分别为常规 Kirchhoff 叠前时间偏移结果和起伏地表 Kirchhoff 叠前时间偏移结果。从图中比较可以看出，起伏地表 Kirchhoff 叠前时间偏移比常规的经过静校正后的 Kirchhoff 叠前时间偏移的偏移效果要好，同相轴更加清晰、连续，归位准确，断层也

比较清楚。

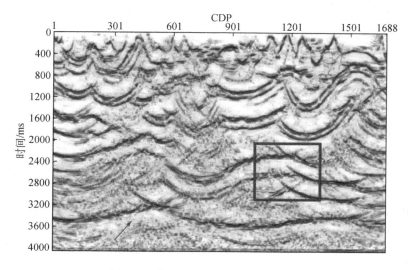

图 2.9　常规 Kirchhoff 叠前时间偏移

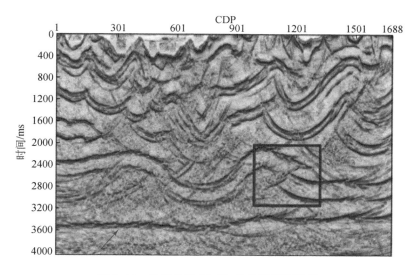

图 2.10　起伏地表 Kirchhoff 叠前时间偏移

2.2.4　本节小结

相对于叠后地震资料，叠前偏移得到的共成像点道集和偏移后的叠加剖面的斜构造归位更为准确，消除了横向速度变化所带来的成像假象，地质信息更为丰富，能更好地解决地质中的问题。

本节介绍了起伏地表 Kirchhoff 叠前时间偏移，对起伏地表地震数据进行了偏移处理，并与常规方法进行对比，从剖面上可以看出，相对常规方法来说，起伏地表 Kirchhoff 叠前时间偏移的成像效果更佳。相比于叠前时间偏移，叠前深度偏移从理论角度上讲更加先进，在后文中主要对深度偏移进行介绍。

2.3　起伏地表高斯束偏移

2.3.1　局部静校正法

在复杂的地表条件下，基于水平地表的常规高斯束偏移需做一定的改进。Gray（2005）提出了一种在复杂地表条件下的实现方法（简称局部静校正法），其基本思想是，当近地表速度变化时，在局部倾斜叠加的过程中，使用每个接收点 x_r 处的速度来计算相移量；当地表起伏变化时，通过简单的高程静校正将窗内接收点的高程校正到束中心所在的基准面上，如图 2.11 所示，若地表起伏不大，单个高斯窗内的接收点之间的高程变化相对较小，直接进行静校正对波场造成的畸变并不会对后续的偏移结果产生太大的影响。然而，当地表高程变化剧烈时，简单的高程静校正对波场造成的畸变，依然会对后续的偏移成像特别是近地表的成像造成不利的影响。

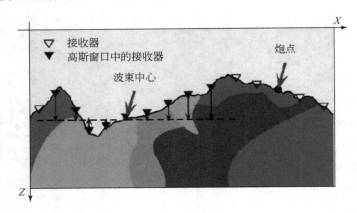

图 2.11　局部静校正法示意图

2.3.2　保幅延拓法

考虑如图 2.12 所示的二维起伏地表模型，假设 S 为起伏地表面，$x_s = (x_s, z_s)$ 为震源，$x_r = (x_r, z_r)$ 对应震源 x_s 的接收点，$U(x_r, x_s, \omega)$ 为接收到的地震波场，$x = (x, z)$ 为地下成像点，则 x 点处反向延拓的地震波场 $U(x, x_s, \omega)$ 可以通过 Kirchhoff-Helmoholtz 积分来表示：

$$U(x, x_s, \omega) = \int dS \left\{ G^*(x, x_r, \omega) \frac{\partial U(x_r, x_s, \omega)}{\partial n} - U(x_r, x_s, \omega) \frac{\partial G^*(x, x_r, \omega)}{\partial n} \right\} \quad (2.11)$$

式中，G 为接收点 x_r 到成像点 x 的格林函数；$\partial/\partial n$ 为沿外法线方向求导；$*$ 为复共轭。

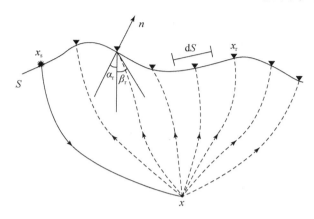

图 2.12　复杂地表条件下的波场反向延拓

当地表水平时，可以选取适当的格林函数来消除接收地震波场的法向导数项，此时式 (2.11) 可以简化为瑞利 II 积分。当地表的起伏在波长范围内变化不大时，反向延拓的地震波场 $U(x, x_s, \omega)$ 依然可以通过瑞利 II 积分来近似表示：

$$U(x,x_s,\omega) \approx 2\mathrm{i}\omega \int \mathrm{d}S \frac{\cos\theta_r}{V_r} G^*(x,x_r,\omega) U(x_r,x_s,\omega) \tag{2.12}$$

式中，$\theta_r = \beta_r - \alpha_r$ 为接收点 x_r 处射线出射方向同法线之间的角度；β_r 和 α_r 分别为 x_r 处出射到达地下成像点 x 射线的出射角及地表的倾角；V_r 为 x_r 处地表速度；$*$ 为复共轭；式 (2.11) 也是 Kirchhoff 基准面校正的基本理论公式。接下来，我们以式 (2.12) 为基础，依据常规高斯束偏移的基本思想进行推导。

首先，通过沿水平方向加入一系列的高斯窗函数，将地震记录划分为一系列重叠的区域，此时式 (2.12) 变为

$$U(x,x_s,\omega) \approx \sqrt{\frac{2}{\pi}} \frac{\mathrm{i}\omega\Delta L}{w_0} \left|\frac{\omega}{\omega_r}\right|^{1/2} \sum_L \int \mathrm{d}S \frac{\cos\theta_r}{V_r} G^*(x,x_r,\omega) \exp\left[-\left|\frac{\omega}{\omega_r}\right| \frac{(x_r-L)^2}{2w_0^2}\right] \times U(x_r,x_s,\omega)$$

$$\tag{2.13}$$

接下来，根据不同方向的平面波到达接收点 x_r 与束中心 L 的走时延迟，如图 2.13 所示，将格林函数 $G(x, x_s, \omega)$ 通过 L 处出射的高斯束 $u_{GB}(x, L, \omega)$ 的积分来近似表示：

$$G(x,x_r,\omega) \approx \frac{\mathrm{i}}{4\pi} \int \frac{\mathrm{d}p_{Lx}}{p_{Lz}} u_{GB}(x,L,\omega) \exp[-\mathrm{i}\omega p_L \cdot (x_r-L)]$$

$$\approx \frac{\mathrm{i}}{4\pi} \int \frac{\mathrm{d}p_{Lx}}{p_{Lz}} A_L \exp[\mathrm{i}\omega T_L] \exp[-\mathrm{i}\omega(p_{Lx}(x_r-L)+p_{Lz}h)] \tag{2.14}$$

式中，$p_L = (p_{Lx}, p_{Lz}) = (\sin\beta_L/V_L, \cos\beta_L/V_L)$ 为高斯束中心射线的初始慢度；β_L 为射线的出射角；h 为 x_r 和 L 之间的高程差；T_L、A_L 分别为高斯束 $u_{GB}(x, L, \omega)$ 的复值走时和振幅；$\exp[-\mathrm{i}\omega(p_{Lx}(x_r-L)+p_{Lz}h)]$ 为补偿格林函数震源不同于高斯束出射点时相位变化的校正因子。当 x_r 距离 L 较远时，式 (2.14) 中的近似会存在一定的振幅误差，但由于高斯函

数的衰减性质，上述近似并不足以对式（2.13）产生太大影响。

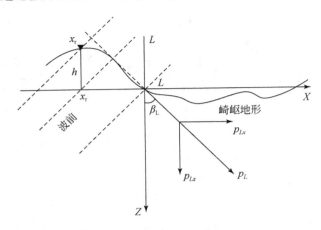

图 2.13　通过 L 处出射高斯束的积分来近似格林函数 $G(x, x_{\mathrm{r}}, \omega)$

将式（2.14）代入式（2.13），得

$$U(x,x_{\mathrm{s}},\omega) \approx \frac{\omega\Delta L}{2\pi\sqrt{2\pi}\,w_0} \left|\frac{\omega}{\omega_{\mathrm{r}}}\right|^{1/2} \sum_L \int \mathrm{d}S \frac{\cos\theta_{\mathrm{r}}}{V_{\mathrm{r}}} U(x_{\mathrm{r}},x_{\mathrm{s}},\omega)\exp\left[-\left|\frac{\omega}{\omega_{\mathrm{r}}}\right|\frac{(x_{\mathrm{r}}-L)^2}{2w_0^2}\right] \tag{2.15}$$

$$\times \int \frac{\mathrm{d}p_{Lx}}{p_{Lz}} A_L^* \exp[-\mathrm{i}\omega T_L^*] \exp[\mathrm{i}\omega(p_{Lx}(x_{\mathrm{r}}-L)+p_{Lz}h)]$$

在上式中，对于出射角为 β_L 的高斯束所经过的地下成像点，令 $V_{\mathrm{r}}\approx V_L$，并通过 $\beta_{\mathrm{r}}\approx\beta_L$ 来近似表示由 x_{r} 到 x 射线的出射角，从而求得 $\theta_{\mathrm{r}}\approx\beta_L-\alpha_{\mathrm{r}}$。交换式（2.15）的积分次序，得到基于高斯束表示的复杂地表波场反向延拓公式：

$$U(x,x_{\mathrm{s}},\omega) = \frac{\omega\Delta L}{2\pi\sqrt{2\pi}\,w_0 V_L} \sum_L \int \frac{\mathrm{d}p_{Lx}}{p_{Lz}} A_L^* \exp[-\mathrm{i}\omega T_L^*] D_{\mathrm{s}}(L,p_{Lx},\omega) \tag{2.16}$$

式中，D_{s} 为单个高斯窗内地震记录的局部倾斜叠加，由下式求得

$$D_{\mathrm{s}}(L,p_{Lx},\omega) = \left|\frac{\omega}{\omega_{\mathrm{r}}}\right|^{1/2} \int \mathrm{d}S\cos(\beta_L-\alpha_{\mathrm{r}}) U(x_{\mathrm{r}},x_{\mathrm{s}},\omega)\exp[\mathrm{i}\omega(p_{Lx}(x_{\mathrm{r}}-L)+p_{Lz}h)]$$

$$\times\exp\left[-\left|\frac{\omega}{\omega_{\mathrm{r}}}\right|\frac{(x_{\mathrm{r}}-L)^2}{2w_0^2}\right] \tag{2.17}$$

式（2.17）不同于常规的局部倾斜叠加之处在于其包含了起伏地表的高程及倾角信息，可以直接在起伏地表面进行平面波的合成。当近地表速度剧烈变化时，可以通过接收点处的近地表速度来计算上式中的相移量 $\exp[\mathrm{i}\omega(p_{Lx}(x_{\mathrm{r}}-L)+p_{Lz}h)]$，来提高局部平面波分解的精度。此外，上式中积分间隔 $\mathrm{d}S$ 的选取会影响成像结果中的振幅信息，若要得到保幅的成像结果，需选择 $\mathrm{d}S$ 为实际的道间隔，本书的数值试算中将对此进行证明。

对于炮域偏移，要得到真振幅意义上的偏移结果，需应用反褶积型的成像条件：

$$R(x,x_{\mathrm{s}}) = \frac{1}{2\pi} \int \frac{U(x,x_{\mathrm{s}},\omega)G^*(x,x_{\mathrm{s}},\omega)}{G(x,x_{\mathrm{s}},\omega)G^*(x,x_{\mathrm{s}},\omega)}\mathrm{d}\omega \tag{2.18}$$

式中，$G(x, x_{\mathrm{s}}, \omega)$ 为正向传播的震源格林函数。将 $G(x, x_{\mathrm{s}}, \omega)$ 通过震源出射的高斯

束来表示，并将式（2.17）代入式（2.18），得到初步的成像公式：

$$R(x,x_s) = -\frac{\Delta L}{16\pi^3\sqrt{2\pi}\,w_0}\sum_L\int\mathrm{d}\omega\,\frac{\mathrm{i}\omega}{G(x,x_s,\omega)G^*(x,x_s,\omega)}\int\frac{\mathrm{d}p_{sx}}{p_{sz}}A_s^*\exp[-\mathrm{i}\omega T_s^*]$$

$$\times\frac{1}{V_L}\int\frac{\mathrm{d}p_{Lx}}{p_{Lz}}A_L^*\exp[-\mathrm{i}\omega T_L^*]D_s(L,p_{Lx},\omega) \tag{2.19}$$

得到最终的复杂地表条件下保幅高斯束偏移的成像公式：

$$R(x,x_s) = -\frac{\Delta L}{4\pi^2 w_0}\sum_L\int\omega\mathrm{d}\omega\,\sqrt{\mathrm{i}\omega}\int\mathrm{d}p_{mx}\frac{\cos\beta_s}{\cos\beta_L V_s}$$

$$\times\frac{A_s^* A_L^*\,|\,T_s''(p_{sx}^0)\,|}{|\,A_s\,|^2\sqrt{T^{*\,\prime\prime}(p_{hx}^0)}}\exp[-\mathrm{i}\omega(T_s^* + T_L^*)]D_s(L,p_{Lx}^0,\omega) \tag{2.20}$$

式中，V_s 为震源处地表速度；β_s 为对应着 p_{sx} 的震源到成像点射线的出射角度；$T_s''(p_{sx})$、$T^{*\,\prime\prime}(p_{hx})$ 为走时的二阶导数。

2.3.3　模型试算

1. 简单的起伏地表模型

通过对一个简单的起伏地表模型进行试算，验证保幅延拓法的保幅性。设计了如图 2.14（a）所示的三层起伏地表模型，假设模型速度为 2000m/s，在深度分别为 1.6km 和 3.0km 处存在密度差异造成的反射界面，假设各层反射系数相同。模型网格为 601×1000，纵横向采样间隔分别为 10m 和 4m，起伏地表最大高程差近 600m。正演单炮记录如图 2.14（b）所示，该炮记录共有 301 道，道与道之间的水平间距为 20m，炮点位于地表 CDP=301 处，图中可以看到地表起伏造成的非双曲线型的同相轴。

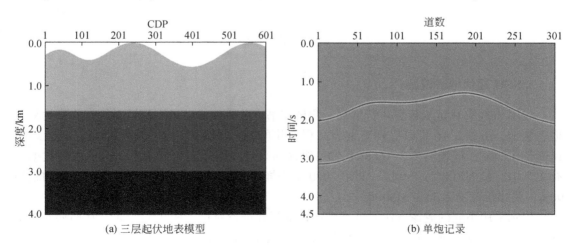

(a) 三层起伏地表模型　　　　　　　　(b) 单炮记录

图 2.14　起伏地表模型二

应用保幅延拓法，对上述模型进行试算。图 2.15（a）为 dS 为实际道间距时的单炮成像结果，图 2.15（b）为 dS 为常数时（所有道间距的几何平均）的单炮成像结果，图 2.15（c）为沿各反射界面所提取的归一化振幅，可以看到保幅延拓法不但有效地消除了起伏地表对各个反射层进行正确成像的影响，并且在一定的偏移距范围内正确地恢复了界面的反射率，图 2.15（d）为沿各反射界面所提取的归一化振幅，可以看到此时虽然模型的水平反射层得到了正确的成像，但其成像振幅同理论值有着较大的误差，由此可以看出 dS 的选择对成像的振幅有着重要的影响。

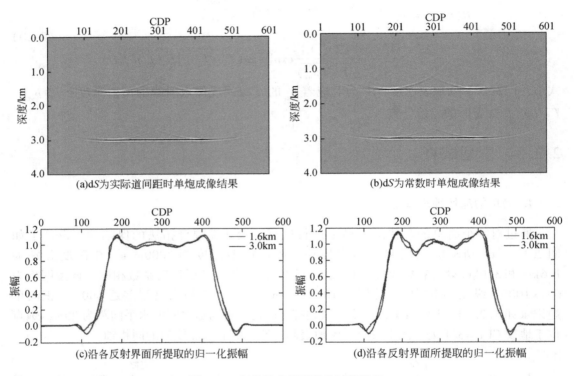

图 2.15　起伏地表模型偏移试算结果

2. SEG 起伏地表模型

应用 SEG 起伏地表模型进行试算，测试本书方法的成像效果。该模型具有典型的复杂地表构造，由图 2.16 可以看到其地表高程变化剧烈，最大高程差接近 1800m，且近地表速度变化明显。模型网格为 1668×1000，纵横向采样间隔分别为 10m 和 15m。模拟数据共有 277 炮，最大道数为 480 道，每道 2000 个采样点，4ms 采样，道间距为 15m，炮间距为 90m，偏移距范围为 15～3600m。

分别采用不同的成像方法对该模型进行试算并进行对比。图 2.17（a）为 Kirchhoff 偏移成像结果，图中可以看出，虽然模型的基本构造得到成像，但是剖面中含有大量的偏移噪声。图 2.17（b）为基于 Gray（2005）所提出的局部静校正法偏移结果，同 Kirchhoff 偏移相比，其成像结果信噪比明显提高，但是其浅层成像效果不够理想，含有大量的噪声。

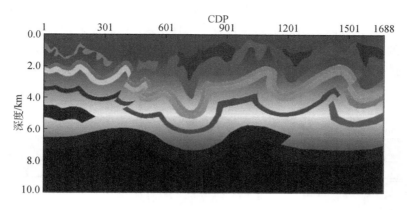

图 2.16　SEG 起伏地表模型二

图 2.17（c）为本书提出的保幅延拓法的偏移结果，可以看到同局部静校正法相比，保幅延拓法不但有效加强了深层（箭头所指位置）的能量强度，并且压制了浅层噪声（方框标示位置），提高了近地表的成像精度。其同图 2.17（d）所示的"直接下延"波动方程偏移的成像结果非常接近，且浅层构造更为清晰。

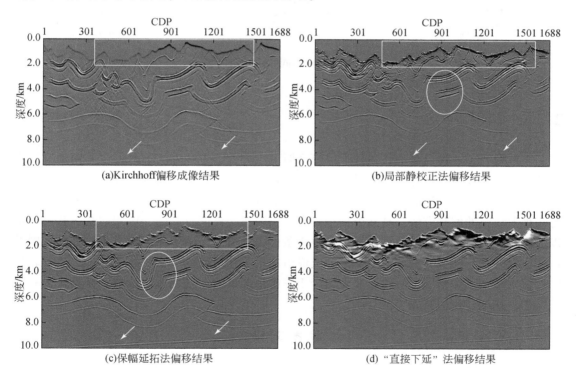

图 2.17　基于不同成像方法的 SEG 起伏地表模型叠前深度偏移结果

　　在进行深度偏移时，若速度模型准确，成像方法正确，所提取的角度域共成像点道集（ADCIGs）应为拉平的。由于测试中所用速度模型准确，因而可以通过判断 ADCIGs 是否拉平来验证该起伏地表高斯束成像方法的正确性。在高斯束偏移的过程中，包含着地下射线的传播角度信息，可以利用此信息直接提取 ADCIGs。我们在成像过程中提取了角度范围为 0° ~ 50°的 ADCIGs，图 2.18 为 CDP = 100、1000、1400 处的 ADCIGs，可以看到对应各个反射界面的同相轴均比较平直，从而证明了本书所提出的复杂地表条件下高斯束偏移的正确性。

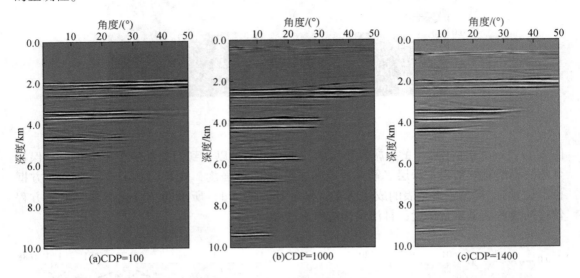

图 2.18　对应不同 CDP 的 ADCIGs

2.3.4　本节小结

本节介绍了一种复杂地表条件下保幅高斯束偏移方法，该方法不但可以利用地表高程以及近地表速度信息进行精确的局部平面波分解，得到具有更高精度的成像结果，还可以结合保幅的高斯束延拓算子，使得成像振幅能够近似正确地反映地下反射系数的变化；作为一种射线类的偏移方法，高斯束偏移具有较高的实用价值及广阔的应用前景。其不但可以适用于不同道集的叠前数据及复杂的地表条件，还可以应用于弹性波多分量叠前资料的偏移成像处理，并能够抽取不同类型的成像道集用于偏移速度分析。除此之外，具有较高的计算效率和成像精度，使得其非常适合于三维情况下的深度域偏移成像，并且作为一种三维迭代速度建模的有效工具。

参 考 文 献

Beylkin G. 1985. Imaging of discontinuities in the inverse scattering problem by inversion of a generalized Radon transform. Journal of Mathematical Physics, 26 (1): 99-108.

Bleistein N. 1987. On the imaging of reflectors in the earth. Geophysics, 52 (1): 931-942.

Cockshott I. 2006. Specular beam migration—a low cost 3-D pre-stack depth migration. 76th Annual International Meeting, SEG, Expanded Abstracts, 2634-2638.

French W S. 1975. Computer migration of oblique seismic reflection profiles. Geophysics, 40 (6): 961-980.

Gray S H. 2005. Gaussian beam migration of common-shot records. Geophysics, 70 (4): 71-77.

Gray S H, Bleistein N. 2009. True-amplitude Gaussian-beam migration. Geophysics, 74 (2): S11-S23.

Hill N R. 1990. Gaussian beam migration. Geophysics, 55 (11): 1416-1428.

Hill N R. 2001. Prestack Gaussian-beam depth migration. Geophysics, 66 (4): 1240-1250.

Jager C, Hertweck T, Spiner M. 2003. True-amplitude Kirchhoff migration from topography. Expanded Abstracts of 73 Annual International SEG Meeting, 909-913.

Li J, Pham D. 2002. Land data migration from rugged topography. Expanded Abstracts of 72 Annual International SEG Meeting, 1137-1139.

Schleicher J, Tygel M, Hubral P. 1993. 3-D true-amplitude finite-offset migration. Geophysics, 58 (8): 1112-1126.

Schneider W A. 1978. Integral formulation for migration in two and three dimensions. Geophysics, 43 (1): 49-76.

Sun Y H, Qin F H, Checkles S, et al. 2000. 3-D prestack Kirchhoff beam migration for depth imaging. Geophysics, 65 (5): 1592-1603.

Ting C O, Wang D L. 2008. Controlled beam migration applications in Gulf of Mexico. 78th Annual International Meeting, SEG, Expanded Abstracts, 368-372.

Wiggins J W. 1984. Kirchhoff integral extrapolation and migration of nonplanar data. Geophysics, 49 (8): 1239-1248.

第3章 单程波起伏地表偏移成像

3.1 引　　言

随着波动方程叠前深度偏移成像技术广泛应用于复杂的地质构造成像领域，波动方程偏移已经被证实是成像复杂构造最好的途径。在实际生产中，也越来越多的利用偏移成像结果中的振幅信息进行 AVO-AVA 分析，从而得到可靠的岩性参数和储层信息。但是常规的波动方程偏移方法只具有相对振幅保持的功能，不能够提供真实的振幅信息，介于此，很多学者和专家们提出了保幅的波动方程偏移理论。

波动方程叠前深度偏移与 Kirchhoff 偏移方法相比较，其优点体现在构造成像方面（Duquet et al.，2002）。基于波动方程的保幅偏移成像包括两步：第一步是波场传播；第二步是建立共成像道集的成像原则。例如，Zhang 等（2003）已经对保幅单程波传播理论进行了研究，同时 Save 和 Formel（2003）由波动方程偏移建立了角度域共成像点道集（CIGs），之后又建立了一种振幅保持的成像原则。

当介质中的速度横向变化剧烈时，波动方程偏移方法要比射线束偏移方法好，大多数波动方程叠前深度偏移方法是基于解单程声波方程的。有很多种方法来求解给定的单程波方程，大致可以分为三类：波数域的 Fourier 偏移方法、有限差分（FD）偏移方法和傅里叶有限差分（FFD）偏移方法。在所有的 FD 偏移和 FFD 偏移方法中，通常用纯粹的实 Pade 逼近或者简单的 Taylor 展开来逼近平方根算子，然而实算子不能够正确处理隐失波问题，从而导致 FFD 算法在强速度变化情况下变得不稳定。为了解决这个问题，Millinazzo 等（1997）提出了使用复 Pade 逼近来近似平方根算子，Biondi（2002）提出了无条件稳定扩展的 FFD 算法。

在这之前，复 Pade 逼近已应用于应用地球物理中。2003 年，Zhang 等（2003）在有限差分偏移中使用这种方法，然而对于广角度偏移不是有效的；2004 年，Zhang 等（2004）使用一阶和二阶 Pade 逼近，推导出了单程波方程的分步复 Pade 傅里叶解；2007 年，Amazonas 等（2007）使用复 Pade 逼近进行广角 FD 和 FFD 叠前深度偏移。前人做的这些工作说明了复 Pade 逼近减轻了由隐失波导致的不准确性和不稳定性。

为解决起伏地表变化剧烈对地下构造成像的影响。Reshef（1991）提出了逐步外推、逐步–累加的方法；Beasley（1992）提出了"零速层"的概念，不过在起伏较大的情况下计算不稳定，效果也较差；Yang 等（1999）提出的基于波动方程深度外推算子"直接下延"法和何英等（2002）提出的"波场上延"法，都较好地消除了起伏地表的影响。

利用递归波场延拓的单炮记录偏移方法是最精确的叠前成像方法，它可以实现复杂地区的高质量成像。尽管目前已有多种方法可实现单炮记录叠前深度偏移，但由于计算效率低，不便在生产上大规模使用，特别是不利于大数据量的全三维数据体叠前深度偏移。在提高计算效率上有两种途径：一种是优化算子；另一种是减少计算的炮数，而在减少炮数的同时会不可避免地影响成像的质量。精确叠前成像的一种算法是面炮记录偏移，它是在1992 年，由 Berkhout 提出的一种快速有效的组合炮技术，通过这种方法，大大减少了用于偏移的叠前数据量，从而也提高了计算效率。它通过某种合成算子将所有炮道集合成一个组合炮记录，再对组合炮记录应用常规的深度偏移算法进行偏移，而不需要对每个单炮进行偏移。

本质上，面炮偏移技术是由点源激发的物理过程数值模拟平面源的激发过程，通过点源和点源记录数值合成平面源和平面源记录。由于波的传播矩阵由介质模型性质唯一确定，而与是物理的点源还是非物理的平面源没有关系。因此，平面源偏移与单炮偏移很类似，波的传播算子或者波场深度外推算子，以及成像条件都是相同的。平面源虽然是全局的，没有点源那样确定的空间位置，但有可控制的明显的方向性，所以平面源适合面向目标的照明和成像。事实上，有限方向的平面源的照明，能够对整个模型结构起到一个类似于众多炮点源照明的效果，这些有限方向的平面源的偏移成像足以得到较好的、能够与众多炮点源偏移成像结果相比拟的地下复杂介质结构图像，具有明显更高的计算效率。利用平面源可准确控制的方向性，还可以进行面向目标的控制照明成像。众所周知，地面上控制的平面源照明，因为目标上覆结构的传播效应，平面波前发生扭曲，因此到达目标结构时，往往并不是垂直或接近垂直方向的有效照明。基于目标照明控制的复合平面源，考虑了目标上覆结构对于波前的扭曲，能够保证波传播到目标结构时，照明方向是垂直于目标结构反射面的最佳照明，达到最佳目标成像的目的。

平面波合成都隐含着地表水平的假设，所以在复杂地表情况下，就不能再按照常规的方式进行合成。通过已经趋于成熟的波动方程基准面校正方法，可以将平面波偏移扩展到复杂地表条件下，在得到和逐炮偏移相比拟的结果同时，同样有很高的计算效率。

3.2　基于单程波方程的保幅叠前深度偏移

3.2.1　真振幅偏移

传统的波动方程偏移技术是定性的，只得到了相位信息，没有振幅信息，而真振幅偏移的目的是为了得到振幅值和地下反射系数成比例的成像结果，也就是所谓的保幅偏移。

真振幅偏移方法的具体定义取决于物理模型，假设这个模型连接着记录数据和反射系数，如果定义这个物理模型为线性算子 L，这个线性算子把数据 d 和反射率向量 r 联系起来，那么真振幅偏移可以定义为 L 的伪转置。它是伪转置的，不是真转置，因为模型算子有一个非空的零空间，这个零空间是由采集检波器和震源时间频率的局限性导致的。在常规检波器和简单的覆盖速度情况下，零空间在模型空间（空间域、角度域和波长域）的明确界定范围边缘，因此不干预反演过程。当真实振幅偏移变得不那么可靠时，在不理想的情况下这是不正确的。

和真振幅偏移相比较，常规偏移方法定义为 L 的伴随算子。定义执行 L 伴随矩阵的偏移方法为运动学偏移方法。运动学偏移和真振幅偏移的区别在于，它们考虑的影响成像振幅的三个因素不同，即覆盖层上的波传播、反射原理和成像原则。前两个因素是数据建模过程的一部分，运动学偏移通常忽略了这些影响，然而真振幅偏移试图通过改变成像来补偿这些影响，最后一个因素（成像原则）和偏移过程有关，在运动学偏移中被忽略，但是在真振幅偏移中必须要考虑进去。

波传播过程中对振幅的影响主要有两类：第一类影响与反射和地表层的波形转换有关，归类为传播影响，它们减弱透射的上行波场和下行波场的振幅值。原则上，如果界面的形状和弹性性能已知的话，会直接将传播影响考虑进去，而实际上，由于界面情况的不确定性，传播影响几乎不被考虑进去。第二类影响是几何扩散，在常速分层介质中，无疑要考虑进去，当存在复杂速度场时，将变得更加困难。

3.2.2　基于单程波方程的保幅叠前深度偏移

1. 保幅偏移的单程波动方程

基于光滑介质假设的全标量三维波动方程为

$$\left[\frac{1}{v(x,y,z)^2}\frac{\partial^2}{\partial t^2}-\frac{\partial^2}{\partial x^2}-\frac{\partial^2}{\partial y^2}-\frac{\partial^2}{\partial z^2}\right]P(t,x,y,z)=0 \tag{3.1}$$

考虑将上式进行算子分解，分解后的表达式如下：

$$\begin{aligned}
&\left[\frac{1}{v(x,y,z)^2}\frac{\partial^2}{\partial t^2}-\frac{\partial^2}{\partial x^2}-\frac{\partial^2}{\partial y^2}-\frac{\partial^2}{\partial z^2}\right]P(t,x,y,z)\\
&=\left(\Lambda+\frac{\partial}{\partial z}\right)\left(\Lambda-\frac{\partial}{\partial z}\right)P-\left(\frac{\partial\Lambda}{\partial z}\right)P+\cdots\\
&=-\left(\Lambda+\frac{\partial}{\partial z}\right)\left(\frac{\partial}{\partial z}-\Lambda\right)P+\left(\frac{\partial\Lambda}{\partial z}\right)P+\cdots
\end{aligned} \tag{3.2}$$

式中，Λ 为拟微分算子，表示为

$$\Lambda=\left(\frac{1}{v(x,y,z)^2}\frac{\partial^2}{\partial t^2}-\frac{\partial^2}{\partial x^2}-\frac{\partial^2}{\partial y^2}\right)^{\frac{1}{2}} \tag{3.3}$$

定义下行波场：

$$D(t,x,y,z)=\frac{1}{2}\left(\Lambda-\frac{\partial}{\partial z}\right)P(t,x,y,z) \tag{3.4a}$$

和上行波场：

$$U(t,x,y,z)=\frac{1}{2}\left(\Lambda+\frac{\partial}{\partial z}\right)P(t,x,y,z) \tag{3.4b}$$

得到单程波方程：

$$\begin{cases}
\left(\frac{\partial}{\partial z}+\Lambda\right)D(t,x,y,z)-\Gamma(D+U)=0\\
\left(\frac{\partial}{\partial z}-\Lambda\right)U(t,x,y,z)-\Gamma(D+U)=0
\end{cases} \tag{3.5}$$

为了降低单程波动方程的复杂性，忽略多次波效应对单程波方程传播特性的影响，即忽略耦合部分。为了使成像值能够准确反映地下反射点的声压反射系数特征，Zhang 等（2003）提出了保幅共炮偏移算法，重新定义新的压力波场（朱绪峰，2008）

$$\begin{cases} P_D = \Lambda^{-1} D \\ P_U = \Lambda^{-1} U \end{cases} \tag{3.6}$$

得到下面的保幅单程波方程和边界条件：

$$\begin{cases} \left(\dfrac{\partial}{\partial z} + \Lambda\right) P_D(x,y,z;w) - \Gamma P_D = 0 \\ P_D(x,y,z=0;\omega) = -\dfrac{1}{2}(i\Lambda)^{-1}\delta(\vec{x} - \vec{x}_s) \end{cases} \tag{3.7a}$$

$$\begin{cases} \left(\dfrac{\partial}{\partial z} - \Lambda\right) P_U(x,y,z;w) - \Gamma P_U = 0 \\ P_U(x,y,z=0;\omega) = Q(x,y;\omega) \end{cases} \tag{3.7b}$$

式中，$\Gamma = \dfrac{1}{2}\left(\dfrac{\partial \Lambda}{\partial z}\right)\Lambda^{-1}$。

1）分步傅里叶（SSF）保幅偏移

将式（3.7a）、式（3.7b）转化到频率域，得到保幅单程波动方程：

$$\frac{\partial P_D}{\partial z} + i\frac{\omega}{v}\sqrt{1 + \frac{v^2}{\omega^2}\left(\frac{\partial^2}{\partial x^2} + \frac{\partial^2}{\partial y^2}\right)} P_D - \frac{v'}{2v}\frac{1}{1 + \dfrac{v^2}{\omega^2}\left(\dfrac{\partial^2}{\partial x^2} + \dfrac{\partial^2}{\partial y^2}\right)} P_D = 0 \tag{3.8a}$$

$$\frac{\partial P_U}{\partial z} - i\frac{\omega}{v}\sqrt{1 + \frac{v^2}{\omega^2}\left(\frac{\partial^2}{\partial x^2} + \frac{\partial^2}{\partial y^2}\right)} P_U - \frac{v'}{2v}\frac{1}{1 + \dfrac{v^2}{\omega^2}\left(\dfrac{\partial^2}{\partial x^2} + \dfrac{\partial^2}{\partial y^2}\right)} P_U = 0 \tag{3.8b}$$

式中，$v' = \dfrac{\partial v}{\partial z}$。以上行波场为例，推导基于分步傅里叶的保幅延拓算子。

上行波方程为

$$\frac{\partial P_U}{\partial z} = \Lambda P_U + \Gamma P_U \tag{3.9}$$

整理得到：

$$\frac{\partial P_U}{\partial z} = (\Lambda_0 + \Lambda - \Lambda_0) P_U + (\Gamma_0 + \Gamma - \Gamma_0) P_U \tag{3.10}$$

式中，$\Lambda_0 = \dfrac{\omega}{v_0}\sqrt{1 + \dfrac{v_0^2}{\omega^2}\left(\dfrac{\partial^2}{\partial x^2} + \dfrac{\partial^2}{\partial y^2}\right)}$；$\Gamma_0 = \dfrac{v_0'}{2v_0}\dfrac{1}{1 + \dfrac{v_0^2}{\omega^2}\left(\dfrac{\partial^2}{\partial x^2} + \dfrac{\partial^2}{\partial y^2}\right)}$。

将式（3.10）分两步求解，得到下式：

$$\frac{\partial P_U}{\partial z} = \Lambda_0 P_U + (\Lambda - \Lambda_0) P_U \tag{3.11a}$$

$$\frac{\partial P_U}{\partial z} = \Gamma_0 P_U + (\Gamma - \Gamma_0) P_U \tag{3.11b}$$

首先求解式（3.11a），即

$$\frac{\partial P_U}{\partial z}=\mathrm{i}\,\frac{\omega}{v_0}\left[1-\frac{v_0^2}{\omega^2}(k_x^2+k_y^2)\right]^{\frac{1}{2}}P_U+\mathrm{i}\,\frac{\omega}{v}\left[1-\frac{v^2}{\omega^2}(k_x^2+k_y^2)\right]^{\frac{1}{2}}P_U-\mathrm{i}\,\frac{\omega}{v_0}\left[1-\frac{v_0^2}{\omega^2}(k_x^2+k_y^2)\right]^{\frac{1}{2}}P_U$$

$$(3.12)$$

解式（3.12）中的第一项得到：

$$\tilde{P}_U(\omega,k_x,k_y,z+\Delta z)=\mathrm{e}^{\mathrm{i}\Delta z\sqrt{\omega^2/v_0^2-(k_x^2+k_y^2)}}\,\tilde{P}_U(\omega,k_x,k_y,z) \qquad (3.13a)$$

利用泰勒级数展开式（3.12）的后两项，得到：

$$\frac{\partial P_U}{\partial z}\approx\mathrm{i}\left(\frac{\omega}{v}-\frac{\omega}{v_0}\right)P_U \qquad (3.13b)$$

解式（3.13b）得到：

$$P_U(\omega,x,y,z+\Delta z)=\mathrm{e}^{\mathrm{i}\omega\left(\frac{1}{v}-\frac{1}{v_0}\right)\Delta z}P_U(\omega,x,y,z) \qquad (3.14)$$

再求解振幅控制式（3.11b），即

$$\frac{\partial P_U}{\partial z}=-\frac{1}{2}\frac{\partial}{\partial z}(\ln\lambda_0)P_U-\frac{1}{2}\frac{\partial}{\partial z}(\ln\lambda)P_U+\frac{1}{2}\frac{\partial}{\partial z}(\ln\lambda_0)P_U \qquad (3.15)$$

在频率–波数域解式（3.15）中的第一项得：

$$\begin{aligned}\tilde{P}_U(\omega,k_x,k_y,z+\Delta z)&=\left\{\exp\left[-\frac{1}{2}\int_z^{z+\Delta z}\frac{\partial}{\partial\xi}\ln\lambda_0(\xi)\,\mathrm{d}\xi\right]\right\}\tilde{P}_U(\omega,k_x,k_y,z)\\&=\exp\left[-\frac{1}{2}\ln\left(\frac{\lambda_0(z+\Delta z)}{\lambda_0(z)}\right)\right]\tilde{P}_U(\omega,k_x,k_y,z)\\&=\left[\frac{\lambda_0(z)}{\lambda_0(z+\Delta z)}\right]^{\frac{1}{2}}\tilde{P}_U(\omega,k_x,k_y,z)\end{aligned}$$

整理得：

$$\tilde{P}_U(\omega,k_x,k_y,z+\Delta z)=\left[\frac{v_0(z+\Delta z)\sqrt{1-\frac{v_0^2(z)}{\omega^2}(k_x^2+k_y^2)}}{v_0(z)\sqrt{1-\frac{v_0^2(z+\Delta z)}{\omega^2}(k_x^2+k_y^2)}}\right]^{\frac{1}{2}}\tilde{P}_U(\omega,k_x,k_y,z) \qquad (3.16)$$

解式（3.15）中的后两项得：

$$\frac{\partial P_U}{\partial z}=-\frac{1}{2}\frac{\partial}{\partial z}\left\{\ln\mathrm{i}\,\frac{\omega}{v}\left[1-\frac{v^2}{\omega^2}(k_x^2+k_y^2)\right]^{\frac{1}{2}}\right\}P_U+\frac{1}{2}\frac{\partial}{\partial z}\left\{\ln\mathrm{i}\,\frac{\omega}{v_0}\left[1-\frac{v_0^2}{\omega^2}(k_x^2+k_y^2)\right]^{\frac{1}{2}}\right\}P_U$$

用泰勒展开上式中的根式项，得到：

$$\frac{\partial P_U}{\partial z}\approx-\frac{1}{2}\frac{\partial}{\partial z}\left(\ln\mathrm{i}\,\frac{\omega}{v}\right)P_U+\frac{1}{2}\frac{\partial}{\partial z}\left(\ln\mathrm{i}\,\frac{\omega}{v_0}\right)P_U \qquad (3.17)$$

则有：

$$P_U(\omega,x,y,z+\Delta z)=\exp\left[\left(\frac{1}{2}\ln\frac{v}{v_0}\Big|_z^{z+\Delta z}\right)\right]P_U(\omega,x,y,z) \qquad (3.18)$$

整理得到：

$$P_U(\omega,x,y,z+\Delta z) = \left[\frac{v(x,y,z+\Delta z)v_0(z)}{v(x,y,z)v_0(z+\Delta z)}\right]^{\frac{1}{2}} P_U(\omega,x,y,z) \tag{3.19}$$

式（3.13a）、式（3.14）、式（3.16）、式（3.19）即为 SSF 真振幅偏移的延拓算子。对于下行波场，只需将 i 前的符号取反即可，如下式所示：

$$\tilde{P}_D(\omega,k_x,k_y,z+\Delta z) = e^{-i\Delta z \sqrt{\omega^2/v_0^2-(k_x^2+k_y^2)}} \tilde{P}_D(\omega,k_x,k_y,z) \tag{3.20}$$

$$P_D(\omega,x,y,z+\Delta z) = e^{-i\omega\left(\frac{1}{v}-\frac{1}{v_0}\right)\Delta z} P_D(\omega,x,y,z) \tag{3.21}$$

$$\tilde{P}_D(\omega,k_x,k_y,z+\Delta z) = \left[\frac{v_0(z+\Delta z)\sqrt{1-\frac{v_0^2(z)}{\omega^2}(k_x^2+k_y^2)}}{v_0(z)\sqrt{1-\frac{v_0^2(z+\Delta z)}{\omega^2}(k_x^2+k_y^2)}}\right]^{\frac{1}{2}} \tilde{P}_D(\omega,k_x,k_y,z) \tag{3.22}$$

$$P_D(\omega,x,y,z+\Delta z) = \left[\frac{v(x,y,z+\Delta z)v_0(z)}{v(x,y,z)v_0(z+\Delta z)}\right]^{\frac{1}{2}} P_D(\omega,x,y,z) \tag{3.23}$$

2）傅里叶有限差分方法保幅偏移

推导 FFD 真振幅偏移延拓算子，同样以上行波为例，真振幅上行波方程可以写为

$$\begin{aligned}
\frac{\partial P_U}{\partial z} &= (\Lambda_0 + \Lambda - \Lambda_0)P_U + (\Gamma_0 + \Gamma - \Gamma_0)P_U \\
&= (\Lambda_0 + \Gamma_0)P_U + [(\Lambda - \Lambda_0) + (\Gamma - \Gamma_0)]P_U
\end{aligned} \tag{3.24}$$

将上式分两步求解。第一步，以参考速度做频率-波数域相移：

$$\frac{\partial P_U}{\partial z} = [\Lambda_0(z) + \Gamma_0(z)]P_U \tag{3.25}$$

将 Λ_0、Γ_0 代入上式，分两步得到：

$$\frac{\partial}{\partial z}\tilde{P}_U(\omega,k_x,k_y,z) = i\frac{\omega}{v_0}\left[1-\frac{v_0^2}{\omega^2}(k_x^2+k_y^2)\right]^{\frac{1}{2}} \tilde{P}_U(\omega,k_x,k_y,z) \tag{3.26}$$

$$\frac{\partial}{\partial z}\tilde{P}_U(\omega,k_x,k_y,z) = -\frac{1}{2}\frac{\partial}{\partial z}\left\{\ln i\frac{\omega}{v_0}\left[1-\frac{v_0^2}{\omega^2}(k_x^2+k_y^2)\right]^{\frac{1}{2}}\right\} \tilde{P}_U(\omega,k_x,k_y,z) \tag{3.27}$$

由分步傅里叶（SSF）保幅延拓算子推导可知：

$$\tilde{P}_U(\omega,k_x,k_y,z+\Delta z) = e^{i\Delta z \sqrt{\omega^2/v_0^2-(k_x^2+k_y^2)}} \tilde{P}_U(\omega,k_x,k_y,z) \tag{3.28}$$

$$\tilde{P}_U(\omega,k_x,k_y,z+\Delta z) = \left[\frac{v_0(z+\Delta z)\sqrt{1-\frac{v_0^2(z)}{\omega^2}(k_x^2+k_y^2)}}{v_0(z)\sqrt{1-\frac{v_0^2(z+\Delta z)}{\omega^2}(k_x^2+k_y^2)}}\right]^{\frac{1}{2}} \tilde{P}_U(\omega,k_x,k_y,z) \tag{3.29}$$

第二步，频率-空间域差分衍射收敛校正：

$$\frac{\partial}{\partial z}P_U(t,x,y,z) = [(\Lambda - \Lambda_0) + (\Gamma - \Gamma_0)]P_U(t,x,y,z) \tag{3.30}$$

同样将上式分两步求解得到：

$$\frac{\partial}{\partial z}P_U(t,x,y,z)=(\Lambda-\Lambda_0)P_U(t,x,y,z)$$

$$=\left\{i\frac{\omega}{v}\left[1-\frac{v^2}{\omega^2}(k_x^2+k_y^2)\right]^{\frac{1}{2}}-i\frac{\omega}{v_0}\left[1-\frac{v_0^2}{\omega^2}(k_x^2+k_y^2)\right]^{\frac{1}{2}}\right\}P_U \tag{3.31}$$

$$\frac{\partial}{\partial z}P_U(t,x,y,z)=(\Gamma-\Gamma_0)P_U(t,x,y,z)$$

$$=\left\{\frac{v'}{2v}\left[\frac{1}{1-\frac{v^2}{\omega^2}\left(\frac{\partial^2}{\partial x^2}+\frac{\partial^2}{\partial y^2}\right)}\right]-\frac{v_0'}{2v_0}\left[\frac{1}{1-\frac{v_0^2}{\omega^2}\left(\frac{\partial^2}{\partial x^2}+\frac{\partial^2}{\partial y^2}\right)}\right]\right\}P_U \tag{3.32}$$

首先对式（3.31）中的根式进行泰勒级数展开，取展开后的前三项，得到：

$$d=\frac{\omega}{v}\sqrt{1-\frac{v^2}{\omega^2}(k_x^2+k_y^2)}-\frac{\omega}{v_0}\sqrt{1-\frac{v_0^2}{\omega^2}(k_x^2+k_y^2)}\approx\frac{\omega}{v_0}(p-1)-\frac{\omega}{v_0}p(1-p)\left\{\frac{1}{2}r^2+\frac{\delta_2}{8}r^4\right\}$$

式中，令 $p=\frac{v_0}{v}\leqslant 1$；$r^2=\frac{v^2}{\omega^2}\left(\frac{\partial^2}{\partial x^2}+\frac{\partial^2}{\partial y^2}\right)$；把和 r 有关的项写成微分形式：$\frac{r^2}{a_1-b_1r^2}$。对其微分形式做泰勒级数展开，并与相应项比较得到：

$$a_1=2.0$$

$$b_1=\frac{\delta_2}{2}=\frac{1}{2}(p^2+p+1)$$

这时整理方程得到：

$$d\approx\frac{\omega}{v_0}(p-1)-\frac{\omega}{v_0}p(1-p)\frac{r^2}{2-b_1r^2}$$

则

$$\frac{\partial P_U}{\partial z}\approx i\left(\frac{\omega}{v}-\frac{\omega}{v_0}\right)\bar{u}+i\frac{\omega}{v}\left(1-\frac{v_0}{v}\right)\left(\frac{\frac{v^2}{\omega^2}\left(\frac{\partial^2}{\partial x^2}+\frac{\partial^2}{\partial y^2}\right)}{a+b\frac{v^2}{\omega^2}\left(\frac{\partial^2}{\partial x^2}+\frac{\partial^2}{\partial y^2}\right)}\right)P_U \tag{3.33}$$

式中，$a=2.0$；$b=0.5(p^2+p+1)$。

由式（3.33）看出，差分绕射收敛校正由两部分组成，即频率-空间域时移处理和有限差分补偿项处理。

（1）频率-空间域时移处理：

$$P_U(x,z_n,z+\Delta z,\omega)=P_U(x,z_n,\Delta z,\omega)e^{i\omega\Delta v(x,z)\Delta z} \tag{3.34}$$

式中，$\Delta v=\frac{1}{v(x,y,z)}-\frac{1}{v_0(z)}$。

（2）频率-空间域有限差分补偿项处理：

取式（3.33）中的微分项：

$$\frac{\partial P_U}{\partial z}=i\frac{\omega}{v}\left(1-\frac{v_0}{v}\right)\left[\frac{\frac{v^2}{\omega^2}\left(\frac{\partial^2}{\partial x^2}+\frac{\partial^2}{\partial y^2}\right)}{a+b\frac{v^2}{\omega^2}\left(\frac{\partial^2}{\partial x^2}+\frac{\partial^2}{\partial y^2}\right)}\right]P_U$$

整理上式得到：

$$a'\frac{\partial P_U}{\partial z}+b'\frac{\partial}{\partial z}\left(\frac{\partial^2 P_U}{\partial x^2}+\frac{\partial^2 P_U}{\partial y^2}\right)+\mathrm{i}c'\left(\frac{\partial^2 P_U}{\partial x^2}+\frac{\partial^2 P_U}{\partial y^2}\right)=0 \tag{3.35}$$

式中，$a'=a$；$b'=b\dfrac{v^2}{\omega^2}$；$c'=\left(1-\dfrac{v_0}{v}\right)\dfrac{v}{\omega}$。

经有限差分处理后，整理得到：

$$\begin{aligned}&\left[I-(\alpha_x+\beta_{1x}-\mathrm{i}\beta_{2x})T_x-(\alpha_y+\beta_{1y}-\mathrm{i}\beta_{2y})T_y\right]P_{Ui}^{m+1}\\&=\left[I-(\alpha_x+\beta_{1x}+\mathrm{i}\beta_{2x})T_x-(\alpha_y+\beta_{1y}+\mathrm{i}\beta_{2y})T_y\right]P_{Ui}^{m}\end{aligned} \tag{3.36}$$

式中，$I=(0,1,0)$；$T_x=T_y=(-1,2,-1)$；$\alpha_x=\alpha_y=\dfrac{1}{6}$；$\beta_{1x}=\dfrac{bv^2}{a\omega^2\Delta x^2}$；$\beta_{2x}=\dfrac{\left(1-\dfrac{v_0}{v}\right)v\Delta z}{2a\omega\Delta x^2}$；

$\beta_{1y}=\dfrac{bv^2}{a\omega^2\Delta y^2}$；$\beta_{2y}=\dfrac{\left(1-\dfrac{v_0}{v}\right)v\Delta z}{2a\omega\Delta y^2}$。

对式（3.32）中的分式进行泰勒级数展开，并取展开后的前三项，得到：

$$\begin{aligned}\frac{\partial}{\partial z}P_U(t,x,y,z)&\approx\left\{\frac{v'}{2v}\left[1+\frac{v^2}{\omega^2}\left(\frac{\partial^2}{\partial x^2}+\frac{\partial^2}{\partial y^2}\right)\right]-\frac{v_0'}{2v_0}\left[1+\frac{v_0^2}{\omega^2}\left(\frac{\partial^2}{\partial x^2}+\frac{\partial^2}{\partial y^2}\right)\right]\right\}P_U(t,x,y,z)\\&=\left(\frac{v'}{2v}-\frac{v_0'}{2v_0}\right)P_U(t,x,y,z)+\left\{\left[\frac{v'v}{2\omega^2}\left(\frac{\partial^2}{\partial x^2}+\frac{\partial^2}{\partial y^2}\right)\right]-\left[\frac{v_0'v_0}{2\omega^2}\left(\frac{\partial^2}{\partial x^2}+\frac{\partial^2}{\partial y^2}\right)\right]\right\}P_U(t,x,y,z)\end{aligned} \tag{3.37}$$

分两步求解式（3.37）：

$$\begin{aligned}\frac{\partial}{\partial z}P_U(t,x,y,z)&=\left(\frac{v'}{2v}-\frac{v_0'}{2v_0}\right)P_U(t,x,y,z)\\&=\left[\left(\frac{\partial}{\partial z}\ln v(x,y,z)\right)-\left(\frac{\partial}{\partial z}\ln v_0(z)\right)\right]P_U(t,x,y,z)\end{aligned} \tag{3.38}$$

$$\frac{\partial}{\partial z}P_U(t,x,y,z)=\left\{\left[\frac{v'v}{2\omega^2}\left(\frac{\partial^2}{\partial x^2}+\frac{\partial^2}{\partial y^2}\right)\right]-\left[\frac{v_0'v_0}{2\omega^2}\left(\frac{\partial^2}{\partial x^2}+\frac{\partial^2}{\partial y^2}\right)\right]\right\}P_U(t,x,y,z) \tag{3.39}$$

与 SSF 保幅偏移算子补偿项的解法类似，求解式（3.38）得到：

$$P_U(\omega,x,y,z+\Delta z)=\left[\frac{v(x,y,z+\Delta z)v_0(z)}{v(x,y,z)v_0(z+\Delta z)}\right]^{\frac{1}{2}}P_U(\omega,x,y,z) \tag{3.40}$$

用有限差分解法求解式（3.39），整理后得到：

$$\begin{aligned}&\left[I-\left(\alpha_x+\frac{v'v\Delta z}{4\omega^2\Delta x^2}-\frac{v_0'v_0\Delta z}{4\omega^2\Delta x^2}\right)T_x-\left(\alpha_y+\frac{v'v\Delta z}{4\omega^2\Delta y^2}-\frac{v_0'v_0\Delta z}{4\omega^2\Delta y^2}\right)T_y\right]P_U^{n+1}\\&=\left[I-\left(\alpha_x-\frac{v'v\Delta z}{4\omega^2\Delta x^2}+\frac{v_0'v_0\Delta z}{4\omega^2\Delta x^2}\right)T_x-\left(\alpha_y-\frac{v'v\Delta z}{4\omega^2\Delta y^2}+\frac{v_0'v_0\Delta z}{4\omega^2\Delta y^2}\right)T_y\right]P_U^{n}\end{aligned} \tag{3.41}$$

式中，$v'=\dfrac{v(n+1)-v(n)}{\Delta z}$；$v=\dfrac{v(n+1)+v(n)}{2}$；$v_0'=\dfrac{v_0(n+1)-v_0(n)}{\Delta z}$；$v_0=\dfrac{v_0(n+1)+v_0(n)}{2}$。

则有：

$$
\begin{aligned}
&\left[I-(\alpha_x+\gamma_{1x}-\gamma_{2x})T_x-(\alpha_y+\gamma_{1y}-\gamma_{2y})T_y\right]P_U^{n+1}\\
&=\left[I-(\alpha_x-\gamma_{1x}+\gamma_{2x})T_x-(\alpha_y-\gamma_{1y}+\gamma_{2y})T_y\right]P_U^n
\end{aligned}
\tag{3.42}
$$

式中，$\gamma_{1x}=\dfrac{v^2(n+1)-v^2(n)}{8\omega^2\Delta x^2}$；$\gamma_{2x}=\dfrac{v_0^2(n+1)-v_0^2(n)}{8\omega^2\Delta x^2}$；$\gamma_{1y}=\dfrac{v^2(n+1)-v^2(n)}{8\omega^2\Delta y^2}$；$\gamma_{2y}=\dfrac{v_0^2(n+1)-v_0^2(n)}{8\omega^2\Delta y^2}$。

则式（3.28）、式（3.29）、式（3.34）、式（3.36）、式（3.40）、式（3.42）即为 FFD 保幅偏移上行波场的延拓算子，下行波场延拓算子的推导过程类似，只需将式（3.28）、式（3.34）和式（3.36）i 前面的符号取反即可（夏凡，2005；朱绪峰，2008）。

2. 单程波保幅偏移的边界条件

传统的上、下行波场延拓算子的边界条件，由于对相位不产生影响，因此不适用于保幅偏移，为了进行保幅偏移成像，就要对初始的边界条件做 $(-2i\Lambda)^{-1}$ 修正。此修正不但改变了偏移振幅，而且校正了偏移的相位和频谱。

以下行波为例，则修改后的下行波场的边界条件表示为

$$
P_D(x,y,z=0;\omega)=-\frac{1}{2}(i\Lambda)^{-1}\delta(x-x_s)
\tag{3.43}
$$

转换到频率-波数域中，得到：

$$
P_D(k_x,k_y,z=0;\omega)=\frac{i}{2k_z(z=0)}S(\omega)
\tag{3.44}
$$

式中，$S(\omega)$ 为震源子波的频谱；$k_z(z=0)$ 为地面垂直波数，满足下式：

$$
k_z(z=0)=\frac{\omega}{v_0(z=0)}\sqrt{1-\frac{v_0^2(z=0)}{\omega^2}(k_x^2+k_y^2)}
\tag{3.45}
$$

3. 单程波保幅偏移的成像条件

Zhang 等（2001）通过渐进分析，指出传统的共炮偏移不能够实现保幅成像，甚至丢失了相位项 iw，为了得到保幅成像结果，根据 Zhang（1993）证明的单程波方程的解决方法等价于全波动方程的解决方法，Zhang 等（2001）修改了成像条件，将修改后的成像条件写成如下形式：

$$
R(x,y,z)=\frac{1}{2\pi}\int\frac{P_U(x,y,z;w)}{P_D(x,y,z;w)}dw
\tag{3.46}
$$

Zhang 等（2003）应用 P_D 和 P_U 的高频近似表示方式，得到：

$$
\begin{cases}
P_D(x,y,z;w)=A(x,x_s)e^{-iw\tau(x,x_s)}\\
P_U(x,y,z;w)=2iw\int\dfrac{\cos\alpha_{r0}}{v(x_r)}A(x_r,x)e^{iw\tau(x_r,x)}dx_rdy_r
\end{cases}
\tag{3.47}
$$

将高频近似结果代入上面的成像条件得到下面的反演公式：

$$R(x,y,z) = \frac{1}{\pi} \iint \mathrm{i}w \frac{\cos\alpha_{r0}}{v(x_r)} \frac{A(x_r,x)}{A(x,x_s)} \mathrm{e}^{\mathrm{i}w[\tau(x_r,x)+\tau(x,x_s)]} \mathrm{d}x_r \mathrm{d}y_r \mathrm{d}w \tag{3.48}$$

式中，振幅和相位分别为程函方程和传输方程的解。

根据 Bleistein（1987）和 Bleistein 等（2001）对反演的研究，真振幅共炮 Kirchhoff 反演公式（Keho and Beydoun，1988）表示如下：

$$R(x,y,z) = \frac{1}{\pi} \iiint \mathrm{i}w \frac{\cos\alpha_{r0}}{v_0} \frac{A_r}{A_s} \mathrm{e}^{\mathrm{i}w(\tau_s+\tau_r)} \mathrm{d}x_r \mathrm{d}w \tag{3.49}$$

式中，α_{r0} 为地面出射射线（从检波点射出的射线）在地表处与垂向的夹角；$\tau_s+\tau_r$ 为炮点（接收点）到成像点的旅行时；A_r/A_s 为格林函数振幅值。因此，修改后的这个公式等同于真振幅共炮 Kirchhoff 反演公式。

3.2.3　与 Kirchhoff 保幅偏移的关系

式（3.7a）和式（3.7b）的解可以分别写成积分形式：

$$P_U(z) = P_U(0) \cdot \sqrt{\frac{k_{z_r}(0)}{k_{z_r}(z)}} \cdot \mathrm{e}^{-\mathrm{i}\int_0^z k_{z_r}(z')\mathrm{d}z'} = \tilde{Q}\sqrt{\frac{k_{z_r}(0)}{k_{z_r}(z)}} \cdot \mathrm{e}^{-\mathrm{i}\int_0^z k_{z_r}(z')\mathrm{d}z'} \tag{3.50a}$$

$$P_D(z) = P_D(0) \cdot \sqrt{\frac{k_{z_s}(0)}{k_{z_s}(z)}} \cdot \mathrm{e}^{\int_0^z \mathrm{i}k_{z_s}(z')\mathrm{d}z'} = \frac{\mathrm{i}}{2k_{z_s}(0)}\sqrt{\frac{k_{z_s}(0)}{k_{z_s}(z)}} \cdot \mathrm{e}^{\int_0^z \mathrm{i}k_{z_s}(z')\mathrm{d}z'} \tag{3.50b}$$

$$R(k_x,k_y,z) = \int \frac{P_U(z)}{P_D(z)}\mathrm{d}\omega = \int \mathrm{d}\omega \frac{\tilde{Q}\sqrt{\dfrac{k_{z_r}(0)}{k_{z_r}(z)}} \cdot \mathrm{e}^{-\mathrm{i}\int_0^z k_{z_r}(z')\mathrm{d}z'}}{\dfrac{\mathrm{i}}{2k_{z_s}(0)}\sqrt{\dfrac{k_{z_s}(0)}{k_{z_s}(z)}} \cdot \mathrm{e}^{\int_0^z \mathrm{i}k_{z_s}(z')\mathrm{d}z'}}$$

$$= -\int \mathrm{d}\omega 2\mathrm{i}k_{z_s}(0)\sqrt{\frac{k_{z_s}(z)k_{z_r}(0)}{k_{z_r}(z)k_{z_s}(0)}} \mathrm{e}^{-\mathrm{i}\int_0^z [k_{z_s}(z')+k_{z_r}(z')]\mathrm{d}z'} \tilde{Q}$$

则保幅偏移成像公式可以表示成下式：

$$R(k_x,k_y,z) = \int \frac{P_U(z)}{P_D(z)}\mathrm{d}\omega = \int \mathrm{d}\omega \frac{\tilde{Q}\sqrt{\dfrac{k_{z_r}(0)}{k_{z_r}(z)}} \cdot \mathrm{e}^{-\mathrm{i}\int_0^z k_{z_r}(z')\mathrm{d}z'}}{\dfrac{\mathrm{i}}{2k_{z_s}(0)}\sqrt{\dfrac{k_{z_s}(0)}{k_{z_s}(z)}} \cdot \mathrm{e}^{\int_0^z \mathrm{i}k_{z_s}(z')\mathrm{d}z'}}$$

$$= -\int \mathrm{d}\omega 2\mathrm{i}k_{z_s}(0)\sqrt{\frac{k_{z_s}(z)k_{z_r}(0)}{k_{z_r}(z)k_{z_s}(0)}} \mathrm{e}^{-\mathrm{i}\int_0^z [k_{z_s}(z')+k_{z_r}(z')]\mathrm{d}z'} \tilde{Q} \tag{3.51}$$

在 $v(z)$ 介质中，基于单程波方程的真振幅传播算子与单程声波方程的 WKBJ 近似解等价，因为共炮集 Kirchhoff 型真振幅偏移可采用波动方程的 WKBJ 近似解（Keho and Beydoun，1988）表示，所以基于单程波方程的真振幅偏移与 Kirchhoff 真振幅偏移可能存在某种联系（程玖兵，2003）。

在 $v(z)$ 介质中，基于单程波方程的保幅偏移算子，如式（3.51）所示，可以进一步写成空间域形式，即

$$R(x,y,z) = -2\iiint i\omega \frac{\cos\theta_{s0}}{v_0} \sqrt{\frac{k_{z_s}(z)k_{z_r}(0)}{k_{z_r}(z)k_{z_s}(0)}} e^{-i\int_0^z [k_{z_s}(z')+k_{z_r}(z')]dz'} e^{i(k_{x_r}x_r+k_{y}y_r)} \tilde{Q} dx_r dy_r d\omega$$

$$(3.52)$$

$$= -2\iiint i\omega \frac{\cos\theta_{s0}}{v_0} \sqrt{\frac{k_{z_s}(z)k_{z_r}(0)}{k_{z_r}(z)k_{z_s}(0)}} e^{i\omega[\tau(x,x_s)+\tau(x_r,x)]} \tilde{Q} dx_r dy_r d\omega$$

式中，v_0 为地表速度；$\tau(x,x_r)$ 与 $\tau(x_r,x)$ 分别为炮点至反射点的走时以及反射点至接收点的走时；θ_{s0} 为地面入射射线在地表处与垂向的夹角（图 3.1）。与共炮集 Kirchhoff 真振幅成像公式（Bleistein et al.，2001；Keho and Beydoun，1988；Hanitzsch，1997）相比较可以看出，二者在 $v(z)$ 介质中是完全等价的（程玖兵，2003；Hanitzsch，1997）。

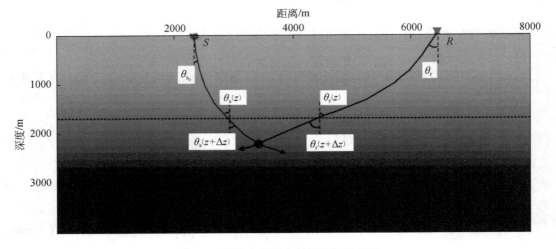

图 3.1　背景速度场中射线路径示意图

3.2.4　本节小结

（1）保幅偏移的目的是为了得到振幅值和地下反射系数成比例的成像结果。

（2）对初始的边界条件做 $(-2i\Lambda)^{-1}$ 修正，此修正不但改变了偏移振幅值，而且校正了偏移的相位和频谱。

（3）基于单程波方程的保幅偏移算子与共炮集 Kirchhoff 保幅偏移算子完全等价。理论上讲，共炮集 Kirchhoff 真振幅偏移成像能够实现的目标，基于单程波动方程的共炮集真振幅偏移也能够实现，除此之外，在处理多波至问题、焦散等复杂波现象时，基于波动方程的偏移方法更加有效。

3.3　起伏地表条件下的单程波偏移成像

3.3.1　波动方程基准面校正

　　基准面校正在地震资料处理中是非常重要的一步，在地形起伏剧烈和近地地表横向变化剧烈的山区则更为重要。常规地震资料处理中，针对地形起伏剧烈的地震测线，最常用的方法是高程基准面校正，而高程基准面校正的一个基本假设就是地形起伏不大，近地表横向速度变化缓慢，只有在这种情况下其处理精度才能满足地震资料处理的要求。这种简单的时移或者说高程校正，在基准面校正后不能较好地消除地形的影响及适当地调整同相轴的位置和对陡倾角的反应，从而降低速度分析精度，导致速度场的偏差，影响 DMO 处理及偏移成像的效果，造成过偏移或欠偏移。为解决高程校正带来的误差，通常是处理员凭经验对速度场进行人工调整来改善偏移归位的效果，这是一种不得已的方法，借以弥补高程静校正带来的误差。

　　尽管基准面校正存在这些问题，但我们仍然要把野外地震数据校正到一个水平基准面上去，这不仅仅是因为常规的偏移算法都是从水平面开始的，更因为地质学家们要求同一地区的地震剖面需要一个统一的基准面以便对比。为解决这一问题，Berryhill（1979）提出了一种更有效、精确、复杂的方法，即波动方程基准面校正（datum correction of wave equation）。对 $U(x, z=z_1, t)$ 进行延拓以得到 $U(x, z=z_2, t)$。这里提出的波动方程基准面校正法是针对叠后数据而言的，Berryhill（1984）又将这个思路扩展到叠前。采用这种波动方程波场外推技术，可以将野外地震数据从地表面延拓到任一个平面，这个面可以是水平面，也可以是曲面。运用这种方法，可以把观测面定义在任意的平面上，为后续处理奠定良好的基础。

3.3.2　"零速层"法

　　我们知道，常规偏移方法的基本假设以水平基准面为初始条件。因此，从不规则地表上记录到的地震数据需要在偏移之前校正到水平基准面。简单的时移，即高程静校正，不能反映出宽角度或倾斜反射层在该基准面上记录的结果。为了校正高程基准面校正所带来的误差，将非水平观测面变为水平观测面，以便采用常规的偏移算子进行偏移，Beasley 和 Lynn（1989）提出了非常有创意的"零速层"概念。

　　"零速层"法的基本思想就是为了模拟高程基准面校正，地震波在地表与基准面之间直上直下传播这一过程而提出的。正如高程基准面校正将地表所观测到的数据时移到某一水平基准面上一样，"零速层"是把基准面定义在测线所在区域地表的最高点或最高点之上的某一高度，在地表面与基准面之间插入一个虚拟层，使这个虚拟层的速度为零或一个非常小的数值，然后利用高程基准面静校正将野外数据校正到这个基准面上。经过这样的修改，达到将非水平观测变成水平观测的目的，然后从这个水平基准面开始做常规的偏移。由于插入的虚拟层的速度很小，在使用波动方程深度外推算子进行波场外推时，地震波在这个层中几乎是直上直下地传播，其横向传播可以忽略不计，即用波动方程的方式"抵消了"高程校正的时移，当到达实际地层时则恢复正常运算——这是通过对速度的重新定义来实现的。"零速层"的最大优点在于无须对偏移算法做任何改动，而只要对速度进行重新定义，就可以实现从非水平观测面偏移的过程，达到消除复杂地表对地下构造影响的目的。

为简便起见，下面以二维波动方程为例说明这项技术的基本理论。

最佳逼近的波动方程波场外推算子及其差分公式为

$$\frac{\partial^2 u}{\partial x^2}+\frac{\partial^2 u}{\partial z^2}=\frac{1}{v^2}\frac{\partial^2 u}{\partial t^2} \tag{3.53}$$

由上式导出频率波数域中的深度外推方程：

$$\frac{\partial \tilde{u}}{\partial z}=\pm \mathrm{i} k_z \tilde{u} \tag{3.54}$$

式中，$k_z=\pm\dfrac{\omega}{v}\sqrt{1-\dfrac{v^2 k_x^2}{\omega^2}}$，近似展开后则：

$$k_z=\pm\frac{\omega}{v}\frac{a_0+a_1\dfrac{v^2}{\omega^2}k_x^2}{b_0+b_1\dfrac{v^2}{\omega^2}k_x^2} \tag{3.55a}$$

上式右端项前的符号的选择原则是：检波点波场向下外推取负号，炮点波场向下外推取正号。将式（3.55a）整理得：

$$k_z\left(b_0+b_1\frac{v^2}{\omega^2}k_x^2\right)=\pm\frac{\omega}{v}\left(a_0+a_1\frac{v^2}{\omega^2}k_x^2\right) \tag{3.55b}$$

由上式导出频率-空间域中的深度外推方程为

$$b_0\frac{\partial \tilde{u}}{\partial z}-b_1\frac{v^2}{\omega^2}\frac{\partial^3 \tilde{u}}{\partial x^2 \partial z}=\mathrm{i}\frac{\omega}{v}a_0-a_1\frac{v}{\omega}\frac{\partial^2 \tilde{u}}{\partial x^2} \tag{3.56}$$

式（3.56）可分裂、整理得：

$$\begin{cases}\dfrac{\partial \tilde{u}}{\partial z}=\mathrm{i}\dfrac{a_0}{b_0}\tilde{u}\dfrac{\omega}{v}\\[2mm]\dfrac{\partial \tilde{u}}{\partial z}-\dfrac{b_1 v^2}{b_0\omega^2}\dfrac{\partial^3 \tilde{u}}{\partial x^2 \partial z}=-\dfrac{a_1 v}{b_0\omega}\dfrac{\partial^2 \tilde{u}}{\partial x^2}\end{cases} \tag{3.57}$$

因此，深度外推的方程为

$$\left(1+\alpha\Delta x^2\frac{\delta^2}{\partial x^2}\right)\frac{\partial \tilde{u}}{\partial z}-\frac{b_1 v^2}{b_0\omega^2}\frac{\partial^3 \tilde{u}}{\partial z\partial x^2}=-\frac{a_1 v}{b_0\omega}\frac{\partial^2 \tilde{u}}{\partial x^2} \tag{3.58}$$

将式（3.58）离散化得：

$$(1-\alpha T_x)\frac{u_i^{n+1}-u_i^n}{\Delta z}+\frac{b_1 v^2}{b_0\omega^2}\frac{T_x}{\Delta x^2}\left(\frac{u_i^{n+1}-u_i^n}{\Delta z}\right)=\frac{a_1 v}{b_0\omega}\frac{T_x}{\omega^2}\left(\frac{u_i^{n+1}+u_i^n}{2}\right) \tag{3.59}$$

$$\left(1-\alpha T_x\right)u_i^{n+1}+\frac{b_1 v^2}{b_0 \omega^2 \Delta x^2}T_x u_i^{n+1}-\frac{a_1 v}{2 b_0 \omega}\frac{\Delta z}{\Delta x^2}T_x u_i^{n+1}$$

$$=\left(1-\alpha T_x\right)u_i^{n}+\frac{a_1}{2 b_0}\frac{v}{\omega}\frac{\Delta z}{\Delta x^2}T_x u_i^{n}+\frac{b_1 v^2}{b_0 \omega^2}\frac{1}{\Delta x^2}T_x u_i^{n+1} \tag{3.60}$$

将式（3.60）整理并令：

$$\beta_1=\frac{b_1 v^2}{b_0 \omega^2}\frac{1}{\Delta x^2} \tag{3.61}$$

$$\beta_3=\frac{a_1 v}{2 b_0 \omega}\frac{\Delta z}{\Delta x^2} \tag{3.62}$$

则式（3.60）可写成：

$$\left[1-\left(\alpha-\beta_1+\beta_3\right)T_x\right]u_i^{n+1}=\left[1-\left(\alpha-\beta_1-\beta_3\right)T_x\right]u_i^{n} \tag{3.63}$$

当 $v=0$ 时，由式（3.61）可知 $\beta_1=0$，由式（3.62）可知 $\beta_3=0$，式（3.63）有：

$$\left[1-\alpha T_x\right]u_i^{n+1}=\left[1-\alpha T_x\right]u_i^{n} \tag{3.64}$$

因而有：$u_i^{n+1}=u_i^{n}$，这就是"零速层"的基本原理。

在实际计算的过程中，需要对速度重新定义，其形式如下：

$$v_\mathrm{d}(x,z)=\begin{cases}0 & (x,z)\text{ 位于记录面以上}\\ v(x,z) & \text{其他}\end{cases} \tag{3.65}$$

3.3.3 "逐步-累加"法

根据 Reshef（1991）首次提出来的"逐步-累加"波场延拓思想，在二维笛卡儿坐标系中，通过相移算子进行波场外推，其表达式如下：

$$\tilde{P}(x,z,\omega)=\tilde{P}(x,z-\Delta z,\omega)\mathrm{e}^{-ik_z\Delta z} \tag{3.66}$$

式中，$\tilde{P}(x, z, \omega)$ 为水平位置为 x、深度为 z、频率为 ω 处的频率-转换压力波场，是深度延拓步长，k_z 的表达式如下：

$$k_z=\left(\frac{\omega^2}{c^2}-k_x^{\ 2}\right)^{1/2} \tag{3.67}$$

式中，k_x 为水平波数；c 为横向常速度值。

深度偏移中使用的成像条件如下式所示（Reshef and Kosloff, 1986）：

$$P(x,z)=\sum_w \tilde{p}(x,z,w)\mathrm{e}^{iwt_\mathrm{d}} \tag{3.68}$$

式中，t_d 为从震源点处到地下位置 (x, z) 处的旅行时，在叠后偏移情况下，旅行时为 0。

为了从记录面开始进行偏移，式（3.68）由下式代替：

$$P(x_\mathrm{s},z_\mathrm{s})=\left[\tilde{P}(x_\mathrm{s},z_\mathrm{s},\omega)+\tilde{P}_{in}(x_\mathrm{s},z_\mathrm{s},\omega)\right]\mathrm{e}^{-ik_z\Delta z} \tag{3.69}$$

由上式可以看出，在某个特定位置处的总波场值由下延波场值和该位置处的记录波长值之和组成。上式中右边项 $\tilde{P}_{in}$ 是在位置 $(x_\mathrm{s}, z_\mathrm{s})$ 处记录的输入值（变化到频率域），如果假设记录到的数据仅有上行波场，那么 $\tilde{P}(x_\mathrm{s}, z_\mathrm{s})$ 就包含了来自高处的延拓波场。在地表水平的情况下，或者是在地表最高位置时，$\bar{P}_{in}$ 项为零。

基于式（3.69），在规则网格点（x，z）内进行偏移，从零波场开始，这个波场位于地表最高点之上的网格的顶部（Reshef，1991），如图 3.2 所示，在每个深度层，数据都被加进来，直到接收点到达地表最低点之下的一个基准面为止，在地表线 v_1 之上的所有网格点处可以填充上任意的常速度值，这个速度值通常选取为近地表速度。可以通过使用简单的滤波来消除地表线之上区域的延拓能量，如下式所示：

$$\bar{P}(x,z,\omega)=\bar{P}(x,z,\omega)\,\mathrm{filt}(x,z) \qquad (3.70)$$

式中，$\mathrm{filt}(x,z)$ 为对真实介质和地表之上零速层的滤波。

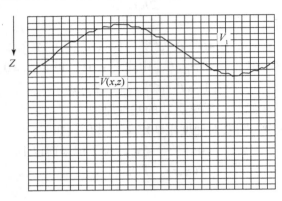

图 3.2　二维网格中的速度

上面的步骤同样可以应用到叠前数据偏移过程中，其中共炮点和共接收点道集是交替着向下延拓的（Schultz and Sherwood，1980）。

其具体实现步骤如下，从共炮点道集出发：

（1）首先在炮点和接收点所在的范围内定义一系列网格点，将地表地形和速度场模型进行网格化；

（2）从地表最高处的水平面开始将接收点向下延拓；

（3）在每个深度层，检查是否有新的波场加入，如果有的话，按照式（3.69），将其加入计算，否则直接继续向下延拓；

（4）按照步骤（3）反复进行，直到计算到基准面为止；

（5）结束一个道集的"逐步–累加"计算。

3.3.4　"波场上延"法

"波场延拓–偏移"法是从地震波在真实介质中的传播规律出发，借鉴 Beasley（1992）提出的"零速层"的概念与 Reshef（1991）提出的"逐步–累加"法的思路而提出的。

其具体实现过程是：将基准面定在地震测线所在区域地形的最高点或最高点之上的某一高度的水平面上，然后用任意速度（最好用接近地表的速度）从地形最低点开始，将野外采集到的数据用波动方程深度外推算子向上延拓，即波场延拓到基准面上，这样进行修改后，我们就将非水平观测变为水平观测，消除了地形起伏的影响，因此我们就可以应用常规的偏移算法，从所定义的基准面开始采用波动方程深度外推的方式"抵消"波场延拓的效应，当到达真实地层时恢复正常的运算，这样就把波动方程基准面校正与深度成像有机地结合起来，实现了自非水平观测界面的偏移过程，消除了地形起伏变化对地下构造的影响。该工作可以看成是对"零速层"及"逐步–累加"思路的拓展和延伸。同时在今后的研究中可以考虑设计更加优化的深度域外推算子。

"波场延拓"法深度成像无须从一个水平面开始计算，对地表地形进行离散化后，使得在任意复杂地表面上做波场延拓成为可能，对我们来说只需知道地表层速度即可，而估计地表层速度即低降速带速度的方法有很多且很成熟，可供我们充分利用。接着就可以采用常规的偏移算法做偏移，而不需对偏移算子进行任何的改动。但是需要注意的是在实际应用时要特别注意恰当地选择波场上延所用的速度，我们建议应尽可能地接近地表浅层速度。

在波场上延这一过程中，可以使用频率–空间域有限差分法和最简单的相移法波动方程波场外推。现以相移法波动方程波场外推为例说明波场上延的实现过程。在笛卡儿坐标系下，上行波向上深度外推（即波场上延）的相移法公式：

$$\tilde{P}(x,z,\omega)=\tilde{P}(x,z-\Delta z,\omega)\mathrm{e}^{\mathrm{i}k_z\Delta z} \tag{3.71}$$

式中，$k_z=\left(\dfrac{\omega^2}{c^2}-k_x^2\right)^{1/2}$；$\tilde{P}(x,z,\omega)$ 为水平位置为 x、深度为 z、频率为 ω 时的压力场；Δz 为深度外推步长。引用相移公式只是因为它能清楚地表达波场逐步外推的思想和概念，此外在插入虚拟层中速度是一常数，虽然它对地下构造复杂，横向速度变化剧烈的地区不能很好地偏移成像，但丝毫不影响对该方法思想的表达，这也是选择频率–空间域有限差分法来做偏移成像这项工作的原因。

当从不规则记录面上开始进行波场向上外推时，式（3.71）将写成：

$$\tilde{P}(x,z,\omega)=\sum\left[\tilde{P}(x,z-\Delta z,\omega)+\tilde{P}_{in}(x,z-\Delta z,\omega)\right]\mathrm{e}^{\mathrm{i}k_z\Delta z} \tag{3.72}$$

某一个点 (x,z) 的波场值 $\tilde{P}(x,z,\omega)$ 是上延至此的波场与该位置所记录的波场值之和。$\tilde{P}_{in}$ 是原来记录在 $(x,z-\Delta z)$ 处的波场值。如果假设记录数据中只有上行波，而且延拓过程中没有遇到其他波场能量加入的话，那么左端 $\tilde{P}(x,z,\omega)$ 只会含有从更高的位置延拓下来的波场，也就是说 $\tilde{P}_{in}$ 项为零，这种情况出现在外推水平记录面的波场或外推尚未到达地表最高点处的接收点时。

"波场上延"法深度偏移可归纳为以下几个步骤：

（1）定基准面的位置；

（2）将炮点、接收点网格化；

（3）进行波场外推计算，每向上外推一步都要检查是否有新的波场加入；

（4）若有新波场则加入一起计算，若没有就照常计算；

（5）波场外推至输出基准面结束；

（6）从（1）定义的基准面开始，用常规的偏移算子把炮点、检波点分别向下进行正常的波场外推；

（7）按照激励时间成像条件成像。

上面的计算过程是对一炮而言的，随后是重复前面的 7 个步骤，一炮一炮地做直至完成测线上所有的炮记录。

3.3.5 "直接下延"法

波场逐步-累加的"直接下延"法是在实际介质中，从地震波的传播规律出发，基于波场的可叠加性，借助于 Reshef（1991）提出来的"逐步-累加"思想中提出的，这种方法最大的优点是无须向上延拓，只需要知道地表的层速度即可进行波场延拓，接着采用相应的偏移算法进行偏移（田文辉等，2006；叶月明等，2008a，2008b）。

在波场下延这一过程中，根据 Reshef（1991）提出的"逐步-累加"思想，首先定义一个基准面，这个基准面定义在地面炮集所在区域的最高点处，或者是最高点之上某一高度处的水平面上，在地表和基准面之间填充非零常速度。当波场向下延拓时，在某个特定位置 (x, z) 处的波场值 $\tilde{U}(x, z, \omega)$，是向下延拓至此位置的波场值 $\tilde{U}_e(x, z, \omega)$ 和该位置处记录的波场值 $\tilde{U}_{in}(x, z, \omega)$ 之和，即

$$\tilde{U}(x,z,\omega) = \tilde{U}_e(x,z,\omega) + \tilde{U}_{in}(x,z,\omega) \tag{3.73}$$

其具体实现过程如图 3.3 所示。

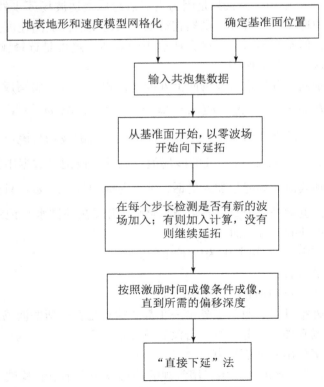

图 3.3 "直接下延"法流程图

3.3.6　复 Pade 逼近波场延拓算子

1. 方法原理

这种方法是在波场延拓时，对声波方程中的平方根项进行复 Pade 逼近，通过推导得到基于复 Pade 逼近的傅里叶有限差分算子，借助于波场逐步–累加的"直接下延"法，实现了起伏地表条件下的叠前深度偏移，该算法减少了偏移噪声，从而得到准确、稳定的偏移成像结果，即使采用大的延拓步长，也能得到较好的成像效果，提高了计算效率。

二维情况下，声波方程的下行波方程表示为

$$\frac{\partial \bar{u}(x,z,\omega)}{\partial z} = \mathrm{i}\,\frac{\omega}{v}\sqrt{1+\frac{v^2}{\omega^2}\frac{\partial^2}{\partial x^2}}\,\bar{u}(x,z,\omega) \tag{3.74}$$

式中，$\bar{u}(x,z,\omega)$ 为声压波场；v 为介质速度；ω 为时间频率。对于纵向非均匀介质，Gazdag（1978）指出上述公式中的平方根算子在傅里叶领域有一个准确的表示形式；Bamberger 等（1988）指出对于横向非均匀介质，基于 Pade 逼近得到平方根算子的表示形式：

$$\sqrt{1+X} \approx 1 + \sum_{n=1}^{N} \frac{a_n X}{1+b_n X} \tag{3.75}$$

式中，$X=(v/\omega)^2(\partial/\partial x)^2$；$N$ 为扩展项，在实际应用中，一般取 2～4 项就可以；系数 a_n 和 b_n 表示为

$$a_n = \frac{2}{2N+1}\sin^2\frac{n\pi}{2N+1}$$

$$b_n = \cos^2\frac{n\pi}{2N+1} \tag{3.76}$$

对于常规的一阶 Pade 逼近，$a=0.5$，$b=0.25$。如果 $X<-1$，左边项是一个纯虚数，右边项仍然是一个实数，也就是说逼近不成立。意味着式（3.75）不能够恰当地处理隐失波问题，导致在强速度变化情况下傅里叶有限差分算法不稳定（Biondi，2002）。

为了克服这种缺陷，Millinazzo 等（1997）提出了对式（3.75）做复 Pade 逼近，在复平面域，通过旋转平方根的分支截断达到这个目的。最终的表示形式为

$$\sqrt{1+X} \approx R_{a,N}(X) = C_0 + \sum_{n=1}^{N} \frac{A_n X}{1+B_n X} \tag{3.77}$$

式中，$A_n = \dfrac{a_n \mathrm{e}^{-\mathrm{i}\alpha/2}}{[1+b_n(\mathrm{e}^{-\mathrm{i}\alpha}-1)]^2}$；$B_n = \dfrac{b_n \mathrm{e}^{-\mathrm{i}\alpha}}{1+b_n(\mathrm{e}^{-\mathrm{i}\alpha}-1)}$；$C_0 = \mathrm{e}^{-\mathrm{i}\alpha/2}\left[1+\displaystyle\sum_{n=1}^{N}\frac{a_n(\mathrm{e}^{-\mathrm{i}\alpha}-1)}{1+b_n(\mathrm{e}^{-\mathrm{i}\alpha}-1)}\right]$；$A_n$ 和 B_n 为复 Pade 系数；α 为旋转角度。

因为实际速度是纵横向变化的，所以式（3.75）中的平方根存在误差：

$$d = \frac{\omega}{v}\sqrt{1+\frac{v^2}{\omega^2}\frac{\partial^2}{\partial x^2}} - \frac{\omega}{c}\sqrt{1+\frac{c^2}{\omega^2}\frac{\partial^2}{\partial x^2}} \tag{3.78}$$

式中，$c=c(z)$ 为常速背景速度，参照式（3.78）的表达形式，对上式中的两个根式项分别进行复 Pade 逼近得到：

$$d \approx \frac{\omega}{v}\left(C_0 + \sum_{n=1}^{N} \frac{A_n X}{1+B_n X}\right) - \frac{\omega}{c}\left(C_0 + \sum_{n=1}^{N} \frac{A_n X'}{1+B_n X'}\right) \tag{3.79}$$

式中，$X' = X(c/v)^2$，整理上式得到：

$$d \approx \left(\frac{\omega}{v} - \frac{\omega}{c}\right)C_0 + \frac{\omega}{v}\left(1 - \frac{c}{v}\right)\left(\sum_{n=1}^{N} \frac{A_n X}{1+B_n X} - \sum_{n=1}^{N} \frac{A_n X}{1+B_n X'}\right) \tag{3.80}$$

则二维情况下，下行波外推公式表示为

$$\frac{\partial \bar{u}}{\partial z} \approx \mathrm{i}\sqrt{\frac{\omega}{c} + \frac{\partial^2}{\partial x^2}}\,\bar{u} + \mathrm{i}\left(\frac{\omega}{v} - \frac{\omega}{c}\right)C_0 \bar{u} + \mathrm{i}\frac{\omega}{v}\left(1 - \frac{c}{v}\right)\left(\sum_{n=1}^{N} \frac{A_n X}{1+B_n X} - \sum_{n=1}^{N} \frac{A_n X}{1+B_n X'}\right)\bar{u} \tag{3.81}$$

根据 Ristow 和 Ruhl（1994）给出的近似方法，经过推导得到频率-波数域的算子：

$$p\sqrt{1+X} \approx \sqrt{1+p^2 X} + C_0(p-1) + p(1-p)\sum_{n=1}^{N} \frac{A_n X}{1+\sigma B_n X} \tag{3.82}$$

式中，$\sigma = 1 + p + p^2$；$p = c/v$ 为均匀背景介质中的传播速度和实际传播速度的比值。

2. 模型试算

利用该方法对 2D-SEG 起伏地表模型进行了试算，试算结果验证了该方法对起伏地表和复杂地下地质体地震成像同样也是适用的。

采用中间激发两边接收的放炮方式，共计 277 炮，最大接收道数是 480 道，采样点数是 2000，采样率 $\Delta t = 4\mathrm{ms}$，道间距和 CDP 间距是 15m，炮间距是 90m；速度场横向 1668 个 CDP，纵向深度 1000m，深度采样间隔是 10m。

基于波场逐步-累加的"直接下延"法，分别应用常规 FFD 叠前深度偏移方法选取旋转角度分别为 $\alpha = 5°$、$\alpha = 10°$ 的一阶复 Pade 逼近 FFD 叠前深度偏移方法对该模型进行了试算，得到的偏移成像结果如图 3.4 所示。从图中可以看出，基于常规 FFD 算子的"直接下延"法叠前深度偏移成像结果中［图 3.4（a）］，偏移噪声较大，影响了一些局部构造细节的刻画和清晰成像；基于复 Pade 逼近的叠前深度偏移结果中［图 3.4（b）、（c）］，偏移噪声得到了明显的压制，浅中层和深层的构造都得到了清晰成像。

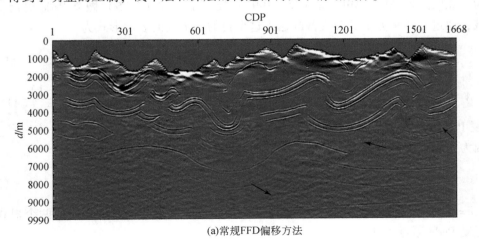

(a)常规FFD偏移方法

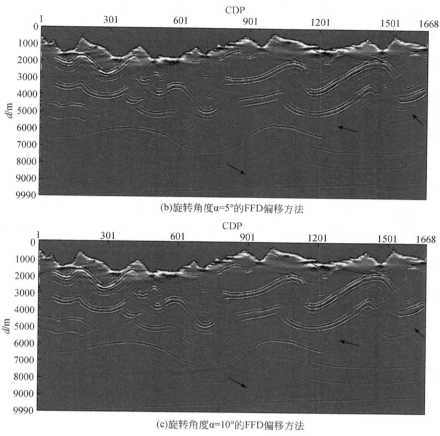

(b)旋转角度α=5°的FFD偏移方法

(c)旋转角度α=10°的FFD偏移方法

图 3.4　2D-SEG 模型的叠前深度偏移成像结果

3.3.7　带误差补偿的频率–空间域有限差分法波场延拓算子

在消除起伏地表影响并得到较好的成像效果的过程中，波场深度外推算子起到了非常关键的影响。频率–空间域有限差分深度偏移能够适应速度横向变化剧烈的地区，是地下复杂构造成像的有力手段。但是，在二维情况下，用频率–空间域有限差分法求解单程波方程进行波场外推时，会引入两种误差：一是微分方程近似；二是差分方程近似（三维情况下还有方位角误差）。在起伏地表情况下，这种误差的引入会更严重地影响双复杂地质体的成像质量。但这种误差在一定程度上是可以计算出来的，所以可以在频率–空间有限差分算子延拓过程中对其进行补偿，下面我们具体阐述以下算子补偿的基本原理。

1. 频率–空间域有限差分法波场延拓算子

从三维声波方程出发：

$$\frac{\partial^2 u}{\partial x^2}+\frac{\partial^2 u}{\partial y^2}+\frac{\partial^2 u}{\partial z^2}=\frac{1}{v^2(x,y,z)}\frac{\partial^2 u}{\partial t^2} \tag{3.83}$$

式中，$u(x, y, z)$ 为空间波场；$v^2(x, y, z)$ 为介质的速度。

在频率–空间域中，式（3.83）可以表示为

$$\frac{\partial \tilde{u}}{\partial z} = \pm \frac{i\omega}{v(x,y,z)} \sqrt{1 + \frac{v^2(x,y,z)}{\omega^2}\left(\frac{\partial^2}{\partial x^2} + \frac{\partial^2}{\partial y^2}\right)} \tilde{u} \tag{3.84}$$

式中，下行波场取正号，上行波场取负号。将式（3.84）用连分式展开并化简后得到式（3.85）：

$$\frac{\partial \tilde{u}}{\partial z} = \pm \frac{i\omega}{v(x,y,z)} \left[1 + \sum_{i=1}^{n} \frac{\alpha_i R_x}{1 + \beta_i R_x} + \sum_{i=1}^{n} \frac{\alpha_i R_y}{1 + \beta_i R_y} \right] \tilde{u} \tag{3.85}$$

式中，$R_x = \frac{v^2(x,y,z)}{\omega^2}\frac{\partial^2}{\partial x^2}$；$R_y = \frac{v^2(x,y,z)}{\omega^2}\frac{\partial^2}{\partial y^2}$；$\alpha_i$、$\beta_i$ 为连分式展开系数，通常取 $n=1$，对系数进行优化可以得到适宜于不同最大倾角的优化系数，我们这里应用的是 $\alpha = \beta = 0.4575$，能够适应较陡倾角的成像，式（3.85）就是通常所用的波场深度延拓算子。

2. 频率–空间域有限差分误差补偿

以下行波场为例，在不做任何近似时的波场深度延拓算子表示为

$$\frac{\partial \tilde{u}}{\partial z} = \frac{i\omega}{v(x,y,z)} \sqrt{1 + R_x + R_y}\, \tilde{u} = i\frac{\omega}{v(x,y,z)} P \tilde{u} \tag{3.86}$$

式中，$P = \sqrt{1 + R_x + R_y}$。

应用连分式优化系数展开的波场延拓算子如式（3.85）所示，将式（3.85）简写为

$$\frac{\partial \tilde{u}}{\partial z} = i \frac{\omega}{v(x,y,z)} Q \tilde{u} \tag{3.87}$$

式中，$Q = 1 + \sum_{i=1}^{n} \frac{\alpha_i R_x}{1 + \beta_i R_x} + \sum_{i=1}^{n} \frac{\alpha_i R_y}{1 + \beta_i R_y}$。

两者之差也就是差分算子的误差 E，即为

$$E = P - Q = \sqrt{1 + R_x + R_y} - \left(1 + \sum_{i=1}^{n} \frac{\alpha_i R_x}{1 + \beta_i R_x} + \sum_{i=1}^{n} \frac{\alpha_i R_y}{1 + \beta_i R_y} \right) \tag{3.88}$$

频率–空间域的低阶方程($n=1$)有限差分误差 E 在频率–波数域可以准确计算（速度无横向变化），可以表示为

$$E = \sqrt{1 - \left(\frac{vk_x}{\omega}\right)^2 - \left(\frac{vk_y}{\omega}\right)^2} - \left[1 - \frac{\alpha\left(\frac{vk_x}{\omega}\right)^2}{1 - \beta\left(\frac{vk_x}{\omega}\right)^2} - \frac{\alpha\left(\frac{vk_y}{\omega}\right)^2}{1 - \beta\left(\frac{vk_y}{\omega}\right)^2} \right] \tag{3.89}$$

式中，k_x、k_y 为空间 x 和 y 方向的波数，补偿这种误差可以按式（3.89）在一步或若干步上进行相移校正。对于上行波场，它和下行波场的误差补偿 E 是相同的，在延拓过程中只需改变式（3.86）i 前的符号即可。所以带误差补偿的频率–空间有限差分波场深度延拓算子可以表示为

$$\frac{\partial \tilde{u}}{\partial z} = \frac{i\omega}{v(x,y,z)} (Q + E) \tilde{u} \tag{3.90}$$

它的处理包含了三步，即频率–空间域的有限差分处理、频率–空间域的时移处理和频

率–波数域的误差补偿处理，所以相对于常规的频率–空间域有限差分算子效率要稍低一些，但由于误差补偿在延拓若干步长上进行一次也可以得到较好的效果，所以相对于傅里叶有限差分算子来说，省去了很多在频率–波数域的处理步骤，效率要更高一些。

3. 双复杂介质偏移中应用带误差补偿的频率–空间域有限差分算子

双复杂介质条件下，应用带误差补偿的深度外推算子进行波场深度外推的偏移成像处理，不但可以实现消除起伏地表影响，而且还改善了地下复杂构造的成像质量。在"直接下延"法的偏移处理过程中，可以在每个延拓步长或者是若干延拓步长上进行误差补偿。在波场上延过程中，存在两个过程，即从最大高程（或是最大高程面以下）至基准面的向上延拓过程和从基准面向下进行常规的延拓过程。在上延过程中不需要进行误差补偿，否则从基准面开始再向下延拓至延拓起始面的这段深度内就做了两次补偿，增加了偏移噪声，影响成像质量。我们采取分段应用不同延拓算子的方法，也就是在向上延拓至基准面的这个过程中，应用傅里叶有限差分或是常规的频率–空间域有限差分算子进行深度延拓，等延拓至基准面后，再用带误差补偿的频率–空间域有限差分算子进行深度延拓，得到了较好的效果。

4. 模型试算

本书应用加拿大逆掩断层模型进行了试算，图 3.5 是基于不同深度外推算子，用"直接下延"法对复杂地表模型的叠前深度偏移处理。图 3.5（a）是基于常规频率–空间域有限差分法算子的"直接下延"法叠前深度偏移，从图中可以看出不但偏移噪声大而且深层构造的成像模糊不清。图 3.5（b）是基于 FFD 算子的直接下延叠前深度结果，可以看出，地下构造成像比较清楚，但是偏移噪声也较大，影响了一些局部构造信息。图 3.5（c）和图 3.5（d）是分别从基准面和最低起伏面开始进行误差补偿的频率–空间域有限差分（XWFD）"直接下延"法深度偏移结果，补偿步长是 1，也就是每延拓一层做一次误差补偿，从图中明显地看出，无论是从最低起伏面还是从地表开始加误差补偿，偏移效果都好于没有加误差补偿的偏移结果，浅中层和深层构造都能够有较好的成像，尤其是深层的效果更为明显。图 3.5（e）是补偿步长为 5 的 XWFD "直接下延"法深度偏移，它与补偿步长为 1 的成像效果相当，由于减少了补偿次数，由此提高了效率。

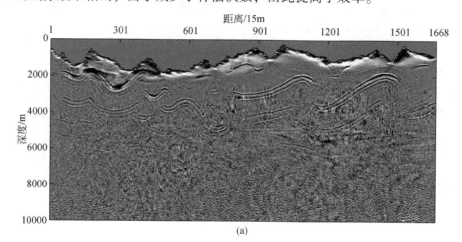

(a)

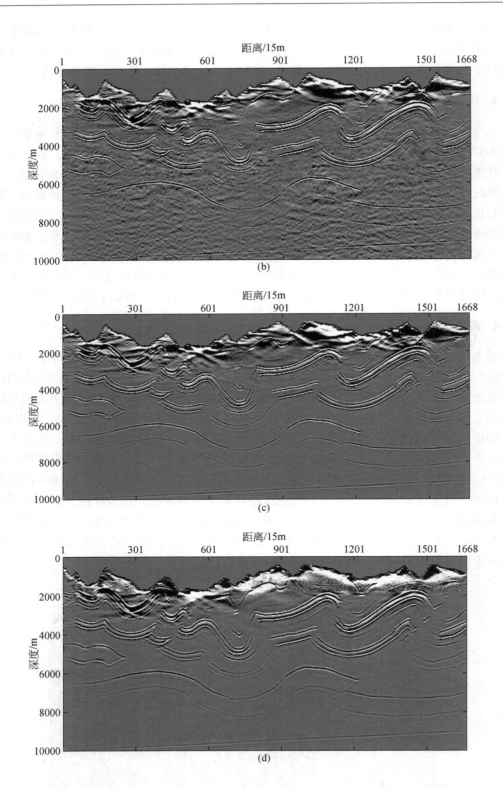

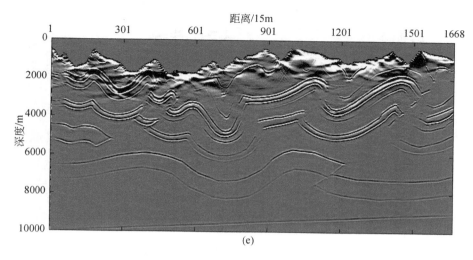

图 3.5　基于不同深度外推算子，用"直接下延"法对复杂地表模型的叠前深度偏移处理
（a）基于常规的频率–空间域有限差分（XWFD）；（b）基于 FFD；（c）基于带误差补偿的 XWFD
（从基准面开始加入误差补偿，补偿步长为 1）；（d）基于带误差补偿的 XWFD（从最低起伏面开
始加入误差补偿，补偿步长为 1）；（e）基于带误差补偿的 XWFD（补偿步长为 5）

图 3.6 为基于不同深度外推算子，用"波场上延"法对复杂地表模型的叠前深度偏移
处理。图 3.6（a）是上、下延拓都基于常规的 XWFD 深度外推算子的深度偏移结果，从
图中可以看出，成像质量较差，构造模糊不清。图 3.6（b）是上延过程基于常规 XWFD，
下延过程基于带误差补偿的 XWFD 深度偏移（补偿步长为 5）。图 3.6（c）是上延过程基
于常规 FFD，下延过程基于带误差补偿的 XWFD（补偿步长为 5）。图 3.6（d）是上、下
延拓都基于 FFD 的深度偏移结果。对比中我们可以看出，无论上延过程是采用 XWFD 还
是 FFD 深度外推算子，只要下延过程用带误差补偿的 XWFD 法，就能够得到较好的成像
结果，而且成像结果要优于上、下延拓都基于 FFD 外推算子的深度偏移。

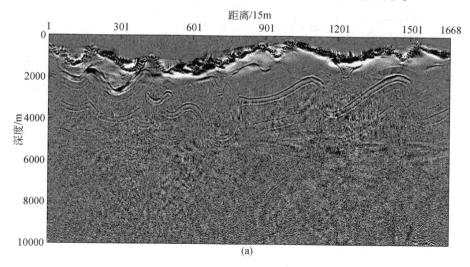

(a)

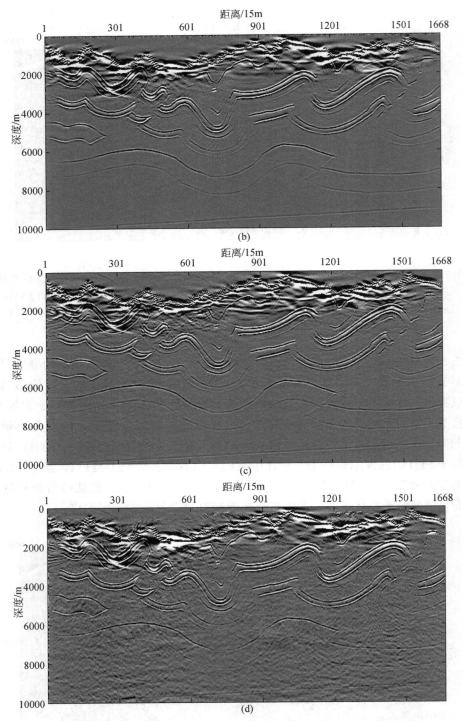

图 3.6　基于不同深度外推算子，用"波场上延"法对复杂地表模型的叠前深度偏移处理

（a）上、下延拓都基于常规的 XWFD；（b）上延过程基于常规 XWFD，下延过程基于带误差补偿的 XWFD 深度偏移（补偿步长为 5）；（c）上延过程基于常规 FFD，下延过程基于带误差补偿的 XWFD（补偿步长为 5）；（d）上、下延拓都基于 FFD

3.3.8　本节小结

（1）基于波场逐步–累加的"直接下延"法，不需要向上延拓，所以提高了运算效率，实际应用中更加方便。

（2）在起伏地表条件下，采用基于复 Pade 逼近的傅里叶有限差分偏移算子，通过波场逐步–累加的"直接下延"法，从而得到准确、稳定的偏移成像结果。

（3）和常规偏移方法相比较，基于复 Pade 逼近的傅里叶有限差分叠前深度偏移方法能够稳定地处理强横向变速情况，减少偏移噪声，从而得到较清晰的成像结果。

（4）通过选取合适的旋转角度可以得到理想的成像结果，旋转角度的选取控制在 10° 范围内即可。同时这种方法允许使用大的延拓步长，在保证成像质量的同时，提高了计算效率。

（5）基于带误差补偿 XWFD 深度外推算子的"直接下延"法在延拓过程中误差补偿起始面的选择可以是在基准面也可以是在最大高程面，在地表起伏不是很大的情况下，对成像结果没有太大的影响。

（6）波场上延存在两个过程，其中波场上延的过程中可以采用常规的 XWFD 或者是 FFD 深度外推算子，下延过程可以用带误差补偿的深度外推算子，两种情况的偏移结果相当，但是偏移效果都要好于上、下延拓过程基于 FFD 的深度偏移，尤其是在偏移噪声的压制方面。值得注意的是，在向上延拓的过程中，不需要加入误差补偿，否则会严重地影响成像质量。

（7）可以在一步或者是若干步上进行误差补偿，在补偿步长不是很大的情况下，对成像结果的影响不大，我们一般选取 5～10 步，由于补偿也是在频率–波数域完成的，补偿步长太小的情况下会降低运算速度，所以在计算过程中要权衡补偿步长的大小。

3.4　起伏地表单程平面波偏移

3.4.1　平面源和平面源记录的合成

考虑倾斜叠加下的波前合成。对于一组空间震源，按照某种规律相继激发，其下行传播的波场为球面波，由于惠更斯原理允许波场线性叠加，因此惠更斯二次震源可以合成要求形状的波前。具体地，对于无限长测线上不同位置处的一束线源，若按照某种确定的时延，相继激发这条线上紧密排列的震源，则震源激发波场可以合成为平面源的波前，并且合成平面源沿某一个入射方向向前传播，该传播的方向由预先确定的时延量决定。特别的，这束线源同时激发，合成平面源的波前是水平的，传播方向垂直向下。上述的线束震源时延激发或时差关系，转换到频率域，也就是引入单频的平面源分量，并组成平面源（三维时为球面波）分解算子，对线束震源进行平面源分解以合成平面源震源。事实上，应用傅里叶分析的思想，一个点源或脉冲函数可以分解为复指数函数或简谐波的叠加，而在频率域，傅里叶分量也就是单频的平面源分量。

因此，应用单频的平面源分量，对点源进行平面源分解，抽取震源特定传播方向上的波场，进而其波前合成为平面源。如图 3.7 所示，合成平面源与波前面，合成平面源的传播方向为 θ，是图中射线方向与垂直方向的夹角，而波前面与射线方向垂直。在均匀介质的情况下，若介质的速度为 v，则波前面在地下传播的速度也是 v，而在地面上观察到的波前面的传播速度，也就是波前面与地面交点之移动速度，即所谓的视速度为 $v/\sin\theta$，进而，对于非均匀介质，不妨假设地面平均速度为 v_0，则由视速度定义射线参数，$p = \sin\theta/v_0$ 以确定合成平面源的地面传播方向或照射方向。

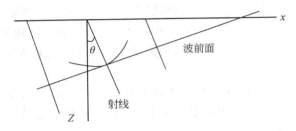

图 3.7　平面源合成示意图

在合成面炮记录之前先介绍一下波的传播过程，在实际情况中我们的观测记录总是在空间-时间域内完成的。这里我们只讨论二维的情况，以 z 代表深度方向，x 代表水平方向，t 表示时间，由于在时不变介质中波动理论具有线性特征，我们可以很方便地在频率域中讨论问题。根据 Berkhout（2012）关于地震波传播的"W^-RW^+"模型，震源 $S(z_0)$ 激发的炮记录 $P(z_0)$ 满足波动方程：

$$P(z_0) = X(z_0, z_0)S(z_0) \tag{3.91}$$

式中，$S(z_0)$ 为深度 z_0 处的震源波场或下行波场；$P(z_0)$ 为深度 z_0 处的反射波场或上行波场；$X(z_0, z_0)$ 为总的波场传播效应矩阵，由下式求得

$$X(z_0, z_0) = \sum_m W^-(z_0, z_m)R(z_m)W^+(z_m, z_0) \tag{3.92}$$

式中，$W^+(z_m, z_0)$ 为下行波算子，表示波由深度 z_0 传播到 z_m；$W^-(z_0, z_m)$ 为上行波算子，表示波由 z_m 深度传播到 z_0；$R(z_m)$ 为反射算子，表示 z_m 深度上的反射系数。

由此可以描述出上下行波的传播过程：

$$S(z_m) = W^+(z_m, z_0)S(z_0) \tag{3.93}$$

$$P(z_0) = W^-(z_m, z_0)P(z_m) \tag{3.94}$$

式中，z 为深度；z_i 为第 i 层的深度。即位于地表 z_0 的点源子波矩阵为 $S(z_0)$，在地表 z_0 定义某种合成算子 $L(z_0)$，对震源进行如下合成得到组合震源：

$$S_{\mathrm{syn}}(z_0) = S(z_0)L(z_0) \tag{3.95}$$

根据 Berkhout（2012）关于地震波传播的"W^-RW^+"模型，震源 $S(z_0)$ 激发的炮记录 $P(z_0)$ 满足波动方程：

$$P(z_0) = X(z_0, z_0)L(z_0) \tag{3.96}$$

其中，

$$X(z_0, z_0) = \sum_m W^-(z_0, z_m) R(z_m) W^+(z_m, z_0) \qquad (3.97)$$

式（3.97）表示总的波场传播效应矩阵，W^+ 和 W^- 分别为 z_0 与 z_0 间上下行波传播算子矩阵；$R(z_m)$ 为反射系数。因此组合震源 $S_{syn}(z_0)$ 波场传播在地表引起的地震响应 $P_{syn}(z_0)$，即组合炮，也满足方程：

$$P_{syn}(z_0) = X(z_0, z_0) S_{syn}(z_0) \qquad (3.98)$$

由式（3.95）和式（3.96），组合炮记录可以写成：

$$P_{syn}(z_0) = P(z_0) L(z_0) \qquad (3.99)$$

取合成算子具有以下频率域形式：

$$L(z_0) = (a_1 e^{-j\omega t_1}, a_2 e^{-j\omega t_2}, \cdots, a_n e^{-j\omega t_N})^T \qquad (3.100)$$

则当

$$L(z_0) = (e^{-j\omega p x_1}, e^{-j\omega p x_2}, \cdots, e^{-j\omega p x_N})^T \qquad (3.101)$$

波场的合成过程为平面波合成。式中，a_1，a_2，$\cdots$，a_n 为系数；t_1，t_2，$\cdots$，t_N 为相位延迟时间；ω 为圆频率；p 和 x_i 分别为射线参数和炮点位置。

由于组合震源与组合炮记录满足波动方程，可看作一次点源与其"点"炮记录的物理试验，因此可采用与常规炮道集相同的深度偏移方法对它们进行外推成像（陈生昌等，2001），即对 $S_{syn}(z_0)$ 和 $P_{syn}(z_0)$ 分别进行正向外推和逆向外推，之后根据相关成像条件进行成像。在 Berkhout（2012）的面炮偏移中采用频率-空间域褶积形式的延拓算子，为了保证波场延拓精度，需要较长的算子，因而其计算效率较低。张叔伦和孙沛勇（1999）的方法能适应剧烈横向变速情况，可针对不同的横向变速情况改变串联算子的级数，将计算效率较高的傅里叶有限差分法应用到平面源偏移中，显著地提高了计算效率。

3.4.2　基于波动方程基准面校正的平面波偏移

1. 方法原理

波动方程基准面校正是消除起伏地表对地震数据影响的有效手段，基于"逐步-累加"的思路，可以将波场向上或向下延拓至选定的基准面上。平面波偏移是由点源激发的物理过程数值模拟平面波的激发过程，通过点源和点源记录数值合成平面波和平面波记录，其波场深度外推算子以及成像条件与单炮偏移是相同的。平面波具有全局方向性，相对逐炮偏移而言，平面波偏移成像的结果是可以与其相比拟的，并有很高的计算效率（杨敬磊等，2007）。

我们假设地表处为 z_0，地下第 i 层深度为 z_i，震源子波矩阵为 $S(z_0)$，地表合成算子为 $\Gamma(z_0)$。在频率-空间域，地表震源的合成可以表示为

$$S_{syn}(z_0) = S(z_0) \Gamma(z_0) \qquad (3.102)$$

根据"$W^- R W^+$"模型，地表 z_0 处的地震记录为

$$P(z_0) = \sum_{n=1}^{\infty} W^-(z_0, z_n) R(z_n) W^+(z_n, z_0) S(z_0) \qquad (3.103)$$

式中，$W^-(z_0, z_n)$ 和 $W^+(z_n, z_0)$ 分别为上下行波在 z_0 和 z_n 间的传播效应；$R(z_n)$ 为反射系数。

$$X(z_0, z_0) = \sum_{n=1}^{\infty} W^-(z_0, z_n) R(z_n) W^+(z_n, z_0) \tag{3.104}$$

组合震源和组合炮记录也满足此关系，用 $P_{syn}(z_0)$ 表示地表合成的组合炮记录：

$$P_{syn}(z_0) = X(z_0, z_0) S_{syn}(z_0, z_0) \tag{3.105}$$

其中，组合炮记录可以表示为

$$P_{syn}(z_0 z_0) = P(z_0) \Gamma(z_0, z_0) \tag{3.106}$$

如果合成算子作用到震源或炮记录上使得震源产生一系列线性时移，也就是相当于延时激发，那么这种合成算子就是平面波合成算子，它在频率域的表示形式为

$$\Gamma(z_0) = (e^{-i\omega p x_1}, e^{-i\omega p x_2}, \cdots, e^{-i\omega p x_n})^T \tag{3.107}$$

式中，ω 为圆频率；p 和 x_n 分别为射线参数和炮点位置；$p = \sin\theta/v$，v 为合成平面波深度上的平均速度，θ 为平面波的入射角度。

地表观测到的地震数据可以表示为 $P(x, z=0, t)$，震源数据可以表示为 $S(x, z=0, t)$，基于逐步累加法将地表数据延拓至水平基准面 $z=z_1$，观测数据和震源数据这时可以表示为 $P(x, z=z_1, t)$ 和 $S(x, z=z_1, t)$。

在波场延拓这一过程中，我们使用了傅里叶有限差分法波场外推算子，波动方程基准面校正可归纳为以下几个步骤：①确定基准面的位置；②将炮点、接收点网格化；③波场外推计算，每外推一步都要检查是否有新的波场加入；④若有新波场则加入一起计算，若没有就照常计算；⑤波场外推至输出基准面结束。

波场延拓至水平基准面后，记录波场和震源波场的频率域表示形式为 $P(x, z=z_1, \omega)$ 和 $S(x, z=z_1, \omega)$，基准面上的平面波合成算子 $\Gamma(z_1)$ 与 $\Gamma(z_0)$ 形式一样，只是此时射线参数 $p = \sin\theta/v(z_1)$，$v(z_1)$ 为基准面深度上的平均速度。

由于基准面可以选在复杂地表的最高点之上或最低点之下某个水平面上，所以可以分为"波场上延"法和"波场下延"法。图 3.8 为"波场上延"法示意图。

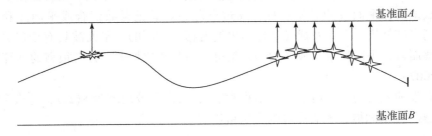

图 3.8 "波场上延"法示意图

需要指出的是在进行平面波合成的时候，用到的震源波场并不是真正激发时的震源子波波场，而是其经过波场延拓至基准面上的波场，由于合成平面波场是在频率域实现的，

所以可直接进行合成。实际上相当于震源在基准面对应位置上的激发，只是激发的波场为实际震源子波经过波场延拓至基准面上的波场。

2. 模型试算

起伏地表模型如图 3.9 所示。地形变化的最大海拔为 412m，最小海拔为 60m，中间放炮，单炮接收道数为 120 道，最大偏移距为 2950m，最小偏移距为 25m，记录道长 3s。地表层速度为 $v=1900\text{m/s}$；道间距为 50m；炮间距为 100m；时间采样 $\Delta t=2\text{ms}$；总炮数为 80 炮。首先以海平面（$z=0$）为基准面，虚拟层速度为地表层速度。将波场向上延拓，然后合成平面波。图 3.10 ~ 图 3.14 为不同入射角度（射线参数）得到的平面波偏移结果，角度相对垂直方向向左入射角为正，向右为负。

图 3.15 是入射角度范围为 $-10° \sim 10°$，间隔 1°的平面波偏移叠加结果，局部构造可见，但同相轴连续性不好。图 3.16 是入射角度范围为 $-30° \sim 30°$，间隔 2°的平面波偏移叠加结果，其与逐炮偏移的结果（图 3.17）相当，并且断层处压制偏移噪声的效果还更好，但其计算量不到逐炮偏移的一半。我们还将基准面选在深度 500m 处，将波场向下延拓至基准面上，然后进行平面波的合成和偏移。图 3.18 和图 3.19 为平面波偏移结果，图 3.20 为对应的逐炮偏移结果。

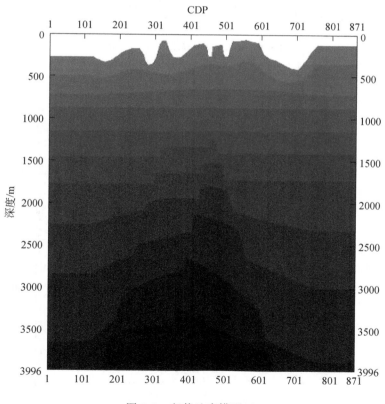

图 3.9 起伏地表模型三

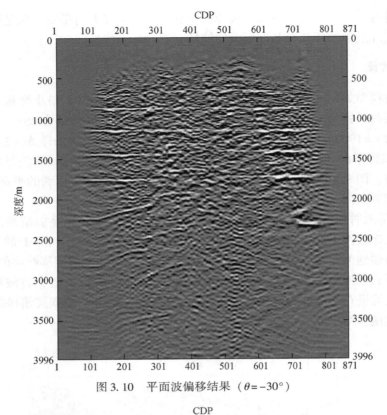

图 3.10　平面波偏移结果（$\theta = -30°$）

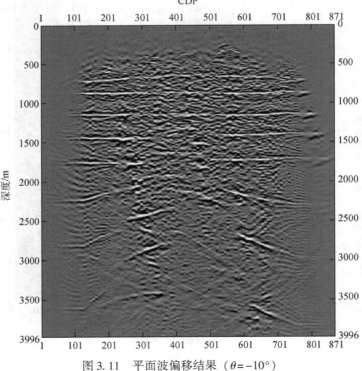

图 3.11　平面波偏移结果（$\theta = -10°$）

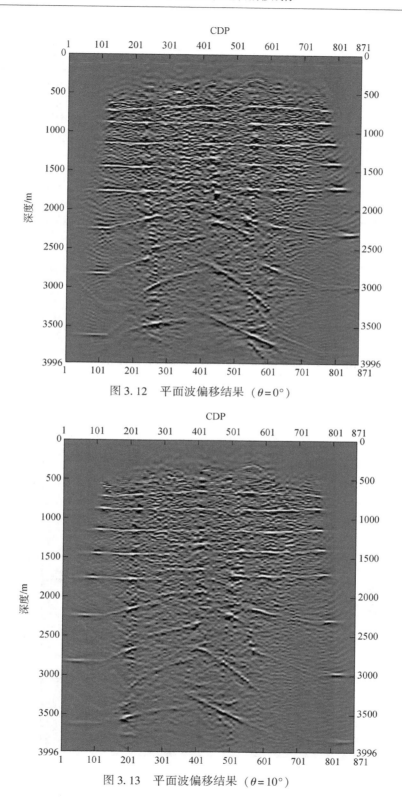

图 3.12　平面波偏移结果（$\theta=0°$）

图 3.13　平面波偏移结果（$\theta=10°$）

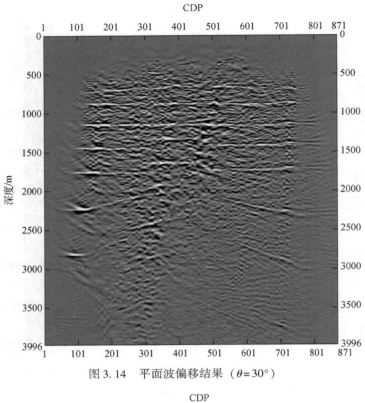

图 3.14　平面波偏移结果（$\theta=30°$）

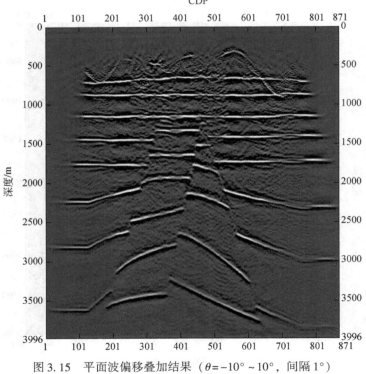

图 3.15　平面波偏移叠加结果（$\theta=-10°\sim10°$，间隔 $1°$）

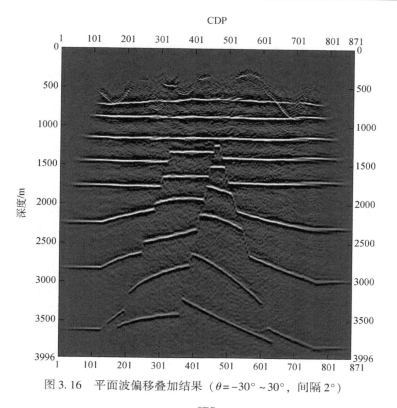

图 3.16　平面波偏移叠加结果（$\theta = -30° \sim 30°$，间隔 2°）

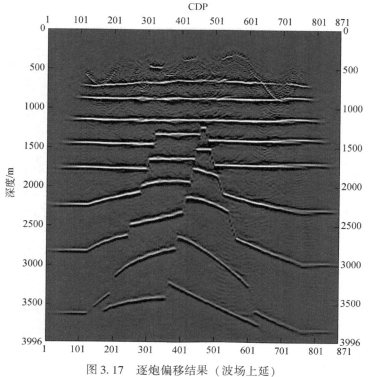

图 3.17　逐炮偏移结果（波场上延）

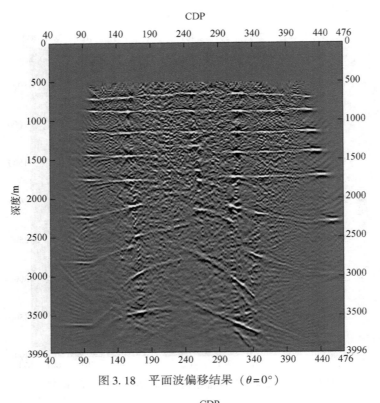

图 3.18　平面波偏移结果（$\theta = 0°$）

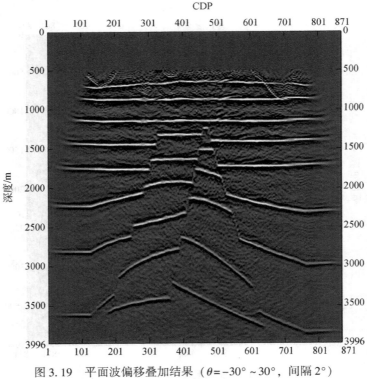

图 3.19　平面波偏移叠加结果（$\theta = -30° \sim 30°$，间隔 $2°$）

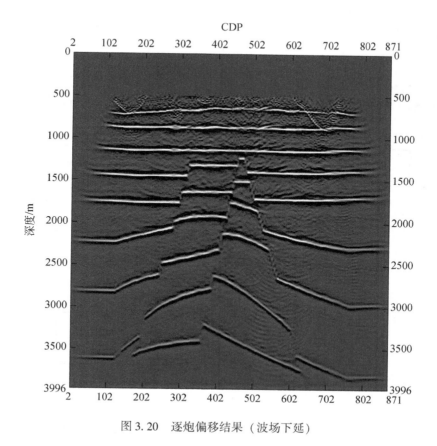

图 3.20　逐炮偏移结果（波场下延）

　　基于波动方程基准面校正的平面波偏移有两个步骤：①利用波动方程基准面校正将复杂地表观测波场变换到水平地表；②利用常规的方法进行平面波合成和偏移。通过这两步将平面波偏移扩展到复杂地表条件下，是平面波偏移和波动方程基准面校正机械的结合。3.4.3 节介绍的是将两者有机结合起来的复杂地表直接合成平面波偏移。

3.4.3　起伏地表直接合成平面波偏移

1. 方法原理

　　"直接下延"法叠前深度偏移将波动方程基准面校正与叠前深度偏移有机地结合起来，既能对复杂构造精确成像，又能适应任何复杂地表条件。利用这种方法原理将平面波偏移扩展到起伏地表条件下，基于"逐步累加"的思路，在起伏地表最高点或最高点以上某个位置以"零平面波场"向下延拓，当延拓到起伏面时，加入相应位置的平面源波场和合成平面波记录（图 3.21），当延拓至地表最低点以下时，恢复为常规的平面波偏移。其波场外推算子和成像条件和常规偏移是一样的。

该方法所用的是傅里叶有限差分波场外推算子，在波场由浅往深的延拓过程中，设 $\tilde{P}(x,z,\omega)$ 为深度 z 上的波场，则：

$$\tilde{P}(x,z,\omega)=\tilde{P}_e(x,z,\omega)+\tilde{P}_{in}(x,z,\omega) \tag{3.108}$$

式中，$\tilde{P}_e(x,z,\omega)$ 为从高处延拓来的波场；$\tilde{P}_{in}(x,z,\omega)$ 为原来记录在深度 z 处的波场。根据波场的叠加性，两者的叠加作为在深度 z 处的波场值，成像过程和常规成像过程一样。

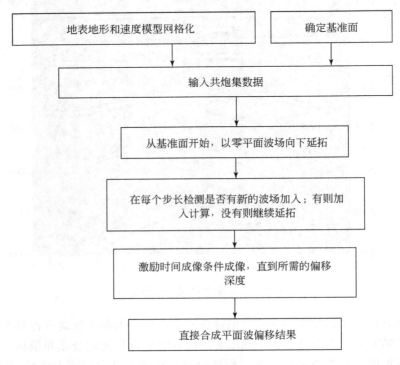

图 3.21　直接合成平面波偏移流程图

2. 模型试算

模型试算同样应用加拿大逆掩断层模型进行试算，从图 3.22 和图 3.23 中可以看到，地震照明能量强的地方可以很好地成像，图 3.24 是 21 个平面波偏移叠加结果，可以看到大体构造得到很好的成像，但是局部同相轴连续性不好。图 3.25 是 31 个平面波偏移叠加结果，无论是大体构造还是同相轴连续性都得到了很好的体现，整体效果和图 3.26 相当，并且最深层成像更清晰，原因是平面波偏移在压制偏移噪声方面要优于常规偏移。

我们通过分段平面波的方法实现，1~40 炮为第一段，第二段开始以 60 炮为一段。虽然和全炮平面波偏移相比降低了计算效率，但是提高了算法的适应性。

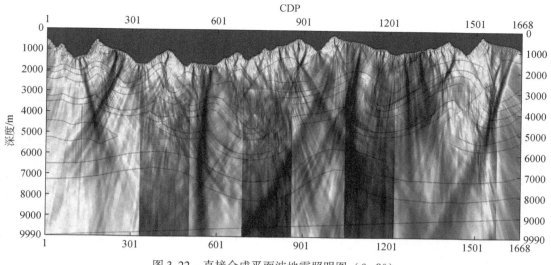

图 3.22　直接合成平面波地震照明图（$\theta=0°$）

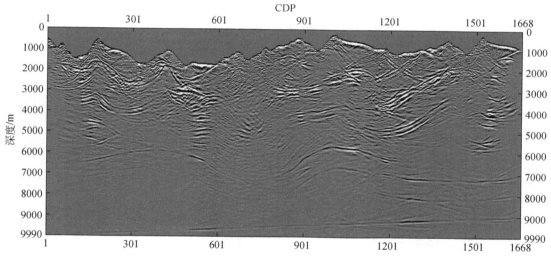

图 3.23　直接合成平面波偏移结果（$\theta=0°$）

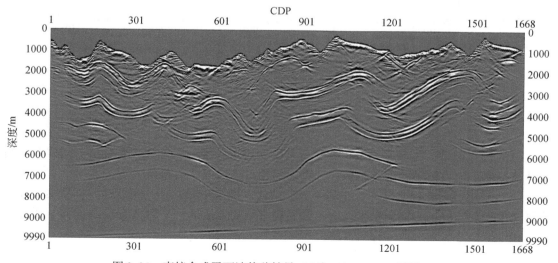

图 3.24　直接合成平面波偏移结果（θ 为 $-10°\sim10°$，间隔 $1°$）

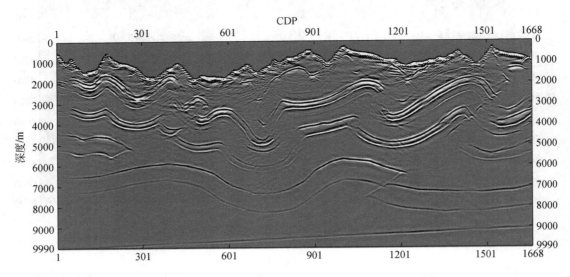

图 3.25   直接合成平面波偏移结果（θ 为 -30° ~ 30°，间隔 2°）

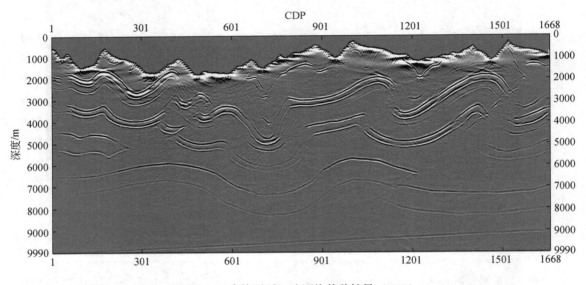

图 3.26   "直接下延"法逐炮偏移结果（FFD）

3.4.4   本节小结

（1）通过波动方程基准面校正，平面波偏移可以扩展到复杂地表条件下，同样有很高的计算效率。地震记录的炮数越多，计算效率相对逐炮偏移会越高。

（2）基于波动方程基准面校正的平面波偏移有两个步骤：①利用波动方程基准面校正将复杂地表观测波场变换到水平地表；②利用常规的方法进行平面波合成和偏移。通过这两步将平面波偏移扩展到复杂地表条件下，是平面波偏移和波动方程基准面校正机械的结合。

（3）直接合成平面波偏移将平面波偏移和波动方程基准面校正有机地结合起来，通过一步实现，在波场延拓消除复杂地表的同时包含平面波的合成，且计算效率明显高于通过两步实现的基于波动方程基准面校正的平面波偏移。

（4）在平面波地震照明图和对应偏移结果的对比中可以看到，地震照明能量强的地方成像效果清晰。

（5）复杂地表条件下平面波偏移同样要求炮记录数据是规则的，当缺少地震道时应填充为零，并且要求炮间距是固定的。

（6）复杂地表平面波偏移通过控制入射角度可以压制偏移噪声，所以能提高深层成像的效果。

（7）当地震数据量比较大时，可以通过分段平面波偏移的方法提高算法的适应性。

参 考 文 献

陈凌. 2002. 小波束域波场的分解、传播及其在地震偏移成像中的应用. 北京：中国地震局地球物理研究所.

陈生昌, 曹景忠, 马在田. 2001. 合成平面波数据的近似叠前深度偏移. 物探化探计算技术, 23（3）：193-198.

程玖兵. 2003. 波动方程叠前深度偏移精确成像方法研究. 上海：同济大学.

何英, 王华忠, 马在田, 等. 2002. 复杂地形条件下波动方程叠前深度成像. 勘探地球物理进展, 25（3）：13-19.

田文辉, 李振春, 张辉. 2006. 直接下延法波动方程叠前深度偏移. 石油物探, 45（5）：447-451.

夏凡. 2005. 波动方程真振幅偏移成像方法研究. 上海：同济大学.

杨敬磊, 李振春, 叶月明. 2007. 复杂条件下基于波动方程基准面校正的平面波偏移. 中国地球物理学会第23届年会, 青岛.

叶月明, 李振春, 仝兆岐, 等. 2008a. 双复杂介质条件下频率空间域有限差分法保幅偏移. 地球物理学报, 51（5）：1511-1519.

叶月明, 李振春, 仝兆岐, 等. 2008b. 双复杂条件下带误差补偿的频率空间域有限差分法叠前深度偏移. 地球物理学进展, 23（1）：136-145.

朱绪峰. 2008. 单程波方程的保幅偏移及其角度域成像. 东营：中国石油大学.

Amazonas D, Costa J, Schleicher J, et al. 2007. Wide-angle FD and FFD migration using complex Pade approximations. Geophysics, 72（6）：S215-S220.

Beasley L. 1992. The zero velocity layer：Migration from irregular surfaces. Geophysics, 57（11）：1435-1443.

Biondi B. 2002. Stable wide-angle Fourier finite-difference downward extrapolation of 3-D wavefields. Geophysics, 67（3）：872-882.

Keho T H, Beydoun W B. 1988. Paraxial Kirchhof migration. Geophysics, 53（12）：1540-1546.

Millinazzo F A, Zala C A, Brooke G H. 1997. Square-root approximations for parabolic equation algorithms. J Acoust Soc Am, 101（2）：760-766.

Reshef M. 1991. Depth migration from irregular surfaces with the depth extrapolation methods. Geophysics, 56（1）：119-122.

Sava P C, Fomel S. 2003. Angle-domain common-image gathers by wavefield continuation methods. Geophysics, 68 (3): 1065-1074.

Yang K, Wang H Z, Ma Z T. 1999. Wave equation datuming from irregular surfaces using finite difference scheme. 69th Annual International Meeting, SEG, Expanded Abstracts, 1456-1459.

Zhang L, Rector J W, Hoversten G M. 2003. Split-step complex Pade migration. Journal of Seismic Exploration, 12 (2): 229-236.

Zhang L, Rector J W, Hoversten G M, et al. 2004. Split-step complex Pade-Fourier depth migration. 74th Annual International Meeting, SEG, Expanded Abstracts, 989-992.

Zhang Y, Xu S, Zhang G, et al. 2004. How to obtain true amplitude common-angle gathers from one-way wave equation migration. SEG Technical Program Expanded Abstracts 2004. Society of Exploration Geophysicists, 1021-1024.

第4章 起伏地表条件下的叠前逆时偏移

4.1 引 言

随着计算机技术的发展，逆时偏移成为地震偏移成像领域重要的手段。Hemon（1978）详细研究了利用有限差分（finite discrete）求解波动方程的方法；随后 Baysal（1983）用 Pseudo-spectral 法实现了逆时偏移；Whitemore（1983）也提出了逆时偏移的研究思路，展示了逆时偏移的优越性；Loewenthal（1983）通过利用指数解析解对双程波动方程进行求解，将逆时偏移的思想引入地震勘探中。近年来，逆时偏移主要向叠前方向发展。叠前 RTM 的研究首先从声波方程开始。Lesage 等（2008）将有限差分和伪谱法相结合来求解双程声波方程；Jones 等（2007）将逆时偏移用来对复杂构造进行成像，并证实了逆时偏移对复杂介质成像的优势；徐义（2008）提出格子法叠前逆时偏移，适用于起伏地表数据的叠前逆时深度偏移成像。但是随着研究的深入，越来越多的学者对弹性波逆时偏移开展了大量的研究工作。Chang 等（1987）通过 FD 方法实现了弹性逆时偏移；尧德中（1994）研究了单程弹性波逆时偏移，并与相移偏移进行了分析对比；Huseyin（2008）对波场进行分离之后再进行逆时偏移，这样可以有效地消除传统逆时偏移方法的成像假象，但同时增加了计算量，在处理复杂介质时，波场分离可能会引入大量的噪声，从而降低成像质量。Zhang Y 和 Zhang G（2009）采用一步延拓法实现逆时深度偏移，该方法利用平方根算子将双程波动方程转化成类似单程波动方程的一阶偏微分方程形式，提高了逆时偏移的计算效率。

前人对起伏地表波场传播模拟已经做了一些工作。Jih（1988）和 Robertsson（1996）将地表网格点进行分类，然后对每一类型单独处理。Ohminato 和 Chouet（1997）提出一种类似三维有限差分方法，也就是用阶梯状模拟地表。边界元方法（BEM）（Sanchez-Sesma and Campillo，1991）常用于模拟比较简单的几何特征，因为应用于不同构造的离散化必须要有不同的具体考虑。Bouchon 和 Schultz（1996）提出来一种频率空间域 BEM 方法。Tessmer 和 Kosloff（1994）提出将弹性波方程从曲网格转换到矩形网格，随后 Hestholm 和 Ruud（1994）和其他人将该方法应用到速度应力方程。Tessmer（2000）把对速度应力的特征处理应用于起伏地表。然而，曲网格地震正演模拟只适用于内部界面（Fornberg，1988）。我们推导出了曲网格下适应于起伏质点速度地表的显式、精确条件。所用的方法是将曲网格的介质内部方程和自由边界条件转换到可以进行数值计算的矩形网格。采用 Hestholm 和 Ruud（2000）推导的自由边界条件公式，即把自由地表限制下的曲网格介质方程直接代入自由地表法向应力为零的公式，提高了计算精度。我们给出了解决数值计算和由于边界条件离散导致的系统不稳定（空间）的方法——二阶有限差分。该方法对方程处理结果在空间上是无条件稳定的。随着深度增加，有限差分的阶数由地表的二阶升到地下的八阶。时间空间都用交错网格，二阶有限差分方法用于时间迭代。

　　近年来，一些研究学者在起伏地表模拟与成像过程中，引入贴体网格并取得了较好的模拟效果。Komatitsch 等（1996）实现了贴体网格下的伪谱法正演模拟。Zhang 和 Chen（2006）、Zhang 等（2012）实现了贴体同位网格下的一阶速度–应力方程有限差分正演模拟，并在自由边界条件实施时提出了牵引力镜像法，取得了较好的模拟效果。由于同位网格下的一阶中心差分格式容易产生奇偶失联高频振荡现象，需要特殊的滤波处理，其采用了 DRP/opt MacCormack 格式（祝贺君等，2009）计算空间导数，基本消除了格点振荡现象，但增加了实现的复杂性，为了获得同交错网格相同的精度，需要使用更小的网格步长，增加了计算成本。随后，Appelo 和 Petersson（2009）、兰海强等（2011）、唐文等（2013）等推导并实现了贴体网格下的二阶波动方程正演模拟算法，其空间差分精度在边界和内部都是二阶。然而二阶位移方程在泊松比较大的介质下容易不稳定，且该算法不易推广到高阶。丘磊等（2012）实现了曲坐标系下的标准交错网格（SSG）正演模拟算法，但由于曲坐标系下的波场变量不满足交错分布，其采用四阶插值算子给出相应缺失点的变量信息，不仅降低了模拟精度还增加了计算量。上述几种算法在实施自由边界条件时主要采用两种方案：一种是单边差分；另一种是牵引力镜像法。综上所述，贴体网格能够很好地拟合任意起伏地形，是处理起伏地表问题时较为合适的一种网格剖分形式。

　　非结构性网格很适合应用于复杂区域成像中，可以控制网格的疏密，所以非结构性网格可以较好地模拟曲界面。目前来说非结构性网格有很多形式，不规则的三角网格是很典型的一种形式。非结构网格和结构网格的最基本区别在于能够描述网格点的数据结构的形式。四边形的结构网格是由一系列可以很容易映射成矩阵元素的坐标组成。在物理区域内相邻网格点在映射成的矩阵网格也是相邻的（武晓波等，1999）。

　　对比结构网格的生成，非结构网格的网格尺度比较容易控制，并且对物理边界的适应性较强，便于网格进行自适应加密。但也存在两个明显缺陷：一是网格生成较为困难；二是有限差分离散时也非常冗余（褚春雷和王修田，2005；张剑锋，1998）。

4.2　叠前逆时偏移基本原理

4.2.1　声波逆时偏移

1. 声波交错网格逆时延拓

逆时深度偏移的定解问题可描述为

$$\begin{cases} \nabla^2 P(x,y,z,t) = \dfrac{1}{v^2}\dfrac{\partial^2 P(x,y,z,t)}{\partial^2 t} + f(x,y,z,t) \\ P(x,y,z,t)\mid_{t<T} = 0 \\ P(x,y,z,t)\mid_{z=z_r,t>T} = g(x,y,t) \end{cases} \tag{4.1}$$

式中，$\nabla^2 = \dfrac{\partial^2}{\partial^2 x} + \dfrac{\partial^2}{\partial^2 y} + \dfrac{\partial^2}{\partial^2 z}$；$P$ 为 t 时刻的波场；$f(x, y, z, t)$ 为震源函数；v 为纵横向可变的介质速度；$g(x, y, t)$ 为接收点上接收到的记录；z_r 为接收点的横坐标；T 为最大记录时间。

首先讨论二维各向同性介质。在这种介质中，声波方程可以通过降阶表示为

$$
\begin{cases}
\dfrac{\partial u}{\partial t} = -\rho v_p^2 \left(\dfrac{\partial v_x}{\partial x} + \dfrac{\partial v_z}{\partial z} \right) \\[3mm]
\dfrac{\partial v_x}{\partial t} = \dfrac{1}{\rho} \dfrac{\partial u}{\partial x} \\[3mm]
\dfrac{\partial v_z}{\partial t} = \dfrac{1}{\rho} \dfrac{\partial u}{\partial z}
\end{cases}
\tag{4.2}
$$

式中，u 为应力；v_x、v_z 分别为 x 方向和 z 方向质点速度；ρ 为密度；v_p 为纵波速度。对于声波方程的交错网格方法，应力 u 假设位于空间离散点 (i, j) 处，水平方向上的速度分量 v_x 假设位于空间离散点 $(i+1/2, j)$ 处，垂直方向上的速度分量 v_z 假设位于空间离散点 $(i, j+1/2)$ 处，具体参数的空间位置如图 4.1 所示。在空间上对方程进行交错网格差分的同时，在时间上也需要进行交错网格差分，应力 u 假设位于离散时间 $k-1/2$ 和 $k+1/2$ 上，质点水平方向和垂直方向的速度分量 v_x、v_z 假设位于离散时间 k 和 $k-1$ 上。

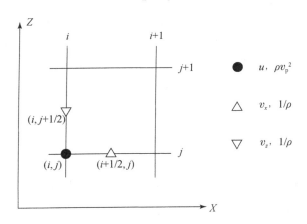

图 4.1　二维各向同性介质声波方程交错网格示意图

时间 $2M$ 阶差分近似

错网格有限差分的方法对声波方程进行求解的时候，应力和速度分别在 $t+\dfrac{\Delta t}{2}$ 和

于应力 u，把 $u\left(t+\dfrac{\Delta t}{2}\right)$ 和 $u\left(t-\dfrac{\Delta t}{2}\right)$ 在 t 处通过泰勒展开式展开可以得到：

$$
u\left(t+\dfrac{\Delta t}{2}\right) = u(t) + \dfrac{\partial u}{\partial t} \dfrac{\Delta t}{2} + \dfrac{1}{2!} \dfrac{\partial^2 u}{\partial t^2} \left(\dfrac{\Delta t}{2}\right)^2 + \dfrac{1}{3!} \dfrac{\partial^3 u}{\partial t^3} \left(\dfrac{\Delta t}{2}\right)^3 + \cdots
\tag{4.3}
$$

$$
\left(t-\dfrac{\Delta t}{2}\right) = u(t) - \dfrac{\partial u}{\partial t} \dfrac{\Delta t}{2} + \dfrac{1}{2!} \dfrac{\partial^2 u}{\partial t^2} \left(\dfrac{\Delta t}{2}\right)^2 - \dfrac{1}{3!} \dfrac{\partial^3 u}{\partial t^3} \left(\dfrac{\Delta t}{2}\right)^3 + \cdots
\tag{4.4}
$$

将以上两个式子做减法就可以得到 $2M$ 阶的时间差分的近似来对应力进行求解：

$$u\left(t+\frac{\Delta t}{2}\right)=u\left(t-\frac{\Delta t}{2}\right)+2\sum_{m=1}^{M}\frac{1}{(2m-1)!}\left(\frac{\Delta t}{2}\right)^{2m-1}\frac{\partial^{2m-1}}{\partial t^{2m-1}}u \tag{4.5}$$

通过式（4.5）可以看到，如果对 $\frac{\partial^{2m-1}}{\partial t^{2m-1}}u$ 不作任何处理，直接进行计算，那么就意味着需要对很多个时间层进行计算；但是如果利用式（4.2）对方程进行转化，将应力相对于时间的奇数次偏导数（如 $\frac{\partial u}{\partial t}$）通过速度对空间的偏导数（如 $\frac{\partial v_x}{\partial x}+\frac{\partial v_z}{\partial z}$）来代替，将速度相对于时间的奇数次偏导数（如 $\frac{\partial v_x}{\partial t}$）通过应力对空间的偏导数（如 $\frac{1}{\rho}\frac{\partial u}{\partial x}$）来代替；可以看到，只需要知道前一个时刻的应力和速度场，就可以通过计算得到下一个时刻的应力和速度场；也就是说，通过整的时间层 t 上的速度，计算得到半时间层 $t+\frac{\Delta t}{2}$ 上的应力，再通过半时间层 $t+\frac{\Delta t}{2}$ 上的应力计算出整时间层 $t+\Delta t$ 上的速度。由式（4.5）可知，在时间上对声波方程进行高阶差分难度比较大，计算的成本会非常高，但是，又不能通过把时间步长加大来减少计算，因为可能会由此造成计算的不稳定。本书中，取 $2M=2$，与之相对应，应力的时间二阶差分近似为

$$u\left(t+\frac{\Delta t}{2}\right)=u\left(t-\frac{\Delta t}{2}\right)+\Delta t\,\frac{\partial u}{\partial t}=u\left(t-\frac{\Delta t}{2}\right)-\Delta t\rho v_{\mathrm{p}}^2\left(\frac{\partial v_x}{\partial x}+\frac{\partial v_z}{\partial z}\right) \tag{4.6}$$

同样，可以得到水平方向速度分量 v_x 和垂直方向上速度分量 v_z 的时间二阶差分近似：

$$v_x(t)=v_x(t-\Delta t)+\Delta t\,\frac{\partial v_x}{\partial t}=v_x(t-\Delta t)+\frac{\Delta t}{\rho}\frac{\partial u}{\partial x} \tag{4.}$$

$$v_z(t)=v_z(t-\Delta t)+\Delta t\,\frac{\partial v_z}{\partial t}=v_z(t-\Delta t)+\frac{\Delta t}{\rho}\frac{\partial u}{\partial z}$$

2）空间 $2N$ 阶差分近似

通过交错网格有限差分的方法对声波方程进行求解的时候，空

$\frac{2n-1}{2}\Delta x$ 上计算的，下面来推导它们的差分格式：把 $f\left(x\pm\frac{2n-1}{}\right.$ 进行展开可以得到：

$$f\left(x+\frac{2n-1}{2}\Delta x\right)=f(x)+\frac{\partial f}{\partial x}\frac{2n-1}{2}\Delta x+\frac{1}{2!}\frac{\partial^2 f}{\partial x^2}\left(2\right.$$

$$f\left(x-\frac{2n-1}{2}\Delta x\right)=f(x)-\frac{\partial f}{\partial x}\frac{2n-1}{2}\Delta x$$

通过对 $f\left(x+\frac{2n-1}{2}\Delta x\right)$、$f\left(x-\frac{2n-1}{2}\right.$

$$\frac{1}{\Delta x}\sum_{n=1}^{N}C_n^N\left[f\left(x+\frac{2n-1}{2}\Delta x\right)-\right.$$

$$=\left[C_1^N+3C_2^N+(2n-1)C_n^N\right]\frac{\partial f}{\partial x}+\left[C_1^N+3\right.$$

对式（4.9）进行整理，得到：

$$\begin{bmatrix} 1 & 3 & 5 & \cdots & 2n-1 \\ 1^3 & 3^3 & 5^3 & \cdots & (2n-1)^3 \\ 1^5 & 3^5 & 5^5 & \cdots & (2n-1)^5 \\ \vdots & \vdots & \vdots & \ddots & \vdots \\ 1^{2N-1} & 3^{2N-1} & 5^{2N-1} & \cdots & (2n-1)^{2N-1} \end{bmatrix} \begin{bmatrix} C_1^N \\ C_2^N \\ C_3^N \\ \vdots \\ C_n^N \end{bmatrix} = \begin{bmatrix} 1 \\ 0 \\ 0 \\ \vdots \\ 0 \end{bmatrix} \tag{4.10}$$

对式（4.10）中的 C_n^N 进行求解，就可以得到 $\dfrac{\partial f}{\partial x}$ 的 $2N$ 阶差分近似：

$$\frac{\partial f}{\partial x} = \frac{1}{\Delta x} \sum_{n=1}^{N} C_n^N \left[f\left(x + \frac{2n-1}{2}\Delta x\right) - f\left(x - \frac{2n-1}{2}\Delta x\right) \right] \tag{4.11}$$

利用式（4.10），可以得到如表 4.1 所示的差分系数表。

表 4.1　各阶精度的有限差分系数表

阶数	系数				
	C_1	C_2	C_3	C_4	C_5
2	1				
4	1.125	-0.0416667			
6	1.171875	-0.06510417	0.0046875		
8	1.196289	-0.0797516	0.009570313	-0.0006975447	
10	1.211243	-0.08972168	0.01384277	-0.00176566	0.000118695

3）时间二阶、空间十阶的交错网格有限差分格式

上文分别得到了时间、空间上的高阶差分格式，通过综合考虑精度和计算的效率，在此选择时间二阶、空间十阶的差分格式，这样可以在不增加计算量的前提下提高差分的精度。非均匀各向同性介质声波式（4.2）时间二阶、空间十阶的交错网格有限差分格式可以表示为

$$U_{i,j}^{k+1/2} = U_{i,j}^{k-1/2} - \Delta t \rho v_p^2 \left\{ \frac{1}{\Delta x} \sum_{n-1}^{5} C_n^5 \left[P_{i+(2n-1)/2,j}^k - P_{i-(2n-1)/2,j}^k \right] + \frac{1}{\Delta z} \sum_{n-1}^{5} C_n^5 \left[Q_{i,j+(2n-1)/2}^k - Q_{i,j-(2n-1)/2}^k \right] \right\} \tag{4.12}$$

$$P_{i+1/2,j}^k = P_{i+1/2,j}^{k-1} + \frac{\Delta t}{\Delta x \cdot \rho} \sum_{n=1}^{5} C_n^5 \left[U_{i+n,j}^{k-1/2} - U_{i-(n-1),j}^{k-1/2} \right] \tag{4.13}$$

$$Q_{i,j+1/2}^k = Q_{i,j+1/2}^{k-1} + \frac{\Delta t}{\Delta z \cdot \rho} \sum_{n=1}^{5} C_n^5 \left[U_{i,j+n}^{k-1/2} - U_{i,j-(n-1)}^{k-1/2} \right] \tag{4.14}$$

式中，Δx 和 Δz 依次为水平方向 x、垂直方向 z 的网格间距；k 为时间上的离散值；U、P、Q 依次为 u、v_x、v_z；Δt 为时间步长；i、j 分别为水平方向 x 和垂直方向 z 上的离散值。

2. 逆时偏移的成像条件

叠前逆时偏移可以使用的成像条件包括三类：第一类是由射线追踪和有限差分正演计

算的激发时间成像条件；第二类是检波波场与震源波场振幅比成像条件；第三类是检波波场与震源波场互相关成像条件。

1）激发时间成像条件

叠前偏移的激发时间是从震源出发传播到每一个成像点的单程旅行时间；激发时间成像条件的原理就是在各个时间提取波场值进行成像。这个时间可以通过射线插值估计每个网格点的初至时间或者有限差分外推检测每个网格点最大振幅出现的时间来得到。但是这两个方法得到的时间通常并不是完全一样的，射线追踪得到的初至时间通常要比波场外推的最大振幅时间小；因此通常对射线时间做1/4波长的时移来得到相应的时间。此外，在有限差分波场外推计算中也会存在数值频散，当模型复杂时还存在射线多路径的问题。总的来说，这些时间计算不准确会给成像时间带来影响，从而导致振幅不准确；因此，激发时间成像条件对于复杂速度场的成像是不适用的。

2）检波波场与震源波场振幅比成像条件

上行下行振幅比成像条件是在 Claerbout（1971）的成像原则的基础之上提出的，该成像原则指出：反射点位于这样的点上，即上行波场（震源波场）和下行波场（检波波场）在空间上和时间上的重合点。反射率强度与成像时间和位置处的震源波场和检波波场有关。振幅比既可以在激发时间成像条件中波场振幅最大的位置处计算，也可以在震源归一化互相关条件中最大位置处计算。这两种计算方式中，成像结果都为下式所示：

$$I(x,y,z) = R(x,y,z,t)/S(x,y,z,t) \tag{4.15}$$

式中，$R(x，y，z，t)$ 为检波波场；$S(x，y，z，t)$ 为震源波场。

第一种计算方法中的比值是在成像时间 t 处计算的，其中 t 与（$x，z$）位置处的震源波场最大振幅的响应时间相同。这一过程与激发时间成像条件的应用原理很相似，但是前者计算的是振幅比值而不仅仅是简单的抽取检波波场的振幅值。第二种计算方法相当于使用匹配滤波的方法对震源进行反褶积，因此比值的计算是沿着震源归一化互相关的振幅的最大轨迹。所以震源归一化互相关成像条件的成像振幅单位是正确的（无量纲）。根据定义，只有上行下行波场振幅比值的最大值对应着反射系数（震源波场与检波波场时空重合位置）。在 R/S 反射系数计算时尽管使用的仅是峰值点，但振幅比成像条件对噪声十分敏感。因为涉及的振幅是叠后外推得到的，所以在外推中本身就有平滑和混道的影响。因此本书没有采用上行下行振幅比成像条件。

3）检波波场与震源波场互相关成像条件

对于互相关成像条件而言，震源波场和检波波场使用同标量双程有限差分算子独立传播。震源波场 $S(x，y，z，t)$ 从炮点沿时间轴正向传播，检波波场 $R(x，y，z，t)$ 从检波点沿时间轴逆向传播。在每个时间步长上对两个波场相乘（零延迟互相关）即可成像。对于单个共炮道集而言：

$$I(x,y,z) = \int S(x,y,z,t)R(x,y,z,t)\,\mathrm{d}t \tag{4.16}$$

式中，x 和 z 分别为水平和深度坐标；t 为时间。但是注意到该成像条件是乘积型成像条件，因此成像后的结果单位为振幅的二次方。

互相关成像条件还可以通过震源照明或者检波照明进行归一化：

$$I(x,y,z) = \int S(x,y,z,t)R(x,y,z,t)\,\mathrm{d}t / \sum_{t=0}^{t=t_{max}} S(x,y,z,t)^2 \qquad (4.17)$$

$$I(x,y,z) = \int S(x,y,z,t)R(x,y,z,t)\,\mathrm{d}t / \sum_{t=0}^{t=t_{max}} R(x,y,z,t)^2 \qquad (4.18)$$

式（4.17）表示震源归一化互相关成像，式（4.18）表示检波归一化互相关成像条件。震源归一化互相关成像条件与检波归一化互相关成像条件都有与反射系统相同的单位（无量纲）、比例和符号。

检波波场与震源波场的振幅比成像条件可以为最高的分辨率，但是一方面对于成像时间的计算可能不够准确，另一方面成像时间处的记录振幅和震源振幅的比值并不一定能准确地代表模型反射率，此外由于某些位置处的波场值可能为零，成像过程中可能出现不稳定的现象；震源归一化的互相关成像条件通过最大位置处的记录波场与震源波场的振幅比给出了正确的振幅比例和很高的成像分辨率，实现起来也比较容易，所增加计算量很小，并且不会丢失波场的有效信息。成像条件的选取对于成像结果的振幅、相位、分辨率等都有着重要的影响。对于共炮偏移而言，要得到准确的振幅信息必须使用反褶积成像条件。虽然反褶积成像条件在频率域易于实施，但是对于逆时偏移而言，反褶积型的成像条件较难在时间域实施，并且可能出现数值不稳定的情况，而激发成像条件中旅行时的求取受构造复杂程度的限制。振幅比成像条件简单地用成像时间处的检波振幅与震源振幅之比代替反射系数，也是不准确的。因此在这种情况下，互相关成像条件就成为一种好的选择。互相关成像条件在时间域的实施较简单方便，避免了数值不稳定性，可方便地进行并行处理提高计算效率。归一化后的互相关成像条件，成像结果单位与反射系数具有相同的量纲，易于进行保幅性分析。本书在声波逆时偏移时，都采用互相关成像条件进行成像。

4.2.2 弹性波逆时偏移

1. 弹性波交错网格逆时延拓

在各向同性介质中，二阶的弹性波方程可以表示为

$$\begin{cases} \dfrac{\partial^2 u_x}{\partial t^2} = \dfrac{\lambda+2\mu}{\rho}\dfrac{\partial^2 u_x}{\partial x^2} + \dfrac{\mu}{\rho}\dfrac{\partial^2 u_x}{\partial z^2} + \dfrac{\lambda+\mu}{\rho}\dfrac{\partial^2 u_z}{\partial x\partial z} \\[3mm] \dfrac{\partial^2 u_z}{\partial t^2} = \dfrac{\lambda+\mu}{\rho}\dfrac{\partial^2 u_x}{\partial x\partial z} + \dfrac{\mu}{\rho}\dfrac{\partial^2 u_z}{\partial x^2} + \dfrac{\lambda+2\mu}{\rho}\dfrac{\partial^2 u_z}{\partial z^2} \end{cases} \qquad (4.19)$$

$$\begin{cases} u_x\big|_{z=z_r,\,t>T} = g_x(x,t) \\ u_z\big|_{z=z_r,\,t>T} = g_z(x,t) \\ u_x\big|_{t<T} = 0 \\ u_z\big|_{t<T} = 0 \end{cases} \qquad (4.20)$$

式中，u_x 和 u_z 分别为水平方向 x、垂直方向 z 的位移；$g_x(x,t)$ 和 $g_z(x,t)$ 为接收点上

接收到 x 分量和 z 分量记录；z_r 为接收点的纵坐标；T 为最大记录时间。式（4.20）表示的是地震资料的边界条件。根据速度（v_x，v_z）、应力（τ_{xx}，τ_{xz}，τ_{zz}）与位移（u_x，u_z）之间的关系，对式（4.19）做降阶的处理，可以得到一阶弹性波速度–应力方程：

$$\begin{cases} \dfrac{\partial v_x}{\partial t} = \dfrac{1}{\rho}\dfrac{\partial \sigma_{xx}}{\partial x} + \dfrac{1}{\rho}\dfrac{\partial \sigma_{xz}}{\partial z} \\[2mm] \dfrac{\partial v_z}{\partial t} = \dfrac{1}{\rho}\dfrac{\partial \sigma_{xz}}{\partial x} + \dfrac{1}{\rho}\dfrac{\partial \sigma_{zz}}{\partial z} \\[2mm] \dfrac{\partial \sigma_{xx}}{\partial t} = (\lambda+2\mu)\dfrac{\partial v_x}{\partial x} + \lambda\dfrac{\partial v_z}{\partial z} \\[2mm] \dfrac{\partial \sigma_{zz}}{\partial t} = \lambda\dfrac{\partial v_x}{\partial x} + (\lambda+2\mu)\dfrac{\partial v_z}{\partial z} \\[2mm] \dfrac{\partial \sigma_{xz}}{\partial t} = \mu\dfrac{\partial v_z}{\partial x} + \mu\dfrac{\partial v_x}{\partial z} \end{cases} \tag{4.21}$$

式中，λ 和 μ 为拉梅常数；ρ 为密度；σ 为应力；v_x，v_z 分别为弹性体中质点在水平方向 x，垂直方向 z 上的速度分量。将式（4.19）与式（4.21）进行对比，可以发现式（4.21）中不包含空间的微分计算。

对于弹性波方程的交错网格方法，水平方向上的速度分量 v_x 假设位于空间离散点 (i,j) 处，垂直方向上的速度分量 v_z 假设位于离散点 $(i+1/2,j+1/2)$ 处，正应力分量 σ_{xx}、σ_{zz} 假设位于离散点 $(i+1/2,j)$ 处，切应力 σ_{xz} 假设位于离散点 $(i,j+1/2)$ 处，具体参数的空间位置如图 4.2 所示。在空间上对方程进行交错网格差分的同时，在时间上也需要进行交错网格差分，假设质点水平方向速度分量 v_x 和垂直方向速度分量 v_z 位于离散时间 $k-1/2$ 和 $k+1/2$ 处，应力分量 σ_{xx}、σ_{zz}、σ_{xz} 假设位于离散时间 k 和 $k+1$ 处。

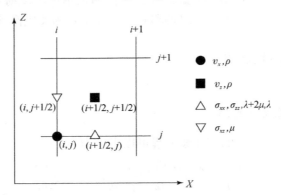

图 4.2　二维各向同性介质弹性波方程交错网格示意图

1）时间上的 $2M$ 阶差分近似

通过交错网格有限差分的方法对一阶弹性波方程进行求解时，速度和应力分别在 $t+\dfrac{\Delta t}{2}$ 和 $t+\Delta t$ 时刻进行计算。对于速度 v_x，把 $v_x\left(t+\dfrac{\Delta t}{2}\right)$ 在时间 t 处通过泰勒展开式展开，并进行整理可以得到时间 $2M$ 阶差分格式如下：

$$v_x\left(t+\frac{\Delta t}{2}\right)=v_x\left(t-\frac{\Delta t}{2}\right)+2\sum_{m=1}^{M}\frac{1}{(2m-1)!}\left(\frac{\Delta t}{2}\right)^{2m-1}\frac{\partial^{2m-1}}{\partial t^{2m-1}}v_x \qquad (4.22)$$

同样，可以得到：

$$v_z\left(t+\frac{\Delta t}{2}\right)=v_z\left(t-\frac{\Delta t}{2}\right)+2\sum_{m=1}^{M}\frac{1}{(2m-1)!}\left(\frac{\Delta t}{2}\right)^{2m-1}\frac{\partial^{2m-1}}{\partial t^{2m-1}}v_z \qquad (4.23)$$

$$\sigma_{xx}(t+\Delta t)=\sigma_{xx}(t)+2\sum_{m=1}^{M}\frac{1}{(2m-1)!}\left(\frac{\Delta t}{2}\right)^{2m-1}\frac{\partial^{2m-1}}{\partial t^{2m-1}}\sigma_{xx} \qquad (4.24)$$

$$\sigma_{xz}(t+\Delta t)=\sigma_{xz}(t)+2\sum_{m=1}^{M}\frac{1}{(2m-1)!}\left(\frac{\Delta t}{2}\right)^{2m-1}\frac{\partial^{2m-1}}{\partial t^{2m-1}}\sigma_{xz} \qquad (4.25)$$

$$\sigma_{zz}(t+\Delta t)=\sigma_{zz}(t)+2\sum_{m=1}^{M}\frac{1}{(2m-1)!}\left(\frac{\Delta t}{2}\right)^{2m-1}\frac{\partial^{2m-1}}{\partial t^{2m-1}}\sigma_{zz} \qquad (4.26)$$

通过式（4.22）～式（4.26），可以看到，如果对 $\frac{\partial^{2m-1}}{\partial t^{2m-1}}v_x$ 不作任何处理，直接进行计算，那么就意味着需要对很多个时间层进行计算；但是，如果利用式（4.21）对方程进行转化，将应力相对于时间的奇数次偏导数（如 $\frac{\partial\sigma_{xx}}{\partial t}$）通过速度对空间的偏导数 $\Big[$如 $(\lambda+2\mu)\frac{\partial v_x}{\partial x}+\lambda\,\frac{\partial v_z}{\partial z}\Big]$ 来代替，将速度相对于时间的奇数次偏导数（如 $\frac{\partial v_x}{\partial t}$）通过应力对空间的偏导数 $\Big[$如 $\frac{1}{\rho}\Big(\frac{\partial\sigma_{xx}}{\partial x}+\frac{\partial\sigma_{xz}}{\partial z}\Big)\Big]$ 来代替；可以看到，只需要知道前一个时刻的应力和速度场，就可以通过计算得到下一个时刻的应力和速度场；也就是说，通过半时间层 $t-\frac{\Delta t}{2}$ 上的速度，计算得到整时间层 t 上的应力，再通过整时间层 t 上的应力计算出整下一个半时间层 $t+\frac{\Delta t}{2}$ 上的速度。由式（4.22）可知，在时间上对声波方程进行高阶差分难度比较大，计算的成本会非常高，但是，又不能通过把时间步长加大来减少计算，因为可能会由此造成计算的不稳定。本书取 $2M=2$，与之相对应，速度的时间二阶差分近似为

$$v_x\left(t+\frac{\Delta t}{2}\right)=v_x\left(t-\frac{\Delta t}{2}\right)+\Delta t\,\frac{\partial v_x}{\partial t}=v_x\left(t-\frac{\Delta t}{2}\right)+\frac{\Delta t}{\rho}\Big(\frac{\partial\sigma_{xx}}{\partial x}+\frac{\partial\sigma_{xz}}{\partial z}\Big) \qquad (4.27)$$

同样可以得到 v_z、σ_{xx}、σ_{xz}、σ_{zz} 在时间上的二阶差分近似：

$$v_z\left(t+\frac{\Delta t}{2}\right)=v_z\left(t-\frac{\Delta t}{2}\right)+\Delta t\,\frac{\partial v_z}{\partial t}=v_z\left(t-\frac{\Delta t}{2}\right)+\frac{\Delta t}{\rho}\Big(\frac{\partial\sigma_{zz}}{\partial x}+\frac{\partial\sigma_{xz}}{\partial z}\Big) \qquad (4.28)$$

$$\sigma_{xx}(t)=\sigma_{xx}(t-\Delta t)+\Delta t\,\frac{\partial\sigma_{xx}}{\partial t}=\sigma_{xx}(t-\Delta t)+\Delta t\Big[(\lambda+2\mu)\frac{\partial v_x}{\partial x}+\lambda\,\frac{\partial v_z}{\partial z}\Big] \qquad (4.29)$$

$$\sigma_{zz}(t)=\sigma_{zz}(t-\Delta t)+\Delta t\,\frac{\partial\sigma_{zz}}{\partial t}=\sigma_{zz}(t-\Delta t)+\Delta t\Big[\lambda\,\frac{\partial v_x}{\partial x}+(\lambda+2\mu)\frac{\partial v_z}{\partial z}\Big] \qquad (4.30)$$

$$\sigma_{xz}(t)=\sigma_{xz}(t-\Delta t)+\Delta t\,\frac{\partial\sigma_{xz}}{\partial t}=\sigma_{xz}(t-\Delta t)+\Delta t\Big(\mu\,\frac{\partial v_z}{\partial x}+\mu\,\frac{\partial v_x}{\partial z}\Big) \qquad (4.31)$$

2）空间上的 $2N$ 阶差分近似

通过交错网格有限差分的方法对弹性波方程进行求解的时候，空间变量的导数是在

$x\pm\dfrac{2n-1}{2}\Delta x$ 上计算的，下面来推导它们的差分格式：把 $f\left(x\pm\dfrac{2n-1}{2}\Delta x\right)$ 在 x 处通过泰勒展开式进行展开并整理，可以得到 f 相对于 x 的一阶偏导数的 $2N$ 阶差分近似：

$$\frac{\partial f}{\partial x}=\frac{1}{\Delta x}\sum_{n=1}^{N}C_n^N\left[f\left(x+\frac{2n-1}{2}\Delta x\right)-f\left(x-\frac{2n-1}{2}\Delta x\right)\right] \tag{4.32}$$

式（4.32）中的差分权系数 C_n^N 由下面的方程求得：

$$\begin{bmatrix}1 & 3 & 5 & \cdots & 2n-1\\ 1^3 & 3^3 & 5^3 & \cdots & (2n-1)^3\\ 1^5 & 3^5 & 5^5 & \cdots & (2n-1)^5\\ \vdots & \vdots & \vdots & & \vdots\\ 1^{2N-1} & 3^{2N-1} & 5^{2N-1} & \cdots & (2n-1)^{2N-1}\end{bmatrix}\begin{bmatrix}C_1^N\\ C_2^N\\ C_3^N\\ \vdots\\ C_n^N\end{bmatrix}=\begin{bmatrix}1\\0\\0\\\vdots\\0\end{bmatrix} \tag{4.33}$$

3）时间二阶空间十阶的交错网格有限差分格式

通过上文分别得到了时间、空间上的高阶差分格式；通过综合考虑精度和计算的效率，在此选择时间二阶、空间十阶的差分格式，这样可以在不增加计算量的前提下提高差分的精度。非均匀各向同性介质弹性波式（4.21）时间二阶、空间十阶的差分格式可以表示为

$$\begin{cases}U_{i,j}^{k+1/2}=U_{i,j}^{k-1/2}+\dfrac{\Delta t}{\rho_{i,j}}\left\{\dfrac{1}{\Delta x}\sum_{n=1}^{5}C_n\left[R_{i+(2n-1)/2,j}^k-R_{i-(2n-1)/2,j}^k\right]+\dfrac{1}{\Delta z}\sum_{n=1}^{5}C_n\left[H_{i,j+(2n-1)/2}^k-H_{i,j-(2n-1)/2}^k\right]\right\}\\[4pt]
V_{i+1/2,j+1/2}^{k+1/2}=V_{i+1/2,j+1/2}^{k-1/2}+\dfrac{\Delta t}{\rho_{i+1/2,j+1/2}}\left\{\dfrac{1}{\Delta x}\sum_{n=1}^{5}C_n\left[H_{i+n,j+1/2}^k-H_{i-(n-1),j+1/2}^k\right]+\dfrac{1}{\Delta z}\sum_{n=1}^{5}C_n\left[T_{i+1/2,j+n}^k-T_{i+1/2,j-(n-1)}^k\right]\right\}\\[4pt]
R_{i+1/2,j}^{k+1}=R_{i+1/2,j}^k+\Delta t\left\{\dfrac{(\lambda+2\mu)_{i+1/2,j}}{\Delta x}\sum_{n=1}^{5}C_n\left[U_{i+n,j}^{k+1/2}-U_{i-(n-1),j}^{k+1/2}\right]+\dfrac{\lambda_{i+1/2,j}}{\Delta z}\sum_{n=1}^{5}C_n\left[V_{i+1/2,j+(2n-1)/2}^{k+1/2}-V_{i+1/2,j-(2n-1)/2}^{k+1/2}\right]\right\}\\[4pt]
T_{i+1/2,j}^{k+1}=T_{i+1/2,j}^k+\Delta t\left\{\dfrac{(\lambda+2\mu)_{i+1/2,j}}{\Delta z}\sum_{n=1}^{5}C_n\left[V_{i+1/2,j+(2n-1)/2}^{k+1/2}-V_{i+1/2,j-(2n-1)/2}^{k+1/2}\right]+\dfrac{\lambda_{i+1/2,j}}{\Delta x}\sum_{n=1}^{5}C_n\left[U_{i+n,j}^{k+1/2}-U_{i-(n-1),j}^{k+1/2}\right]\right\}\\[4pt]
H_{i,j+1/2}^{k+1}=H_{i,j+1/2}^k+\Delta t\left\{\dfrac{\mu_{i,j+1/2}}{\Delta z}\sum_{n=1}^{5}C_n\left[U_{i,j+n}^{k+1/2}-U_{i,j-(n-1)}^{k+1/2}\right]+\dfrac{\mu_{i,j+1/2}}{\Delta x}\sum_{n=1}^{5}C_n\left[V_{i+(2n-1)/2,j+1/2}^{k+1/2}-V_{i-(2n-1)/2,j+1/2}^{k+1/2}\right]\right\}\end{cases} \tag{4.34}$$

式中，k 为时间上的离散值；U、V、R、T、H 依次为 v_x、v_z、σ_{xx}、σ_{zz}、σ_{xz}；i，j 依次为水平方向 x、垂直方向 z 上的离散值。

2. 成像条件

在弹性波逆时偏移过程中，常规两分量互相关成像条件为

$$\begin{cases}I_x(x)=\int_0^T U_x^S(x,t)U_x^R(x,t)\mathrm{d}t\\ I_z(x)=\int_0^T U_z^S(x,t)U_z^R(x,t)\mathrm{d}t\end{cases} \tag{4.35}$$

式中，I_x 和 I_z 分别为水平分量和垂直分量的成像结果；x 为空间坐标；$U_x^S(x,t)$ 和

$U_z^S(x,t)$ 分别为水平分量和垂直分量的震源波场；$U_x^R(x,t)$ 和 $U_z^R(x,t)$ 分别为水平分量和垂直分量的检波点波场。为了更准确地反映纵横波信息，通常对纵横波进行分离后成像，本书采用亥姆霍兹分解方式，基于波场分离的四分量的成像公式为

$$\begin{cases} I_{PP}(x) = \int_0^T U_p^S(x,t) U_p^R(x,t)\, \mathrm{d}t \\[2mm] I_{PS}(x) = \int_0^T U_p^S(x,t) U_s^R(x,t)\, \mathrm{d}t \\[2mm] I_{SP}(x) = \int_0^T U_s^S(x,t) U_p^R(x,t)\, \mathrm{d}t \\[2mm] I_{SS}(x) = \int_0^T U_s^S(x,t) U_s^R(x,t)\, \mathrm{d}t \end{cases} \tag{4.36}$$

式中，I_{PP}、I_{PS}、I_{SP} 和 I_{SS} 分别为 PP、PS、SP 和 SS 的成像结果；$U_p^S(x,t)$ 和 $U_s^S(x,t)$ 分别为纵波分量和横波分量的震源波场；$U_p^R(x,t)$ 和 $U_s^R(x,t)$ 分别为纵波分量和横波分量的检波点波场。

4.2.3　本节小结

传统的偏移方法与逆时偏移方法有较大的区别：传统偏移方法是基于深度外推计算，而逆时偏移是基于时间轴上逆时外推波场。逆时偏移方法通过直接求解双程波方程来精确描述地震波在地下介质中的传播特征，理论上可以利用地下介质双程波信息对其精确成像。与基于射线理论的偏移方法相比，基于双程波的逆时偏移方法不存在反射层倾角限制问题，而且能够适用于横向速度变化剧烈的模型。

4.3　基于时空双变有限差分的起伏地表逆时偏移

4.3.1　时空双变网格正演模拟

1. 双变网格基本原理

由于采用交错网格计算，为了使粗、细网格的速度和应力点相互对应，网格步长变化倍数应为任意奇数倍。图 4.3 给出了 3 倍双变网格的计算示意图，双变网格算法具体实现的详细步骤如下：

假设已知粗网格 $m-1/2$ 时刻的速度初始值 $V^{m-1/2}$ 和 m 时刻的应力初始值 T^m，细网格 $m-1/6$ 时刻的速度初始值 $v^{m-1/6}$ 和 m 时刻的应力初始值 τ^m。

（1）更新粗网格区域的 $V^{m+1/2}$ 和 T^{m+1}；

（2）粗细网格过渡区域的边界上，将粗网格的 $m+1/2$ 时刻的速度值 $V^{m+1/2}$ 和 $m+1$ 时刻的应力值 T^{m+1} 传递给对应的细网格，以此判断波场是否传递到细网格区域，若波场未传递到细网格区域，则该区域仍然采用粗网格进行更新；若波场传递到细网格区域，则需要

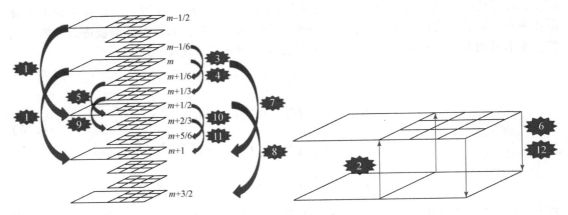

图 4.3　双变网格原理图

对细网格区域进行精细时间层计算，进入步骤（3）；

（3）更新细网格内部的 $v^{m+1/6}$，边界上利用 $m-1/2$ 时刻和 $m+1/2$ 时刻的粗网格速度值进行线性插值获得：$v^{m+1/6} = (V^{m-1/2}+2*V^{m+1/2})/3$；

（4）更新细网格内部的 $\tau^{m+1/3}$，边界上利用 m 时刻和 $m+1$ 时刻的粗网格应力值进行线性插值获得：$\tau^{m+1/3} = (2*T^m+T^{m+1})/3$；

（5）更新细网格内部的 $v^{m+1/2}$，边界上利用 $m+1/2$ 时刻粗网格速度值直接传递获得；

（6）细网格内部的 $v^{m+1/2}$ 传递给对应的粗网格点的 $V^{m+1/2}$；

（7）利用步骤（6）中得到的 $V^{m+1/2}$ 计算细网格内部对应的粗网格的 T^{m+1}；

（8）利用步骤（7）中得到的 T^{m+1} 计算过渡区域边界上的 $V^{m+3/2}$，用于下面的插值；

（9）更新细网格内部的 $\tau^{m+2/3}$，边界上利用 m 时刻和 $m+1$ 时刻的粗网格应力值进行线性插值获得：$\tau^{m+2/3} = (T^m+2*T^{m+1})/3$；

（10）更新细网格内部的 $v^{m+5/6}$，边界上利用 $m+1/2$ 时刻和 $m+3/2$ 时刻的粗网格速度值进行线性插值获得：$v^{m+5/6} = (2*V^{m+1/2}+V^{m+3/2})/3$；

（11）更新细网格内部 τ^{m+1}，边界上利用 $m+1$ 时刻粗网格应力值 T^{m+1} 直接传递获得；

（12）将细网格内部的 τ^{m+1} 传递给对应粗网格的 T^{m+1}。

以上步骤即为双变网格的具体更新流程，可见基于交错网格的双变算法要比基于常规网格的双变算法复杂很多。其中（3）、（4）等步骤中的更新细网格中的波场，可以采用变差分系数法（张慧和李振春，2011），也可以采用降阶方法（Tae-Seob，2004）等。由于双变算法中采用了插值等计算，不可避免地会引入虚假反射，下面我们从理论上推导虚假反射的影响因素，并给出相应的解决方案。

2. 虚假反射误差估计

从频散关系入手，首次从理论上推导了变网格界面处的虚假反射系数的表达式。为了简便，考虑一维均匀介质情况，令密度和速度均为1，则一阶速度应力弹性波方程可简化为

$$\begin{cases} \dfrac{\partial v}{\partial t} = \dfrac{\partial \tau}{\partial x} \\[2mm] \dfrac{\partial \tau}{\partial t} = \dfrac{\partial v}{\partial x} \end{cases} \tag{4.37}$$

式 (4.37) 在交错网格下的二阶中心差分格式为

$$\begin{cases} \dfrac{\tau_j^n - \tau_j^{n-1}}{\Delta t} = \dfrac{v_{j+1/2}^{n-1/2} - v_{j-1/2}^{n-1/2}}{h} \\[3mm] \dfrac{v_{j+1/2}^{n+1/2} - v_{j+1/2}^{n-1/2}}{\Delta t} = \dfrac{\tau_{j+1}^n - \tau_j^n}{h} \end{cases} \tag{4.38}$$

式中, h 和 Δt 分别为网格间距和时间采样间隔,将应力、速度的平面波解 $\tau = A\mathrm{e}^{\mathrm{i}(\omega t - kx)}$ 和 $v = B\mathrm{e}^{\mathrm{i}(\omega t - kx)}$ 代入式 (4.38),可得频散关系:

$$k = \pm \frac{2}{h}\mathrm{asin}\left[\frac{h}{\Delta t}\sin(\omega \Delta t / 2)\right] \tag{4.39}$$

粗细网格中 h 和 Δt 不同,因此波数也不相同,分别记为 k_c 和 k_f。

考虑如图 4.4 所示的一维情况下的 3 倍变网格情形,网格变化界面位于 $j=0$ 处,细网格和粗网格分别位于左右两侧,平面波由细网格向粗网格区域传播,则细网格中的波场可记为

$$\begin{pmatrix} \tau \\ v \end{pmatrix} = \begin{pmatrix} 1 \\ -1 \end{pmatrix}\mathrm{e}^{\mathrm{i}(\omega t - k_f x)} + R\begin{pmatrix} 1 \\ 1 \end{pmatrix}\mathrm{e}^{\mathrm{i}(\omega t + k_f x)}, j<0 \tag{4.40}$$

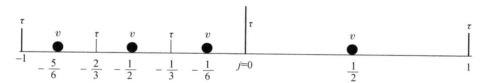

图 4.4　一维情况下 3 倍变网格示意图

式中, R 为变网格界面处的反射系数。相应的粗网格中的波场可记为

$$\begin{pmatrix} \tau \\ v \end{pmatrix} = T\begin{pmatrix} 1 \\ -1 \end{pmatrix}\mathrm{e}^{\mathrm{i}(\omega t - k_c x)}, j>0 \tag{4.41}$$

式中, T 为网格变化界面处的透射系数。$j=0$ 处的应力波场为

$$\tau(t,0) = T\mathrm{e}^{\mathrm{i}\omega t} \tag{4.42}$$

分别将式 (4.40) ~ 式 (4.42) 代入差分格式 $\dfrac{\tau_0^n - \tau_0^{n-1}}{\Delta t} = \dfrac{v_{1/2}^{n-1/2} - v_{-1/2}^{n-1/2}}{h}$, $\dfrac{v_{-1/6}^{n+1/6} - v_{-1/6}^{n-1/6}}{\Delta t / 3} = \dfrac{\tau_0^n - \tau_{-1/3}^n}{h/3}$ 中得到:

$$\begin{pmatrix} a_{11} & a_{12} \\ a_{21} & a_{22} \end{pmatrix}\begin{pmatrix} R \\ T \end{pmatrix} = \begin{pmatrix} b_1 \\ b_2 \end{pmatrix} \tag{4.43}$$

式中, $a_{11} = \mathrm{e}^{-\mathrm{i}k_f h/2}$, $a_{12} = \dfrac{\Delta x}{\Delta t}(\mathrm{e}^{\mathrm{i}\omega \Delta t/2} - \mathrm{e}^{-\mathrm{i}\omega \Delta t/2}) + \mathrm{e}^{-\mathrm{i}k_c h/2}$, $b_1 = \mathrm{e}^{\mathrm{i}k_f h/2}$,

$$a_{21} = \frac{\Delta x}{\Delta t} e^{-i\omega\Delta t/6} e^{-ik_f h/6} - \frac{\Delta x}{\Delta t} e^{i\omega\Delta t/6} e^{-ik_f h/6} - e^{-ik_f h/3}, \; a_{22} = 1,$$

$$b_2 = \frac{\Delta x}{\Delta t} e^{-i\omega\Delta t/6} e^{ik_f h/6} - \frac{\Delta x}{\Delta t} e^{i\omega\Delta t/6} e^{ik_f h/6} + e^{ik_f h/3}。$$

从而，可以导出反射、透射系数的表达式：

$$R = \frac{a_{22}b_1 - a_{12}b_2}{a_{11}a_{22} - a_{12}a_{21}}, \; T = \frac{a_{11}b_2 - a_{21}b_1}{a_{11}a_{22} - a_{12}a_{21}} \tag{4.44}$$

根据式（4.44）绘制出相应的反射、透射系数关系曲线如图 4.5 所示，可见只有在 $\omega h/\pi$ 较小时反射和透射系数才较为精确，而当 $\omega h/\pi$ 较大时会产生明显的反射，甚至可能会引起不稳定，即反射误差主要是由高频高波数成分引起的。图 4.5 中反射系数为 1 的区域，左端点对应的波长为 $\lambda_c = 3\pi h$，右端点对应的波长为 $\lambda_f = \pi h$，因此，如果不做处理的话，波长 $\lambda < 3\pi h$ 的波场经过变网格界面时会引入强反射，从而降低算法精度。关于人为反射误差的定性分析可描述为：波场离散后相速度是网格步长的函数，当相速度变化较大时，即使速度和密度都没有变化，入射波的能量也会部分反射回来，导致数值反射现象。

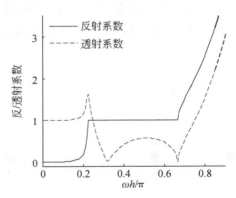

图 4.5　反射、透射系数随 $\omega h/\pi$ 变化关系

为了减弱虚假反射的影响，Hayashi 等（2001）研究了几种波场加权传递法，指出九点加权法在减弱数值反射和不稳定方面有一定效果。本书通过研究发现，Lanczos 滤波算子在解决这类问题上有更大优势，$2k$ 个点的 Lanczos 滤波算子可以非常好的将波长 $\lambda < k\pi h$ 的波场滤除掉（k 为网格变化倍数），这样细网格波场中的高频高波数成分通过 Lanczos 滤波算子作用后，不会引起明显的反射误差，数值模拟证实了 Lanczos 滤波算法比九点加权法更能有效地压制虚假反射、提高计算稳定性。

3. Lanczos 滤波系数计算

假设网格变化倍数为 k 倍，则 Lanczos 滤波系数可表示为

$$\omega_{mn} = A \operatorname{sinc}\left(\pi \frac{m}{k}\right) \operatorname{sinc}\left(\pi \frac{n}{k}\right) \operatorname{sinc}\left(\pi \frac{\sqrt{m^2 + n^2}}{k}\Big/2\right), \; |m| \leqslant 2k, \; |n| \leqslant 2k \tag{4.45}$$

式中，A 的值由 $\sum\limits_{m=-2k}^{2k} \sum\limits_{n=-2k}^{2k} \omega_{mn} = 1$ 确定（Duchon，1979）。

双变网格算法的步骤（6）、（12）中，粗网格点上的波场值可以通过周围若干细网格点得出：

$$F(i,j) = \sum_{m=-2k}^{2k} \sum_{n=-2k}^{2k} \omega_{mn} f(i+m, j+n) \tag{4.46}$$

式中，$F(i, j)$ 为粗网格点值；$f(i+m, j+n)$ 为周围细网格点的值。通过对式（4.46）的滤波响应分析发现，在波场传递过程中，细网格中的高频高波数成分可以很好地被削弱，从而结合图 4.5 的反射系数曲线可知，本算法能够有效地减弱虚假反射。

4. 模型试算

1）均匀介质模拟

首先以各向同性、均匀介质模型为例来验证本方法在减弱虚假反射误差方面的有效性。介质网格大小为 301×301，网格间距为 6m，P 波速度为 3000m/s，采用 P 波震源，震源位于网格点（151，101）处。图 4.6（a）为采用常规交错网格算法计算得到的全局 6m 网格时对应 $t=270$ms 的水平分量波场快照。将模型底部（图中虚线以下）区域进行 3 倍网格加密，此时加密区域内部网格间距为 2m。图 4.6（b）、（c）分别为直接传递法（波场传递时不做滤波处理）、Lanczos 滤波法在 270ms 时水平分量波场快照。图 4.6（d）、（e）则分别为两种变网格方法与常网格方法的误差结果图，为了提高误差识别度，作图时采用 ［图（b）数值－图（a）数值］×100、［图（c）数值－图（a）数值］×100 的方式。进一步计算相应的能量值：图 4.6（a）~（c）的能量最大值皆为 7.242×10⁻³，图 4.6（d）的能量最大值为 2.351×10⁻³，图 4.6（e）的能量最大值为 1.158×10⁻³。因此直接传递法的相对误差为 0.32%，Lanczos 滤波法的相对误差为 0.16%。而只变空间步长不变时间步长的变网格算法，其直接传递法的误差为 1.82%，Lanczos 滤波法的误差为 0.37%。可见，时空双变算法相比于空间变步长算法，在精度上有了较大提高；并且 Lanczos 滤波法相比于直接传递法能够有效地压制变网格界面处的虚假反射误差，从而验证了 Lanczos 滤波的有效性。

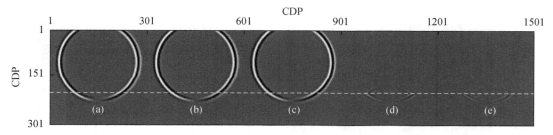

图 4.6　$t=270$ms 时水平分量波场快照

（a）全局粗网格；（b）直接传递法；（c）Lanczos 滤波法；（d）=［图（b）数值－图（a）数值］×100；（e）=［图（c）数值－图（a）数值］×100

在相同的硬件环境下，本书对采用不同网格策略模拟的单炮计算耗时进行了对比，在大型集群 master 下 CPU 速度为 2500Hz，总内存为 8166004kb，总交换空间为 16579072kb。

分别采用全局粗网格（6m）、变步长算法、时空双变算法和全局细网格（2m）计算上述均匀介质模型，四种不同算法的单炮计算耗时对比如图4.7所示。从图4.7中可以看出，与整个速度场均采用精细网格相比，变步长算法效率提高了2.5倍，时空双变算法提高了5.3倍。可见，时空双变算法相比于变步长算法，不仅精度上得到了提高，且在计算效率上也有较大提升，因此双变算法更加适用于大规模复杂地质构造的数值模拟。

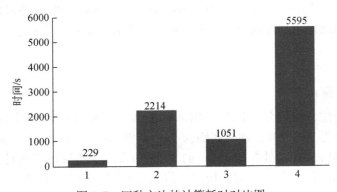

图4.7　四种方法的计算耗时对比图

1. 全局粗网格；2. 变步长算法；3. 时空双变算法；4. 全局细网格

2）近地表起伏模型

实际地下介质构造异常复杂，常含有各种起伏界面或断裂面，由于采用粗网格离散后的起伏界面不够平滑，在离散点处会产生绕射波，因此，为了精细研究这些界面就必须使用精细网格离散，此时若使用常规算法则需要全部采用细网格，导致计算量、内存需求量过大而满足不了实际需求，而时空双变算法则可以在不降低模拟精度的前提下最大化的提高效率降低内存。图4.8（a）为近地表起伏模型，模型大小为1800m×1200m，网格间距为6m。图4.8（b）为变网格算法的网格剖分示意图，对含起伏界面区域进行3倍网格加密。

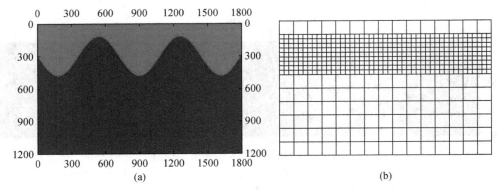

图4.8　近地表起伏模型（a）与变网格算法的网格剖分示意图（b）

图4.9（a）为全部采用6m粗网格间距离散后得到的单炮记录，4.9（b）为采用本书提出的双变网格算法得到的单炮记录，4.9（c）为全部采用2m细网格间距离散后得到的

单炮记录。对比图 4.9 可以发现，全局粗网格得到的单炮记录中含有许多虚假绕射（椭圆部分），而变网格和全局细网格由于对速度场离散的较为合理，能够较真实地刻画起伏界面的形态，因此其单炮记录中都未出现虚假绕射信息。与全局采用细网格的常规算法相比，变网格算法在不降低精度的同时显著节省了内存和计算量，充分体现了时空双变算法的优势。

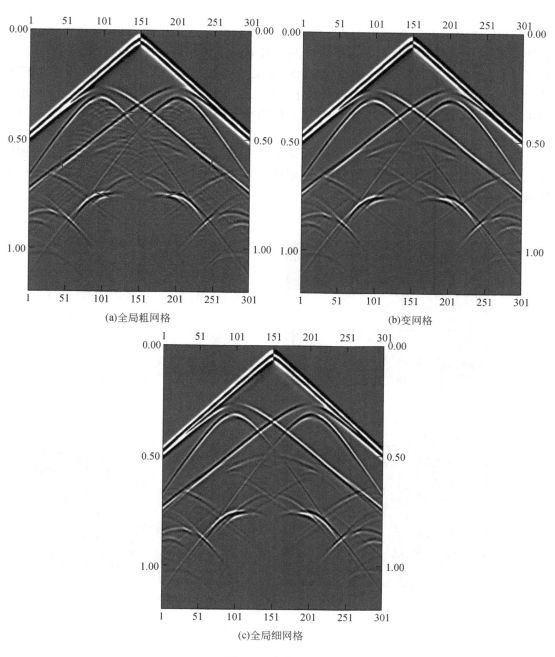

(a)全局粗网格　　　　　　　　　　　　(b)变网格

(c)全局细网格

图 4.9　单炮记录

　　进一步，为了体现 Lanczos 滤波算法在大采样数目的优势，对图 4.8 所示模型分别使用全局粗网格、直接传递时空双变（Tae-Seob，2004）、九点加权时空双变（Hayashi et al.，2001）和 Lanczos 滤波时空双变算法进行了长采样时间下的正演模拟，四种方法在 6~8s 的单炮记录如图 4.10 所示，从图 4.10 中可以看出，直接传递法和九点加权法此时都已不稳定，而 Lanczos 滤波法仍然非常稳定。为了详细研究三种时空双变算法的稳定性问题，从其单炮记录中任取一个单道记录，如图 4.11（a）所示，此时由于直接传递法的剧烈不稳定淹没了正常的反射同相轴。图 4.11（b）为（a）的前 1s 的局部放大图，此时直接传递法、九点加权法和 Lanczos 滤波法都具有较高的精度。图 4.11（c）为（a）的 2~3s 的局部放大图，此时直接传递法已经不稳定，所计算的地震波场中出现了剧烈的波动，而九点加权法和 Lanczos 滤波法都还十分稳定，并且仍然精确。图 4.11（d）为（a）的 4~5s 的局部放大图，此时九点加权法开始出现不稳定，而 Lanczos 滤波法仍然十分稳定且精确。

　　通过几种不同方法在不同时间采样下的波场模拟结果对比可知：Lanczos 滤波法相比于其他方法，能够保持大采样数目下的稳定性，因此本方法更加有利于对地下超深部局部构造进行精细研究。

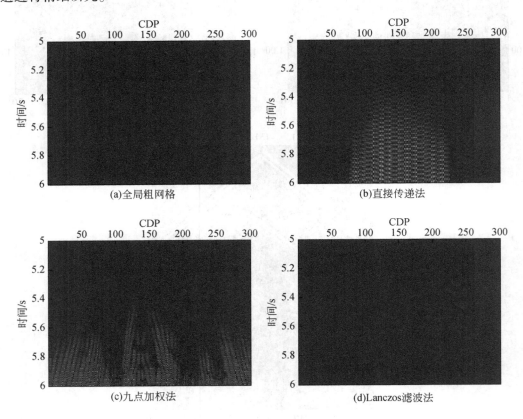

图 4.10　四种方法在 6~8s 的单炮记录

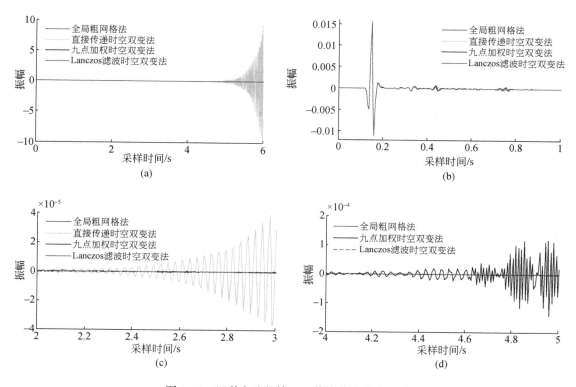

图 4.11　四种方法的第 101 道单道波形对比图

（b）、（c）、（d）为（a）的局部放大图

4.3.2　起伏地表条件下变网格波场延拓算子

1. 起伏自由边界条件广义虚像法的实现

起伏地表有限差分的模拟难点是起伏自由边界条件的处理。自由边界满足如下方程：

$$\sigma_{iz} = 0, i = x, z \tag{4.47}$$

即

$$\begin{cases} \dfrac{\partial v_x}{\partial z} = -\dfrac{\partial v_z}{\partial x} \\[2mm] \dfrac{\partial v_z}{\partial z} = -\left(\dfrac{\lambda}{\lambda + 2\mu} \right) \dfrac{\partial v_x}{\partial x} \end{cases} \tag{4.48}$$

下面是几种处理起伏地表的方法，但各有优劣。

（1）最简单处理起伏地表的方法是真空法（Kelly et al., 1976；Virieux, 1986；Muir et al., 1992）。为了避免频散对地表以上的密度用一个较小值表示，将地表以上的弹性参数设置为零。但是真空法是不精确的（Graves, 1996），在靠近边界处的角度处该方法的数值解极不精确（Bohlen and Saenger, 2003）。

（2）第二种处理自由边界的方法是镜像法，该方法最初用于自由边界（Levander et al., 1998）后来又推广到起伏自由边界处理（Jih et al., 1988；Robertsson, 1996；Ohminato and Chouet, 1997）。然而，镜像法因对地表的阶梯状近似而存在离散误差，会产生所谓的"毛刺"效应，也会影响地震波场的特征。

（3）第三种处理方法是映射法，并在曲坐标系下求解弹性波动方程（Tessmer et al., 1992；Zhang and Chen, 2006；Appelo and Petersson, 2009）。该方法需要生成网格且对地表有其适应性要求，采用的一阶速度应力方程，对于大尺度的构造计算量较大。

2. 起伏地表模型试算

图 4.12 为起伏地表模型。模型大小为 800m×800m，上下两层速度分别为 1500m/s、4500m/s，均匀网格大小均为 2m×2m，地表网格加密为 2 倍、4 倍等。模型中取泊松比为 0.25，P 波点震源，震源位置为（400m，200m），主频为 60Hz，时间采样间隔为 0.2ms。

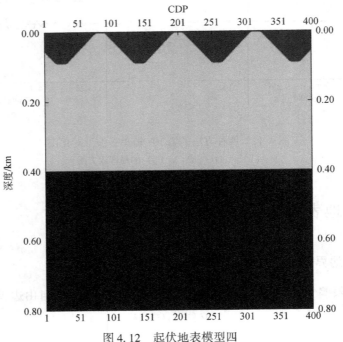

图 4.12　起伏地表模型四

由图 4.13 中的波场快照对比和图 4.14 中的炮记录对比可知，地表网格加密时的炮记录散射噪声得到了很好的压制，但局部角点成了散射点，仍能看到明显的散射波存在。地表起伏的复杂性使得反射波同相轴被畸变，甚至淹没。

从计算用时上看，变网格能提高效率模拟起伏地表。如图 4.15 所示，局部变网格同对应的全局精细网格剖分精度上一致，但用时上，4 倍变网格比全局 4 倍精细网格剖分节省 56.4%，和全局 2 倍精细网格剖分用时相当。且从内存需求上，地表局部 2 倍变网格模拟算法比常网格大步长的常网格模拟算法增加 12%，比常网格小步长的常网格模拟算法减少 41%。地表局部加密倍数增加时，其优势更加明显。

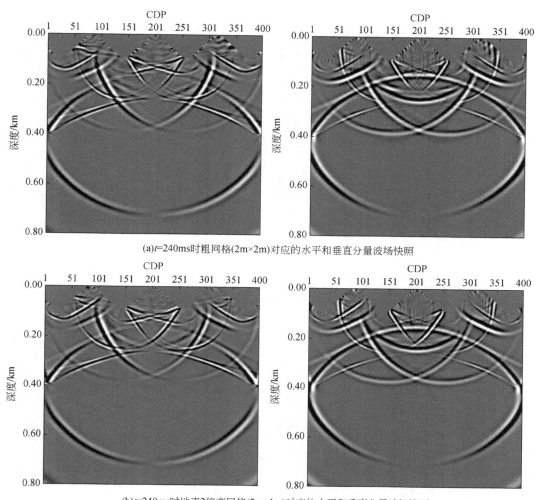

(a)t=240ms时粗网格(2m×2m)对应的水平和垂直分量波场快照

(b)t=240ms时地表2倍变网格(2m×1m)对应的水平和垂直分量波场快照

图4.13 不同时刻的波场快照对比

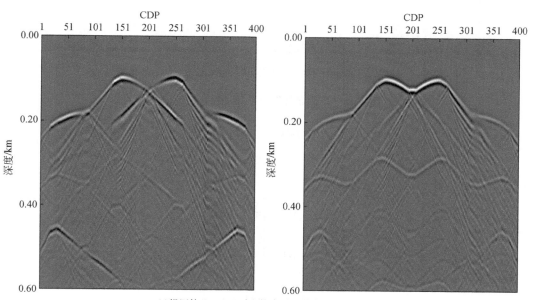

(a)粗网格(2m×2m)对应的水平和垂直分量的炮记录

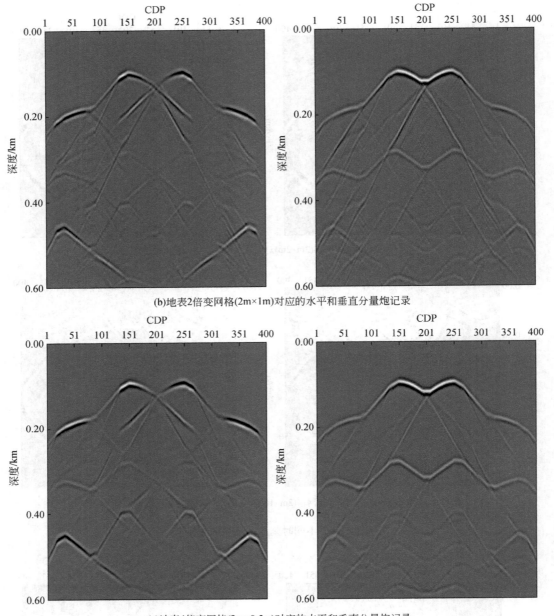

(b)地表2倍变网格(2m×1m)对应的水平和垂直分量炮记录

(c)地表4倍变网格(2m×0.5m)对应的水平和垂直分量炮记录

图4.14 不同条件下水平和垂直分量炮记录

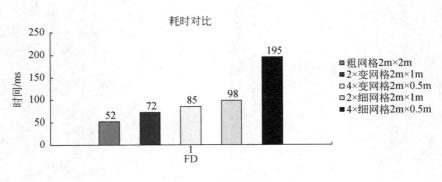

图4.15 耗时对比

4.3.3　时空双变网格逆时偏移

1. 实现流程

利用可变网格进行逆时延拓，在波场外推的过程中添加波场在全局粗糙网格和局部精细网格之间的转移。具体步骤如下：

第一步：进行震源波场的正向外推，过程如 4.3.1 节中所述。对每一全局时刻 t_i 都判断过渡区域的波场值，若此时过渡区域波场值控制函数为零，则按照常规网格的外推算法进行计算。若此时过渡区域波场值控制函数不为零，则将时间波场进行精细化处理，在空间网格步长变化处采用变网格算法求解两个全局时间层平面的边界部分，并利用插值公式计算两个全局时间层之间的精细时间采样平面的边界值。然后采用高阶有限差分算法求解每一局部时间层内的精细网格剖分区域的内部网格点波场值。最后在计算结束后，将局部时间层的精细网格剖分区域波场值，返回到全局时间层内。

第二步：进行检波点波场的逆向外推，作为正演的逆过程，过程同第一步算法一致。

第三步：每一时刻应用成像条件求取成像值。

具体实现流程如图 4.16 所示。

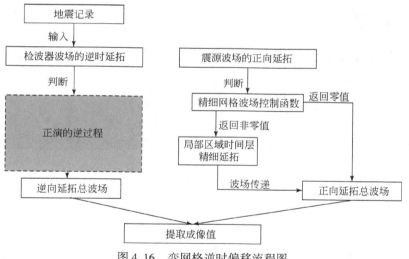

图 4.16　变网格逆时偏移流程图

2. 模型试算

对图 4.8 所示的模型进行声波 RTM 测试，分别采用粗网格和双变网格逆时偏移得到的成像结果如图 4.17 所示。从两图对比可以看出，采用双变网格逆时偏移得到的成像结果［图 4.17（b）］的同向轴连续性明显好于基于粗网格的常规逆时偏移成像结果［图 4.17（a）］。为了更清楚地进行对比，给出了白色框区域和灰色框区域的局部放大图，分别如图 4.18 和图 4.19 所示。两图的结果能够进一步证明，双变网格逆时偏移得到了更加准确的成像结果。

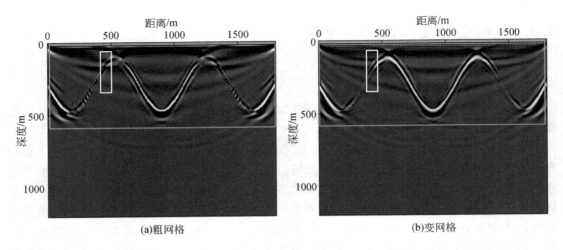

图 4.17　逆时偏移成像结果

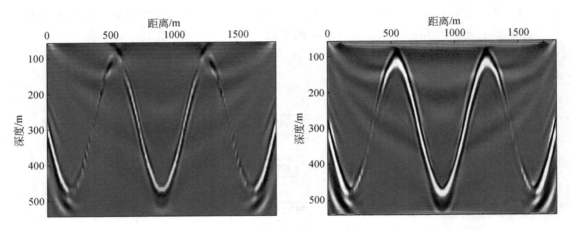

图 4.18　图 4.17 的局部放大图（灰色框区域）

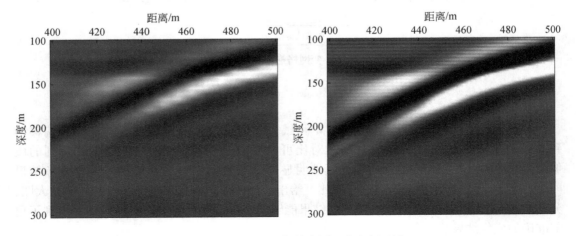

图 4.19　图 4.17 的局部放大图（白色框区域）

4.3.4　本节小结

（1）引入变网格算法提高起伏地表正演模拟的效率，将变网格结合自由边界处，对地表局部网格加密处理，地表局部网格步长较小，提高了模拟精度，相对全局精细网格差分明显提高了效率，节省了计算内存。采用高阶交错网格差分模拟，靠近边界时采用逐步降阶处理，在边界处实现自由边界条件。

（2）引入 Lanczos 滤波算子不仅可以有效减弱虚假反射，提高模拟精度，而且保证了算法在长时间采样下的稳定性，有助于对地下深部小尺度构造异常体特征波场的模拟和刻画。

（3）将双变网格波场延拓算子应用到成像过程中，有效地解决了逆时偏移对计算量和内存的需求。

4.4　基于贴体网格的起伏地表声波逆时偏移

4.4.1　贴体网格剖分

物理区域的网格化离散是进行有限差分地震波数值模拟的第一步，也是非常关键的一步，因为它在一定程度上决定了模拟结果的精度和稳定性（Zhang and Chen，2006）。

贴体网格是一种适合复杂地表介质的网格离散方法，网格生成的原则是使离散后的网格边界与地表形态吻合，以避免人为产生的阶梯边界引起的虚假散射（孙建国和蒋丽丽，2009）。如图 4.20 所示，贴体网格可以通过由计算空间到物理空间的坐标变换来获得。

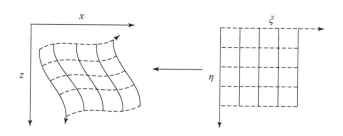

图 4.20　贴体网格和曲坐标变化

曲网格可分为非正交和正交网格（Thompson et al.，1985）两种。非正交网格极易生成，但是却很难应用边界条件，并且在非正交网格下计算精度也被降低。正交网格的生成比较困难，但是却有效地改进了非正交网格的缺点，因此应用比较广泛。

正交网格是基于泊松方程实现的，变换方程为

$$\begin{cases} \xi_{xx}+\xi_{zz}=P(x,z) \\ \eta_{xx}+\eta_{zz}=Q(x,z) \end{cases} \tag{4.49}$$

式中，P、Q 为调节因子称为源项，其目的就是为了调节网格形状和网格的疏密度；x,z 为物理区域内网格节点的坐标值；ξ、η 为计算区域内网格节点的坐标值；ξ_{xx}、ξ_{zz}、η_{xx}、η_{zz} 为 ξ、η 的二阶偏导数。

蒋丽丽和孙建国（2008）提出了一种 Hilgenstock 方法来生成正交的贴体网格。该方法基于一种对源项自动控制的迭代思想，不断修正网格线与边界的间距、边界的夹角的实际值与期望值的差值，通过多次迭代，使得网格线与边界夹角和间距收敛到预先指定的期望值。下面对 Hilgenstock 方法的具体实现过程进行介绍。

首先对式（4.49）反变换到计算域中得到：

$$\begin{cases} \alpha(x_{\xi\xi}+\varphi x_\xi)+\gamma(x_{\eta\eta}+\psi x_\eta)-2\beta x_{\xi\eta}=0 \\ \alpha(z_{\xi\xi}+\varphi z_\xi)+\gamma(z_{\eta\eta}+\psi z_\eta)-2\beta z_{\xi\eta}=0 \end{cases} \tag{4.50}$$

式中，

$$\begin{cases} \alpha=x_\eta^2+z_\eta^2, \quad \gamma=x_\xi^2+z_\xi^2, \quad \beta=x_\xi x_\eta+z_\xi z_\eta \\ \varphi=\dfrac{J^2 P}{\alpha}, \quad \psi=\dfrac{J^2 Q}{\gamma}, \quad J=x_\xi z_\eta-x_\eta z_\xi \end{cases} \tag{4.51}$$

对于一个起伏地表模型，φ 既能控制 η 线与上边界和下边界的角度，也能控制 η 线之间的间距，同理 ψ 既能控制 ξ 线与右边界和左边界的角度，也能控制 ξ 线之间的间距。利用 φ 和 ψ 的这种特性，通过不断迭代，调整边界处的 φ 和 ψ 值，使其收敛到网格线与边界夹角和边界间距的期望值，从而使得网格在边界处正交，同时网格间隔适中，兼具正交性和平滑性。不同边界处的 φ 和 ψ 值的求取满足以下过程。

在上边界（$\eta=\eta_{max}$），用 φ 调整正交性，用 ψ 调整边界与第一层之间的间距：

$$\varphi_{up}^{n+1}=\varphi_{up}^n-\sigma\tanh(\theta_{required}-\theta_{actual}) \tag{4.52}$$

$$\psi_{up}^{n+1}=\psi_{up}^n-\sigma\tanh(d_{required}-d_{actual}) \tag{4.53}$$

在下边界（$\eta=\eta_{min}$），用 φ 调整正交性：

$$\varphi_{down}^{n+1}=\varphi_{down}^n+\sigma\tanh(\theta_{required}-\theta_{actual}) \tag{4.54}$$

在左边界（$\xi=\xi_{min}$），用 ψ 来调整正交性：

$$\psi_{left}^{n+1}=\psi_{left}^n-\sigma\tanh(\theta_{required}-\theta_{actual}) \tag{4.55}$$

在右边界（$\xi=\xi_{max}$），用 ψ 来调整正交性：

$$\psi_{right}^{n+1}=\psi_{right}^n+\sigma\tanh(\theta_{required}-\theta_{actual}) \tag{4.56}$$

式中，σ 为衰减因子，一般情况下取 0.1；n 为第 n 次迭代；$\theta_{required}$ 为想要得到的角度，一般情况下取直角；θ_{actual} 为网格线与边界的实际夹角；$d_{required}$ 为边界线与第一层网格线之间的期望距离，一般取 1。网格线与边界的夹角 θ 由下式求得：

$$\theta=\arccos\left(\frac{x_\xi x_\eta+y_\xi y_\eta}{\sqrt{x_\xi^2+y_\xi^2}\sqrt{x_\eta^2+y_\eta^2}}\right) \tag{4.57}$$

得到边界上的 φ 和 ψ 值之后就可以通过插值的方法来获得内部网格点上的值，其中，φ 内部网格点上的值通过上下两个边界上的值得到：

$$\varphi(\xi,\eta)=\varphi_{up}+(\varphi_{down}-\varphi_{up})\frac{\eta-\eta_{min}}{\eta_{max}-\eta_{min}} \tag{4.58}$$

ψ 内部网格点上的值通过上下左右四个边界上的插值得到：

$$\psi(\xi,\eta)=\varepsilon_1 f_{24}(\psi_{up},\psi_{down})+\varepsilon_2 f_{13}(\psi_{left},\psi_{right}) \tag{4.59}$$

式中，ε_1、ε_2 的和是 1；f_{13}、f_{24} 为插值函数，是线性的，其表达式为

$$f_{24}=\psi_{up}+(\psi_{down}-\psi_{up})\frac{\eta-\eta_{min}}{\eta_{max}-\eta_{min}} \tag{4.60}$$

$$f_{13}=\psi_{left}+(\psi_{right}-\psi_{left})\frac{\xi-\xi_{min}}{\xi_{max}-\xi_{min}} \tag{4.61}$$

得到源项 φ 和 ψ 之后，便可对式（4.50）进行求解。式（4.50）是一个偏微分方程，要求解这个偏微分方程需要对这个偏微分方程进行离散求解，一般情况下采用中心差分来离散这个方程，即

$$x_\xi=\frac{x_{i+1,j}-x_{i,j-1}}{2\Delta\xi},\ x_\eta=\frac{x_{i,j+1}-x_{i,j-1}}{2\Delta\eta}$$

$$x_{\xi\eta}=\frac{x_{i+1,j+1}-x_{i+1,j-1}+x_{i-1,j-1}-x_{i-1,j+1}}{4\Delta\xi\Delta\eta}$$

$$x_\xi=\frac{x_{i-1,j}-2x_{i,j}+x_{i+1,j}}{(\Delta\xi)^2},\ x_\eta=\frac{x_{i,j-1}-2x_{i,j}+x_{i,j+1}}{(\Delta\eta)^2}$$

$$y_\xi=\frac{y_{i+1,j}-y_{i-1,j}}{2\Delta\xi},\ y_\eta=\frac{y_{i,j+1}-y_{i,j-1}}{2\Delta\eta}$$

$$y_{\xi\eta}=\frac{y_{i+1,j+1}-y_{i+1,j-1}+y_{i-1,j-1}-y_{i-1,j+1}}{4\Delta\xi\Delta\eta}$$

$$y_\xi=\frac{y_{i-1,j}-2y_{i,j}+y_{i+1,j}}{(\Delta\xi)^2},\ x_\eta=\frac{y_{i,j-1}-2y_{i,j}+y_{i,j+1}}{(\Delta\eta)^2}$$

在计算平面上网格划分是均匀的，一般 $\Delta\xi$、$\Delta\eta$ 取 1，用差分离散形式代入方程，整理得到偏微分方程的离散形式：

$$\begin{cases} x_{i,j}^{n+1}=\left[\dfrac{\alpha_{i,j}(x_{i-1,j}+x_{i+1,j})+\gamma_{i,j}(x_{i,j-1}+x_{i,j+1})-2\beta_{i,j}(x_{\xi\eta})_{i,j}+\alpha_{i,j}x_\xi\varphi_{i,j}+\gamma_{i,j}x_\eta\psi_{i,j}}{2(\alpha+\gamma)}\right]^n \\[3mm] y_{i,j}^{n+1}=\left[\dfrac{\alpha_{i,j}(y_{i-1,j}+y_{i+1,j})+\gamma_{i,j}(y_{i,j-1}+y_{i,j+1})-2\beta_{i,j}(y_{\xi\eta})_{i,j}+\alpha_{i,j}y_\xi\varphi_{i,j}+\gamma_{i,j}y_\eta\psi_{i,j}}{2(\alpha+\gamma)}\right]^n \end{cases} \tag{4.62}$$

网格生成的具体步骤如下：

（1）首先需要确定边界上网格点的坐标值，边界上网格点的坐标值是根据物理模型的边界得来的，而边界上的一些物理参数也就是这些边界网格点上的物理参数；

（2）在（1）中得到了边界上的网格点的坐标值，内部网格点上的初值可以通过线性插值获得；

（3）计算出边界点上的角度 θ_{actual} 和距离 d，通过式（4.52）~式（4.56）修正 φ 和 ψ，调整正交性；

（4）式（4.58）~式（4.61）来计算内部点上的 φ 和 ψ 值；

（5）根据式（4.62）迭代求解内部网格点上的坐标值；

（6）重复上述过程直到边界上的角度基本上满足正交为止。

4.4.2　贴体网格坐标系下的波场延拓

贴体网格生成之后，笛卡儿坐标系和曲坐标系下的网格点也就建立了一一对应关系：

$$\begin{cases} x = x(\xi, \eta) \\ z = z(\xi, \eta) \end{cases} \tag{4.63}$$

根据上式分别对 x、z 求偏导，由链锁法则可得

$$\begin{cases} 1 = x_\xi \xi_x + x_\eta \eta_x, & 0 = x_\xi \xi_z + x_\eta \eta_z \\ 0 = z_\xi \xi_x + z_\eta \eta_x, & 1 = z_\xi \xi_z + z_\eta \eta_z \end{cases} \tag{4.64}$$

由上式求得

$$\xi_x = \frac{1}{J} z_\eta, \quad \xi_z = -\frac{1}{J} x_\eta, \quad \eta_x = -\frac{1}{J} z_\xi, \quad \eta_z = \frac{1}{J} x_\xi, \quad J = (x_\xi z_\eta - x_\eta z_\xi) \tag{4.65}$$

曲坐标系下的声波一阶速度–应力方程为

$$\begin{cases} \dfrac{\partial u}{\partial t} = -\rho v_{\mathrm{p}}^2 \left(\xi_x \dfrac{\partial v_x}{\partial \xi} + \eta_x \dfrac{\partial v_x}{\partial \eta} + \xi_z \dfrac{\partial v_z}{\partial \xi} + \eta_z \dfrac{\partial v_z}{\partial \eta} \right) \\[2mm] \dfrac{\partial v_x}{\partial t} = \dfrac{1}{\rho} \left(\xi_x \dfrac{\partial u}{\partial \xi} + \eta_x \dfrac{\partial u}{\partial \eta} \right) \\[2mm] \dfrac{\partial v_z}{\partial t} = \dfrac{1}{\rho} \left(\xi_z \dfrac{\partial u}{\partial \xi} + \eta_z \dfrac{\partial u}{\partial \eta} \right) \end{cases} \tag{4.66}$$

式中，u 为应力；v_x，v_z 分别为 x 方向和 z 方向质点速度；ρ 为密度；v_{p} 为纵波速度。本方法中，在曲坐标系下采用全交错网格进行离散。

4.4.3　模型试算

1. 贴体网格波场延拓算子试算

1）高斯山峰模型

高斯山峰模型的高程表达式：

$$y = 0 - 200\exp\left[-(x-2000)^2 / 110^2 \right] \mathrm{m}, \quad x \in [0, 4000] \mathrm{m} \tag{4.67}$$

其贴体网格高斯山峰模型网格剖分示意图如图 4.21（a）所示，图 4.21（b）为山峰处的局部放大图，从中可以看出，网格剖分的正交性非常好。双层山峰模型的参数如下，第一层纵波速度为 3000m/s，横波速度为 1732m/s，第二层纵波速度为 4000m/s，横波速度为 2310m/s，模型网格大小为 401×241，网格间距约为 10m。震源为主频 18Hz 的雷克子波，时间采样间隔 0.4ms，最大记录时间 2s，炮点位于（1000m，20m）处。由以上参数可知每个最小波长内的网格点数（points per wavelength，PPW）约为 4。图 4.22（a）、（b）分别为采用同位网格牵引力镜像法（Zhang and Chen，2006）和本书算法计算得到的 0.6s 的水平分量波场快照。对比图 4.22 可见，在相同的参数下，由于同位网格牵引力镜

像法需要的 PPW 较大,其波场快照中 S 波和瑞利波已发生空间频散,而本书算法则依然十分精确,要达到同样的结果,同位网格牵引力镜像法则需要减小网格间距,但这就增大了内存和计算耗时,因此本算法不仅精确而且需要的 PPW 较小从而降低了内存和计算量。从图 4.22 中还可看出,不论是 P 波还是瑞利波经过山峰时,都会产生反射波和转换波。小山峰相当于一个二次震源,所有经过山峰的波都会激发出反射波和转换波,极大地丰富了波形,增加了波场的复杂性。

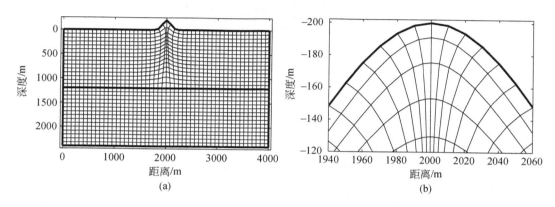

(a)　　　　　　　　　　　　　　　　　　　(b)

图 4.21　高斯山峰模型网格剖分图
(a) 网格剖分示意图;(b) 局部放大图

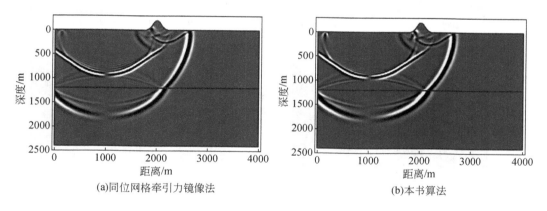

(a)同位网格牵引力镜像法　　　　　　　　　　(b)本书算法

图 4.22　0.6s 时波场快照

2) 剧烈起伏模型

以剧烈起伏模型为例,来验证贴体网格波场延拓算子对复杂模型的适应性。该模型如图 4.23 所示,地表最大高程差可达 1000m 以上。模型网格大小为 1001×601,网格间距约为 10m,爆炸震源为主频 15Hz 的雷克子波,时间采样间隔 0.8ms,最大记录时间 4.8s。图 4.24 为采用本书贴体网格波场延拓算子得到的各个时刻的波场快照,左侧为水平分量,右侧为垂直分量,从上到下的时刻分别为 0.8s 及 1.6s。从图 4.24 不仅可以看到地下的反射波和透射波,且各类波形在地表发生的绕射、产生的转换波形也清晰可见。此外,若采用常规有限差分算子,则在波场快照中会产生由于阶梯离散造成的强烈绕射和散射,严重

降低地震记录的信噪比。而本书贴体网格波场延拓算子在地表复杂情形下，依然能较好地
离散地表，较为真实地呈现地下介质中波的传播规律。

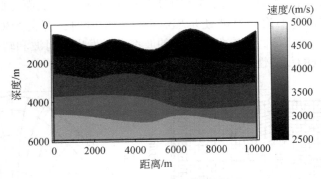

图 4.23　剧烈起伏模型

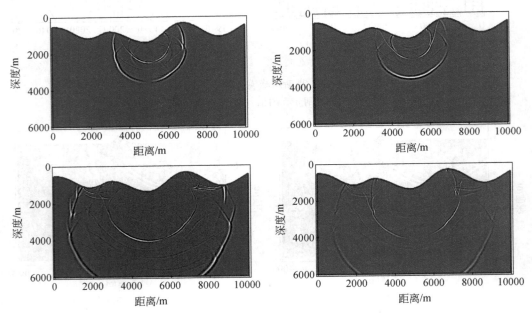

图 4.24　波场快照

左侧：水平分量，右侧：垂直分量。从上到下时刻分别为 0.8s 及 1.6s

2. 贴体网格声波逆时偏移测试

1) 简单起伏层状模型

首先对一个简单起伏层状速度模型 [图 4.25 (a)] 进行测试。对该模型进行贴体网
格剖分 [图 4.25 (b)]，并应用贴体网格逆时偏移。模型的大小为 4000m×3200m，网格
间距为 10m。炮记录正演模拟参数及观测系统为：时间采样间隔为 0.6m，总计算时间为
2s，震源个数为 50，相邻炮间距为 80m，检波点个数为 401，相邻检波点间距为 10m，炮

点和检波点都均匀分布于起伏地表处，采用的激发震源子波为 20Hz 的雷克子波。得到的成像结果如图 4.25（c）所示，起伏层状构造得到了较为准确的成像。

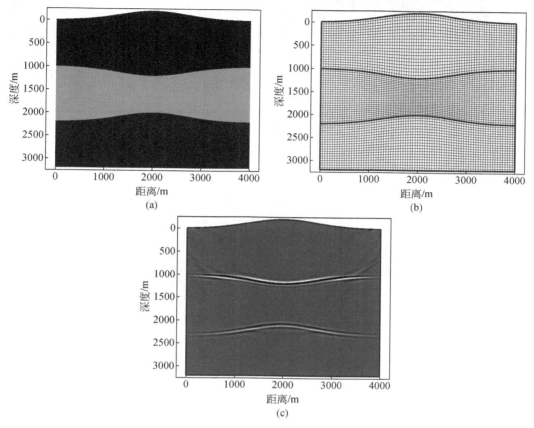

图 4.25　简单起伏层状模型测试

（a）速度模型；（b）贴体网格剖分；（c）贴体网格逆时偏移成像结果

2）含高斯山峰山谷的洼陷模型

接下来，对含有高斯山峰山谷的洼陷模型进行声波逆时偏移成像测试。图 4.26（a）为含有高斯山峰山谷的洼陷速度模型，模型共四层，速度分别为 2500m/s、3500m/s、4000m/s 和 4500m/s，模型大小为 301×201 个网格点，网格间距为 10m，最大高程差可达 400m。图 4.26（b）为贴体网格剖分图，从中可以看出，贴体网格对复杂界面的强适应性及正交性。观测系统为：301 个检波器均匀分布在地表以下 10m 处，道间距 10m，第一炮位于（0m，20m），炮间距 30m，共 101 炮。计算参数为：时间间隔 0.6ms，最大记录时间 1.8s，震源为主频 20Hz 的雷克子波。图 4.26（c）为贴体网格逆时偏移成像结果。从图中可以看出，起伏地表的影响得到了很好的消除，洼陷构造得到了较准确的成像。

4.4.4　本节小结

（1）贴体网格是一种可以准确描述地表的网格系统，在网格生成中使用 Hilgenstock

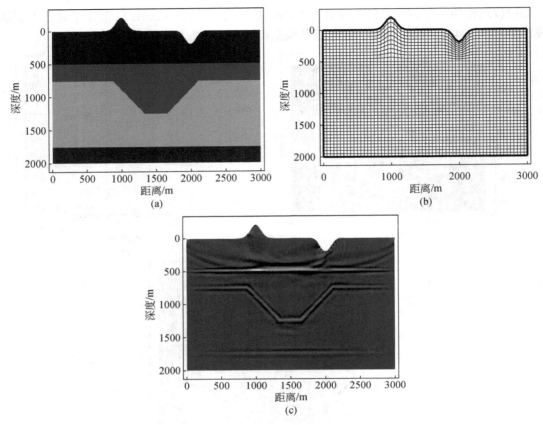

图 4.26 含有高斯山峰山谷的洼陷模型试算

（a）速度模型；（b）贴体网格剖分；（c）贴体网格逆时偏移成像结果

网格生成方法，该方法在边界处基本可以满足正交的要求。

（2）在曲坐标系下采用全交错网格，能避免标准交错网格的波场插值和同位网格的高频振荡问题，提高模拟精度，减小实现复杂度。

（3）贴体网格技术应用到起伏地表叠前逆时偏移中取得了很好的效果。能够较好地契合剧烈起伏地表的影响，压制起伏地表引起的虚假散射噪声，得到较好的成像结果。

4.5 基于垂向坐标变换的弹性波逆时偏移

4.5.1 垂向坐标变换弹性波逆时偏移

1. 坐标变换法起伏地表波场延拓算子

1）曲坐标系下速度–应力弹性波波动方程

接下来我们介绍坐标变换所用到的知识点。网格是由描述物理模型直角坐标系下（$x-$

z) 的曲网格变换为正演计算用的曲坐标系下 ($\xi-\eta$) 的正交网格，如图 4.27 所示。采用的变换方程式，也是所谓的映射函数：

$$\begin{cases} x(\xi,\eta)=\xi \\ z(\xi,\eta)=\dfrac{\eta}{\eta_{max}}z_0(\xi) \end{cases} \tag{4.68}$$

式中，$z_0(\xi)$ 为地表高程函数，该高程是以最深层为零深度，z 轴向上；η_{max} 为正交网格纵轴最大值，同样零深度在下，η_{max} 的确定由稳定性条件 $\dfrac{z_0(\xi)}{\eta_{max}}>\max\left(1,\ \|\dfrac{dz_0(\xi)}{d\xi}\|\right)$ >1 来确定。用变量链锁法则表达偏导数，将其变换到矩形网格中。曲网格形状设置成随深度呈线性延迟变化，直到最大深度为水平面。这里要注意的是起伏高程需单调光滑。由链式法则及变换关系得：

$$\begin{cases} \dfrac{\partial\xi}{\partial x}=1,\dfrac{\partial\xi}{\partial z}=0 \\ A(\xi,\eta)=\dfrac{\partial\eta}{\partial x}=-\dfrac{\eta}{z_0(\xi)}\dfrac{\partial z_0(\xi)}{\partial\xi} \\ B(\xi)=\dfrac{\partial\eta}{\partial z}=\dfrac{\eta_{max}}{z_0(\xi)} \end{cases} \tag{4.69}$$

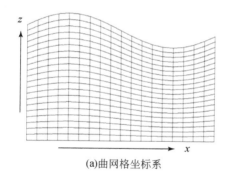
(a)曲网格坐标系

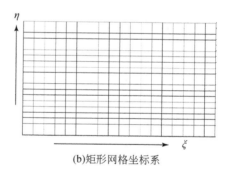
(b)矩形网格坐标系

图 4.27　传统坐标变换法示意图

于是我们用松弛定理得到计算网格 (ξ,η) 下一阶速度应力方程：

$$\begin{cases} \rho\dfrac{\partial v_x}{\partial t}=\dfrac{\partial\tau_{xx}}{\partial\xi}+A(\xi,\eta)\dfrac{\partial\sigma_{xx}}{\partial\eta}+B(\xi)\dfrac{\partial\sigma_{xz}}{\partial\eta} \\ \rho\dfrac{\partial v_z}{\partial t}=\dfrac{\partial\sigma_{xz}}{\partial\xi}+A(\xi,\eta)\dfrac{\partial\sigma_{xz}}{\partial\eta}+B(\xi)\dfrac{\partial\sigma_{zz}}{\partial\eta} \\ \dfrac{\partial\sigma_{xx}}{\partial t}=(\lambda+2\mu)\left[\dfrac{\partial v_x}{\partial\xi}+A(\xi,\eta)\dfrac{\partial v_x}{\partial\eta}\right]+\lambda B(\xi)\dfrac{\partial\eta}{\partial z}\dfrac{\partial v_z}{\partial\eta} \\ \dfrac{\partial\sigma_{zz}}{\partial t}=\lambda\left[\dfrac{\partial v_x}{\partial\xi}+A(\xi,\eta)\dfrac{\partial v_x}{\partial\eta}\right]+(\lambda+2\mu)B(\xi)\dfrac{\partial\eta}{\partial z}\dfrac{\partial v_z}{\partial\eta} \\ \dfrac{\partial\sigma_{xz}}{\partial t}=\mu\left[\dfrac{\partial\xi}{\partial x}\dfrac{\partial v_z}{\partial\xi}+A(\xi,\eta)\dfrac{\partial v_z}{\partial\eta}+B(\xi)\dfrac{\partial v_x}{\partial\eta}\right] \end{cases} \tag{4.70}$$

这里要注意的是：本书曲网格点上的参数值是通过对速度等实际模型进行插值得到的；网格的变换只是在垂向上的拉伸（或压缩），变换前后采样点并没有改变；曲网格各点的波场值与正交网格各点的波场值是一一对应的。

2）曲坐标系自由边界条件

自由边界实际上是地球与空气的接触面，是地球介质的不连续面。应力应变越过接触面进入空气后消失，该界面同时也强烈影响地下介质内的波场特征，引起在介质中传播的波场参数的剧烈变化。

任何自由地表的边界条件满足法向应力为零：

$$T \equiv \tau \cdot n = 0 \tag{4.71}$$

笛卡儿坐标系：

$$\sigma_{ij} n_j = 0 \tag{4.72}$$

即应力张量与局部法向分量的乘积为零，$i, j = 1, 2$。二维情况下：

$$n = \left[-\frac{\partial z_0(\xi)}{\partial \xi}, 1 \right]^{\mathrm{T}} = (-\tan\phi, 1)^{\mathrm{T}} \tag{4.73}$$

式中，ϕ 为局部地表倾角，用分量表示：

$$\begin{aligned} -\sigma_{xx}\tan\phi + \sigma_{xz} = 0 \\ -\sigma_{xz}\tan\phi + \sigma_{zz} = 0 \end{aligned} \tag{4.74}$$

对时间进行微分：

$$\begin{aligned} -\frac{\partial \sigma_{xx}}{\partial t}\tan\phi + \frac{\partial \sigma_{xz}}{\partial t} = 0 \\ -\frac{\partial \sigma_{xz}}{\partial t}\tan\phi + \frac{\partial \sigma_{zz}}{\partial t} = 0 \end{aligned} \tag{4.75}$$

我们用式（4.69）来代替式（4.75）中对时间的微分项，从式（4.69）可以得到在地表处

$$\begin{cases} A(\xi, \eta) = -B(\xi)\tan\phi \\ \tan\phi = \dfrac{\partial z_0(\xi)}{\partial \xi} \end{cases} \tag{4.76}$$

得到矩形网格下自由边界条件变为

$$\begin{cases} \left(1 + \left[\dfrac{\partial z_0(\xi)}{\partial \xi}\right]^2\right) B(\xi)\dfrac{\partial v_x}{\partial \eta} + \dfrac{\partial z_0(\xi)}{\partial \xi}\left(1 + \left[\dfrac{\partial z_0(\xi)}{\partial \xi}\right]^2\right) B(\xi)\dfrac{\partial v_z}{\partial \eta} = 2\dfrac{\partial z_0(\xi)}{\partial \xi}\dfrac{\partial v_x}{\partial \xi} + \left(\left[\dfrac{\partial z_0(\xi)}{\partial \xi}\right]^2 - 1\right)\dfrac{\partial v_z}{\partial \xi} \\ -\dfrac{\partial z_0(\xi)}{\partial \xi}\left(1 + \left[\dfrac{\partial z_0(\xi)}{\partial \xi}\right]^2\right) B(\xi)\dfrac{\partial v_x}{\partial \eta} + \left(1 + \left[\dfrac{\partial z_0(\xi)}{\partial \xi}\right]^2\right) B(\xi)\dfrac{\partial v_z}{\partial \eta} = -\left(\dfrac{\lambda}{\lambda + 2\mu} + \left[\dfrac{\partial z_0(\xi)}{\partial \xi}\right]^2\right)\dfrac{\partial v_x}{\partial \xi} \\ \quad + \dfrac{\partial z_0(\xi)}{\partial \xi}\left(1 - \dfrac{\lambda}{\lambda + 2\mu}\right)\dfrac{\partial v_z}{\partial \xi} \end{cases}$$

$$\tag{4.77}$$

两种形式都是精确的自由边界条件，地表偏微分算子都一样，很明显不限于有限差分方法和其他离散化方法。两种情况都假定 $\mu \neq 0$，所以该条件不能准确用于声波情况。同时也不能用于垂直剖面，否则 $\tan\phi$ 趋于无穷大。在这些限制条件下，该方程用二阶有限

差分离散时空间上绝对稳定。

3）自由地表数值离散

我们采用交错网格模板，该模板的优点一是用同样的算子步长，差分阶数可以增加；二是在实现过程中可以避免地表应力的详细定义，这里只给出了质点速度的定义。用二阶有限差分求解边界条件式（4.77），随着深度的增加，每个网格点增加两阶，直到十阶。时间上用二阶差分方法。通过采用高阶差分法可以提高计算精度，减少数值频散，也可减少地表地形的不规则性对体波和面波的散射。

用二阶交错网格有限差分对式（4.77）离散：

$$\begin{pmatrix} aa & ab \\ ba & bb \end{pmatrix} \frac{1}{\mathrm{d}z} \left\{ \begin{matrix} [v_x(i,j)-v_x(i,j-1)] \\ [v_z(i,j)-v_z(i,j-1)] \end{matrix} \right\} = \begin{pmatrix} ac & ad \\ bc & bd \end{pmatrix} \frac{1}{\mathrm{d}x} \left\{ \begin{matrix} [v_x(i,j-1)-v_x(i-1,j-1)] \\ [v_z(i,j-1)-v_z(i-1,j-1)] \end{matrix} \right\} \quad (4.78)$$

式中，j 为起伏地表位置；$\mathrm{d}x$ 为水平网格间距；$\mathrm{d}z$ 为垂直网格间距；$v_z(i,j-1)$、$v_x(i-1,j-1)$、$v_z(i-1,j-1)$ 在此之前已由常规交错网格有限差分计算得到。式（4.78）中的系数由下面方程组给出：

$$\begin{cases} aa = \left\{1+\left[\frac{\partial z_0(\xi)}{\partial \xi}\right]^2\right\}B(\xi) & ab = \frac{\partial z_0(\xi)}{\partial \xi}\left\{1+\left[\frac{\partial z_0(\xi)}{\partial \xi}\right]^2\right\}B(\xi) \\ ac = 2\frac{\partial z_0(\xi)}{\partial \xi} & ad = \left[\frac{\partial z_0(\xi)}{\partial \xi}\right]^2 -1 \\ ba = -\frac{\partial z_0(\xi)}{\partial \xi}\left\{1+\left[\frac{\partial z_0(\xi)}{\partial \xi}\right]^2\right\}B(\xi) & bb = \left\{1+\left[\frac{\partial z_0(\xi)}{\partial \xi}\right]^2\right\}B(\xi) \\ bc = -\left\{\frac{\lambda}{\lambda+2\mu}+\left[\frac{\partial z_0(\xi)}{\partial \xi}\right]^2\right\} & bd = \frac{\partial z_0(\xi)}{\partial \xi}\left(1-\frac{\lambda}{\lambda+2\mu}\right) \end{cases} \quad (4.79)$$

4）曲坐标系下波场分离公式

在正向和反向波场计算过程中，采用亥姆霍兹分解方法对震源波场和检波波场进行分离，本书推导得到分层坐标变换法计算域曲坐标系下的分离后二维波场近似表达式：

$$\begin{cases} U_P = \frac{\partial v_x}{\partial \xi}+\frac{\partial v_z}{\partial \eta}\frac{\eta_{i-1}-\eta_i}{z_{i-1}(\xi)-z_i(\xi)}+\frac{\partial v_x}{\partial \eta}\left[\frac{\eta_{i-1}-\eta}{z_{i-1}(\xi)-z_i(\xi)}\cdot\frac{\partial z_i(\xi)}{\partial \xi}+\frac{\eta-\eta_i}{z_{i-1}(\xi)-z_i(\xi)}\cdot\frac{\partial z_{i-1}(\xi)}{\partial \xi}\right] \\ U_S = \frac{\partial v_x}{\partial \eta}\frac{\eta_{i-1}-\eta_i}{z_{i-1}(\xi)-z_i(\xi)}-\frac{\partial v_z}{\partial \xi}-\frac{\partial v_z}{\partial \eta}\left[\frac{\eta_{i-1}-\eta}{z_{i-1}(\xi)-z_i(\xi)}\cdot\frac{\partial z_i(\xi)}{\partial \xi}+\frac{\eta-\eta_i}{z_{i-1}(\xi)-z_i(\xi)}\cdot\frac{\partial z_{i-1}(\xi)}{\partial \xi}\right] \end{cases} \quad (4.80)$$

如果在起伏地表处采用自由边界条件，则在自由地表处，坐标变换波场分离的离散表达式如下：

$$\begin{cases} \frac{\partial v_x(i,1)}{\partial \xi} = \sum_{m=1}^{N}\frac{c_m[v_x(i+m,1)-v_x(i-m+1,1)]}{\mathrm{d}\xi} \\ \frac{\partial v_z(i,1)}{\partial \xi} = \sum_{m=1}^{N}\frac{c_m[v_z(i+m,1)-v_z(i-m+1,1)]}{\mathrm{d}\eta} \\ \frac{\partial v_z(i,1)}{\partial \eta} = \frac{A\cdot[v_x(i,2)-v_x(i-1,2)]}{\mathrm{d}\xi}+\frac{B\cdot[v_z(i,2)-v_z(i-1,2)]}{\mathrm{d}\xi} \\ \frac{\partial v_x(i,1)}{\partial \eta} = \frac{C[v_x(i,2)-v_x(i-1,2)]}{\mathrm{d}\eta}+\frac{D[v_z(i,2)-v_z(i-1,2)]}{\mathrm{d}\eta} \end{cases} \quad (4.81)$$

2. 坐标变换法弹性波逆时偏移流程

使用坐标变换逆时偏移方法需要注意的是，在进行逆时偏移的时候，输入的初始速度场为坐标变换之后的速度场。在逆时偏移过程中有两种思路：①波场的正向延拓、逆时延拓、波场分离及互相关成像都是在曲坐标系下完成的，得到的成像结果为曲坐标下的像，需要进行反变换得到最终的成像结果；②在每一时刻将在计算域得到的正向延拓和逆时延拓的波场值反变换到物理域，然后在物理域做互相关，最终叠加得到起伏地表的成像结果。

比较两种思路，第二种思路的计算量略大于第一种思路，但是当速度模型较小，网格间距较大时，在反变换成像结果过程中，因为分辨率和反变换过程中线性插值的误差，成像结果会出现阶梯形状的同相轴断裂，对成像结果造成影响。为了消除此现象，网格间距需要加密很多，但是因此会造成计算量和内存的数倍增加。因此本书采用第二种思路。起伏地表坐标变换法弹性波逆时偏移的流程图如图4.28所示。

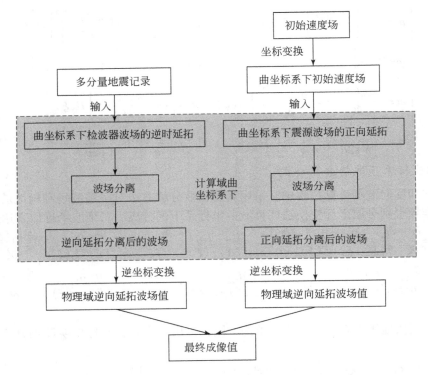

图 4.28　起伏地表坐标变换法弹性波逆时偏移流程图

3. 模型测试

对图4.29所示的起伏地表层状模型进行试算，图4.29（a）为坐标变换前的速度场，图4.29（b）为对原速度场的参数进行插值计算，得到曲网格点上的参数值，即坐标变换之后的速度场。速度场的大小为900m×1200m，起伏地表以上的速度为0，第一层介质的纵波速度为 1800m/s，第二层介质的纵波速度为 4000m/s，纵横波速度比约为 1.732。横向采样点 $n_x = 150$，纵向采样点数 $n_z = 200$，网格间距为 6m×6m，震源地表附近中点激发，震源主频为 25Hz，检波器位于地表，道间距为 6m。时间采样步长为 0.4ms，总记录时间为 1.5s。通过数值试算得到的炮记录如图 4.30 所示。从炮记录可以看出，反射同相轴清晰，没有传统矩形网格阶梯状"毛刺"造成的虚假反射。因此，坐标变换法对于处理起伏地表具有更好的效果。顶边界采用自由边界时，虽然采用的是纵波震源，但是由于自由边界的存在，炮记录中出现了直达 S 波（震源在地表发生反射产生的转换波）和面波，炮记录中面波与直达 S 波几乎重叠，使得直达 S 波同相轴较粗，不易看到。除了这两种波，地下反射层产生的反射波传播到自由地表发生反射，产生地表反射波和地表转换波。在图 4.30 炮记录中以多次波的形式表现。自由边界条件的使用，会产生转换的直达 S 波、面波、地表反射波等干扰波，面波能量较强，影响成像信噪比，地表反射波会给成像结果带来假象，产生假的反射同相轴。因此，本书将图 4.30 炮记录切除直达波，并采用 F-K 域滤波方法进行面波压制，同时进行表层多次波压制，得到的结果如图 4.31 所示。

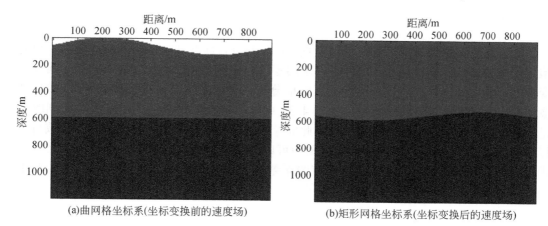

(a)曲网格坐标系(坐标变换前的速度场)　　　　　　(b)矩形网格坐标系(坐标变换后的速度场)

图 4.29　起伏地表模型五

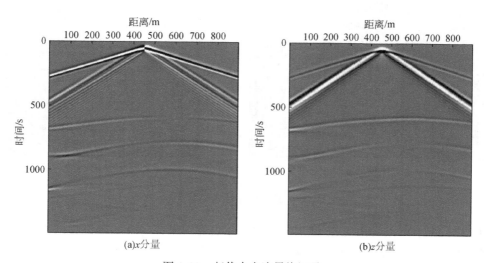

(a)x分量　　　　　　　　　　　　(b)z分量

图 4.30　起伏自由边界炮记录

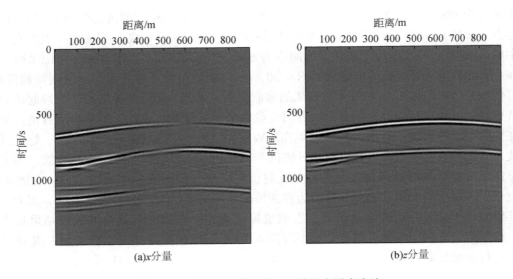

图 4.31　炮记录去直达波、面波和表层多次波

　　对上述正演得到的单炮炮记录切去直达波，并进行面波和表层多次波压制后，对此单炮记录进行弹性波逆时偏移，成像条件采用零延迟互相关成像条件，输入的初始速度场为变换之后的矩形网格的速度场。为了更好地分析，对成像结果不进行滤波，得到的 PP 成像和 PS 成像结果如图 4.32 所示。由图 4.32 可以看出，坐标变换法逆时偏移得到的依旧是计算域曲坐标系下的成像结果，再将此成像结果进行反向映射，得到最终物理域直角坐标系下的成像结果如图 4.33 所示，从图中可以看出，网格间距减少，使得成像结果的分辨率提高，同时映射过程中双线性插值的误差减少，最终的成像结果（图 4.33）基本消除了阶梯状毛刺。

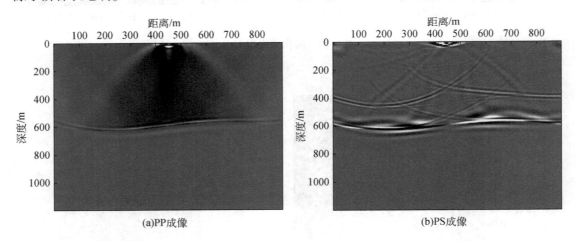

图 4.32　计算域成像结果

　　从图 4.33 中可以看出无论 PP 成像还是 PS 成像结果都与真实的模型基本一致，能够清楚地反映地下界面的真实形态和位置，而且没有成像假象。PS 成像的低频噪声很少，

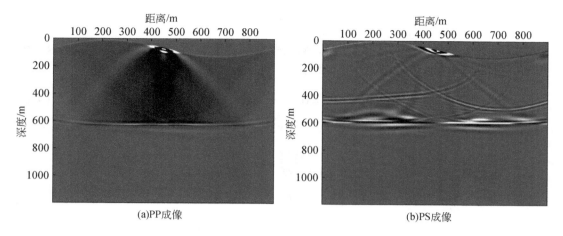

图 4.33　物理域成像结果

主要原因是 P 波和 S 波存在相位差。PP 成像的低频噪声可以通过 Laplacian 滤波消除。

4.5.2　分层坐标变换弹性波逆时偏移

1. 分层坐标变换法网格离散和映射模式

分层坐标变换法在传统坐标变换法的基础上进行改进，分别将每一层在物理域离散为曲网格，并将每一个起伏界面映射为水平界面（图 4.34）。分层坐标变换法采用的映射函数为

$$\begin{cases} x(\xi,\eta) = \xi \\ z(\xi,\eta) = \dfrac{z_{i-1}(\xi) - z_i(\xi)}{\eta_{i-1}(\xi) - \eta_i(\xi)}(\eta - \eta_i) + z_i(\xi) \end{cases} \qquad (4.82)$$

式中，$z_{i-1}(\xi)$ 和 $z_i(\xi)$ 分别为第 $i-1$、i 层的顶底界面的高程函数，定义最深层的深度为零，z 轴向上；$\eta_{i-1}(\xi)$ 和 $\eta_i(\xi)$ 为对应的计算域第 $i-1$、i 层顶底界面的高程（以网格点数表征）。此方法的稳定性条件为

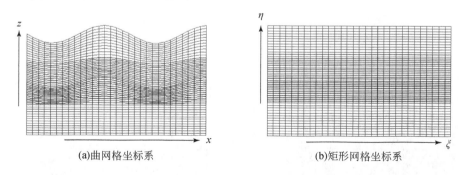

图 4.34　分层坐标变换网格剖分示意图

$$\frac{z_{i-1}(\xi)-z_i(\xi)}{\eta_{i-1}(\xi)-\eta_i(\xi)}>1 \tag{4.83}$$

当 $i=1$，$\eta_1(\xi)=0$，$z_1(\xi)=0$ 时，式（4.82）、式（4.83）变为传统坐标变换方法。由映射式（4.82），可以很容易得到：

$$\frac{\partial\xi}{\partial x}=1 ，\quad \frac{\partial\xi}{\partial z}=0 ，\quad \frac{\partial\eta}{\partial z}=\frac{\eta_{i-1}-\eta_i}{z_{i-1}(\xi)-z_i(\xi)} \tag{4.84}$$

下面详细推导一下 $\partial\eta/\partial x$：

$$\begin{aligned}
\frac{\partial\eta}{\partial x}&=\frac{\partial\eta}{\partial\xi}\cdot\frac{\partial\xi}{\partial x}=\frac{\partial\eta}{\partial\xi}=\frac{\eta_{i-1}-\eta_i}{z_{i-1}(\xi)-z_i(\xi)}\cdot\frac{\partial z(\xi)}{\partial\xi}=\frac{\eta_{i-1}-\eta_i}{z_{i-1}(\xi)-z_i(\xi)}\cdot\frac{\partial[z(\xi)-z_i(\xi)]}{\partial\xi}\\
&+\frac{\eta_{i-1}-\eta_i}{z_{i-1}(\xi)-z_i(\xi)}\cdot\frac{\partial z_i(\xi)}{\partial\xi}=\frac{\eta-\eta_i}{z_{i-1}(\xi)-z_i(\xi)}\cdot\frac{\partial[z_{i-1}(\xi)-z_i(\xi)]}{\partial\xi}\\
&+\frac{\eta_{i-1}-\eta_i}{z_{i-1}(\xi)-z_i(\xi)}\cdot\frac{\partial z_i(\xi)}{\partial\xi}=\frac{\eta_{i-1}-\eta}{z_{i-1}(\xi)-z_i(\xi)}\cdot\frac{\partial z_i(\xi)}{\partial\xi}+\frac{\eta-\eta_i}{z_{i-1}(\xi)-z_i(\xi)}\cdot\frac{\partial z_{i-1}(\xi)}{\partial\xi}
\end{aligned} \tag{4.85}$$

2. 模型试算

1）起伏地表层状模型

首先对图 4.35 所示的起伏地表层模型进行试算。图 4.35（a）为物理域起伏地表模型速度场，速度场的大小为 4350m×2840m，起伏地表以上的速度为 0，从上至下各层的纵波速度分别为 2000m/s、3000m/s、3500m/s、4000m/s，纵横波速度比约为 1.732。横向采样点 $n_x=870$，纵向采样点数 $n_z=568$，网格间距为 5m×5m，震源地表附近中点激发，震源主频为 25Hz，检波器位于地表，道间距为 10m。时间采样步长为 0.2ms，总记录时间为 1.5s。图 4.35（b）为采用本书提出的分层坐标变化法得到的坐标变换之后的速度场；图 4.35（c）为采用传统坐标变换法对原速度场的参数进行插值计算，得到坐标变换后的速度场，离散网格及坐标变换示意图如图 4.36 所示。从图 4.36 可以看出，传统坐标变换虽然可以将起伏地表映射为水平地表，但地下构造也被破坏，影响了网格离散的精度；而本书提出的分层坐标变换法通过将起伏地表和地层分别映射为水平界面，很好地适应了有限差分矩形网格剖分的特点。分别采用本书提出的分层坐标变换方法和传统坐标变换方法进行试算，得到两种方法不同时刻的波场快照如图 4.37 所示，得到的弹性波炮记录如图 4.38 所示。

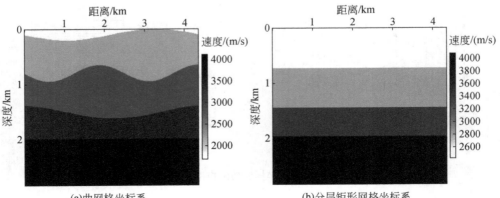

(a)曲网格坐标系　　　　　　　　　　　　　(b)分层矩形网格坐标系

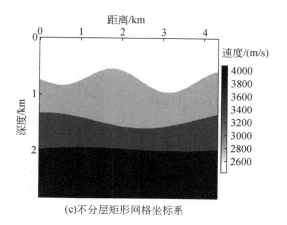

(c)不分层矩形网格坐标系

图 4.35　起伏地表模型六

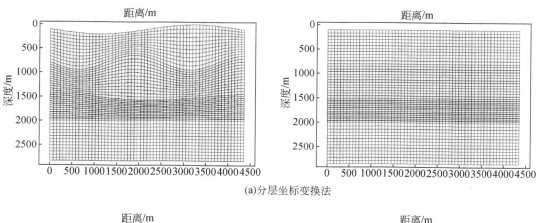

(a)分层坐标变换法

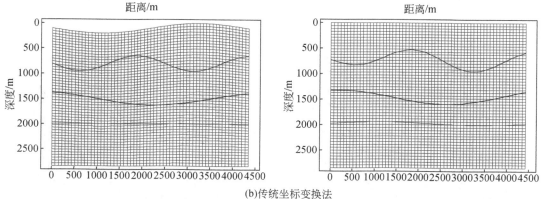

(b)传统坐标变换法

图 4.36　离散网格及坐标变换图

左侧为坐标变换前；右侧为坐标变换后

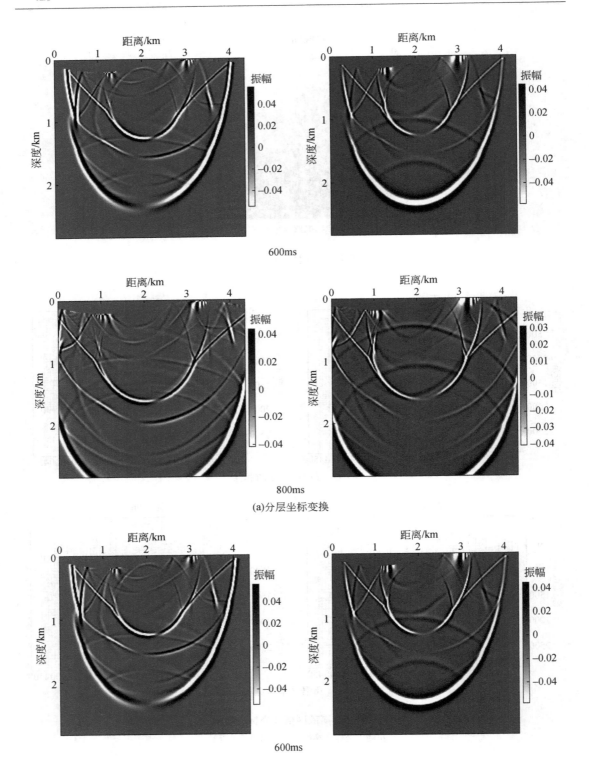

(a)分层坐标变换

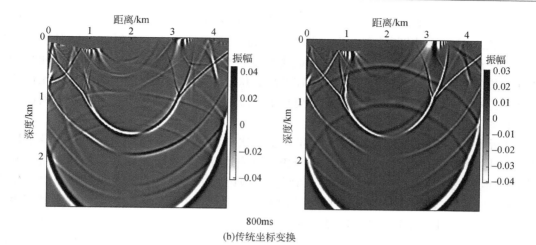

(b)传统坐标变换

800ms

图 4.37　不同时刻波场快照图

左侧为水平分量；右侧为垂直分量

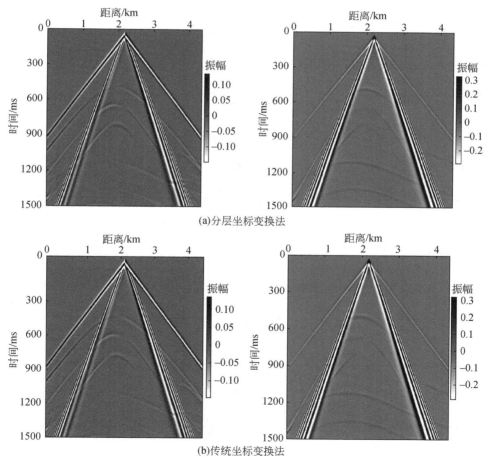

(a)分层坐标变换法

(b)传统坐标变换法

图 4.38　弹性波炮记录

左侧为水平分量；右侧为垂直分量

　　对比图 4.37 所示的不同时刻波场快照及图 4.38 所示的弹性波炮记录，无论是传统坐标变换方法，还是分层坐标变换方法都能较好地处理起伏地表，入射波、反射波、转换波、面波等都可以清楚地模拟出来，因此坐标变换法对于处理起伏地表具有更好的效果。但同时也发现，分层坐标变换方法除了在处理起伏地表方面有较好的效果外，相比传统坐标变换法来说，地下起伏地层的模拟也更精确，反射同相轴清晰，没有传统矩形网格阶梯状"毛刺"造成的虚假反射。

　　分析图 4.38（a）所示的采用分层坐标变换法得到的炮记录可以看出，顶边界采用自由边界时，虽然采用的是纵波震源，但是由于自由边界的存在，炮记录中出现了直达 S 波（震源在地表发生反射产生的转换波）和面波，炮记录中面波与直达 S 波几乎重叠，使得直达 S 波同相轴较粗，不易看到。除了这两种波，地下反射层产生的反射波传播到自由地表发生反射，产生地表反射波和地表转换波。

　　为了更好地对比分析分层坐标变换方法的优越性，对分层坐标变换法和传统坐标变换法得到的炮记录分别抽取了第 120 道波形，得到波形如图 4.39（a）所示，图中各种波形如下：①直达 P 波；②面波 & 直达 S 波；③第一层反射 P 波；④第二层反射 P 波；⑤第三

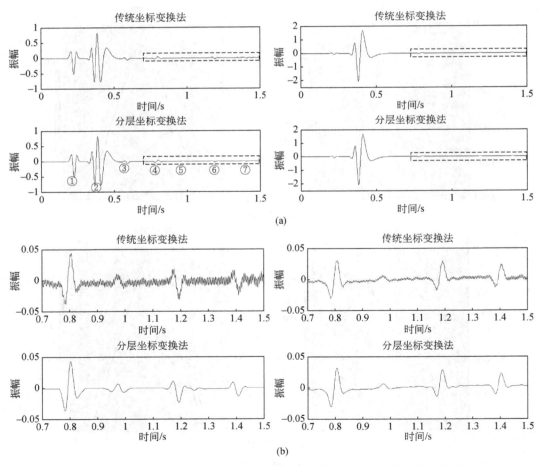

图 4.39　从图 4.38 所示的炮记录中抽取的第 120 道波形图（a）与局部放大图（b）

左侧为水平分量；右侧为垂直分量

层反射 P 波；⑥第一层转换 PS 波；⑦第二层转换 PS 波。放大虚线框所示的区域得图 4.39（b），分层坐标变换法没有矩形网格剖分引起的虚假反射。通过波形图的对比可以看出分层坐标变换方法对起伏地表和地下起伏地层的模拟都有很高的精度。

图 4.40 为采用分层坐标变换起伏自由地表边界条件得到的波场分离快照图。从图中我们可以看到，纵横波被完全清晰地分离开来，包括入射波、反射波，以及地表反射波和转换波。

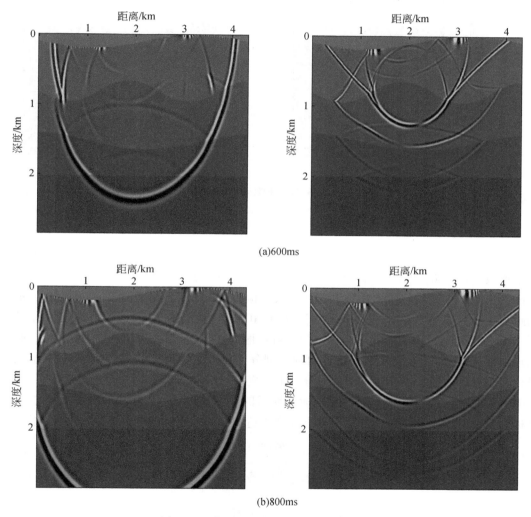

图 4.40　分层坐标变换法波场分离快照

左侧为 P 波；右侧为 S 波

下面对该起伏层状模型进行多炮弹性波逆时偏移试算。使用 100 炮主频为 25Hz 的雷克子波震源在地表附近放炮，中间激发两端接收，炮间距 20m，每炮 470 道接收，道间距 5m。对多炮记录去除面波并进行表层多次波压制，将此多炮记录按照分层坐标变换技术进行逆时延拓及波场分离，并与正向延拓的分离波场进行互相关得到的 PP 成像和 PS 成像结果如图 4.41 所示。图中 PP 成像和 PS 成像无论在地表附近还是在深部地层都成像位置准确，同相轴清晰，且信噪比高。说明本书提出的分层坐标变换方法是准确有效的。从图中可以看出 PP 成像能量强于 PS 成像，但 PS 成像范围更广。

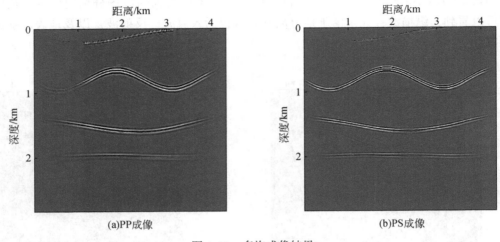

(a)PP成像　　　　　　　　　(b)PS成像

图 4.41　多炮成像结果

2）山包沟谷模型

山包沟谷模型（图 4.42）起伏高程最大高差为 260m。横向网格点数 $n_x = 1740$，纵向网格点数 $n_z = 1000$。时间采样间隔为 0.5ms，记录时间为 3s。采用纵波震源，震源主频为 25Hz，中点激发两端接收，每炮 135 道接收，检波器位于起伏地表处，道间距为 16m，炮间距为 48m，共 100 炮。图 4.43（a）为第 10 炮所覆盖的局部速度场（虚线区域）。图 4.44 为地表附近四层的起伏高程，为了避免地下复杂构造的原始形态遭到破坏，对地表附近地层（图 4.43 虚线区域）进行曲网格剖分，对地下深部区域进行矩形网格剖分，并进行分层坐标变换。图 4.43（b）为分层坐标变换后的局部速度场，也是分层坐标变换法逆时偏移时输入的速度场。与传统坐标变换后的局部速度场 [图 4.43（c）] 相比，分层坐标变换后的速度场很好地保留了地下深部构造的原始形态，而传统坐标变换后地下复杂

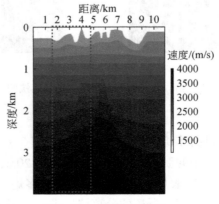

图 4.42　山包沟谷模型一

构造变换为更复杂的构造，将会对成像造成很多未知的结果，同时网格剖分过程中会出现很多新的绕射点，严重影响成像结果。图 4.45 分别为采用分层坐标变换法和传统坐标变

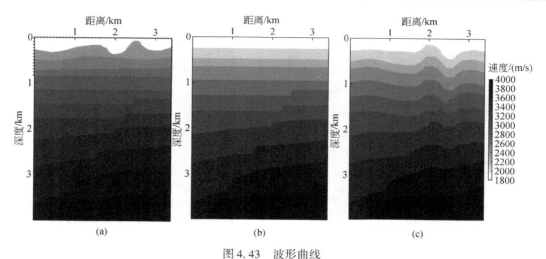

图 4.43　波形曲线

（a）笛卡尔坐标系；（b）分层坐标变换后；（c）传统坐标变换后

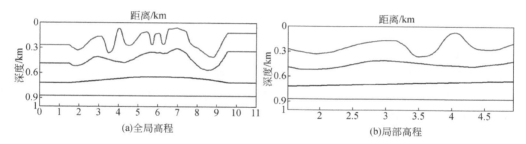

（a）全局高程　　　　　　　　　　（b）局部高程

图 4.44　地表附近四层界面的高程

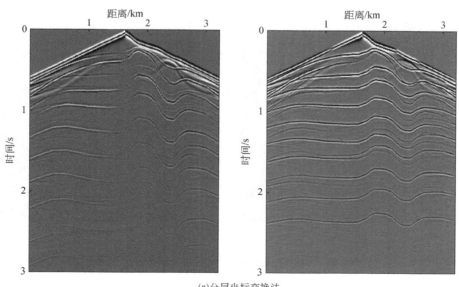

（a）分层坐标变换法

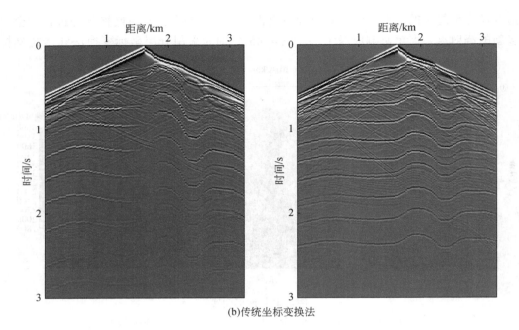

(b)传统坐标变换法

图 4.45　第 10 炮单炮记录

左侧为水平分量；右侧为垂直分量

换法得到的第 10 炮记录，从图中可以看出，采用分层坐标变换方法反射同相轴清晰，几乎没有虚假反射，而传统坐标变换炮记录虚假反射和绕射较多，且同相轴出现不连续。将多炮记录应用零延迟互相关成像进行成像，对该成像结果进行 Laplacian 滤波，得到的 PP 成像和 PS 成像如图 4.46、图 4.47 所示。

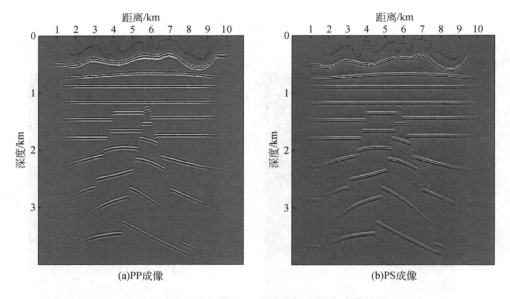

(a)PP成像　　　　　　　　　　　　　(b)PS成像

图 4.46　山包沟谷模型一分层坐标变换法成像结果

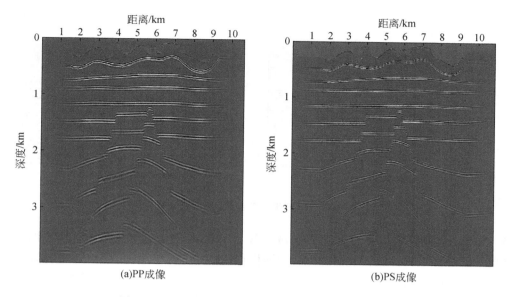

(a)PP成像　　　　　　　　　　　　　　(b)PS成像

图 4.47　山包沟谷模型—传统坐标变换法成像结果

4.5.3　基于时空双变网格的垂向坐标变换弹性波逆时偏移

在本节中，主要对基于时空双变网格的起伏地表变坐标系波场延拓算子进行介绍，基于时空双变网格的垂向坐标变换弹性波逆时偏移流程与 4.5.1 节中完全一致，这里不做赘述。

1. 曲网格坐标系下的双变网格方法

分层坐标变换方法的优点是：①易于实现，在这个意义上，只要推导出分层映射函数，就可以直接应用于波动方程；②非均匀网格可以简单地分配不同的采样点到各个层。该方法也存在明显的缺点，网格间距仅在水平方向是均匀的，但在垂直方向的是非均匀的。因此，水平网格间距必须足够小以减少空间频散。而且，时间采样间隔是均匀的，因此需要尽量减少以确保数值稳定性。最后，该方法的网格间距变化倍数较小，无法实现 n 倍变化。因此，通过引入双变网格技术实现多块坐标变换方法。图 4.48 为分区域坐标变换方法网格剖分示意图。

本方法中，在不同区域使用不同大小的网格，然后把它们变换到矩形网格。双变网格方法被引入计算域中。局部的精细曲网格也被变换成相应的精细矩形网格（图 4.48）。我们通过应用插值公式、变有限差分算子（张慧和李振春，2011）、Lanczos 滤波（Duchon，1979）和局部变时间技术来提高双变网格方法的稳定性和精度。下面给出曲坐标系下双变网格算法的理论和实现步骤。

图 4.49 中，星形、菱形、圆形和三角形分别表示切应力（τ_{xz}）、正应力（τ_{xx} 和 τ_{zz}）、质点的水平速度（u_x）和质点的垂直速度（u_z）。网格被分成细网格区域（Ⅰ）、粗网格

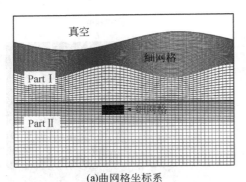 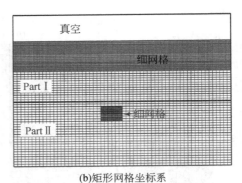

(a)曲网格坐标系　　　　　　　　(b)矩形网格坐标系

图 4.48　分区域坐标变换法网格剖分示意图

区域（Ⅱ）、过渡区域（Ⅲ）和边界区域（Ⅳ）。其中，波场值在粗网格和细网格区域内单独更新。在区域Ⅲ，被实线椭圆标记的网格点波场由变网格有限差分系数技术计算得到（张慧等，2010），除此之外网格点的波场能量采用降阶的方式由高阶逐渐减少到二阶。在粗细网格的边界点上，由虚线椭圆标记点的网格点波场应用如下插值公式计算得到，其他网格点上的波场值由粗网格直接传递得到。

$$f = \frac{if_1 + (nk-i)f_2}{nk}, \qquad i = 1,2,3,\cdots,nk \tag{4.86}$$

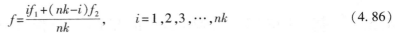

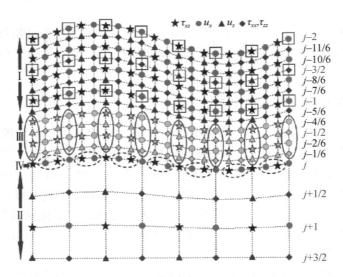

图 4.49　曲网格坐标系下的变网格示意图

Ⅰ为细网格区域；Ⅱ为粗网格区域；Ⅲ为过渡区域；Ⅳ为粗细网格的边界区域

同样引入局部变时间方法提高数值稳定性和计算效率。局部变时间方法介绍如下。

图 4.50 为曲网格坐标系下的局部变时间步长示意图，Ⅰ区域的时间步长为是Ⅱ区域的 1/3。这里给出初始值：粗网格初始速度为 $V^{k-1/2}$，粗网格初始应力为 Γ^k，细网格初始速度为 $v^{k-1/6}$，细网格初始应力为 τ^k。首先，使用常规均匀网格有限差分方法得到 $k-1/2$

时刻所有网格点的 $V^{k+1/2}$ 及 $k+1$ 时刻所有网格点的应力 $\varGamma^{k+1}$，并判断地震波传播的区域，如果波场没有传入 I 区域，那么依旧采用常规均匀网格有限差分更新全局波场，波场已传入 I 区域，则需要采用下述步骤进行波场更新：

第一步，将 IV 区域的 $V^{k-1/2}$ 传递给 $v^{k-3/6}$，将 IV 区域的 $\varGamma^k$ 传递给 τ^k；

第二步，更新 I 区域的 $v^{k+1/6}$，使用如下所示的插值公式用 $V^{k-1/2}$ 与 $V^{k+1/2}$ 计算得到 IV 区域的 $v^{k+1/6}$：

$$v^{k+1/6} = (V^{k-1/2}+2V^{k+1/2})/3 \tag{4.87}$$

第三步，更新 I 区域的 $\tau^{k+2/6}$，使用如下所示的插值公式用 $\varGamma^k$ 与 $\varGamma^{k+1}$ 计算得到 IV 区域的 $\tau^{k+2/6}$：

$$\tau^{k+6} = (2\varGamma^k+\varGamma^{k+1})/3 \tag{4.88}$$

第四步，更新 I 区域的 $v^{k+3/6}$，将 IV 区域的 $V^{k+1/2}$ 传递给 $v^{k+3/6}$，并将 I 区域位于粗网格位置上的 $v^{k+3/6}$ 赋值给 $V^{k+1/2}$；

第五步，使用 $V^{k+1/2}$ 更新 $\varGamma^{k+1}$；

第六步，使用与第二步相同的方法更新细网格点上的 $\tau^{k+4/6}$、$v^{k+5/6}$ 和 $\tau^{k+6/6}$，并将 $\tau^{k+2/6}$ 传递给 $\varGamma^{k+1}$。

需要注意的是，为了避免网格变化过程中的不稳定，粗细网格之间的倍数不能太大，当需要粗细网格倍数较大时，要采用多级变网格的方法进行过渡。

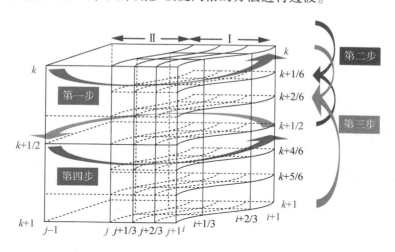

图 4.50　曲网格坐标系下的局部变时间步长示意图

图中 I 和 II 分别为细网格和粗网格区域

2. 模型试算

对基于时空双变网格的起伏地表变坐标系波场延拓算子进行测试。模型大小为 3000m×1200m，横向采样点数 $n_x=500$，纵向采样点数 $n_z=200$。纵波震源的位置如图 4.51（a）所示，检波器位于地表，震源主频为 25Hz。由于坐标变换将地表变换为水平地表的同时，地下平层界面被相应地转换为起伏界面，模拟地震波传播过程中会产生阶梯状的"毛刺"，于是对地下界面处网格进行部分加密。图 4.51（a）为曲网格坐标系下模型的速度场及网格加密示意图，图 4.51（b）为坐标变换后的矩形网格坐标系下模型的速度场及网格加密分布。图 4.51 中，加密区域的网格间距为 2m，时间步长为 0.1ms，其他区域的网格间距为 6m，时间步长为 0.3ms。地表处为自由边界条件，分别采用网格间距固定为 6m、时间步长为 0.3ms 的常规交错网格算法和本书提出的双变网格算法进行试算，得到的炮记录如图 4.52 所示，从图 4.52（a）常规网格单炮记录和图 4.53（a）常规网格单炮记录波场快照中箭头所示的位置可以清楚地看到由于阶梯状"毛刺"产生的散射，严重干扰反射信息，而图 4.52（b）双变算法单炮记录和图 4.53（b）双变算法单炮记录波场快照中散射噪声较弱，炮记录信噪比较高。

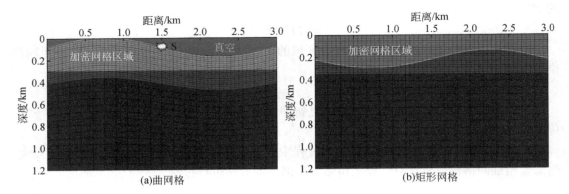

图 4.51　起伏地表模型七

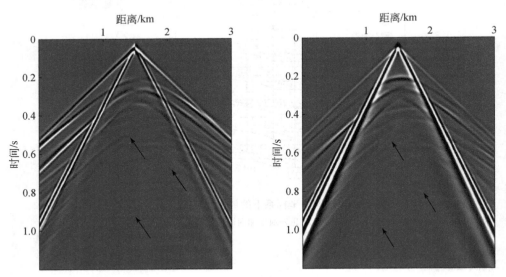

(a)6m常规网格单炮记录

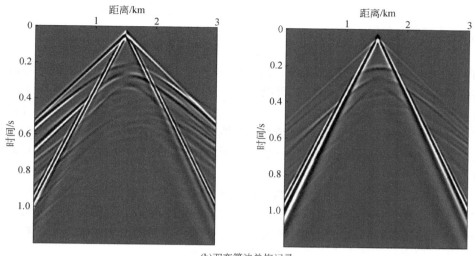

(b)双变算法单炮记录

图 4.52　起伏地表模型常规网格和双变算法产生的炮记录

左侧为水平分量；右侧为垂直分量

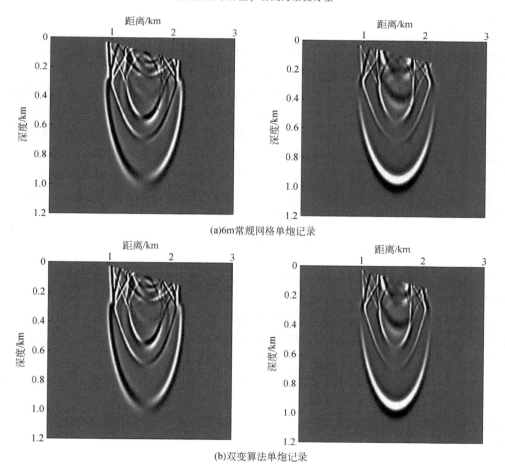

(a)6m常规网格单炮记录

(b)双变算法单炮记录

图 4.53　起伏地表模型常规网格和双变算法产生的 300ms 波场快照

左侧为水平分量；右侧为垂直分量

4.5.4　本节小结

（1）地表边界选取自由边界条件，用坐标变换法能对起伏地表影响下的地震波传播进行很好的模拟，处理灵活，频散小。可以从炮记录和波场快照中清晰地看到由于起伏地表自由边界的存在产生的地表反射波、面波等干扰波。在逆时延拓过程中，采用符合实际生产的起伏自由边界炮记录。因正演波场中没有地表干扰波，逆时波场因炮记录中存在地表干扰波，但做互相关成像后地表干扰波基本被干涉掉了，这种处理方法可实现对起伏地表的最好成像。

（2）分层坐标变换方法不仅可以将起伏地表映射为水平地表，而且地下起伏地层也可以映射为水平地层，这样很好地适应了有限差分方法矩形网格剖分的特点，既可以保留传统有限差分算法的优点，又可以弥补传统算法对处理自由起伏地表的缺点，具有很高的模拟精度。将分层坐标变换方法应用于起伏自由地表弹性波逆时偏移中，模型试算的结果证明了该方法无论在地表附近还是深层都具有较好的成像效果，同时震源的干扰效应能准确地体现起伏地表的形态。在起伏地表的正演模拟和成像过程中，采用分层坐标变换方法可以仅对地表附近的起伏地层应用分层坐标变换，对深部区域应用传统矩形网格剖分，这样既可以较好地处理起伏地表对模拟和成像效果的影响，又可以完整地保持地下构造形态。当地表附近地下起伏地层的高程无法准确获得时，使用近似起伏高程进行分层坐标变换法逆时偏移时，其成像精度较传统坐标变换法也有明显的提高。

（3）针对双复杂构造模型如何实现高效的正演模拟和成像问题，在实现传统坐标变换法（解决起伏地表问题）的基础上，引入时空双变网格策略，基于模型速度分布的复杂性，选用不同的网格大小以及采样时间步长（解决计算效率和内存问题），能够较为灵活高效地实现双复杂构造的地震波场数值模拟和成像，计算效率大幅度提高。基于双变网格的坐标变换波场延拓算子，能够较为方便地应用于逆时偏移、全波形反演、最小二乘偏移等计算量和存储量较大的方法中，以改善这些方法的计算效率和计算内存，从而提高此类高精度地震勘探方法处理海量实际采集数据的实用性。

参 考 文 献

褚春雷，王修田．2005．非规则三角网格有限差分法地震正演模拟．中国海洋大学学报（自然科学版），35（1）：43-48.

蒋丽丽，孙建国．2008．基于 Poisson 方程的曲网格生成技术．世界地质，27（3）：298-305.

兰海强，刘佳，白志明．2011．VTI 介质起伏地表地震波场模拟．地球物理学报，54（8）：2072-2084.

李荣华．1995．广义差分法及其应用．吉林大学自然科学学报，1（1）：14-22.

丘磊，田钢，石战结，等．2012．起伏地表条件下有限差分地震波数值模拟——基于广义正交曲线坐标系．浙江大学学报（工学版），46（10）：1923-1930.

孙建国，蒋丽丽．2009．用于起伏地表条件下地球物理场数值模拟的正交曲网格生成技术．石油地球物理勘探，44（4）：494-500.

唐文，王尚旭，袁三一．2013．起伏地表二阶弹性波方程差分策略稳定性分析．石油物探，52（5）：

457-463.

武晓波，王世新，肖春生．1999. Delaunay 三角网的生成算法研究．测绘学报，1：30-37.

徐义．2008. 格子法在起伏地表叠前逆时深度偏移中的应用．地球物理学进展，23（3）：839-845.

尧德中．1994. 单程弹性波逆时偏移和相移偏移方法．石油地球物理勘探，29（4）：449-455.

张慧，李振春．2011. 基于双变网格算法的地震波正演模拟．地球物理学报，54（1）：77-86.

张剑锋．1998. 弹性波数值模拟的非规则网格差分法．地球物理学报，41（增刊）：357-366.

祝贺君，张伟，陈晓非．2009. 二维各向异性介质中地震波场的高阶同位网格有限差分模拟．地球物理学报，52（6）：1536-1546.

Appelo D, Petersson N A. 2009. A stable finite difference method for the elastic wave equation on complex geometries with free surfaces. Commun Comput Phys, 5：84-107.

Baysal E, Kosloff D D, Sherwood H W C. 1983. Reverse time migration. Geophysics, 11（48）：1514-1524.

Bernth H, Chapman C. 2011. A comparison of the dispersion relations for anisotropic elastodynamic finite-difference grids. Geophysics, 76（3）：WA43-WA50.

Bohlen T, Saenger E H. 2003. 3-D Viscoelastic finite-difference modeling using the rotated staggered grid-tests of accuracy. 65th EAGE Conference & Exhibition. European Association of Geoscientists & Engineers, 2-5.

Bouchon M, Schultz C A. 1996. Effect of three dimensional topography on seismic motion. Journal of Geophysical Research, 101：5835-5846.

Chang W F, Mcmechan G A. 1987. Elastic reverse-time migration. Geophysics, 52（10）：1365-1375.

Duchon C E. 1979. Lanczos filtering in one and two dimensions. Appl Meteor, 18（8）：1016-1022.

Fornberg B. 1988. The pseudospectral method: accurate representation of interfaces in elastic wave calculations. Geophysics, 53：625-637.

Hayashi K, Burns D R, Toksoz M N. 2001. Discontinuous-grid finite difference seismic modeling including surface topography. Bulletin of the Seismological Society of America, 91（6）：1750-1764.

Hemon C. 1978. Equations d'onde et. Geophysical Prospecting, 26：790-821.

Hestholm S O, Ruud B O. 1994. 2D finite-difference elastic wave modelling including surface topography. Geophysical Prospecting, 42：371-390.

Hestholm S O, Ruud B O. 2000. 2D finite-difference viscoelastic wave modelling including surface topography. Geophysical Prospecting, 48：341-347.

Huseyin D L H. 2008. Elastic-wave reverse-time migration with a wavefield-separation imaging condition. SEG Expanded Abstracts, 27：2346-2350.

Jih R S. 1988. Free-boundary conditions of arbitrary topography in a two-dimensional explicit finite difference scheme. Geophysics, 53：1045-1055.

Jones I F, Goodwin M C, Berranger I D, et al. 2007. Application of anisotropic 3D reverse time migration to complex North Sea imaging. SEG Expanded Abstracts, 26：2140-2144.

Kelly K R, Ward R W, Treitel S, et al. 1976. Synthetic seismograms: a finite-difference approach. Geophysics, 41（1）：2-27.

Komatitsch D, Coute F, Mora P. 1996. Tensorial formulation of the wave equation for modelling curved interfaces.

Geophysical Journal International, 127: 156-168.

Lebedev V I. 1964. Difference analogues of orthogonal decompositions, basic differential operators and some boundary problems of mathematical physics. II. USSR Computational Mathematics and Mathematical Physics, 4 (3): 36-45.

Lesage A, Zhou H B, Mauricio A, et al. 2008. 3D reverse- time migration with hybrid finite difference-pseudospectral method. SEG Expanded Abstracts, 27: 2258-2261.

Levander A, Symes W W, Zelt C A. 1998. Advanced high resolution seismic imaging, material properties estimation and full wavefield inversion for the shallow subsurface. 1998 Annual Progress Report. Office of Scientific & Technical Information Technical Reports.

Loewenthal D. 1983. Reversed time migration in spatial frequency domain. Geophysics, 48 (5): 627-635.

Muir F, Dellinger J, Etgen J, et al. 1992. Modeling elastic fields across irregular boundaries. Geophysics, 57 (9): 1189-1193.

Ohminato T, Chouet B A. 1997. A free- surface boundary condition for including 3D topography in the finite difference method. Bulletin of the Seismological Society of America, 87: 494-515.

Robertsson J O A. 1996. A numerical free- surface condition for elastic/viscoelastic finite- difference modelling in the presence of topography. Geophysics, 61: 1921-1934.

Rojas O, Day S, Castillo J, et al. 2008. Modelling of rupture propagation using high - order mimetic finite differences. Geophysical Journal International, 172 (2): 631-650.

Sanchez- Sesma F J, Campillo M. 1991. Diffraction of P, SV and Rayleigh waves by topographic features: a boundary integral formulation. Bulletin of the Seismological Society of America, 81: 2234-2253.

Sun J G, Jiang L L. 2009. Orthogonal curvilinear grid generation technique used for numeric simulation of geophysical fields in undulating surface condition. OGP, 44 (4): 494-500.

Tae- Seob K. 2004. Finite- difference seismic simulation combining discontinuous grids with locally variable timesteps. Bull Seism Soc Am, 94 (1): 207-219.

Tessmer E. 2000. Seismic finite- difference modeling with spatially varying time steps. Geophysics, 65: 1290-1293.

Tessmer E, Kosloff D. 1994. 3D elastic modelling with surface topography by a Chebychev spectral method. Geophysics, 59: 464-473.

Tessmer E, Kosloff D, Behle A. 1992. Elastic wave propagation simulation in the presence of surface topography. Geophysical Journal International, 108 (2): 621-632.

Thompson J, Warsi Z, Mastin C. 1985. Numerical Grid Generation-Foundation and Application. New York: North Hollad Publishing Co, 188-263.

Virieux J. 1986. P- SV wave propagation in heterogeneous media: velocity- stress finite- difference method. Geophysics, 51 (4): 1933-1942.

Whitemore N D. 1983. Iterative depth migration by backward time propagation. SEG Expanded Abstracts, 382-384.

Zhang W, Chen X. 2006. Traction image method for irregular free surface boundaries in finite difference seismic wave simulation. Geophysical Journal International, 167: 337-353.

Zhang W, Shen Y, Zhao L. 2012. Three-dimensional anisotropic seismic wave modelling in spherical coordinates by a collocated-grid finite-difference method. Geophysical Journal International, 188: 1359-1381.

Zhang Y, Zhang G. 2009. One-step extrapolation method for reverse time migration. Geophysics, 74 (4): A29-A33.

第5章 起伏地表最小二乘逆时偏移成像

5.1 引 言

传统偏移方法大多数都是采用正演算子的共轭来代替它本身的逆（Claerbout and Abma，1992；Nemeth et al.，1999），也就是说，传统偏移方法可以准确地处理运动学信息，但是成像剖面的振幅无法准确地反映反射系数，这将会导致一系列成像问题，如低频噪声、低信噪比、成像振幅不均衡及采集脚印等（Kuehl and Sacchi，2001；Duquet et al.，2000）。20世纪80年代，Tarantola（1984）率先提出了最小二乘反演的思想理论，并应用于地震反演成像领域。自从地震数据反演框架构建以来，最小二乘法分别基于以下三种不同的偏移算子实现。

第一类：最小二乘射线类偏移。最小二乘射线类偏移可分为最小二乘 Kirchhoff 偏移和最小二乘高斯束偏移。为了减少 Kirchhoff 偏移中的成像假象，Cole 和 Karrenbach（1992）提出基于最小二乘反演思想的最小二乘 Kirchhoff 偏移。随后，Nemeth 等（1999）应用不完整数据证明了最小二乘 Kirchhoff 偏移的优势，可以减弱不完整数据引起的偏移假象。Duquet 等（2000）提出了基于先验约束的最小二乘 Kirchhoff 偏移方法以提高成像质量。Fomel 等（2002）使用最小二乘 Kirchhoff 偏移估算成像的分辨率。黄建平等（2016）采用最小二乘 Kirchhoff 偏移对碳酸盐岩裂缝型储层进行成像。刘玉金等（2013）实现了基于局部倾角约束的最小二乘 Kirchhoff 偏移。Wang 等（2014）利用平面波编码实现了多震源三维最小二乘 Kirchhoff 偏移。近些年来，最小二乘高斯束偏移得到了广泛发展。Hu 等（2016）、Yuan 等（2017）和 Yang 等（2018）相继提出了最小二乘高斯束偏移方法，随后 Yue 等（2021）考虑地下介质的黏弹性，发展了一种黏声最小二乘高斯束偏移方法。

第二类：最小二乘单程波类偏移。最小二乘单程波类偏移主要包括最小二乘分步傅里叶偏移、最小二乘广义屏偏移和最小二乘傅里叶有限差分偏移等。最小二乘分步傅里叶偏移又分为单平方根法和双平方根法。Kuehl 和 Sacchi（2001，2003）首先提出了基于叠前数据的双平方根最小二乘分步傅里叶偏移方法。沈雄君和刘能超（2012）实现了基于叠后数据的单平方根最小二乘分步傅里叶偏移。周华敏等（2014）将 Wu 和 Maarter（1996）提出的广义屏算子发展到最小二乘单程波偏移中，提出了基于照明补偿的最小二乘广义屏偏移方法。Rickett（2003）实现了最小二乘傅里叶有限差分偏移，以解决不规则地下照明的问题。随后，杨其强和张叔伦（2008）将最小二乘傅里叶有限差分偏移应用于叠后数据。黄建平等（2016）提出了一种基于"逐步延拓–累加"策略的起伏地表最小二乘傅里叶有限差分偏移。

第三类：最小二乘双程波类偏移。最小二乘双程波类偏移又称为最小二乘逆时偏移（LSRTM），该方法相比于最小二乘射线类偏移和最小二乘单程波类偏移在复杂介质成像中更具优势，因此，本书选择 LSRTM 作为面向地质目标成像的工具。LSRTM 因无倾角限制，能够适应剧烈横向变速等优势，得到了国内外地球物理学家的广泛关注与研究。近些年来，对 LSRTM 的研究重点主要集中在最小二乘逆时偏移优化、黏介质及各向异性介质最小二乘逆时偏移和弹性波多分量最小二乘逆时偏移三方面。黏介质及各向异性介质最小二乘逆时偏移的研究现状在前文中已进行介绍，下面主要分析其他两方面的研究进展。

1. 最小二乘逆时偏移优化

1）提高 LSRTM 计算效率问题

第一种提高效率的常用方式是基于编码的 LSRTM。多震源 LSRTM 技术将多炮数据压缩成一个超道集进行成像，但会引入串扰噪声。为了压制串扰噪声，极性编码（如 Schuster et al.，2011）、振幅编码（如 Hu et al.，2016）、分频编码（如 Huang and Schuster，2012）、平面波编码（如 Dai and Schuster，2013）、随机编码（李闯等，2018）等编码方式的 LSRTM 不断被提出来。第二种方式是基于梯度预处理的 LSRTM。通过对 Hessian 矩阵进行近似，并将 Hessian 矩阵的逆作为预条件算子可以提高收敛速度。Plessix 和 Mulder（2004）在频率域对四种对角 Hessian 矩阵进行了分析，随后，Valenciano 等（2006）将 Hessian 矩阵简化为对角阵进行梯度预处理。Gao 等（2020）针对 LSRTM 运算量大的特点提出通过克罗内克积叠加近似 Hessian 矩阵以减少运算量的快速 LSRTM 算法。第三种方式是基于正则化约束的 LSRTM。合理的正则化约束可以提高 LSRTM 的收敛速度（Dai，2011），正则化约束方法主要包括局部倾角约束法（如刘玉金等，2013）、先验信息约束法（如李闯等，2016）、L1 稀疏约束法（如 Wu et al.，2016）、曲波域稀疏约束法（如 Yang et al.，2016）、局部拉东变换约束法（Dutta，2017）、小波变换域约束法（Li et al.，2020）等。

2）减弱 LSRTM 对偏移速度的依赖

为了改善偏移速度误差引起的数据不匹配问题，刘玉金和李振春（2015）、Hou 和 Symes（2016）提出了基于扩展模型空间的 LSRTM，减弱了 LSRTM 对速度的依赖。Yang 等（2020）针对实际资料中速度误差大及传统的扩展 LSRTM 运算量大这两个缺点，引入"随机空间位移"到传统的扩展 LSRTM 中，实现了成像精度好、运算量小的 EI-LSRTM。李庆洋等（2017）、Sun 和 Zhu（2018）提出了基于伪深度域算子的最小二乘逆时偏移技术，在伪深度域中进行规则采样，从而减弱 LSRTM 对速度的依赖。

3）减弱 LSRTM 对子波的依赖

针对 LSRTM 对子波的依赖问题，Choi 和 Alkhalifah（2011）提出利用交叉卷积波场定义目标函数可以消除子波的影响。Zhang 等（2014）提出了基于互相关的 LSRTM 方法，减弱因子波误差引起的振幅不匹配问题。李庆洋等（2017）将 Student's T 分布引入卷积目标函数 LSRTM 中，提高不依赖子波 LSRTM 算法的稳健性。

4）减弱 LSRTM 对噪声的敏感性

LSRTM 中常用的 L2 范数目标函数对噪声非常敏感，虽然 L1 范数对噪声敏感性低，但 L1 模在零值处不可导，因此，Brossier 等（2010）提出用 Huber 模或者混合模代替 L2

范数实现 LSRTM。Aravkin 等（2011）应用 T 分布代替 Huber 模或者混合模，表现了更好的稳健性。Li 等（2017）提出了一种自适应奇异谱分解的多震源 LSRTM 方法，压制成像中的随机噪声。

2. 弹性波多分量最小二乘逆时偏移

随着计算机的不断发展，近些年来弹性波 LSRTM（ELSRTM）得到了快速发展（如 Chen and Sacchi，2017；Duan et al.，2017；Feng and Schuster，2017；Ren et al.，2017；Rocha and Sava，2018；Sun et al.，2018；Feng and Huang，2020）。为了压制 ELSRTM 中纵横波之间的串扰噪声，各种基于波场分离的 ELSRTM 逐渐得到发展（如 Gao et al.，2017；Gu et al.，2018）。Qu 等（2018）提出了基于波场分离技术的弹性波最小二乘逆时偏移对纵横波速度及密度分量进行分别成像。Guo 和 McMechan（2018）提出了一种基于 GSLS 的多分量黏弹 LSRTM。Yang 等（2019）提出了一种弹性 VTI 介质 ELSRTM。

5.2　最小二乘逆时偏移成像

5.2.1　最小二乘逆时偏移基本原理

1. 最小二乘反偏移算子和梯度公式

最小二乘逆时偏移通过最优化算法寻找一个最优的成像结果使得模拟数据与观测数据最佳匹配。定义反偏移模拟的模型数据与观测数据残差的 2 范数为误差函数：

$$f(m)=\frac{1}{2}\parallel d_{cal}-d_{obs}\parallel^2=\frac{1}{2}\parallel Lm-d_{obs}\parallel^2 \qquad (5.1)$$

式中，d_{obs} 为输入的观测数据；d_{cal} 为预测的地震记录；L 为线性正演算子；m 为反射系数模型。在本书中，我们使用预条件的共轭梯度方法（Dai et al.，2012）来求解最小二乘的反演问题。共轭梯度方法使用下述方程更新反射系数模型：

$$m^{k+1}=m^k-\alpha^k z^k \qquad (5.2)$$

式中，m^k 和 m^{k+1} 分别为第 k 与第 $k+1$ 次迭代的反射系数模型；α^k 和 z^k 分别为共轭梯度法第 k 次迭代的步长和梯度方向。它们由以下四个方程求得：

$$g^{k+1}=L^T\left[L m^k-d\right] \qquad (5.3)$$

$$\beta^{k+1}=\frac{g^{k+1}g^{k+1}}{g^k g^k} \qquad (5.4)$$

$$z^{k+1}=g^{k+1}+\beta^{k+1}z^k \qquad (5.5)$$

$$\alpha^{k+1}=\frac{\left[z^{k+1}\right]^T g^{k+1}}{\left[L z^{k+1}\right]^T L z^{k+1}} \qquad (5.6)$$

式中，g^{k+1} 和 β^{k+1} 分别为由最速下降法求解获得的梯度方向与步长。

在本节中用二阶声波方程推导最小二乘逆时偏移的反偏移算子和梯度公式。在各向同性声波介质中，地震波动方程为

$$\left(\frac{1}{v^2}\frac{\partial^2}{\partial t^2}-\nabla^2\right)u(x,t)=f(x,t) \tag{5.7}$$

式中，v 为声波速度；t 为时间；x 为空间坐标；∇^2 为拉普拉斯算子；f 为震源；u 为声波波场值。

基于伯恩近似理论，参数扰动 $\delta v=v-v_0$ 能够引起如下的波场扰动：

$$\delta u=u-u_0 \tag{5.8}$$

式中，u_0 为背景波场；v_0 为背景速度；δu 为扰动波场；δv 为扰动速度。背景波场 u_0 可由下式确定：

$$\left(\frac{1}{v_0^2}\frac{\partial^2}{\partial t^2}-\nabla^2\right)u_0=f \tag{5.9}$$

采用泰勒展开近似得到：

$$\frac{1}{v^2}=\frac{1}{v_0^2}-\frac{2\delta v}{v_0^3}+O(\delta v) \tag{5.10}$$

式中，$O(\delta v)$ 为 v 的高阶项。$u(x,t)=u_0(x,t)+\delta u(x,t)$ 代入式（5.7）中，然后减去式（5.9）可得：

$$\left(\frac{1}{v_0^2}\frac{\partial^2}{\partial t^2}-\nabla^2\right)\delta u=\frac{2\delta v}{v_0^3}\left(\frac{\partial^2 u_0}{\partial t^2}\right)+O(\delta v) \tag{5.11}$$

我们定义反射系数模型为

$$m(v)=\frac{2\delta v}{v_0} \tag{5.12}$$

将式（5.12）代入式（5.10）并忽略高阶项可得黏声最小二乘逆时偏移反偏移方程：

$$\left(\frac{1}{v_0^2}\frac{\partial^2}{\partial t^2}-\nabla^2\right)\delta u=m(x)\frac{1}{v_0^2}\frac{\partial^2 u_0}{\partial t^2} \tag{5.13}$$

因此，声波最小二乘逆时偏移的反偏移算子为

$$\left(\frac{1}{v_0^2}\frac{\partial^2}{\partial t^2}-\nabla^2\right)u_0(x,t;x_s)=f(x,t;x_s) \tag{5.14}$$

$$\left(\frac{1}{v_0^2}\frac{\partial^2}{\partial t^2}-\nabla^2\right)\delta u(x,t;x_s)=m(x)\frac{1}{v_0^2}\frac{\partial^2 u_0(x,t;x_s)}{\partial t^2} \tag{5.15}$$

$$d_{\text{cal}}(x_r,t;x_s)=\delta u(x_r,t;x_s) \tag{5.16}$$

式中，x_s 为震源坐标；x_r 为检波点坐标。根据伴随状态理论（Plessix，2006），偏移算子可由下式求得：

$$\left(\frac{1}{v_0^2}\frac{\partial^2}{\partial t^2}-\nabla^2\right)u^R(x,t;x_s)=\Delta d(x_r,t;x_s) \tag{5.17}$$

式中，u^R 为伴随波场；Δd 为数据残差，由下式求得：

$$\Delta d(x_r,t;x_s)=d_{\text{cal}}(x_r,t;x_s)-d_{\text{obs}}(x_r,t;x_s) \tag{5.18}$$

传统最小二乘逆时偏移的梯度公式为

$$g(x;x_s)=\frac{2}{v_0^2}\int_t\frac{\partial^2 u_0(x,t;x_s)}{\partial t^2}\cdot u^R(x,t;x_s) \tag{5.19}$$

2. 最小二乘逆时偏移实现流程

最小二乘逆时偏移的具体实现流程如下：

（1）当第一次迭代（$k=0$）时，$d_{cal}=0$；

（2）采用式（5.14）和式（5.15）计算 u_0 和 u^R；

（3）采用互相关成像条件计算成像剖面：

$$m^{(1)}(x;x_s) = \int_t \frac{\partial^2 u_0(x,t;x_s)}{\partial t^2} \cdot u^R(x,t;x_s) \tag{5.20}$$

（4）当迭代次数大于 1（$k>0$）时，使用反偏移算子式（5.14）～式（5.16）计算合成地震数据 d_{cal}；

（5）利用式（5.18）计算数据残差 δd，判断是否满足收敛条件，如果满足，则进入步骤（9），否则进入步骤（6）；

（6）采用式（5.14）和式（5.17）计算 u_0 和 u^R；

（7）利用式（5.19）计算梯度，并利用式（5.4）～式（5.6）计算共轭梯度方向和步长；

（8）利用式（5.2）更新反射系数，$k=k+1$，返回步骤（4）；

（9）输出成像剖面。

5.2.2　模型和实际资料试算

1. 碳酸岩缝洞模型试算

碳酸岩缝洞真实速度模型如图 5.1（a）所示，该图中含有断层、背斜及向斜构造。模型中也蕴含了一系列 90°倾角的裂缝且分布较为杂乱的孔洞。此模型主要用来验证最小二乘逆时偏移方法对地下小地质体与裂缝的成像能力，水平向长度为 6km，深度方向为 4km，上覆层为石炭系灰岩，厚度 1km 左右，纵波速度为 4500m/s。第二层为泥岩，厚度约 0.2km，纵波速度为 5200m/s。第三层为低速风化剥蚀层，厚度约 0.2km，纵波速度为 5000m/s。裂缝横向宽度从左到右依次为 20m、40m、80m、120m、160m，假设裂缝都是被油气、水、岩层碎屑物等填充，纵波速度为 4000m/s。网格间距为 10m，观测系统设计为：炮点初始位置为 0m，炮点间隔为 100m，共 60 炮。检波器放置于每个网格点上，共 600 个接收点。

图 5.1（b）为图 5.1（a）得到的反射系数模型。图 5.1（c）为常规逆时偏移的成像结果，可以看出，低频噪声研究，成像结果横向分辨率较差。由于边界照明不足，采样射线缺失，常规逆时偏移对地层边界的刻画较差，分辨率较低。深部成像结果振幅较弱，相应的垂直裂缝与小孔洞刻画不够清晰。针对以上的不足，采用最小二乘逆时偏移的方法对该模型进行成像处理。图 5.1（d）为最小二乘逆时偏移迭代第 30 次成像结果。从图中可以看出，LSRTM 的成像结果有明显的改善。具体表现有：①表层震源附近的噪声能量得到了很好的压制；②断层绕射点处能量基本收敛；③低频噪声得到了很好的压制。图 5.2

为抽取了第 282 道做单道振幅对比。从图中可以看出，常规 RTM 振幅值较低，深层区域成像振幅值极小，尤其当孔洞模型在裂缝之下时，常规逆时偏移振幅值更加微弱。而最小二乘逆时偏移成像结果与理论结果较接近，在深部裂缝的底端和孔洞也能有较好的成像振幅值。虽然随着深度的增加最小二乘逆时偏移成像振幅值有一定的减小，但是也远大于常规逆时偏移的结果。

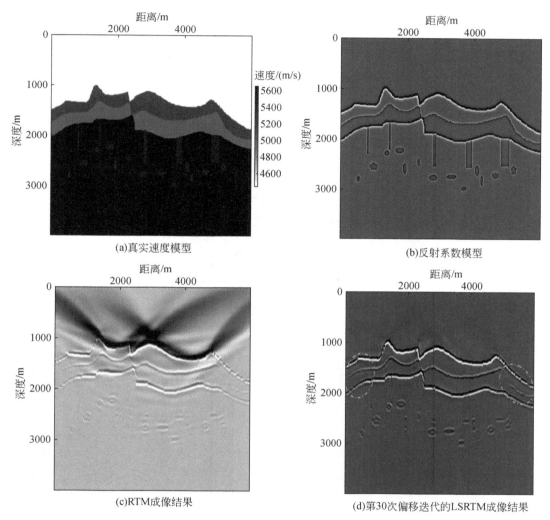

图 5.1　碳酸岩缝洞模型及成像结果

2. 实际资料试算

对某工区二维实际资料进行了成像测试，以测试成像算法的实用性。该套实际资料共含有 100 炮地震数据，每炮由 204 个检波点接收，道间距为 50m。采样时长为 3s，采样间隔为 0.5ms。实际地震资料偏移速度场如图 5.3 所示。首先对地震数据进行了随机噪声及面波去噪处理。然而，由如图 5.4 所示的炮记录可知，去噪后的实际数据仍残留部分噪

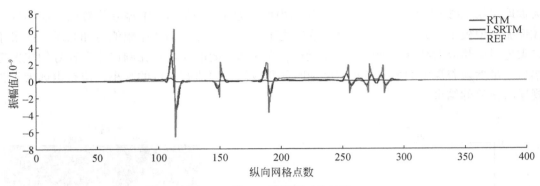

图 5.2　第 282 道振幅对比结果

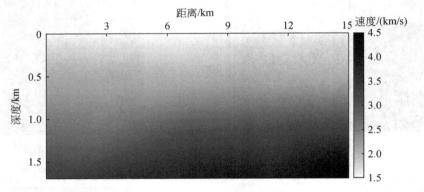

图 5.3　实际地震资料偏移速度场

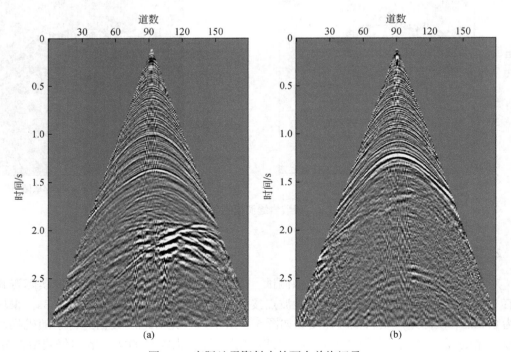

图 5.4　实际地震资料中的两个单炮记录

声，分别通过 RTM 及 LSRTM 对去噪后的地震数据进行成像处理，成像结果分别如图 5.5（a）、（b）所示。RTM 成像结果成像振幅不均衡，并且受到明显的成像噪声干扰。LSRTM 改善了 RTM 成像结果的分辨率，成像振幅更加均衡，构造更加连续。

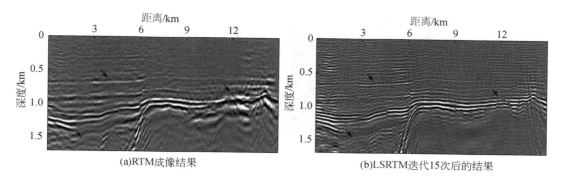

图 5.5　实际资料成像结果

为了对比更加清晰，选取一处进行局部放大显示，如图 5.6 所示，左侧为 RTM 结果，右侧为 LSRTM 的结果。RTM 剖面中部分同相轴缺失、分辨率低，而 LSRTM 结果明显压制了低频噪声，得到的同相轴连续性更好、分辨率较高，基本将 RTM 中间断的同相轴补全恢复了。为了进一步检验 LSRTM 算法的正确性，利用 LSRTM 第 30 次迭代的结果做线性正演模拟（反偏移），得到的反偏移炮记录如图 5.7（a）所示，该炮对应的真实记录如图 5.7（b）所示。对比图 5.6 可以看出，LSRTM 反偏移得到的炮记录与野外记录到的炮记录吻合的非常好，主要同相轴的走时相位等都基本相同，从而可在一定程度上说明 LSRTM 的正确性。

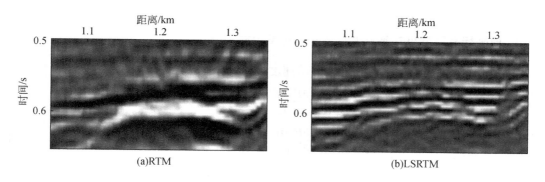

图 5.6　图 5.5 中局部放大图

5.2.3　本节小结

与常规偏移中利用正演模拟算子的共轭不同的是，最小二乘偏移采用加入了预处理线性共轭梯度方法来求解正规方程的逆，将常规逆时偏移成像结果作为最小二乘反演的第一步，通过不断更新成像结果，达到对深部储层高精度成像的目的。与常规逆时偏移结果相

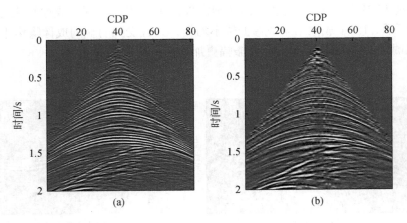

图 5.7　反偏移炮记录（a）与真实炮记录对比图（b）

比，最小二乘逆时偏移方法具有降低成像噪声、均衡反射幅值、提高成像分辨率等优势。

　　最小二乘逆时偏移通过不断迭代优化，使偏移算子由正演算子的共轭转置逐步向其逆算子逼近，相比常规偏移能够较好地抑制偏移噪声、提高分辨率，得到振幅保真性和均衡性更好的成像结果，对岩性油气藏的勘探、开发具有一定现实意义。

5.3　起伏地表声波最小二乘逆时偏移

5.3.1　曲坐标系下最小二乘逆时偏移

1. 曲坐标系下最小二乘反偏移算子和梯度公式

应用链式法则，曲坐标系下声波一阶速度–应力方程如下所示：

$$\begin{cases} \rho\dfrac{\partial v_x}{\partial t}=\dfrac{\partial P}{\partial \xi}\dfrac{\partial \xi}{\partial x}+\dfrac{\partial P}{\partial \eta}\dfrac{\partial \eta}{\partial x} \\[2mm] \rho\dfrac{\partial v_z}{\partial t}=\dfrac{\partial P}{\partial \xi}\dfrac{\partial \xi}{\partial z}+\dfrac{\partial P}{\partial \eta}\dfrac{\partial \eta}{\partial z} \\[2mm] \dfrac{1}{V_{\mathrm{p}}^2}\dfrac{\partial P}{\partial t}=\rho\left(\dfrac{\partial v_x}{\partial \xi}\dfrac{\partial \xi}{\partial x}+\dfrac{\partial v_x}{\partial \eta}\dfrac{\partial \eta}{\partial x}+\dfrac{\partial v_z}{\partial \xi}\dfrac{\partial \xi}{\partial z}+\dfrac{\partial v_z}{\partial \eta}\dfrac{\partial \eta}{\partial z}\right)+f \end{cases} \tag{5.21}$$

式中，v_x 为水平速度；v_z 为垂直速度；P 为应力。

　　基于伯恩近似理论，参数扰动 $\delta V_{\mathrm{p}}=V_{\mathrm{p}}-V_{\mathrm{p}0}$ 能够引起如下所示的波场扰动：

$$\delta U(x,t)=U(x,t)-U_0(x,t) \tag{5.22}$$

式中，U_0 为背景波场；$V_{\mathrm{p}0}$ 为背景速度；δU 为扰动波场；$U=(v_x,\ v_z,\ P)$；δV_{p} 为扰动速度。这里假设密度 ρ 不存在扰动，即 $\rho=\rho_0$。背景波场 U_0 可由下式确定：

$$\begin{cases} \rho_0 \dfrac{\partial v_{x0}}{\partial t} = \dfrac{\partial P_0}{\partial \xi}\dfrac{\partial \xi}{\partial x} + \dfrac{\partial P_0}{\partial \eta}\dfrac{\partial \eta}{\partial x} \\[2ex] \rho_0 \dfrac{\partial v_{z0}}{\partial t} = \dfrac{\partial P_0}{\partial \xi}\dfrac{\partial \xi}{\partial z} + \dfrac{\partial P_0}{\partial \eta}\dfrac{\partial \eta}{\partial z} \\[2ex] \dfrac{1}{V_{p0}^2}\dfrac{\partial P_0}{\partial t} = \rho\left(\dfrac{\partial v_{x0}}{\partial \xi}\dfrac{\partial \xi}{\partial x} + \dfrac{\partial v_{x0}}{\partial \eta}\dfrac{\partial \eta}{\partial x} + \dfrac{\partial v_{z0}}{\partial \xi}\dfrac{\partial \xi}{\partial z} + \dfrac{\partial v_{z0}}{\partial \eta}\dfrac{\partial \eta}{\partial z}\right) + f \end{cases} \tag{5.23}$$

采用泰勒展开近似得到：

$$\frac{1}{V_p^2} = \frac{1}{V_{p0}^2} - \frac{2\delta V_p}{V_{p0}^3} + O(\delta V_p) \tag{5.24}$$

式中，$O(\delta V_p)$ 为 V_p 的高阶项。$U(x,\ t) = U_0(x,\ t) + \delta U(x,\ t)$ 代入式（5.8）中，然后减去式（5.23）可得：

$$\begin{cases} \rho \dfrac{\partial \delta v_x}{\partial t} = \dfrac{\partial \delta P}{\partial \xi}\dfrac{\partial \xi}{\partial x} + \dfrac{\partial \delta P}{\partial \eta}\dfrac{\partial \eta}{\partial x} \\[2ex] \rho \dfrac{\partial \delta v_z}{\partial t} = \dfrac{\partial \delta P}{\partial \xi}\dfrac{\partial \xi}{\partial z} + \dfrac{\partial \delta P}{\partial \eta}\dfrac{\partial \eta}{\partial z} \\[2ex] \dfrac{1}{V_p^2}\dfrac{\partial \delta P}{\partial t} = \rho\left(\dfrac{\partial \delta v_x}{\partial \xi}\dfrac{\partial \xi}{\partial x} + \dfrac{\partial \delta v_x}{\partial \eta}\dfrac{\partial \eta}{\partial x} + \dfrac{\partial \delta v_z}{\partial \xi}\dfrac{\partial \xi}{\partial z} + \dfrac{\partial \delta v_z}{\partial \eta}\dfrac{\partial \eta}{\partial z}\right) + \dfrac{2\delta V_p}{V_{p0}^3}\dfrac{\partial P_0}{\partial t} + O(\delta V_p) \end{cases} \tag{5.25}$$

我们定义反射系数模型为

$$m(V_p) = \frac{2\delta V_p}{V_p} \tag{5.26}$$

将式（5.26）代入式（5.25）并忽略高阶项可得

$$\begin{cases} \rho \dfrac{\partial \delta v_x}{\partial t} = \dfrac{\partial \delta P}{\partial \xi}\dfrac{\partial \xi}{\partial x} + \dfrac{\partial \delta P}{\partial \eta}\dfrac{\partial \eta}{\partial x} \\[2ex] \rho \dfrac{\partial \delta v_z}{\partial t} = \dfrac{\partial \delta P}{\partial \xi}\dfrac{\partial \xi}{\partial z} + \dfrac{\partial \delta P}{\partial \eta}\dfrac{\partial \eta}{\partial z} \\[2ex] \dfrac{1}{V_p^2}\dfrac{\partial \delta P}{\partial t} = \rho\left(\dfrac{\partial \delta v_x}{\partial \xi}\dfrac{\partial \xi}{\partial x} + \dfrac{\partial \delta v_x}{\partial \eta}\dfrac{\partial \eta}{\partial x} + \dfrac{\partial \delta v_z}{\partial \xi}\dfrac{\partial \xi}{\partial z} + \dfrac{\partial \delta v_z}{\partial \eta}\dfrac{\partial \eta}{\partial z}\right) + \dfrac{m(V_p)}{V_{p0}^2}\dfrac{\partial P_0}{\partial t} \end{cases} \tag{5.27}$$

起伏地表声波最小二乘逆时偏移的梯度方程公式：

$$g = \int P_0 P^R \mathrm{d}t \tag{5.28}$$

式中，P^R 为反向传播的残差波场，由下式求得

$$\begin{cases} \rho \dfrac{\partial v_x^R}{\partial t} = \dfrac{\partial P^R}{\partial \xi}\dfrac{\partial \xi}{\partial x} + \dfrac{\partial P^R}{\partial \eta}\dfrac{\partial \eta}{\partial x} \\[2ex] \rho \dfrac{\partial v_z^R}{\partial t} = \dfrac{\partial P^R}{\partial \xi}\dfrac{\partial \xi}{\partial z} + \dfrac{\partial P^R}{\partial \eta}\dfrac{\partial \eta}{\partial z} \\[2ex] \dfrac{1}{V_p^2}\dfrac{\partial P^R}{\partial t} = \rho\left(\dfrac{\partial v_x^R}{\partial \xi}\dfrac{\partial \xi}{\partial x} + \dfrac{\partial v_x^R}{\partial \eta}\dfrac{\partial \eta}{\partial x} + \dfrac{\partial v_z^R}{\partial \xi}\dfrac{\partial \xi}{\partial z} + \dfrac{\partial v_z^R}{\partial \eta}\dfrac{\partial \eta}{\partial z}\right) + \Delta d \end{cases} \tag{5.29}$$

$$\Delta d(x_r, t) = d_{cal}(x_r, t) - d_{obs}(x_r, t) \tag{5.30}$$

式中，

$$d_{\mathrm{cal}}(x_{\mathrm{r}},t)=\delta P(x_{\mathrm{r}},t) \tag{5.31}$$

式中，x_{r} 为检波器的位置。

2. 数值试算

1）含高斯山峰山谷的洼陷模型

对含有高斯山峰山谷的洼陷模型进行声波逆时偏移成像测试。图 5.8（a）为简单起伏层状模型，模型共四层，速度分别为 2500m/s、3500m/s、4000m/s、4500m/s，模型大小为 301×201 个网格点，网格间距为 10m，最大高程差可达 400m。图 5.8（b）为贴体网格剖分图，从中可以看出，贴体网格对复杂界面的强适应性及正交性。观测系统为：301 个检波器均匀分布在地表以下 10m 处，道间距 10m，第一炮位于（0m，20m），炮间距 30m，共 101 炮。计算参数为：时间间隔 0.6ms，最大记录时间 1.8s，震源为主频 20Hz 的雷克子波。图 5.8（c）为贴体网格逆时偏移成像结果。从图中可以看出，起伏地表的影响得到了很好的消除，洼陷构造得到了较准确的成像。图 5.8（c）虽然得到了正确的地下成像结果，满足构造成像的需求，但仍然存在如下问题：①偏移噪声大，Laplacian 滤波虽然能有效去除低频噪声，但去除不彻底，且还引入了高频噪声；②偏移剖面中反射同相轴中间能量强、两侧能量较弱，即振幅均衡性不佳；③由于地下照明强度随深度的增大而减弱，因而 RTM 结果深部能量较弱，振幅保真性差。

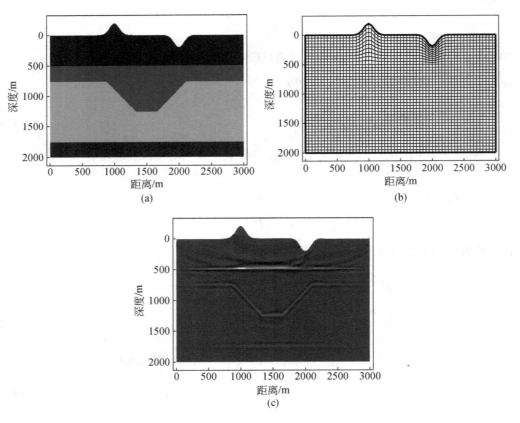

图 5.8　含有高斯山峰山谷的洼陷模型试算

（a）速度模型；（b）贴体网格剖分图；（c）贴体网格逆时偏移成像结果

采用起伏地表 LSRTM 算法可以有效解决常规 RTM 存在的问题。然而 LSRTM 的计算量过于庞大，即使目前的计算机技术日新月异仍然无法满足计算需要。多震源技术可有效缓解计算量问题，但会引入串扰噪声，采用动态相位编码技术可很好的压制串扰噪声，在大幅度降低计算量的同时，得到与常规 LSRTM 算法相当的结果。将 101 炮地震数据利用震源极性编码方式组合成一个超道集，使计算量相当于单炮情形，从而大大缓解了计算需求。反射系数模型如图 5.9（a）所示，图 5.9（b）为利用基于相位编码的起伏地表 LSRTM 算法计算得到的第 30 次 LSRTM 结果，从中可以看出，地下构造清晰可见，且相比起伏 RTM 结果在振幅保真性、均衡性、压制低频噪声等方面都有了较大改善，但由编码引入的高频串扰噪声也清晰可见。图 5.9（c）为 LSRTM 第 80 次迭代结果，可以看出，该结果与理论反射系数模型非常接近，相比于图 5.9（b）有效压制了串扰噪声，得到了令人满意的结果。

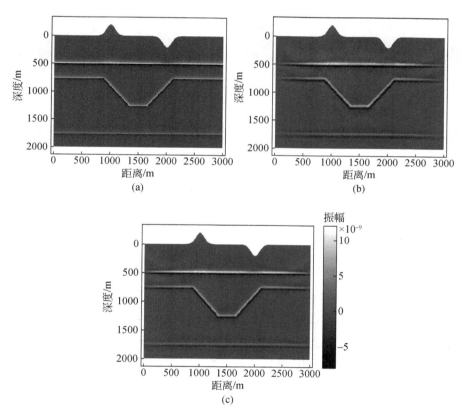

图 5.9 含有高斯山峰山谷的洼陷模型反射系数的成像结果

（a）反射系数模型；（b）LSRTM 第 30 次迭代结果；（c）LSRTM 第 80 次迭代结果

2）山包沟谷模型

最后以山包沟谷模型为例，来验证起伏地表 LSRTM 对复杂模型的适应性。图 5.10（a）为对应的反射系数模型，从中可以看出，山包沟谷模型不仅地表起伏剧烈，且地下构造复杂，因而可用于检验偏移算法在复杂模型时的成像效果。模型网格大小为 436×250，网格间距约为 10m。正演模拟所用参数如下：时间采样间隔 0.8ms，最大记录时间 3.2s，爆炸震源为主频 20Hz 的雷克子波。436 个检波器均匀分布于地下 10m 处，道间距 10m，共 218 炮均匀分布在地表以下 30m 处，炮间距为 20m。采用动态相位编码技术将 218 炮组合成一个超道集，然后利用起伏地表 LSRTM 算法不断迭代计算。图 5.10（b）为第 35 次迭代结果，从图中可以看出，起伏地表的影响得到了很好的消除，地表附近的低频噪声和由编码引入的高频串扰都得到了压制，同时提高了振幅的均衡性和保幅性，成像结果与反射系数模型非常接近，从而验证了起伏地表 LSRTM 算法在复杂模型下的适应性。

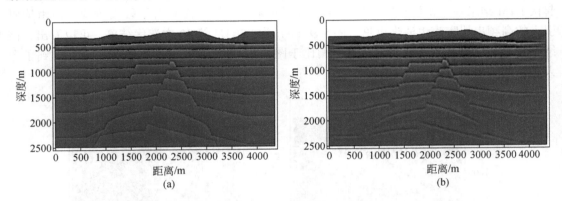

图 5.10　山包沟谷模型反射系数(a) 与起伏地表 LSRTM 第 35 次迭代的成像结果（b）

5.3.2　起伏地表平面波最小二乘逆时偏移

1. 平面波编码

通过 tau-p 变换将共接收点（CRP）道集合成为平面波道集（Zhang et al., 2005）：

$$D(x_r;p,\omega) = \int d(x_r;x_s,\omega) \mathrm{e}^{i\omega px_s} \mathrm{d}x_s \qquad (5.32)$$

式中，d（x_r；x_s，ω）为在 x_s 点激发并在 x_r 点接收得到的 CRP 道集；$\mathrm{e}^{i\omega px_s}$ 为对炮点的时间延迟，px_s 为时间延迟量，p 为平面波的射线参数，$p=\sin\theta/v$，θ 为平面波源的入射角，v 为地表介质的速度。对于一个 CRP 道集，式（5.32）表示对每道数据进行时移，然后将各道数据叠加成为平面波道集中的一道数据。将式（5.32）用矩阵形式表示为

$$D^{obs} = Bd^{obs} \qquad (5.33)$$

式中，B 为平面波合成算子。平面波偏移中的一个关键问题是射线参数范围的选择，为了避免偏移噪声，射线参数的最大值应遵循下式（Chemingui et al., 2007；Vigh and Starr, 2008）：

$$p_{max} \leqslant \frac{1}{2f_{max}\Delta x_s} \qquad (5.34)$$

式中，f_{max} 为最大频率；Δx_s 为炮间距。同时，需要考虑地下的构造倾角选择 p_{max}，以保证对高陡构造的成像。因此在实际应用时，可首先通过照明分析确定地下构造的大致范围，

再结合式（5.34）给定 $p_{\max}$，在保证高陡构造成像的同时减少偏移噪声。

如果将 ωp 作为一个整体，式（5.32）可视为离散 Fourier 变换公式。根据频域采样定理，采样间隔 $\omega \Delta p$ 应满足：

$$\omega \Delta p \leqslant \frac{2\pi}{N_s \Delta x_s} \tag{5.35}$$

式中，$N_s \Delta x_s$ 为 CRP 道集的长度；N_s 为一个 CRP 道集中的炮数。而射线参数的采样间隔为

$$\Delta p = \frac{\sin\theta_2 - \sin\theta_1}{v N_p} \tag{5.36}$$

式中，$\theta_1 \leqslant \theta \leqslant \theta_2$ 为平面波源入射角范围；N_p 为平面波记录的个数。将式（5.36）代入式（5.35），可得平面波记录个数应为（Etgen，2005）

$$N_p \geqslant \frac{N_s \Delta x_s f (\sin\theta_2 - \sin\theta_1)}{v} \tag{5.37}$$

2. 平面波域逆时反偏移

观测数据 d 和反射系数模型 m 的关系可通过炮域反偏移算子 L 表示为

$$d = Lm$$
$$[d_1, d_2, \cdots, d_n]^T = [L_1, L_2, \cdots, L_n]^T m \tag{5.38}$$

式中，d_n，L_n 分别为第 n 炮对应的炮数据和反偏移算子。

引入平面波编码矩阵，则平面波记录 D 和反射系数模型的关系可表示为

$$\begin{bmatrix} D_1 \\ D_2 \\ \vdots \\ D_l \end{bmatrix} = \begin{pmatrix} \tau_{1,1} & \tau_{1,2} & \cdots & \tau_{1,n} \\ \tau_{2,1} & \tau_{2,2} & \cdots & \tau_{2,n} \\ \vdots & \vdots & & \vdots \\ \tau_{l,1} & \tau_{l,2} & \cdots & \tau_{l,n} \end{pmatrix} \begin{bmatrix} L_1 m \\ L_2 m \\ \vdots \\ L_n m \end{bmatrix} = \begin{bmatrix} B_1 L \\ B_2 L \\ \vdots \\ B_l L \end{bmatrix} m = \begin{bmatrix} P_1 \\ P_2 \\ \vdots \\ P_l \end{bmatrix} m \tag{5.39}$$

式中，B_l 为合成第 l 个平面波记录时对应的编码矩阵；$\tau_{l,n}$ 为合成第 l 个平面波记录时，第 n 炮对应的时移矩阵；P 为平面波反偏移算子。每炮的时移量随震源点位置 x_s 线性变化，其值为 px_s，在物理上可理解为延时炮激发。其中，p 为射线参数，$p = \sin\theta / v$，θ 为地表入射角，v 为地表速度。注意逆时反偏移时每炮的时移量与 5.3.2 节中平面波编码时的时移量是对应的。分析式（5.39）可知，平面波域逆时反偏移算子和炮域逆时反偏移算子的关系为

$$P_l = \tau_{l,1} L_1 + \tau_{l,2} L_2 + \cdots + \tau_{l,n} L_n \tag{5.40}$$

平面波域逆时反偏移可写为

$$D(l, x) = \omega^2 \int \sum_{i=1}^{n} \tau_{l,i} f_i(\omega) G_0(x'; x_s) G_0(x; x') m(x') dx' \tag{5.41}$$

式中，通过平面波域逆时反偏移模拟的第 l 炮平面波道集，$\tau_{l,i}$ 和 $f_i(\omega)$ 为第 i 炮的时移算子和震源函数，该式可以通过延时激发这 l 个震源完成。

将式（5.41）简写为

$$D = Pm \tag{5.42}$$

则偏移算子可表示为

$$m_{\text{mig}} = \left[\, P_1^{\mathrm{T}}, P_2^{\mathrm{T}}, \cdots, P_l^{\mathrm{T}} \,\right] \begin{bmatrix} D_1 \\ D_2 \\ \vdots \\ D_l \end{bmatrix} = \sum_{i=1}^{l} P_i^{\mathrm{T}} D_i \tag{5.43}$$

式中，m_{mig} 为平面波偏移结果；上标 T 为共轭转置。

3. 平面波最小二乘逆时偏移

假设共有 n 个平面波道集，基于叠前更新思想（Dai and Schuster，2013），将反射系数模型 $\overline{m}$ 表示为一系列叠前成像结果：

$$\overline{m} = \left[\, m_1, m_2, m_3, \cdots, m_n \,\right]^{\mathrm{T}} \tag{5.44}$$

式中，m 为单个平面波道集的偏移结果。则平面波波场延拓过程可表示为

$$D = \overline{P}\,\overline{m}, \quad \begin{bmatrix} D_1 \\ D_2 \\ \vdots \\ D_n \end{bmatrix} = \begin{pmatrix} P_1 & & & \\ & P_2 & & \\ & & \ddots & \\ & & & P_n \end{pmatrix} \begin{pmatrix} m_1 \\ m_2 \\ \vdots \\ m_n \end{pmatrix} \tag{5.45}$$

式中，P_i 为平面波道集 D_i 对应的平面波 Born 正演算子。因此，叠前平面波最小二乘逆时偏移（PLSRTM）的误差函数可定义为观测数据合成的平面波道集与 Born 正演模拟得到的平面波道集的差：

$$f(\overline{m}) = \frac{1}{2} \sum_{i=1}^{n} \| P_i m_i - D_i^{\text{obs}} \|^2 = \frac{1}{2} \| \overline{P}\,\overline{m} - D^{\text{obs}} \|^2 \tag{5.46}$$

式中，D^{obs} 为由观测数据合成的平面波道集。求解式（5.46）的梯度为

$$g^{k+1} = \overline{P}^{\mathrm{T}} (\overline{P}\,\overline{m}^k - D^{\text{obs}}) \tag{5.47}$$

式中，$g = \left[\, g_1, g_2, g_3, \cdots, g_n \,\right]^{\mathrm{T}}$；T 为共轭转置；$g_i$ 为由某一平面波道集计算得到的梯度。平面波 LSRTM 的共轭梯度法迭代算法为

$$\begin{aligned} g^{k+1} &= \overline{P}^{\mathrm{T}} (\overline{P}\,\overline{m}^k - d) \\ \beta^{k+1} &= \frac{g^{k+1} g^{k+1}}{g^k g^k} \\ z^{k+1} &= F g^{k+1} + \beta^{k+1} z^k \\ \alpha^{k+1} &= \frac{(z^{k+1})^{\mathrm{T}} g^{k+1}}{(\overline{P} z^{k+1})^{\mathrm{T}} \overline{P} z^{k+1}} \\ \overline{m}^{k+1} &= \overline{m}^k - \alpha^{k+1} z^{k+1} \end{aligned} \tag{5.48}$$

4. 起伏地表平面波合成

通过改进的平面波编码函数对在起伏地表采集到的数据进行编码合成平面波记录，为了适应起伏地表情况，改进的编码函数为

$$d(x_{\mathrm{g}}, t; p) = \sum_{x_{\mathrm{s}}} d(x_{\mathrm{g}}, t; x_{\mathrm{s}}) * \delta(t - \Delta t) \tag{5.49}$$

$$\Delta t = px_s + \Delta t_2 \tag{5.50}$$

式中，Δt_2 为各接收点与埋深最浅的接收点之间的距离。因此，改进的编码函数可以看作两部分：一部分为将各个接收点校正到埋深最浅的接收点所做的时移，即 Δt_2；另一部分为从埋深最浅的接收点所在的水平面进行常规平面波编码所做的时移，即 px_s。其编码过程如图 5.11 所示。

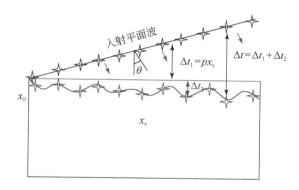

图 5.11　起伏地表条件下平面波道集合成示意图

5. 模型试算

为了验证起伏地表平面波最小二乘逆时偏移的正确性及其优势，基于 SEG 起伏地表模型进行成像试算，并与常规 RTM 方法成像结果进行对比分析。SEG 起伏地表模型真实速度场如图 5.12（a）所示，偏移速度场由真实速度场经过平滑后得到，如图 5.12（b）所示，真实反射系数模型如图 5.12（c）所示。通过 Born 正演对该模型进行正演模拟，使用主频 30Hz 的雷克子波作为震源，时间采样间隔为 0.5ms，采集时长为 2s。在起伏地表布置 556 个震源，炮点间隔为 10m，每炮由 556 个检波器接收，检波点间隔为 10m。进行数据模拟后，合成 17 个平面波记录，平面波震源的倾角范围为 [−30°, 30°]。图 5.13 展示了 $p = 0\text{ms/m}$ 的平面波道集，反射波同相轴受到起伏地表的影响十分错乱。图 5.14 为 SEG 起伏模型平面波逆时偏移结果，其结果的中浅层含有较强的偏移噪声，并且深层能量较弱。

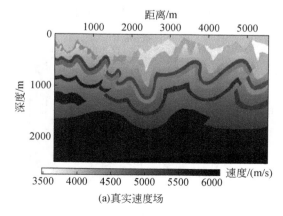

(a)真实速度场

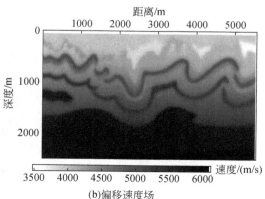

(b)偏移速度场

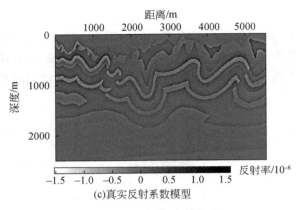

(c)真实反射系数模型

图 5.12　SEG 起伏地表模型三

　　图 5.15 为 PLSRTM 分别迭代 5 次和 15 次后的成像结果。由图 5.15 可知，在模型更新的过程中，PLSRTM 逐渐压制了偏移噪声，改善了深层构造的成像质量。

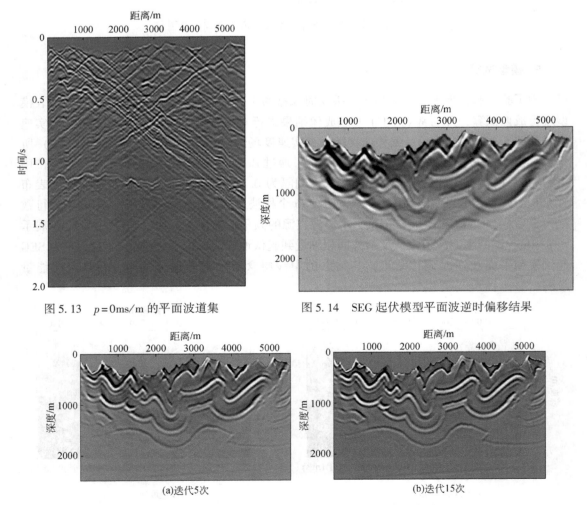

图 5.13　$p = 0\text{ms/m}$ 的平面波道集　　　　　图 5.14　SEG 起伏模型平面波逆时偏移结果

(a)迭代5次　　　　　　　　　　　　(b)迭代15次

图 5.15　SEG 起伏模型平面波最小二乘逆时偏移结果

5.3.3　本节小结

（1）起伏地表 LSRTM 应用曲网格剖分及坐标变换技术，可以克服剧烈起伏地表对成像的影响。

（2）平面波 LSRTM 显著地改善了 LSRTM 的计算效率，根据不同的计算条件和成像需求，可以选择不同的平面波编码策略对数据进行处理。在平面波角度域共成像点道集中进行奇异值谱约束，能够快速的压制成像结果中的成像噪声，与直接对成像结果约束相比具有更好的约束效果。考虑到复杂的地表条件，起伏地表平面波 LSRTM 可以改善近地表构造的成像质量。

5.4　起伏地表弹性波最小二乘逆时偏移

5.4.1　基本原理

1. 曲坐标系下分离的纵横波方程

曲坐标下的速度–应力波动方程：

$$
\begin{cases}
\rho\,\dfrac{\partial v_x(x,t)}{\partial t}=\dfrac{\partial \tau_{xx}(x,t)}{\partial \xi}\dfrac{\partial \xi}{\partial x}+\dfrac{\partial \tau_{xx}(x,t)}{\partial \eta}\dfrac{\partial \eta}{\partial x}+\dfrac{\partial \tau_{xz}(x,t)}{\partial \xi}\dfrac{\partial \xi}{\partial z}+\dfrac{\partial \tau_{xz}(x,t)}{\partial \eta}\dfrac{\partial \eta}{\partial z}\\[2mm]
\rho\,\dfrac{\partial v_z(x,t)}{\partial t}=\dfrac{\partial \tau_{xz}(x,t)}{\partial \xi}\dfrac{\partial \xi}{\partial x}+\dfrac{\partial \tau_{xz}(x,t)}{\partial \eta}\dfrac{\partial \eta}{\partial x}+\dfrac{\partial \tau_{zz}(x,t)}{\partial \xi}\dfrac{\partial \xi}{\partial z}+\dfrac{\partial \tau_{zz}(x,t)}{\partial \eta}\dfrac{\partial \eta}{\partial z}\\[2mm]
\dfrac{\partial \tau_{xx}(x,t)}{\partial t}=\rho v_{\mathrm p}^2\!\left[\dfrac{\partial v_x(x,t)}{\partial \xi}\dfrac{\partial \xi}{\partial x}+\dfrac{\partial v_x(x,t)}{\partial \eta}\dfrac{\partial \eta}{\partial x}\right]+\rho(v_{\mathrm p}^2-2v_{\mathrm s}^2)\!\left[\dfrac{\partial v_z(x,t)}{\partial \xi}\dfrac{\partial \xi}{\partial z}+\dfrac{\partial v_z(x,t)}{\partial \eta}\dfrac{\partial \eta}{\partial z}\right]+f_x(x,t)\\[2mm]
\dfrac{\partial \tau_{zz}(x,t)}{\partial t}=\rho v_{\mathrm p}^2\!\left[\dfrac{\partial v_z(x,t)}{\partial \xi}\dfrac{\partial \xi}{\partial z}+\dfrac{\partial v_z(x,t)}{\partial \eta}\dfrac{\partial \eta}{\partial z}\right]+\rho(v_{\mathrm p}^2-2v_{\mathrm s}^2)\!\left[\dfrac{\partial v_x(x,t)}{\partial \xi}\dfrac{\partial \xi}{\partial x}+\dfrac{\partial v_x(x,t)}{\partial \eta}\dfrac{\partial \eta}{\partial x}\right]+f_z(x,t)\\[2mm]
\dfrac{\partial \tau_{xz}(x,t)}{\partial t}=\rho v_{\mathrm s}^2\!\left[\dfrac{\partial v_x(x,t)}{\partial \xi}\dfrac{\partial \xi}{\partial z}+\dfrac{\partial v_x(x,t)}{\partial \eta}\dfrac{\partial \eta}{\partial z}+\dfrac{\partial v_z(x,t)}{\partial \xi}\dfrac{\partial \xi}{\partial x}+\dfrac{\partial v_z(x,t)}{\partial \eta}\dfrac{\partial \eta}{\partial x}\right]
\end{cases}
$$

$$(5.51)$$

式中，v_x，v_z 分别为弹性体中质点在水平方向 x、垂直方向 z 上的速度分量；τ_{xx} 和 τ_{zz} 为正应力；τ_{xz} 为切应力；t 为时间；x 为空间坐标（ξ，η）；f_x 和 f_z 分别为垂直分量和水平分量的震源项；$v_{\mathrm p}$ 和 $v_{\mathrm s}$ 分别为 P 波和 S 波速度，P 波波场是无旋场，S 波波场是无散场，则我们可以得到：

$$\begin{cases} \nabla \times u_{\mathrm{p}} = \dfrac{\partial v_{x\mathrm{p}}}{\partial \xi}\dfrac{\partial \xi}{\partial z} + \dfrac{\partial v_{x\mathrm{p}}}{\partial \eta}\dfrac{\partial \eta}{\partial z} - \dfrac{\partial v_{z\mathrm{p}}}{\partial \xi}\dfrac{\partial \xi}{\partial x} - \dfrac{\partial v_{z\mathrm{p}}}{\partial \eta}\dfrac{\partial \eta}{\partial x} = 0 \\[3mm] \nabla \cdot u_{\mathrm{s}} = \dfrac{\partial v_{x\mathrm{s}}}{\partial \xi}\dfrac{\partial \xi}{\partial x} + \dfrac{\partial v_{x\mathrm{s}}}{\partial \eta}\dfrac{\partial \eta}{\partial x} + \dfrac{\partial v_{z\mathrm{s}}}{\partial \xi}\dfrac{\partial \xi}{\partial z} + \dfrac{\partial v_{z\mathrm{s}}}{\partial \eta}\dfrac{\partial \eta}{\partial z} = 0 \\[3mm] \nabla \cdot u = \dfrac{\partial v_x}{\partial \xi}\dfrac{\partial \xi}{\partial x} + \dfrac{\partial v_x}{\partial \eta}\dfrac{\partial \eta}{\partial x} + \dfrac{\partial v_z}{\partial \xi}\dfrac{\partial \xi}{\partial z} + \dfrac{\partial v_z}{\partial \eta}\dfrac{\partial \eta}{\partial z} \\[3mm] \quad = \dfrac{\partial v_{x\mathrm{p}}}{\partial \xi}\dfrac{\partial \xi}{\partial x} + \dfrac{\partial v_{x\mathrm{p}}}{\partial \eta}\dfrac{\partial \eta}{\partial x} + \dfrac{\partial v_{z\mathrm{p}}}{\partial \xi}\dfrac{\partial \xi}{\partial z} + \dfrac{\partial v_{z\mathrm{p}}}{\partial \eta}\dfrac{\partial \eta}{\partial z} = \nabla \cdot u_{\mathrm{p}} \\[3mm] \nabla \times u = \dfrac{\partial v_x}{\partial \xi}\dfrac{\partial \xi}{\partial z} + \dfrac{\partial v_x}{\partial \eta}\dfrac{\partial \eta}{\partial z} - \dfrac{\partial v_z}{\partial \xi}\dfrac{\partial \xi}{\partial x} - \dfrac{\partial v_z}{\partial \eta}\dfrac{\partial \eta}{\partial x} \\[3mm] \quad = \dfrac{\partial v_{x\mathrm{s}}}{\partial \xi}\dfrac{\partial \xi}{\partial z} + \dfrac{\partial v_{x\mathrm{s}}}{\partial \eta}\dfrac{\partial \eta}{\partial z} - \dfrac{\partial v_{z\mathrm{s}}}{\partial \xi}\dfrac{\partial \xi}{\partial x} - \dfrac{\partial v_{z\mathrm{s}}}{\partial \eta}\dfrac{\partial \eta}{\partial x} = \nabla \times u_{\mathrm{s}} \end{cases} \tag{5.52}$$

将式（5.52）代入式（5.51）中可得到曲坐标系下分离的纵横波方程：

$$\begin{cases} \rho\dfrac{\partial v_{x\mathrm{p}}(x,t)}{\partial t} = \dfrac{\partial \tau_{xx\mathrm{p}}(x,t)}{\partial \xi}\dfrac{\partial \xi}{\partial x} + \dfrac{\partial \tau_{xx\mathrm{p}}(x,t)}{\partial \eta}\dfrac{\partial \eta}{\partial x} \\[3mm] \rho\dfrac{\partial v_{z\mathrm{p}}(x,t)}{\partial t} = \dfrac{\partial \tau_{zz\mathrm{p}}(x,t)}{\partial \xi}\dfrac{\partial \xi}{\partial z} + \dfrac{\partial \tau_{zz\mathrm{p}}(x,t)}{\partial \eta}\dfrac{\partial \eta}{\partial z} \\[3mm] \dfrac{\partial \tau_{xx\mathrm{p}}(x,t)}{\partial t} = \rho v_{\mathrm{p}}^2\left[\dfrac{\partial v_x(x,t)}{\partial \xi}\dfrac{\partial \xi}{\partial x} + \dfrac{\partial v_x(x,t)}{\partial \eta}\dfrac{\partial \eta}{\partial x} + \dfrac{\partial v_z(x,t)}{\partial \xi}\dfrac{\partial \xi}{\partial z} + \dfrac{\partial v_z(x,t)}{\partial \eta}\dfrac{\partial \eta}{\partial z}\right] + f_x(x,t) \\[3mm] \dfrac{\partial \tau_{zz\mathrm{p}}(x,t)}{\partial t} = \rho v_{\mathrm{p}}^2\left[\dfrac{\partial v_x(x,t)}{\partial \xi}\dfrac{\partial \xi}{\partial x} + \dfrac{\partial v_x(x,t)}{\partial \eta}\dfrac{\partial \eta}{\partial x} + \dfrac{\partial v_z(x,t)}{\partial \xi}\dfrac{\partial \xi}{\partial z} + \dfrac{\partial v_z(x,t)}{\partial \eta}\dfrac{\partial \eta}{\partial z}\right] + f_z(x,t) \end{cases} \tag{5.53a}$$

$$\begin{cases} \rho\dfrac{\partial v_{x\mathrm{s}}(x,t)}{\partial t} = \dfrac{\partial \tau_{xx\mathrm{s}}(x,t)}{\partial \xi}\dfrac{\partial \xi}{\partial x} + \dfrac{\partial \tau_{xx\mathrm{s}}(x,t)}{\partial \eta}\dfrac{\partial \eta}{\partial x} + \dfrac{\partial \tau_{xz\mathrm{s}}(x,t)}{\partial \xi}\dfrac{\partial \xi}{\partial z} + \dfrac{\partial \tau_{xz\mathrm{s}}(x,t)}{\partial \eta}\dfrac{\partial \eta}{\partial z} \\[3mm] \rho\dfrac{\partial v_{z\mathrm{s}}(x,t)}{\partial t} = \dfrac{\partial \tau_{xz\mathrm{s}}(x,t)}{\partial \xi}\dfrac{\partial \xi}{\partial x} + \dfrac{\partial \tau_{xz\mathrm{s}}(x,t)}{\partial \eta}\dfrac{\partial \eta}{\partial x} + \dfrac{\partial \tau_{zz\mathrm{s}}(x,t)}{\partial \xi}\dfrac{\partial \xi}{\partial z} + \dfrac{\partial \tau_{zz\mathrm{s}}(x,t)}{\partial \eta}\dfrac{\partial \eta}{\partial z} \\[3mm] \dfrac{\partial \tau_{xx\mathrm{s}}(x,t)}{\partial t} = -2\rho v_{\mathrm{s}}^2\left[\dfrac{\partial v_z(x,t)}{\partial \xi}\dfrac{\partial \xi}{\partial z} + \dfrac{\partial v_z(x,t)}{\partial \eta}\dfrac{\partial \eta}{\partial z}\right] + f_x(x,t) \\[3mm] \dfrac{\partial \tau_{zz\mathrm{s}}(x,t)}{\partial t} = -2\rho v_{\mathrm{s}}^2\left[\dfrac{\partial v_x(x,t)}{\partial \xi}\dfrac{\partial \xi}{\partial x} + \dfrac{\partial v_x(x,t)}{\partial \eta}\dfrac{\partial \eta}{\partial x}\right] + f_z(x,t) \\[3mm] \dfrac{\partial \tau_{xz\mathrm{s}}(x,t)}{\partial t} = \rho v_{\mathrm{s}}^2\left[\dfrac{\partial v_x(x,t)}{\partial \xi}\dfrac{\partial \xi}{\partial z} + \dfrac{\partial v_x(x,t)}{\partial \eta}\dfrac{\partial \eta}{\partial z} + \dfrac{\partial v_z(x,t)}{\partial \xi}\dfrac{\partial \xi}{\partial x} + \dfrac{\partial v_z(x,t)}{\partial \eta}\dfrac{\partial \eta}{\partial x}\right] \end{cases} \tag{5.53b}$$

式中，$v_{x\mathrm{p}}$ 和 $v_{z\mathrm{p}}$ 分别为水平分量和垂直分量的 P 波波场；$v_{x\mathrm{s}}$ 和 $v_{z\mathrm{s}}$ 分别为水平分量和垂直分量的 S 波波场；$\tau_{xx\mathrm{p}}$ 和 $\tau_{zz\mathrm{p}}$ 为 P 波方程的辅助正应力；$\tau_{xx\mathrm{s}}$ 和 $\tau_{zz\mathrm{s}}$ 为 S 波方程的辅助正应力；$\tau_{xz\mathrm{s}}$ 为 S 波方程的辅助切应力。通过证明，我们可以得出式（5.53a）可得到纯纵波波场，式（5.53b）可得到纯横波波场。$u = (v_x, v_z)$ 可由如下所示的混合方程求得：

$$\begin{cases} v_x(x,t) = v_{x\mathrm{p}}(x,t) + v_{x\mathrm{s}}(x,t) \\ v_z(x,t) = v_{z\mathrm{p}}(x,t) + v_{z\mathrm{s}}(x,t) \end{cases} \tag{5.54}$$

2. 基于波场分离的起伏地表弹性波反偏移算子及梯度公式

基于伯恩近似理论，真实的速度（v_p，v_s）由背景速度（$v_{\mathrm{p}0}$，$v_{\mathrm{s}0}$）和速度扰动（δv_p，δv_s）组成。因此，真实的 v_p 和 v_s 模型由下式求得

$$\begin{cases} v_\mathrm{p}=v_{\mathrm{p}0}+\delta v_\mathrm{p} \\ v_\mathrm{s}=v_{\mathrm{s}0}+\delta v_\mathrm{s} \end{cases} \tag{5.55}$$

为了简化，我们假设密度是准确的，不存在扰动。也就是说 $\delta\rho=0$。因此，密度对 P 波和 S 波成像结果没有串扰。

首先，我们建立 Born 近似 P 波方程。基于 Born 近似理论，速度扰动引起波场的扰动。在式（5.53）中，波场 U（v_x，v_z，v_{xp}，v_{zp}，v_{xs}，v_{zs}，τ_{xxp}，τ_{zzp}，τ_{xxs}，τ_{zzs}，τ_{xzs}）可以被分成背景波场 U_0 和扰动波场 δU。背景波场和扰动波场的关系为

$$U(x,t)=U_0(x,t)+\delta U(x,t) \tag{5.56}$$

曲坐标系下背景 P 波波场可由式（5.53a）求得，则

$$\begin{cases} \rho\dfrac{\partial v_{xp0}(x,t)}{\partial t}=\dfrac{\partial\tau_{xxp0}(x,t)}{\partial\xi}\dfrac{\partial\xi}{\partial x}+\dfrac{\partial\tau_{xxp0}(x,t)}{\partial\eta}\dfrac{\partial\eta}{\partial x} \\[2mm] \rho\dfrac{\partial v_{zp0}(x,t)}{\partial t}=\dfrac{\partial\tau_{zzp0}(x,t)}{\partial\xi}\dfrac{\partial\xi}{\partial z}+\dfrac{\partial\tau_{zzp0}(x,t)}{\partial\eta}\dfrac{\partial\eta}{\partial z} \\[2mm] \dfrac{1}{v_\mathrm{p}^2}\dfrac{\partial\tau_{xxp0}(x,t)}{\partial t}=\rho\left[\dfrac{\partial v_{x0}(x,t)}{\partial\xi}\dfrac{\partial\xi}{\partial x}+\dfrac{\partial v_{x0}(x,t)}{\partial\eta}\dfrac{\partial\eta}{\partial x}+\dfrac{\partial v_{z0}(x,t)}{\partial\xi}\dfrac{\partial\xi}{\partial z}+\dfrac{\partial v_{z0}(x,t)}{\partial\eta}\dfrac{\partial\eta}{\partial z}\right]+f_x(x,t) \\[2mm] \dfrac{1}{v_\mathrm{p}^2}\dfrac{\partial\tau_{zzp0}(x,t)}{\partial t}=\rho\left[\dfrac{\partial v_{x0}(x,t)}{\partial\xi}\dfrac{\partial\xi}{\partial x}+\dfrac{\partial v_{x0}(x,t)}{\partial\eta}\dfrac{\partial\eta}{\partial x}+\dfrac{\partial v_{z0}(x,t)}{\partial\xi}\dfrac{\partial\xi}{\partial z}+\dfrac{\partial v_{z0}(x,t)}{\partial\eta}\dfrac{\partial\eta}{\partial z}\right]+f_z(x,t) \end{cases} \tag{5.57}$$

为了获得扰动波场，构建 $1/v_\mathrm{p}^2$ 的泰勒展开项，并忽略高阶项：

$$\frac{1}{v_\mathrm{p}^2}\approx\frac{1}{v_{\mathrm{p}0}^2}-\frac{2\delta v_\mathrm{p}}{v_{\mathrm{p}0}^3} \tag{5.58}$$

将式（5.58）代入式（5.53a）中，然后减去式（5.57）可得：

$$\begin{cases} \rho\dfrac{\partial\delta v_{xp}(x,t)}{\partial t}=\dfrac{\partial\delta\tau_{xxp}(x,t)}{\partial\xi}\dfrac{\partial\xi}{\partial x}+\dfrac{\partial\delta\tau_{xxp}(x,t)}{\partial\eta}\dfrac{\partial\eta}{\partial x} \\[2mm] \rho\dfrac{\partial\delta v_{zp}(x,t)}{\partial t}=\dfrac{\partial\delta\tau_{zzp}(x,t)}{\partial\xi}\dfrac{\partial\xi}{\partial z}+\dfrac{\partial\delta\tau_{zzp}(x,t)}{\partial\eta}\dfrac{\partial\eta}{\partial z} \\[2mm] \dfrac{1}{v_{\mathrm{p}0}^2}\dfrac{\partial\delta\tau_{xxp}(x,t)}{\partial t}=\rho\left[\dfrac{\partial\delta v_x(x,t)}{\partial\xi}\dfrac{\partial\xi}{\partial x}+\dfrac{\partial\delta v_x(x,t)}{\partial\eta}\dfrac{\partial\eta}{\partial x}+\dfrac{\partial\delta v_z(x,t)}{\partial\xi}\dfrac{\partial\xi}{\partial z}\right. \\[2mm] \qquad\left.+\dfrac{\partial\delta v_z(x,t)}{\partial\eta}\dfrac{\partial\eta}{\partial z}\right]+\dfrac{2\delta v_\mathrm{p}}{v_{\mathrm{p}0}^3}\dfrac{\partial\tau_{xxp0}(x,t)}{\partial t}+O(\delta v_\mathrm{p}) \\[2mm] \dfrac{1}{v_{\mathrm{p}0}^2}\dfrac{\partial\delta\tau_{zzp}(x,t)}{\partial t}=\rho\left[\dfrac{\partial\delta v_x(x,t)}{\partial\xi}\dfrac{\partial\xi}{\partial x}+\dfrac{\partial\delta v_x(x,t)}{\partial\eta}\dfrac{\partial\eta}{\partial x}+\dfrac{\partial\delta v_z(x,t)}{\partial\xi}\dfrac{\partial\xi}{\partial z}\right. \\[2mm] \qquad\left.+\dfrac{\partial\delta v_z(x,t)}{\partial\eta}\dfrac{\partial\eta}{\partial z}\right]+\dfrac{2\delta v_\mathrm{p}}{v_{\mathrm{p}0}^3}\dfrac{\partial\tau_{zzp0}(x,t)}{\partial t}+O(\delta v_\mathrm{p}) \end{cases} \tag{5.59}$$

式中，$O(\delta v_p)$ 为 δv_p 的高阶项。定义 P 波反射系数模型为

$$m(v_p) = \frac{\delta v_p}{v_{p0}} \tag{5.60}$$

将式（5.60）代入式（5.59）并忽略 $O(\delta v_p)$ 可得

$$
\begin{cases}
\rho \dfrac{\partial \delta v_{xp}(x,t)}{\partial t} = \dfrac{\partial \delta \tau_{xxp}(x,t)}{\partial \xi}\dfrac{\partial \xi}{\partial x} + \dfrac{\partial \delta \tau_{xxp}(x,t)}{\partial \eta}\dfrac{\partial \eta}{\partial x} \\[3mm]
\rho \dfrac{\partial \delta v_{zp}(x,t)}{\partial t} = \dfrac{\partial \delta \tau_{zzp}(x,t)}{\partial \xi}\dfrac{\partial \xi}{\partial z} + \dfrac{\partial \delta \tau_{zzp}(x,t)}{\partial \eta}\dfrac{\partial \eta}{\partial z} \\[3mm]
\dfrac{1}{v_{p0}^2}\dfrac{\partial \delta \tau_{xxp}(x,t)}{\partial t} = \rho\left[\dfrac{\partial \delta v_x(x,t)}{\partial \xi}\dfrac{\partial \xi}{\partial x} + \dfrac{\partial \delta v_x(x,t)}{\partial \eta}\dfrac{\partial \eta}{\partial x} + \dfrac{\partial \delta v_z(x,t)}{\partial \xi}\dfrac{\partial \xi}{\partial z} + \dfrac{\partial \delta v_z(x,t)}{\partial \eta}\dfrac{\partial \eta}{\partial z}\right] + \dfrac{2m(v_p)}{v_{p0}^2}\dfrac{\partial \tau_{xxp0}(x,t)}{\partial t} \\[3mm]
\dfrac{1}{v_{p0}^2}\dfrac{\partial \delta \tau_{zzp}(x,t)}{\partial t} = \rho\left[\dfrac{\partial \delta v_x(x,t)}{\partial \xi}\dfrac{\partial \xi}{\partial x} + \dfrac{\partial \delta v_x(x,t)}{\partial \eta}\dfrac{\partial \eta}{\partial x} + \dfrac{\partial \delta v_z(x,t)}{\partial \xi}\dfrac{\partial \xi}{\partial z} + \dfrac{\partial \delta v_z(x,t)}{\partial \eta}\dfrac{\partial \eta}{\partial z}\right] + \dfrac{2m(v_p)}{v_{p0}^2}\dfrac{\partial \tau_{zzp0}(x,t)}{\partial t}
\end{cases} \tag{5.61}
$$

式（5.61）是曲坐标系下的 Born 近似 P 波方程。同样的，曲坐标系下的背景 S 波方程为

$$
\begin{cases}
\rho \dfrac{\partial v_{xs0}(x,t)}{\partial t} = \dfrac{\partial \tau_{xxs0}(x,t)}{\partial \xi}\dfrac{\partial \xi}{\partial x} + \dfrac{\partial \tau_{xxs0}(x,t)}{\partial \eta}\dfrac{\partial \eta}{\partial x} + \dfrac{\partial \tau_{xzs0}(x,t)}{\partial \xi}\dfrac{\partial \xi}{\partial z} + \dfrac{\partial \tau_{xzs0}(x,t)}{\partial \eta}\dfrac{\partial \eta}{\partial z} \\[3mm]
\rho \dfrac{\partial v_{zs0}(x,t)}{\partial t} = \dfrac{\partial \tau_{xzs0}(x,t)}{\partial \xi}\dfrac{\partial \xi}{\partial x} + \dfrac{\partial \tau_{xzs0}(x,t)}{\partial \eta}\dfrac{\partial \eta}{\partial x} + \dfrac{\partial \tau_{zzs0}(x,t)}{\partial \xi}\dfrac{\partial \xi}{\partial z} + \dfrac{\partial \tau_{zzs0}(x,t)}{\partial \eta}\dfrac{\partial \eta}{\partial z} \\[3mm]
\dfrac{1}{v_{s0}^2}\dfrac{\partial \tau_{xxs0}(x,t)}{\partial t} = -2\rho\left[\dfrac{\partial v_{z0}(x,t)}{\partial \xi}\dfrac{\partial \xi}{\partial z} + \dfrac{\partial v_{z0}(x,t)}{\partial \eta}\dfrac{\partial \eta}{\partial z}\right] + f_x(x,t) \\[3mm]
\dfrac{1}{v_{s0}^2}\dfrac{\partial \tau_{zzs0}(x,t)}{\partial t} = -2\rho\left[\dfrac{\partial v_{x0}(x,t)}{\partial \xi}\dfrac{\partial \xi}{\partial x} + \dfrac{\partial v_{x0}(x,t)}{\partial \eta}\dfrac{\partial \eta}{\partial x}\right] + f_z(x,t) \\[3mm]
\dfrac{1}{v_{s0}^2}\dfrac{\partial \tau_{xzs0}(x,t)}{\partial t} = \rho\left[\dfrac{\partial v_{x0}(x,t)}{\partial \xi}\dfrac{\partial \xi}{\partial z} + \dfrac{\partial v_{x0}(x,t)}{\partial \eta}\dfrac{\partial \eta}{\partial z} + \dfrac{\partial v_{z0}(x,t)}{\partial \xi}\dfrac{\partial \xi}{\partial x} + \dfrac{\partial v_{z0}(x,t)}{\partial \eta}\dfrac{\partial \eta}{\partial x}\right]
\end{cases} \tag{5.62}
$$

类似地，我们可以得到曲坐标系下 Born 近似 S 波方程：

$$
\begin{cases}
\rho \dfrac{\partial \delta v_{xs}(x,t)}{\partial t} = \dfrac{\partial \delta \tau_{xxs}(x,t)}{\partial \xi}\dfrac{\partial \xi}{\partial x} + \dfrac{\partial \delta \tau_{xxs}(x,t)}{\partial \eta}\dfrac{\partial \eta}{\partial x} + \dfrac{\partial \delta \tau_{xzs}(x,t)}{\partial \xi}\dfrac{\partial \xi}{\partial z} + \dfrac{\partial \delta \tau_{xzs}(x,t)}{\partial \eta}\dfrac{\partial \eta}{\partial z} \\[3mm]
\rho \dfrac{\partial \delta v_{zs}(x,t)}{\partial t} = \dfrac{\partial \delta \tau_{xzs}(x,t)}{\partial \xi}\dfrac{\partial \xi}{\partial x} + \dfrac{\partial \delta \tau_{xzs}(x,t)}{\partial \eta}\dfrac{\partial \eta}{\partial x} + \dfrac{\partial \delta \tau_{zzs}(x,t)}{\partial \xi}\dfrac{\partial \xi}{\partial z} + \dfrac{\partial \delta \tau_{zzs}(x,t)}{\partial \eta}\dfrac{\partial \eta}{\partial z} \\[3mm]
\dfrac{1}{v_s^2}\dfrac{\partial \delta \tau_{xxs}(x,t)}{\partial t} = -2\rho\left[\dfrac{\partial \delta v_z(x,t)}{\partial \xi}\dfrac{\partial \xi}{\partial z} + \dfrac{\partial \delta v_z(x,t)}{\partial \eta}\dfrac{\partial \eta}{\partial z}\right] + \dfrac{2m(v_s)}{v_{s0}^2}\dfrac{\partial \tau_{xxs}(x,t)}{\partial t} \\[3mm]
\dfrac{1}{v_s^2}\dfrac{\partial \delta \tau_{zzs}(x,t)}{\partial t} = -2\rho\left[\dfrac{\partial \delta v_x(x,t)}{\partial \xi}\dfrac{\partial \xi}{\partial x} + \dfrac{\partial \delta v_x(x,t)}{\partial \eta}\dfrac{\partial \eta}{\partial x}\right] + \dfrac{2m(v_s)}{v_{s0}^2}\dfrac{\partial \tau_{zzs}(x,t)}{\partial t} \\[3mm]
\dfrac{1}{v_s^2}\dfrac{\partial \delta \tau_{xzs}(x,t)}{\partial t} = \rho\left[\dfrac{\partial \delta v_x(x,t)}{\partial \xi}\dfrac{\partial \xi}{\partial z} + \dfrac{\partial \delta v_x(x,t)}{\partial \eta}\dfrac{\partial \eta}{\partial z} + \dfrac{\partial \delta v_z(x,t)}{\partial \xi}\dfrac{\partial \xi}{\partial x} + \dfrac{\partial \delta v_z(x,t)}{\partial \eta}\dfrac{\partial \eta}{\partial x}\right] \\[3mm]
\qquad\qquad + \dfrac{2m(v_s)}{v_{s0}^2}\dfrac{\partial \tau_{zzs}(x,t)}{\partial t}
\end{cases} \tag{5.63}
$$

式中，S 波反射系数模型被定义为

$$m(v_{\mathrm{s}}) = \frac{\delta v_{\mathrm{s}}}{v_{s0}} \tag{5.64}$$

定义 d_{calx}（x，t）和 d_{calz}（x，t）为水平分量和垂直分量的合成地震记录，则

$$\begin{cases} d_{\mathrm{calx}}(x,t) = \delta v_x(x,t) \\ d_{\mathrm{calz}}(x,t) = \delta v_z(x,t) \end{cases} \tag{5.65}$$

根据伴随状态理论（Plessix，2006），我们给出起伏地表弹性波 LSRTM 的 P 波偏移方程：

$$\begin{cases} \rho\,\dfrac{\partial v_{xp}^{\mathrm{R}}(x,t)}{\partial t} = \dfrac{\partial \tau_{xxp}^{\mathrm{R}}(x,t)}{\partial \xi}\dfrac{\partial \xi}{\partial x} + \dfrac{\partial \tau_{xxp}^{\mathrm{R}}(x,t)}{\partial \eta}\dfrac{\partial \eta}{\partial x} + \Delta\,d_x(x,t) \\[2mm] \rho\,\dfrac{\partial v_{zp}^{\mathrm{R}}(x,t)}{\partial t} = \dfrac{\partial \tau_{zzp}^{\mathrm{R}}(x,t)}{\partial \xi}\dfrac{\partial \xi}{\partial z} + \dfrac{\partial \tau_{zzp}^{\mathrm{R}}(x,t)}{\partial \eta}\dfrac{\partial \eta}{\partial z} + \Delta\,d_z(x,t) \\[2mm] \dfrac{1}{v_{p0}^2}\dfrac{\partial \tau_{xxp}^{\mathrm{R}}(x,t)}{\partial t} = \rho\left[\dfrac{\partial v_x^{\mathrm{R}}(x,t)}{\partial \xi}\dfrac{\partial \xi}{\partial x} + \dfrac{\partial v_x^{\mathrm{R}}(x,t)}{\partial \eta}\dfrac{\partial \eta}{\partial x} + \dfrac{\partial v_z^{\mathrm{R}}(x,t)}{\partial \xi}\dfrac{\partial \xi}{\partial z} + \dfrac{\partial v_z^{\mathrm{R}}(x,t)}{\partial \eta}\dfrac{\partial \eta}{\partial z}\right] \\[2mm] \dfrac{1}{v_{p0}^2}\dfrac{\partial \tau_{zzp}^{\mathrm{R}}(x,t)}{\partial t} = \rho\left[\dfrac{\partial v_x^{\mathrm{R}}(x,t)}{\partial \xi}\dfrac{\partial \xi}{\partial x} + \dfrac{\partial v_x^{\mathrm{R}}(x,t)}{\partial \eta}\dfrac{\partial \eta}{\partial x} + \dfrac{\partial v_z^{\mathrm{R}}(x,t)}{\partial \xi}\dfrac{\partial \xi}{\partial z} + \dfrac{\partial v_z^{\mathrm{R}}(x,t)}{\partial \eta}\dfrac{\partial \eta}{\partial z}\right] \end{cases} \tag{5.66}$$

式中，上标 R 为变量的伴随；$\Delta\,d_x$（x，t）和 $\Delta\,d_z$（x，t）分别为水平分量和垂直分量合成数据和观测数据的差，由下式求得：

$$\begin{cases} \Delta\,d_x(x,t) = d_{\mathrm{calx}}(x,t) - d_{\mathrm{obsx}}(x,t) \\ \Delta\,d_z(x,t) = d_{\mathrm{calz}}(x,t) - d_{\mathrm{obsz}}(x,t) \end{cases} \tag{5.67}$$

式中，d_{obsx}（x，t）和 d_{obsz}（x，t）分别为水平分量和垂直分量的观测数据。当 $k=0$ 时，$m_{v_p}^0 = 0$。且在式（5.67）中，d_{calx}（x，t）$= d_{\mathrm{calz}}$（x，t）$= 0$。则

$$m_{v_p}^1 = -g_{v_p}^1 \tag{5.68}$$

式中，$m_{v_p}^1$ 和 $g_{v_p}^1$ 分别为 v_p 的成像条件和第一次迭代的梯度方向。类似地，我们给出起伏地表弹性波 LSRTM 的 S 波偏移方程：

$$\begin{cases} \rho\,\dfrac{\partial v_{xs}^{\mathrm{R}}(x,t)}{\partial t} = \dfrac{\partial \tau_{xxs}^{\mathrm{R}}(x,t)}{\partial \xi}\dfrac{\partial \xi}{\partial x} + \dfrac{\partial \tau_{xxs}^{\mathrm{R}}(x,t)}{\partial \eta}\dfrac{\partial \eta}{\partial x} + \dfrac{\partial \tau_{xzs}^{\mathrm{R}}(x,t)}{\partial \xi}\dfrac{\partial \xi}{\partial z} + \dfrac{\partial \tau_{xzs}^{\mathrm{R}}(x,t)}{\partial \eta}\dfrac{\partial \eta}{\partial z} + \Delta\,d_x(x,t) \\[2mm] \rho\,\dfrac{\partial v_{zs}^{\mathrm{R}}(x,t)}{\partial t} = \dfrac{\partial \tau_{xzs}^{\mathrm{R}}(x,t)}{\partial \xi}\dfrac{\partial \xi}{\partial x} + \dfrac{\partial \tau_{xzs}^{\mathrm{R}}(x,t)}{\partial \eta}\dfrac{\partial \eta}{\partial x} + \dfrac{\partial \tau_{zzs}^{\mathrm{R}}(x,t)}{\partial \xi}\dfrac{\partial \xi}{\partial z} + \dfrac{\partial \tau_{zzs}^{\mathrm{R}}(x,t)}{\partial \eta}\dfrac{\partial \eta}{\partial z} + \Delta\,d_z(x,t) \\[2mm] \dfrac{1}{v_{s0}^2}\dfrac{\partial \tau_{xxs}^{\mathrm{R}}(x,t)}{\partial t} = -2\rho\left[\dfrac{\partial v_z^{\mathrm{R}}(x,t)}{\partial \xi}\dfrac{\partial \xi}{\partial z} + \dfrac{\partial v_z^{\mathrm{R}}(x,t)}{\partial \eta}\dfrac{\partial \eta}{\partial z}\right] \\[2mm] \dfrac{1}{v_{s0}^2}\dfrac{\partial \tau_{zzs}^{\mathrm{R}}(x,t)}{\partial t} = -2\rho\left[\dfrac{\partial v_x^{\mathrm{R}}(x,t)}{\partial \xi}\dfrac{\partial \xi}{\partial x} + \dfrac{\partial v_x^{\mathrm{R}}(x,t)}{\partial \eta}\dfrac{\partial \eta}{\partial x}\right] \\[2mm] \dfrac{1}{v_{s0}^2}\dfrac{\partial \tau_{xzs}^{\mathrm{R}}(x,t)}{\partial t} = \rho\left[\dfrac{\partial v_x^{\mathrm{R}}(x,t)}{\partial \xi}\dfrac{\partial \xi}{\partial z} + \dfrac{\partial v_x^{\mathrm{R}}(x,t)}{\partial \eta}\dfrac{\partial \eta}{\partial z} + \dfrac{\partial v_z^{\mathrm{R}}(x,t)}{\partial \xi}\dfrac{\partial \xi}{\partial x} + \dfrac{\partial v_z^{\mathrm{R}}(x,t)}{\partial \eta}\dfrac{\partial \eta}{\partial x}\right] \end{cases}$$

$$\tag{5.69}$$

S 波分量的成像条件 $\left[m_{v_\text{s}}^{(1)}\right]$ 为

$$m_{v_\text{s}}^{(1)} = -g_{v_\text{s}}^{(1)} \tag{5.70}$$

式中，$m_{v_\text{s}}^{(1)}$ 和 $g_{v_\text{s}}^{(1)}$ 分别为 v_s 的成像条件和第一次迭代的梯度方向。g_{v_p} 和 g_{v_s} 将由下文中给出。

使用变分定律推导梯度公式，d_cal 可写为

$$d_\text{cal} = Lm = Ru \tag{5.71}$$

在基于波场分离的起伏地表 LSRTM 中，误差函数为

$$f(m) = \frac{1}{2} \left(\| Ru_\text{p} - d_\text{obsp} \|_2^2 + \| Ru_\text{s} - d_\text{obss} \|_2^2 \right) \tag{5.72}$$

式中，$d_\text{obsp} = (d_\text{obsp}x, \ d_\text{obsp}z)^\text{T}$；$d_\text{obss} = (d_\text{obss}x, \ d_\text{obss}z)^\text{T}$。

则 $\delta f(m)$ 由下式求得：

$$
\begin{aligned}
\delta E(m) &= \frac{1}{2} \delta \left(\| Ru_\text{p} - d_\text{obsp} \|_2^2 + \| Ru_\text{s} - d_\text{obss} \|_2^2 \right) \\[2mm]
&= \sum_{x_\text{s}} \sum_{x_\text{r}} \sum_{t} \left[\delta(Ru_\text{p} - d_\text{obsp}) \cdot (Ru_\text{p} - d_\text{obsp}) + \delta(Ru_\text{s} - d_\text{obss}) \cdot (Ru_\text{s} - d_\text{obss}) \right] \\[2mm]
&= \sum_{x_\text{s}} \sum_{x_\text{r}} \sum_{t} \left[R\delta u_\text{p} \cdot (Ru_\text{p} - d_\text{obsp}) + R\delta u_\text{s} \cdot (Ru_\text{s} - d_\text{obss}) \right] \\[2mm]
&= \sum_{x_\text{s}} \sum_{x_\text{r}} \sum_{t} \left[\delta u_\text{p} \cdot R^*(Ru_\text{p} - d_\text{obcp}^\text{obs}) + \delta u_\text{p} \cdot R^*(Ru_\text{s} - d_\text{obcs}^\text{obs}) \right]
\end{aligned}
\tag{5.73}
$$

由式（5.61）和式（5.63）可得 $\delta u = L F'$，其中 L 为基于波场分离的 Born 正演模拟算子；F' 为新构造产生波场扰动 δu 的震源矩阵：

δu_p 和 δu_s 为残差 P 波和 S 波波场，可由下式求得

$$
\begin{cases}
\delta u_\text{p} = L_\text{p}(m) \cdot f_\text{p}' \\
\delta u_\text{s} = L_\text{s}(m) \cdot f_\text{s}'
\end{cases}
\tag{5.74}
$$

式中，L_p 和 L_s 分别为 P 波和 S 波线性正演算子；f_p' 和 f_s' 为产生残差 P 波和 S 波波场的震源，由下式求得

$$
\begin{cases}
f_\text{p}' = \begin{pmatrix} 0 & 0 & \dfrac{2\delta v_\text{p}}{v_\text{p0}^3} \dfrac{\partial \tau_{xxp0}}{\partial t} & \dfrac{2\delta v_\text{p}}{v_\text{p0}^3} \dfrac{\partial \tau_{zzp0}}{\partial t} & 0 \end{pmatrix}^\text{T} \\[4mm]
f_\text{s}' = \begin{pmatrix} 0 & 0 & \dfrac{2\delta v_\text{s}}{v_\text{s0}^3} \dfrac{\partial \tau_{xxs0}}{\partial t} & \dfrac{2\delta v_\text{s}}{v_\text{s0}^3} \dfrac{\partial \tau_{zzs0}}{\partial t} & \dfrac{2\delta v_\text{s}}{v_\text{s0}^3} \dfrac{\partial \tau_{xzs0}}{\partial t} \end{pmatrix}^\text{T}
\end{cases}
\tag{5.75}
$$

则

$$\delta E(m) = \sum_{x_s} \sum_{x_r} \sum_t \left[L_p f'_p \cdot R^* (Ru_p - d_{obsp}) + L_s f'_s \cdot R^* (Ru_s - d_{obss}) \right]$$

$$= \sum_{x_s} \sum_{x_r} \sum_t \left[f'_p \cdot L_p^* R^* (Ru_p - d_{obsp}) + f'_s \cdot L_s^* R^* (Ru_s - d_{obss}) \right]$$

$$= \sum_{x_s} \sum_{x_r} \sum_t \left\{ \begin{pmatrix} 0 \\ 0 \\ \dfrac{2\delta v_p}{v_{p0}^3}\dfrac{\partial \tau_{xxp0}}{\partial t} \\ \dfrac{2\delta v_p}{v_{p0}^3}\dfrac{\partial \tau_{zzp0}}{\partial t} \end{pmatrix}^T \begin{pmatrix} v_{xp}^R \\ v_{zp}^R \\ \tau_{xxp}^R \\ \tau_{zzp}^R \end{pmatrix} + \begin{pmatrix} 0 \\ 0 \\ \dfrac{2\delta v_s}{v_{s0}^3}\dfrac{\partial \tau_{xxs0}}{\partial t} \\ \dfrac{2\delta v_s}{v_{s0}^3}\dfrac{\partial \tau_{zzs0}}{\partial t} \\ \dfrac{2\delta v_s}{v_{s0}^3}\dfrac{\partial \tau_{xzs0}}{\partial t} \end{pmatrix}^T \begin{pmatrix} v_{xs}^R \\ v_{zs}^R \\ \tau_{xxs}^R \\ \tau_{zzs}^R \\ \tau_{xzs}^R \end{pmatrix} \right\}$$

$$= \sum_{x_s} \sum_{x_r} \sum_t \left[\dfrac{\delta v_p}{v_{p0}^3}\left(\dfrac{\partial \tau_{xxp}}{\partial t}\tau_{xxp}^R + \dfrac{\partial \tau_{zzp}}{\partial t}\tau_{zzp}^R \right) + \dfrac{\delta v_s}{v_{s0}^3}\left(\dfrac{\partial \tau_{xxs}}{\partial t}\tau_{xxs}^R + \dfrac{\partial \tau_{zzs}}{\partial t}\tau_{zzs}^R + \dfrac{\partial \tau_{xzs}}{\partial t}\tau_{xzs}^R \right) \right]$$

$$(5.76)$$

则我们可得到 P 波分量和 S 波分量的梯度公式：

$$g_{vp} = \frac{\partial f}{\partial v_p} = \frac{1}{v_{p0}^3}\int \left(\frac{\partial \tau_{xxp}}{\partial t}\tau_{xxp}^R + \frac{\partial \tau_{zzp}}{\partial t}\tau_{zzp}^R \right) dt \qquad (5.77)$$

$$g_{vs} = \frac{\partial f}{\partial v_s} = \frac{1}{v_{s0}^3}\int \left(\frac{\partial \tau_{xxs}}{\partial t}\tau_{xxs}^R + \frac{\partial \tau_{zzs}}{\partial t}\tau_{zzs}^R + \frac{\partial \tau_{xzs}}{\partial t}\tau_{xzs}^R \right) dt \qquad (5.78)$$

更新步长由下式求得：

$$\alpha_{vp}^k = \frac{(g_{vp}^k)^T (C g_{vp}^k)}{(g_{vp}^{k-1})^T (C g_{vp}^{k-1})} \qquad (5.79)$$

$$\alpha_{vs}^k = \frac{(g_{vs}^k)^T (C g_{vs}^k)}{(g_{vs}^{k-1})^T (C g_{vs}^{k-1})} \qquad (5.80)$$

式中，α_{vp} 和 α_{vs} 分别为 P 波和 S 波分量的步长。

3. 基于波场分离的起伏地表弹性波 LSRTM 实现流程

图 5.16 展示的是基于波场分离的起伏地表弹性波 LSRTM（T-SELSRTM）实现流程。详细步骤如下：

（1）输入偏移速度模型（v_p，v_s）和观测的地震记录 d_{obs}（d_{obsx}，d_{obsz}）；

（2）根据起伏地表和复杂地下介质，将速度模型剖分成曲网格；

（3）将速度模型变换到曲坐标系下；

（4）在曲坐标系下计算正向延拓的 P 波波场和 S 波波场；

（5）在曲坐标系下计算反向延拓的 P 波波场和 S 波波场；

（6）计算曲坐标系下的成像结果；

（7）计算观测数据与模拟数据的残差；

（8）判断是否满足停止迭代的条件，如果满足，则将成像结果变换到笛卡儿坐标系下，并输出成像结果，否则计算反向传播的残差波场；

（9）计算更新梯度方向和步长；

（10）更新成像结果。

注意的是，波场更新、梯度和步长的计算是在曲坐标系下完成的，输入的观测数据是常规的多分量地震记录，不需要在预处理阶段进行波场分离，然后残差的 P 波和 S 波波场在反向传播过程中进行分离，我们采用与传统弹性波 LSRTM（ELSRTM）相同的误差函数追踪数据残差。

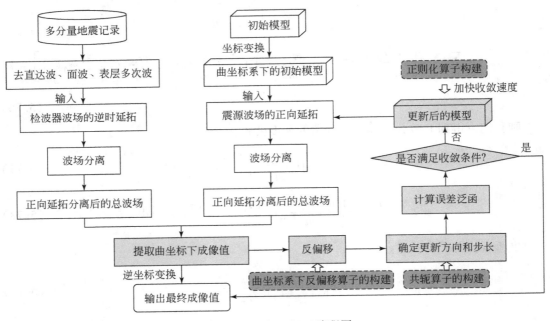

图 5.16　T-SELSRTM 流程图

5.4.2　模型试算

使用一个三层含异常体起伏地表模型和 SEG 逆掩断层模型测试纵横波分离的 Born 近似正演和 T-SELSRTM 方法，所有模拟都是采用时间域高阶有限差分完成的。

1. 三层含异常体起伏地表模型

首先采用三层含异常体起伏地表速度模型（图 5.17）测试纵横波场分离的 Born 正演。模型大小为 3200m ×1600m，网格点数为 400 × 200，网格间距为 8m。纵波速度从上至下分别为 3000m/s、3500m/s 和 4500m/s，纵横波速度满足泊松比。为了比较纵横波的影响，在三层模型中的左边和右边分别加入一个 4000m/s 的纵波异常体和 2309m/s 的横波异常体。密度模型由 $\rho = 0.23 v_p^{0.25}$（Gardner et al.，1974）求得。基于网格剖分（图 5.18），起伏地表模型变换为曲坐标系下含异常体的三层起伏地表速度模型水平层状模型（图 5.19）。震源的激发位置为（1600m，8m），子波函数为 25Hz 的雷克子波。总记录长度为 1.2s，时间采样间隔为 0.6ms。检波点数为 401，相邻检波器之间的距离为 8m。

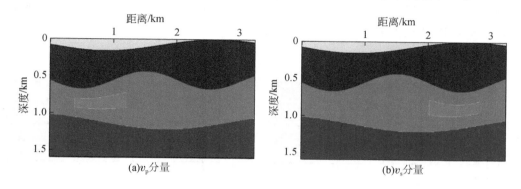

图 5.17　笛卡儿坐标系下含异常体的三层起伏地表速度模型

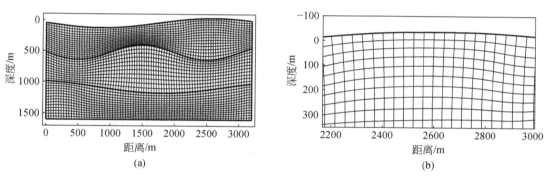

图 5.18　笛卡儿坐标系下网格剖分图与部分放大图
（a）网格剖分图；（b）部分放大图

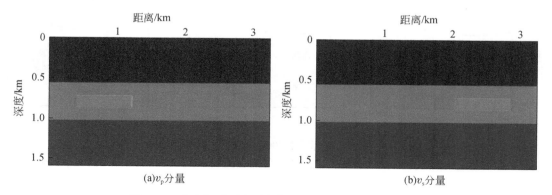

图 5.19　曲坐标系下含异常体的三层起伏地表速度模型

　　曲坐标系下含异常体的三层起伏地表模型的反射系数如图 5.20 所示。笛卡儿坐标系下 390ms 的正向延拓的波场快照如图 5.21 所示，其中图（a）~（c）分别为 x 分量的混合波场、P 波波场和 S 波波场，图（d）~（f）分别为 z 分量的混合波场、P 波波场和 S 波波场。图 5.22 所示为从纵横波分离的 Born 正演得到的合成地震记录。从图 5.21 和图 5.22 中可以看出，纵横波得到了完全地分离，且没有改变纵横波的振幅和相位，结果证明了纵横波分离的 Born 正演的正确性和有效性。图 5.23 所示为从炮记录中抽取的 $x=800\text{m}$ 的单道记录。结果更加清楚地展示了纵横波分离的 Born 线性正演能够产生纯纵波和纯横波，因此为 T-SELSRTM 提供了理论基础。

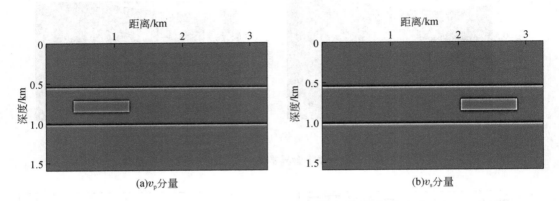

图 5.20　曲坐标系下含异常体的三层起伏地表模型的反射系数

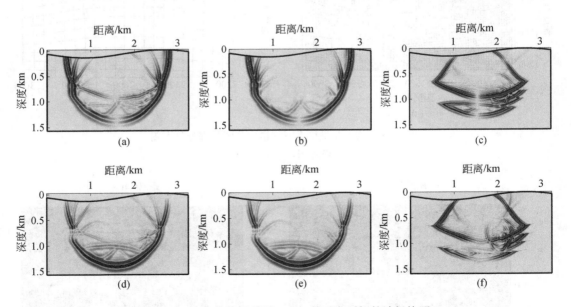

图 5.21　笛卡儿坐标系下 390ms 的正向延拓的波场快照
（a）~（c）x 分量和（d）~（f）z 分量；（a），（d）混合波场；（b），（e）P 波波场；（c），（f）S 波波场

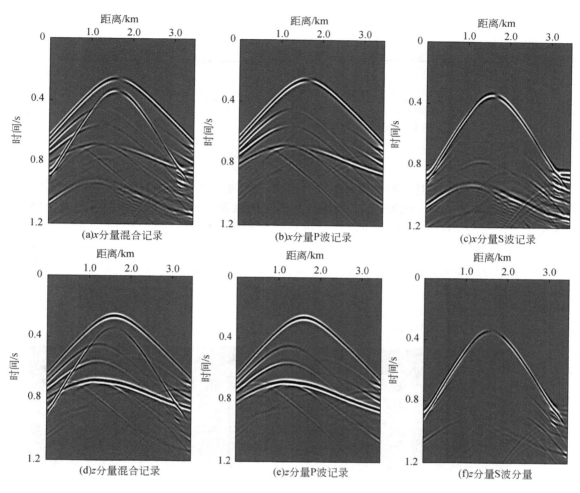

(a)x分量混合记录　　　　(b)x分量P波记录　　　　(c)x分量S波记录

(d)z分量混合记录　　　　(e)z分量P波记录　　　　(f)z分量S波分量

图 5.22　采用曲坐标系下基于纵横波分离的 Born 正演得到的合成地震记录

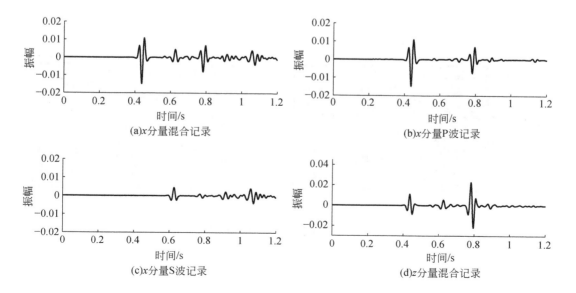

(a)x分量混合记录　　　　　　　　　　　(b)x分量P波记录

(c)x分量S波记录　　　　　　　　　　　(d)z分量混合记录

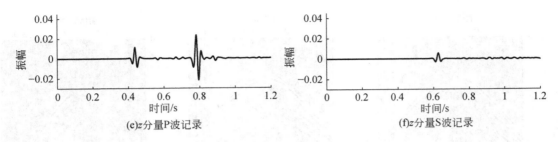

(e)z分量P波记录　　　　　　　　　(f)z分量S波记录

图 5.23　800m 处的单道记录

　　应用 T-SELSRTM 对该模型进行测试。使用全排列观测系统：100 炮震源位于起伏地表以下 8m 处激发，401 个检波器均匀地分布于起伏地表。曲坐标系下的偏移速度模型如图 5.24 所示，该模型是对真实速度模拟进行适当平滑产生的。图 5.25 所示的为采用 T-SELSRTM 第 50 次迭代得到的成像结果。对于 v_p 和 v_s 分量的成像结果，震源效应和偏移噪声得到了很好的压制，振幅均衡且信噪比高。v_s 分量的成像结果有更高的信噪比，因为 S 波的波长比 P 波更长。

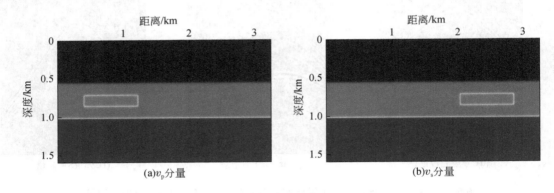

(a)v_p分量　　　　　　　　　　(b)v_s分量

图 5.24　曲坐标系下的偏移速度模型

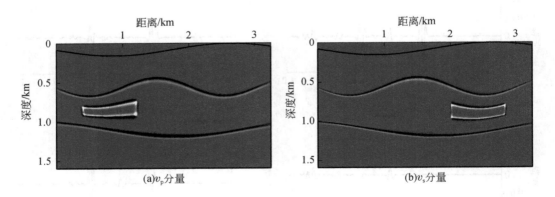

(a)v_p分量　　　　　　　　　　(b)v_s分量

图 5.25　T-SELSRTM 第 50 次迭代的成像结果一

图 5.26 所示的是应用不进行波场分离的起伏地表 ELSRTM（T-ELSRTM）第 50 次迭代的成像结果。在该结果中，纵横波串扰引起的噪声明显强于 T-SELSRTM。我们对这三种方法的计算量进行了评估，如表 5.1 所示。T-SELSRTM、T-ELSRTM 和 ELSRTM 每次迭代的计算时间分别是 1245s、721s 和 356s，50 次迭代后总时间分别为 62250s、36050s 和 17800s，因为基于波场分离的波动方程包含更多的变量和方程。即使这样，当误差降至 0.1 时，三种方法的迭代次数分别是 12、20 和 64，计算时间分别是 16230s、16135s 和 24259s。T-SELSRTM 的计算时间几乎跟 T-ELSRTM 相同，因为 T-SELSRTM 具有更快的计算速度。另外，我们评估了两种成像方法的信噪比（SNR），使用下式计算每次迭代的信噪比：

$$\mathrm{SNR} = \frac{||m_{\mathrm{ref}}||}{||m^k - m_{\mathrm{ref}}||} \tag{5.81}$$

图 5.27 给出了 T-SELSRTM 和 T-ELSRTM 信噪比随迭代次数的变化曲线。从图中可以看出，T-SELSRTM 的信噪比在每次迭代都明显高于 T-ELSRTM。图 5.28 所示的是采用基于矩形网格的常规 ELSRTM 得到的第 50 次迭代的成像结果，证明了基于曲网格的 ELSRTM 在进行起伏地表成像时相比于基于矩形网格的 ELSRTM 更具优势。

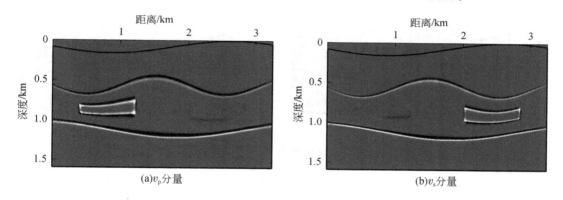

图 5.26　T-ELSRTM 第 50 次迭代的成像结果一

表 5.1　T-SELSRTM、T-ELSRTM 和 ELSRTM 的计算时间对比

项目	当数据残差小于 0.1 的迭代次数	计算时间/s		
		每次迭代	当数据残差小于0.1	50 次迭代
T-SELSRTM	12	1245	16230	62250
T-ELSRTM	20	721	16135	36050
ELSRTM	64	356	24259	17800

2. SEG 逆掩断层模型

第二个模型是 SEG 逆掩断层模型（图 5.29）。模型的大小为 6672m×2672m，网格间距为 8m×8m。模型的网格剖分图如图 5.30 所示。图 5.31 为输入的曲坐标系下的偏移速度模型。常密度为 2.0g/cm³。固定排列的观测系统由 104 个 P 波震源组成，位于起伏地表以

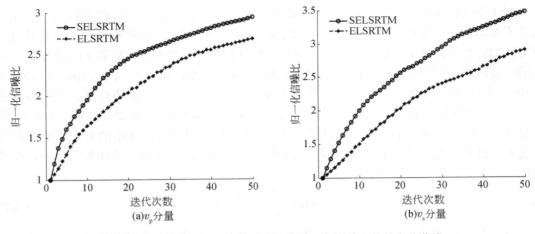

图 5.27　T-SELSRTM 和 T-ELSRTM 信噪比随迭代次数的变化曲线

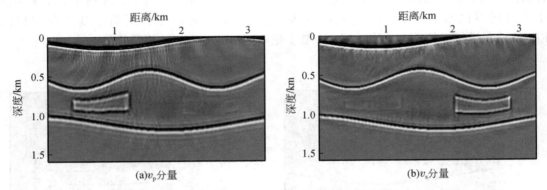

图 5.28　常规 ELSRTM 第 50 次迭代的成像结果一

下 8m 处激发。震源函数为主频 25Hz 的雷克子波。检波器个数为 834，均匀分布于起伏地表之处。相邻震源的间距为 64m，相邻检波器间距为 8m。时间采样间隔为 0.6ms，记录时间为 3s。图 5.32 为采用曲坐标系下基于纵横波分离的 Born 正演得到的合成地震记录。对 SEG 逆掩断层模型合成的多分量地震数据（第一炮如图 5.33 所示）应用 T-SELSRTM 和 T-ELSRTM 进行试算。图 5.34 为曲坐标系下 SEG 逆掩断层模型的反射系数，该模型作为真实的成像结果与几种 ELSRTM 的结果进行对比。

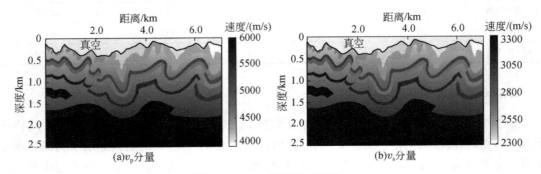

图 5.29　SEG 逆掩断层模型一

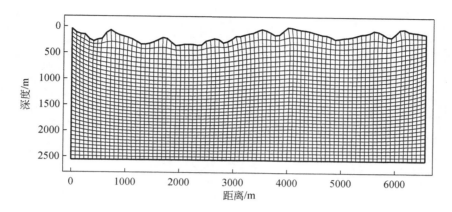

图 5.30　SEG 逆掩断层模型网格剖分图

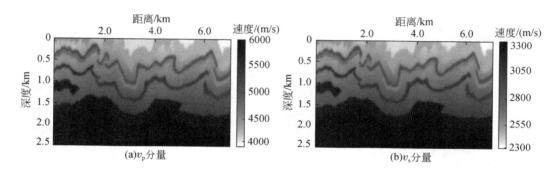

图 5.31　曲坐标系下 SEG 逆掩断层模型的偏移速度

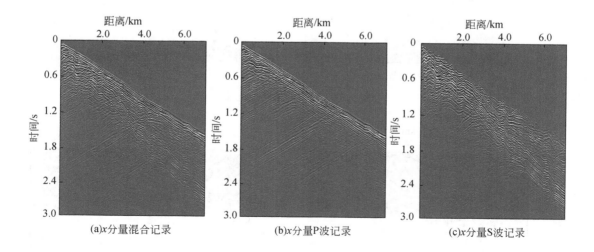

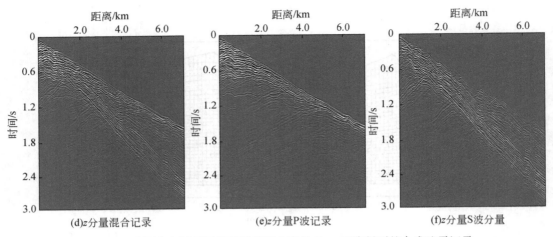

(d)z分量混合记录　　　　　(e)z分量P波记录　　　　　(f)z分量S波分量

图 5.32　采用曲坐标系下基于纵横波分离的 Born 正演得到的合成地震记录

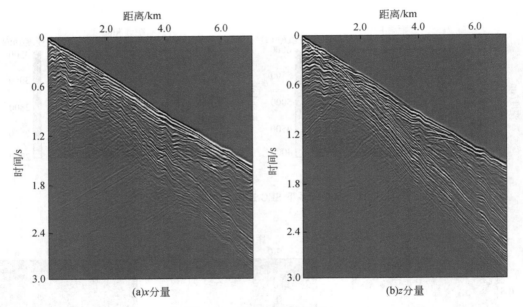

(a)x分量　　　　　　　　　　　　　(b)z分量

图 5.33　输入的第一炮记录

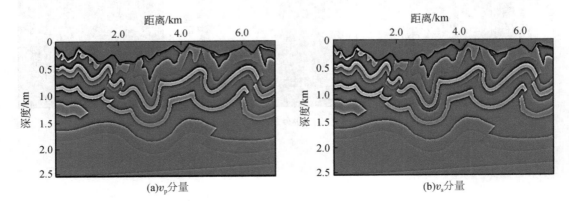

(a)v_p分量　　　　　　　　　　　　(b)v_s分量

图 5.34　曲坐标系下 SEG 逆掩断层模型的反射系数

图 5.35 和图 5.36 分别为 T-SELSRTM 和 T-ELSRTM 第 50 次迭代的成像结果。相比于 T-ELSRTM 成像结果，T-SELSRTM 的成像结果在断层区域分辨率更高，而且信噪比也得到了提升，因为在 T-SELSRTM 中，P 波和 S 波被分离开进行成像，因此压制了纵横波之间的串扰成像噪声。另外，这里也给出了 T-SELSRTM 和 T-ELSRTM 的模型和数据残差收敛曲线，如图 5.37 所示。收敛曲线表明，T-SELSRTM 和 T-ELSRTM 的数据和模型误差都随着迭代次数的增加而降低，但在收敛速度上，T-SELSRTM 比 T-ELSRTM 更快，且 T-SELSRTM 的模型和数据残差收敛到了更低的值。

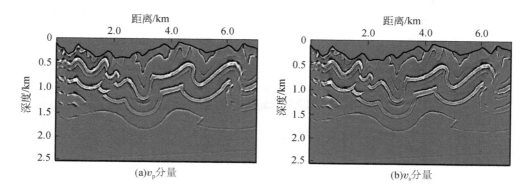

(a)v_p分量 　　　　(b)v_s分量

图 5.35　T-SELSRTM 第 50 次迭代的成像结果二

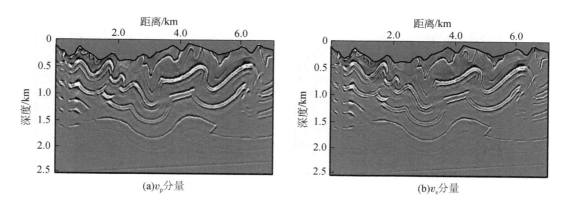

(a)v_p分量 　　　　(b)v_s分量

图 5.36　T-ELSRTM 第 50 次迭代的成像结果二

图 5.38 为常规 ELSRTM 第 50 次迭代的成像结果。该成像结果因起伏地表的影响导致信噪比较低。为了更好地比较三种成像结果的分辨率和信噪比，我们给出了断层区域在相同坐标系下的局部放大图，如图 5.39 所示。结果表明，T-SELSRTM 的成像结果更加均衡且连续（如椭圆所示）。

5.4.3　本节小结

本节基于纵横波场分离的起伏地表弹性波最小二乘逆时偏移（T-SELSRTM）利用曲

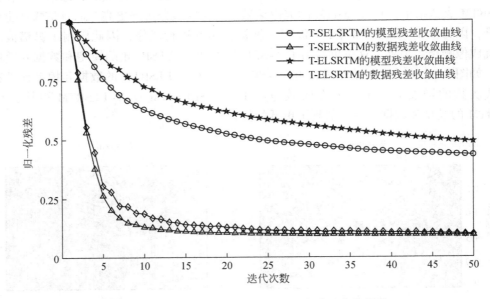

图 5.37　T-SELSRTM 和 T-ELSRTM 的残差收敛曲线

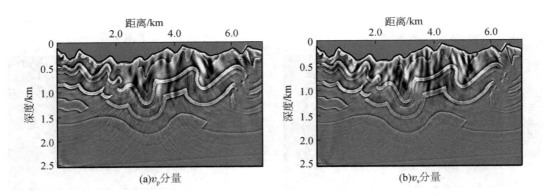

(a)v_p分量　　　　　　　　　　　　　　　　(b)v_s分量

图 5.38　常规 ELSRTM 第 50 次迭代的成像结果二

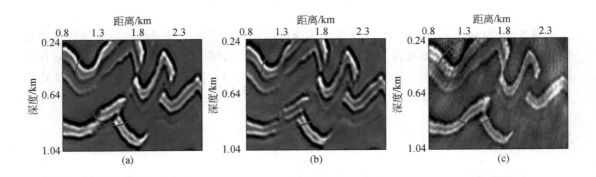

(a)　　　　　　　　　　(b)　　　　　　　　　　(c)

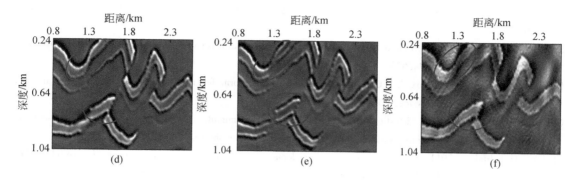

图 5.39　最小二乘偏移式成像结果

（a）、（d）T-SELSRTM；（b）、（e）T-ELSRTM；（c）、（f）ELSRTM；

（a）~（c）v_p 分量；（b）~（f）v_s 分量

线坐标中的波场分离反偏移方程和梯度公式进行成像。主要思想是通过在曲坐标系中应用波分离的弹性速度应力波方程，推导出关于 v_p 和 v_s 的偏移方程和梯度方程。与传统的弹性波最小二乘逆时偏移（ELSRTM）和起伏地表弹性波最小二乘逆时偏移（T-ELSRTM）相比，T-SELSRTM 显示出具有更少的 P 和 S 波串扰伪像的高质量成像剖面。在具有异常体的三层地形模型和加拿大逆掩断层模型上的数值测试表明，与传统的 ELSRTM 和 T-ELSRTM 相比，T-SELSRTM 可以产生更高的分辨率，更高的 SNR 剖面，并且具有更快的残差收敛速度。原因是 T-SELSRTM 方法可以通过使用曲网格来抑制复杂地形表面条件下的严重虚假散射，并通过分离 P 波和 S 波来减少 P 波和 S 波串扰虚假成像噪声。

参 考 文 献

黄建平, 高国超, 李振春. 2016. 起伏地表最小二乘傅里叶有限差分偏移方法及应用. 石油物探, 55 (2): 231-240.

李闯, 黄建平, 李振春, 等. 2018. 基于混合随机共轭梯度的最小二乘逆时偏移. 石油地球物理勘探, 53 (6): 1188-1196.

李庆洋, 黄建平, 李振春. 2017. 基于 Student's t 分布的不依赖子波最小二乘逆时偏移. 地球物理学报, 60 (12): 4790-4800.

李庆洋, 黄建平, 李振春, 等. 2015. 伪深度域声波数值模拟方法及应用. 石油地球物理勘探, 50 (2): 283-289.

刘玉金, 李振春. 2015. 扩展成像条件下的最小二乘逆时偏移. 地球物理学报, 58 (10): 3771-3782.

刘玉金, 李振春, 吴丹, 等. 2013. 局部倾角约束最小二乘偏移方法研究. 地球物理学报, 56 (3): 1003-1011.

沈雄君, 刘能超. 2012. 裂步法最小二乘偏移. 地球物理学进展, 27 (2): 761-770.

孙小东, 贾延睿, 张敏, 等. 2018. 伪深度域最小二乘逆时偏移方法及应用. Applied Geophysics, 15 (2): 234-239.

杨其强, 张叔伦. 2008. 最小二乘傅里叶有限差分法偏移. 地球物理学进展, 23 (2): 433-437.

周华敏, 陈生昌, 任浩然, 等. 2014. 基于照明补偿的单程波最小二乘偏移. 地球物理学报, 57 (8): 2644-2655.

Alkhalifah T. 1998. Acoustic approximations for processing in transversely isotropic media. Geophysics, 63 (2): 623-631.

Aravkin A, Leeuwen T V, Herrmann F. 2011. Robust full-waveform inversion using the Student's t-distribution. SEG Annual Meeting, 2669-2673.

Brossier R, Operto S, Virieux J. 2010. Which data residual norm for robust elastic frequency-domain full waveform inversion. Geophysics, 75 (3): 37-46.

Chen K, Sacchi M D. 2017. Elastic least-squares reverse time migration via linearized elastic full-waveform inversion with pseudo-Hessian preconditioning Elastic LSRTM. Geophysics, 82 (5): S341-S358.

Choi Y, Alkhalifah T. 2011. Source-independent time-domain waveform inversion using convolved wavefields: Application to the encoded multisource waveform inversion. Geophysics, 76 (5): R125-R134.

Claerbout J F, Abma R. 1992. Earth Soundings Analysis: Processing Versus Inversion. London: Blackwell Scientific Publications.

Cole S, Karrenbach M. 1992. Least-squares Kirchhoff migration. SEP, 75: 101-110.

Dai W, Fowler P, Schuster G T. 2012. Multi-source least-squares reverse time migration. Geophysical Prospecting, 60 (4): 681-695.

Dai W, Schuster G T. 2013. Plane-wave least-squares reverse-time migration. Geophysics, 78 (4): S165-S177.

Dai W, Wang X, Schuster G T. 2011. Least-squares migration of multisource data with a deblurring filter. Geophysics, 76 (5): R135-R146.

Duan Y, Guitton A, Sava P. 2017. Elastic least-squares reverse time migration. Geophysics, 82 (4): S315-S325.

Duquet B, Marfurt K J, Dellinger J A. 2000. Kirchhoff modeling, inversion for reflectivity, and subsurface illumination. Geophysics, 65 (4): 1195-1209.

Dutta G. 2017. Sparse least-squares reverse time migration using seislets. Journal of Applied Geophysics, 136: 142-155.

Dutta G, Schuster G T. 2014. Attenuation compensation for least-squares reverse time migration using the viscoacoustic-wave equation. Geophysics, 79 (6): S251-S262.

Feng Z, Huang, L. 2020. Quasi-elastic least-squares reverse-time migration of PS reflections. Geophysics, 87 (3): 1-47.

Feng Z, Schuster G T. 2017. Elastic least-squares reverse time migration. Geophysics, 82 (2): S143-S157.

Fomel S, Berryman J G, Clapp R G, et al. 2002. Iterative resolution estimation in leasts quares Kirchhoff migration. Geophysical Prospecting, 50 (6): 577-588.

Gao K, Chi B, Huang L. 2017. Elastic least-squares reverse time migration with implicit wavefield separation. SEG Technical Program Expanded Abstracts. Society of Exploration Geophysicists, 4389-4394.

Gao W, Matharu G, Sacchi M D. 2020. Fast least-squares reverse time migration via a superposition of Kronecker products. Geophysics, 85 (2): 115-134.

Gardner G H F, Gardner L W, Gregory A R. 1974. Formation velocity and density-The diagnostic basics for stratigraphic traps. Geophysics, 39 (6): 770-780.

Gu B, Li Z, Han J. 2018. A wavefield-separation-based elastic least-squares reverse time migration. Geophysics, 83 (3): S279-S297.

Hoop A. 1960. A modification of Cagniard's method for solving seismic pulse problems. Applied Scientific Research, 8 (1): 349-356.

Hou J, Symes W W. 2016. Accelerating extended least-squares migration with weighted conjugate gradient iteration. Geophysics, 81 (4): S165-S179.

Hu J, Wang H, Fang Z, et al. 2016. Efficient amplitude encoding least-squares reverse time migration using cosine basis. Geophysical Prospecting, 64 (6): 1483-1497.

Huang Y, Schuster G T. 2012. Multisource least-squares migration of marine streamer and land data with frequency-division encoding. Geophysical Prospecting, 60 (4): 663-680.

Kuehl H, Sacchi M D. 2001. Generalized least-squares DSR migration using a common angle imaging condition. SEG Technical Program Expanded Abstracts. Society of Exploration Geophysicists, 1025-1028.

Kuehl H, Sacchi M D. 2003. Least-squares wave-equation migration for AVP/AVA inversion. Geophysics, 68 (1): 262-273.

Li C, Huang J P, Li Z C, et al. 2017. Regularized least-squares migration of simultaneous-source seismic data with adaptive singular spectrum analysis. Petroleum Science, 14 (1): 61-74.

Li F, Gao J, Gao Z, et al. 2020. Least-squares reverse time migration with sparse regularization in the 2D wavelet domain. Geophysics, 85 (6): S313-S325.

Mu X, Huang J, Yang J, et al. 2020. Least-squares reverse time migration in TTI media using a pure qP-wave e-quation. Geophysics, 85 (4): S199-S216.

Nemeth T, Wu C, Schuster G T. 1999. Least-squares migration of incomplete reflection data. Geophysics, 64 (1): 208-221.

Plessix R E, Mulder W A. 2004. Frequency-domain finite-difference amplitude-preserving migration. Geophysical Journal International, 157 (3): 975-987.

Qu Y, Huang J, Li Z, et al. 2017. Attenuation compensation in anisotropic least-squares reverse time migration. Geophysics, 82 (6): S411-S423.

Qu Y, Li J, Huang J, et al. 2018. Elastic least-squares reverse time migration with velocities and density perturbation. Geophysical Journal International, 212 (2): 1033-1056.

Ren Z, Liu Y, Sen M K. 2017. Least-squares reverse time migration in elastic media. Geophysical Journal International, 208 (2): 1103-1125.

Rickett J E. 2003. Illumination-based normalization for wave-equation depth migration. Geophysics, 68 (4): 1371-1379.

Rocha D, Sava P. 2018. Elastic least-squares reverse time migration using the energy norm. Geophysics, 83 (3): S237-S248.

Schuster G T, Wang X, Huang Y, et al. 2011. Theory of multisource crosstalk reduction by phase-encoded statics. Geophysical Journal International, 184 (3): 1289-1303.

Sun J, Zhu T. 2018. Strategies for stable attenuation compensation in reverse-time migration. Geophysical Prospecting, 66 (3): 498-511.

Sun M, Dong L, Yang J, et al. 2018. Elastic least-squares reverse-time migration with density variations. Geophysics, 83 (6): S533-S547.

Valenciano A A, Biondi B, Guitton A. 2006. Target-oriented wave-equation inversion. Geophysics, 71 (4): 35-38.

Wang X, Dai W, Huang Y, et al. 2014. 3D plane-wave least-squares Kirchhoff migration. SEG Technical Program Expanded Abstracts. Society of Exploration Geophysicists, 3974-3979.

Wu D, Yao G, Cao J, et al. 2016. Least-squares RTM with L1 norm regularisation. Journal of Geophysics and Engineering, 13 (5): 666.

Yang J, Li Y, Liu Y, et al. 2020. Least-squares extended reverse time migration with randomly sampled space shifts. Geophysics, 85（6）: S357-S369.

Yang J, Zhu H, McMechan G, et al. 2018. Time-domain least-squares migration using the Gaussian beam summation method. Geophysical Journal International, 214（1）: 548-572.

Yang J, Zhu H, McMechan G, et al. 2019. Elastic least-squares reverse time migration in vertical transverse isotropic media. Geophysics, 84（6）: 539-553.

Yang M, Witte P, Fang Z, et al. 2016. Time-domain sparsity-promoting least-squares migration with source estimation. SEG Technical Program Expanded Abstracts 2016. Society of Exploration Geophysicists, 4225-4229.

Yuan M, Huang J, Liao W, et al. 2017. Least-squares Gaussian beam migration. Journal of Geophysics and Engineering, 14（1）: 184-196.

Yue Y, Liu Y, Li Y, et al. 2021. Least-squares Gaussian beam migration in viscoacoustic media. Geophysics, 86（1）: 17-28.

Zhang Y, Duan L, Xie Y. 2014. A stable and practical implementation of least-squares reverse time migration. Geophysics, 80（1）: 23-31.

Zhang Y, Sun J, Notfors C. et al. 2005. Delayed-shot 3D depth migration. Geophysics, 70（6）: 21-28.

第6章 起伏地表速度反演方法

6.1 引 言

速度不准确对后续成像和解释所造成的影响，远远不是任何精确的处理方法所能够弥补的，这种表现在叠前深度偏移中尤为显著。因此，研究适用于叠前深度偏移的速度分析和反演方法具有重要的理论意义和实用价值。

传统的基于水平层状介质假设的叠加速度分析方法不能适应横向变速以及复杂构造成像问题，常规的偏移速度分析对于高精度速度反演的要求也逐渐显得力不从心。层析速度反演，利用观测数据与模型数据在成像域的最佳匹配实现速度反演，基于偏移和层析交替迭代的方式进行速度反演，利用偏移和层析分别恢复速度场中的高波数信息（即速度界面）和低波数信息（即速度值），反演精度较高，并且计算稳定、高效。波形反演，利用观测数据和模型数据在数据域的最佳数据匹配实现速度反演，理论上具有最高的速度反演精度，并且速度分析和反演的过程是自动进行的，解决了常规速度分析方法需要人为交互的问题，但是在震源子波未知、低波数约束信息存在较大误差的条件下，容易陷入局部极值，并且计算成本较高。综上，层析反演和波形反演在地震反演框架下具有明确的物理含义，层析反演与波形反演既能各自作为独立的方法获取叠前偏移速度场，又能实现多级优化联合反演，利用层析反演获取较高质量的低波数速度信息，利用波形反演恢复速度场中的高波数成分，从而联合反演得到高质量的叠前偏移速度场。

全波形反演的实现等价于偏移加层析的过程。其通过类偏移处理获取速度场中的高波数成分（速度界面），通过类反射层析获取速度场中的低波数成分（速度值），这两个功能是在反演迭代的过程中同时进行的。若初始速度模型包含较为精确的低波数成分，那么反演过程在初始的几次或者十几次迭代后就能快速收敛到真实解附近。通过输出全波形反演过程中不同迭代次数的更新结果可以发现：反演深度是随着迭代次数的增加而增加的，在迭代初始时，浅部构造得到了较好的恢复，随着迭代次数的增加，深度构造细节不断得到恢复。

本章介绍了几种起伏地表层析反演和全波形反演方法，为起伏地表深度偏移提供更准确的偏移速度场。

6.2 起伏地表层析速度反演方法

6.2.1 基于角道集的成像域走时层析速度反演方法

走时层析是在拉东变换的基础上发展起来的：

$$u(\rho,\theta) = \int_S f(x,y)\,\mathrm{d}s \tag{6.1}$$

式中，$f(x, y)$ 为图像函数；$u(\rho, \theta)$ 为将图像函数 $f(x, y)$ 以角度 θ 投影到观测点位置 ρ 处得到的投影函数。在射线理论框架下，投影函数一般是走时（或走时差），图像函数通常是地下介质的慢度（或慢度差）分布，积分路径为射线路径。根据费马原理，走时差和慢度差之间的关系是线性的，沿着射线路径对走时差进行反投影可以得到更新的速度场。

基于射线理论的地震走时层析成像方程可以表达为（秦宁等，2011，2012）：

$$\Delta t = \int_l \Delta s\,\mathrm{d}l \tag{6.2}$$

式中，Δs 为模型数据与观测数据的慢度差向量；Δt 为走时残差向量；$\mathrm{d}l$ 为沿着射线路径 l 的射线段长度。

在声介质的理论框架下推导走时层析反演流程。首先，利用 s_1 和 s_2 表示扰动前后的介质慢度，L_1 和 L_2 表示扰动前后的灵敏度矩阵，t_1 和 t_2 表示扰动前后的射线走时，则有

$$L_1 s_1 - L_2 s_2 = t_1 - t_2 \tag{6.3}$$

假定界面位置变化引起的扰动不大，近似地有 $L_1 = L_2 = L$，则有

$$L(s_1 - s_2) = t_1 - t_2 \tag{6.4}$$

则走时层析反演方法可以写为

$$L\Delta s = \Delta t \tag{6.5}$$

式中，L 为灵敏度矩阵，其中的元素对应于射线在网格内的射线路径长度。

为了更好地介绍成像域走时层析的原理及实现，以下分别从基于起伏地表高斯束偏移的角道集提取、模型参数表征、灵敏度矩阵的求取、走时残差的计算、正则化约束五个部分对成像域走时层析的基本内容进行阐述。

1. 基于起伏地表高斯束偏移的角道集提取

对于起伏地表构造，在倾斜叠加过程中必须考虑地表高程变化和近地表速度的横向变化。这里采用的起伏地表高斯束偏移的角道集提取的基本思想是通过简单的高程静校正将高斯窗内接收点的高程校正到束中心所在的基准面上，然后在此基准面上进行局部平面波分解及延拓成像。相对于偏移距高斯束偏移来说，共炮高斯束偏移在处理起伏地表时更具灵活性。

由于成像的过程包含地下的传播角度信息，高斯束偏移可以直接利用此信息来提取角度域共成像点道集。延拓过程中可以得到震源和接收点高斯束的传播角度，即可求得成像时的偏移张角。由 Sava 和 Fomel（2003）提出的成像条件将不同偏移张角对应的成像值累加在共成像点道集所对应的角度范围内，即可得到角度域成像点道集（Zhang et al.，2010）。

2. 模型参数表征

模型参数表征，也称为模型参数化，指在解决实际问题的时候，将问题抽象化为一个数学或者物理上可以求解的模型，然后利用一系列模型参数来代替问题中的已知量和未知

量，进而将实际问题的求解变成模型参数求解的一种方法。在应用地球物理中，模型参数表征应用非常广泛，贯穿于正问题与反问题求解过程的始终。可以说，模型参数表征方式在很大程度上决定了地球物理问题的适用性和精度。模型参数表征，首先要明确地球物理问题的理论基础，即前提假设。例如，声学介质、弹性介质、各向同性以及各向异性介质假设条件下的地球物理问题，其参数表征方程各不相同，相应的求解方法也有较大差异。其次要选取合理的模型参数表征方式。常用的有块状模型和像素模型，块状模型即均匀模型或宏观模型，精度低；像素模型可以根据精度要求人为选择尺度大小，划分越细，精度越高，但是计算量越大，划分越粗，计算量越小，但是精度不高，因此要根据实际地球物理问题的精度要求和效率要求综合选择参数表征方式及尺度。此外，很多学者提出多尺度模型参数表征方式（相应的反演问题即多尺度反演）。

像素模型参数表征方式包括规则网格剖分、不规则网格剖分及变网格剖分。规则网格剖分中使用较多的是矩形网格和三角网格，不规则网格剖分一般根据实际问题选择合适的多边形或者曲网格进行剖分，变网格剖分即灵活使用不同的网格形状和网格尺度进行剖分以满足具有复杂地表、复杂地下构造，以及多尺度等特征的地球物理问题。

当然，对于实际的层析目标地质体而言，要视情况而定，根据不同的目标体和不同的正演或者反演目的，采用简单合理的参数化形式，以最低的计算成本达到最好的应用效果。

3. 灵敏度矩阵的求取

利用常速度梯度法射线追踪求取灵敏度矩阵，实现思路可以概括为：从与 DCIGs 道集对应的地下成像点出发，利用选定的角度范围以及界面倾角确定射线出射方向，按照固定步长 dl 进行射线追踪，求取每条射线在网格内的路径长度，当射线到达该层顶界面时终止。由于射线追踪步长可以根据灵敏度矩阵的精度要求人为选择，所以具有很大的灵活性，并且能够提高计算效率。计算灵敏度矩阵元素（射线路径长度）的公式为

$$l = \int_{l_1}^{l_2} \parallel n(l) \parallel \mathrm{d}l \tag{6.6}$$

$$n(l) = n_0 \left[1 + \frac{l}{v_0}(\lambda \cdot n_0) \right] - \frac{\lambda l}{v_0} \frac{n_0}{2v_0^2} l^2 \left[\lambda^2 - (\lambda \cdot n_0)^2 \right] + O(\lambda^3) \tag{6.7}$$

式中，l 为网格内的射线路径长度；dl 为射线步长；l_1、l_2 分别为网格内射线段起始和终止路径长度；$n(l)$ 为当前射线方向向量；n_0 是初始射线方向向量；v_0 为射线路径上的局部速度；λ 为速度梯度。

4. 走时残差的计算

成像域走时层析速度反演，其中比较关键的步骤就是走时残差的拾取。由于角道集是叠前深度偏移后得到的，成像假象少，能够较为准确地反映速度与深度的耦合关系，对速度变化比较敏感，所以基于角道集能够获得精度较高的走时残差，可为后续的层析反演提供高精度的输入数据。本书利用自动拟合策略拾取角道集剩余曲率（即深度残差），然后根据转换关系式将深度残差转换为走时残差。

一般来说，剩余曲率拾取的方法分为手动拾取和自动拾取两种，拾取过程既要保证拾取精度，又要避免较大的拾取工作量。手动拾取可以加入处理人员的地质判断，但是拾取过程烦琐，工作量大；自动拾取方法大多精度不高，有时也要加入一些人为修正处理，但是拾取简单、快速。

角道集剩余曲率自动拟合拾取方法是在常规自动拾取方法的基础上，利用角道集剩余曲率与局部入射角的关系，拟合拾取每个角度对应的剩余曲率。与常规的自动拾取方法不同，该方法不受网格剖分精度的影响，能够获得精确的角道集剩余曲率，利于后续高精度走时残差的计算。

角道集中各个角度对应的偏移深度可以表示为

$$z_a = z_0 \sqrt{\gamma^2 + (\gamma^2 - 1)\tan^2\beta} \tag{6.8}$$

式中，z_a 为偏移深度；z_0 为零炮检距处的偏移深度；γ 为偏移深度与真实深度的比值；β 为 ADCIGs 道集中的入射角度。

据此可以得到 ADCIGs 道集的剩余曲率 Δz 为

$$\Delta z = z_0 \left[\sqrt{\gamma^2 + (\gamma^2 - 1)\tan^2\beta} - 1 \right] \tag{6.9}$$

其中，

$$\gamma = \frac{1}{M} \sum_{i=1}^{M} \sqrt{\frac{(z_{ai}/z_0)^2 + \tan^2\beta_i}{1 + \tan^2\beta_i}} \tag{6.10}$$

式中，β_i 为控制点 i 对应的入射角度；z_{ai} 为控制点 i 对应的偏移深度。

角道集剩余曲率自动拟合拾取的主要思路是：①选取深度窗，确定零角度偏移深度 z_0，利用互相关法求取所选 M 个控制点的偏移深度 z_{ai}（$i=1$，M）；②根据式（6.10）利用控制点的（β_i，z_{ai}）求取 γ；③将 γ 代入式（6.9）即可求得拟合的剩余曲率 Δz。

走时层析中，由于界面位置扰动引入的深度残差 Δz，使射线发生改变引起的路径长度变化量为 $l = a_1 + a_2$，其响应的走时残差可以表示为 $\Delta t = ls$。根据走时残差与深度残差之间的转换关系（图6.1），易得：

$$a_1 + a_2 = 2\mathrm{d}z\cos\beta \tag{6.11}$$

$$\mathrm{d}z = \Delta z \cos\alpha \tag{6.12}$$

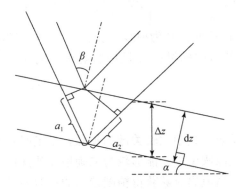

图6.1　走时残差与深度残差转换关系示意图

将式（6.12）代入式（6.11），可以求出

$$l = 2\Delta z \cos\alpha \cos\beta \tag{6.13}$$

则走时残差和深度残差转换关系式为

$$\Delta t = 2s\Delta z \cos\alpha \cos\beta \tag{6.14}$$

式中，Δt 为走时残差向量；Δz 为深度残差向量；s 为成像点处的局部慢度值；α 为反射层倾角；β 为射线入射角，对应角度域共成像点道集的角度。

5. 正则化约束

由于层析反演的理论基础是拉东变换，即构建唯一图像函数的条件是需要提供所有观测角度的投影数据，而这个条件在现有地震勘探的观测方式中是无法实现的。基于炮集和 CMP 道集的反射层析，其投影角度范围很小（一般为±25°），数据的不完备性很强；而基于角道集的层析，其角度范围虽然大一些（$\alpha+\beta<90°$，其中 α 是地层倾角，β 是射线出射角），但是距离拉东变换的所有角度覆盖还存在很大的差距，另外加上数据噪声以及反射界面深度不确定等的影响，均使得层析反演方程组的求解变得异常困难。

从理论上讲，旅行时扰动和速度扰动之间的关系是线性的，即可以建立层析反演的线性方程组，但是由于上述因素的影响，该方程组变成了一个非线性系统。而求解非线性反演问题有两种解决思路：一种是利用线性迭代来逼近非线性问题的解；另一种是直接利用非线性反演算法进行求解。这两种解决方案各有利弊，线性迭代法简单易行、计算效率高，能够获得较好的反演效果，但是在目标函数具有多极值的情况下容易陷入局部极小；非线性反演能够在全局范围内进行寻优，但是参数调试复杂，计算效率低。

这里权衡反演精度和计算效率，选定 LSQR 方法（Paige and Saunders，1982）作为层析反演的主要方法，并且加入正则化和井约束来提高层析反演的稳定性和精度。利用 Lanczos 方法求解最小二乘问题，能够对数据误差传递进行很好的压制，并且收敛速度较快。加入正则化以后，能够消除射线涂抹的影响，使反演问题的病态程度减弱；使用声波时差测井资料对反演进行控制和约束，能够提高反演的精度，获得较好的反演效果。以下是加入井约束和正则化以后的层析反演表达式：

$$\begin{cases} \begin{pmatrix} L \\ \mu\varGamma \end{pmatrix} \Delta s = \begin{pmatrix} \Delta t \\ 0 \end{pmatrix} \\ \sum_M (S - S_{\text{control}})^2 = 0 \end{cases} \tag{6.15}$$

式中，S 为反演得到的慢度；S_{control} 为声波时差测井资料得到的慢度，用于控制层析反演的满足；M 为选取的井中控制点数目；采用加入阻尼系数的一阶导数型正则化（对应于"最平坦解"的思想）矩阵 $\mu\varGamma$，其中 μ 由相应网格内的射线覆盖次数决定，$\varGamma$ 由横向一阶导数型正则化矩阵 $\varGamma_h$ 和纵向一阶导数型正则化矩阵 $\varGamma_v$ 两部分组成。

6.2.2　起伏地表走时层析实现框架

起伏地表成像域走时层析实现框架如图 6.2 所示：

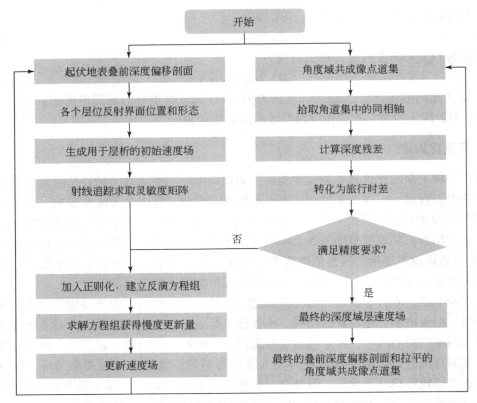

图 6.2　起伏地表成像域走时层析实现框架流程图

具体步骤为：

（1）利用基于 CSP 道集的叠前时间偏移速度分析得到均方根速度场，通过 Dix 公式转换成深度域层速度场，作为层析的初始速度输入；

（2）根据资料的实际情况，按照一定的角度范围抽取角道集（ADCIGs），并在上面拾取各个层位的深度残差，转换为走时残差；

（3）在当前速度模型中利用射线追踪正演得到与角道集对应的灵敏度矩阵；

（4）利用得到的走时残差和灵敏度矩阵，建立反演方程组，并加入正则化（有井数据时可以加入井约束）来反演慢度更新量，以此来更新速度，完成一次迭代；

（5）根据角道集同相轴的拉平程度（即走时残差是否接近于零）以及速度的精度要求，确定是否进行下一步迭代。如果需要继续迭代，则返回第一步重复这一过程，如果已经满足精度要求，则退出该循环；

（6）速度迭代更新完成以后，进行误差分析和灵敏度分析。

对于地表起伏、地下构造复杂的双复杂地区，常规的速度分析方法是将起伏面校正到固定基准面上再进行速度分析与迭代。基于起伏地表的层析速度反演方法是常规走时层析方法的改进，不需要常规处理中的静校正步骤，直接以基于射线理论的起伏地表高斯束叠前深度偏移为基础，从起伏面出发直接进行波场延拓和速度更新，能够提高速度分析的精度和效率。

6.2.3　模型试算

图 6.3 和图 6.4 为起伏地表速度模型及其炮集记录，该模型网格（$n_x \times n_z$）大小为 871×1000，横纵向采样间隔分别为 12.5m 和 4m，模型的横向坐标范围为 0～10875m，最大深度为 4000m。炮集记录采用中间放炮，两边接收的方式，总共 80 炮，每炮 120 道接收，采样点数 1500，采样间隔 2ms，记录长度 3s。角道集角度范围为 0°～30°，共 31 个角度，间隔为 1°。利用正确速度的 85% 进行偏移得到初始深度偏移剖面（图 6.5），初始速度场显示在图 6.6 中，可以看出，由于速度不准确，模型浅部和深部构造均没有得到成像，初始角道集［图 6.7（a）］同相轴也没有拉平。利用角道集的剩余曲率对模型进行更新以后，得到如图 6.8、图 6.9 所示的层析速度场及深度偏移剖面，模型的整体都能够较为清晰地恢复出来，层析角道集［图 6.7（b）］同相轴得到了较好的拉平。

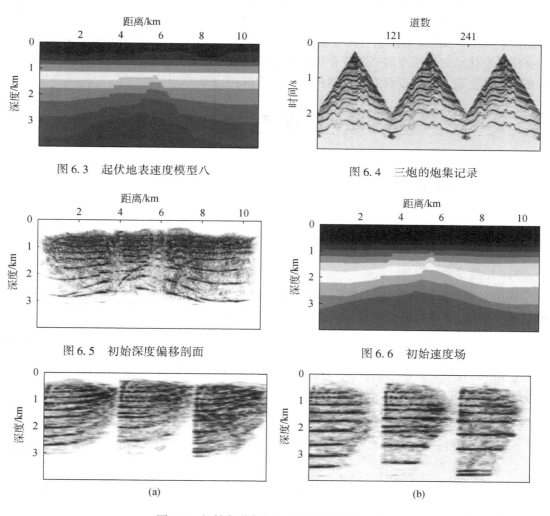

图 6.3　起伏地表速度模型八　　　　　图 6.4　三炮的炮集记录

图 6.5　初始深度偏移剖面　　　　　图 6.6　初始速度场

图 6.7　初始角道集(a) 与层析角道集（b）

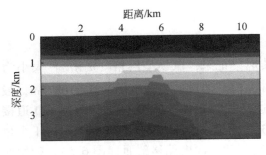

图 6.8　层析速度场

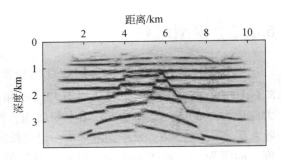

图 6.9　层析后的深度偏移剖面

6.2.4　本节小结

层析速度反演，利用观测数据与模型数据在成像域的最佳匹配实现速度反演，基于偏移和层析交替迭代的思想进行速度反演，利用偏移和层析分别恢复速度场中的高波数信息（即速度界面）和低波数信息（即速度值），反演精度较高，并且计算稳定、高效。本节中介绍的起伏地表层析反演不需要常规处理中的静校正步骤，从起伏面出发直接进行波场延拓和速度更新，能够提高速度反演的精度和效率。

6.3　起伏地表声波全波形反演

6.3.1　全波形速度反演方法

1. 时间域全波形反演方法

1）梯度求取

利用全波形反演获取地层速度，通常将全波形反演问题定义为求解目标函数的极小值，本书采用 L2 范数格式的目标函数：

$$E(v) = \frac{1}{2} \sum_{x_r} \sum_{x_s} \sum_{t} \left[Ru(t,x_r,x_s) - p(t,x_r,x_s)_{obs} \right]^2 \tag{6.16}$$

式中，$Ru(t, x_r, x_s)$ 和 $p(t, x_r, x_s)_{obs}$ 分别为数值模拟的地震记录与野外观测数值；x_s 和 x_r 分别为炮点和检波点；t 为时间。

目标函数的变分可以表示为

$$\delta E(v) = \frac{1}{2} \delta \left[(Ru - p_{obs}) \cdot (Ru - p_{obs}) \right] = \left[\delta(Ru - p_{obs}) \right] \cdot (Ru - p_{obs})$$
$$= (R\delta u) \cdot (Ru - p_{obs}) \tag{6.17}$$

给定一个速度扰动 δv，它会引起一个地震波场的扰动 δu，这种关系 $v + \delta v \rightarrow u + \delta u$ 满足二维声波波动式（6.18），代入可得式（6.19）：

$$\frac{1}{v^2}\frac{\partial^2 u}{\partial t^2}-\nabla\cdot\nabla u=s(t,x_s) \tag{6.18}$$

$$\frac{1}{(v+\delta v)^2}\frac{\partial^2(u+\delta u)}{\partial t^2}-\nabla\cdot\nabla(u+\delta u)=s(t,x_s) \tag{6.19}$$

式中，$s(t,x_s)$ 为震源项；$\nabla\cdot\nabla$ 为 Laplace 算子，对式（6.19）进行 Taylor 展开近似：

$$\left(\frac{1}{v^2}-\frac{2\delta v}{v^3}\right)\frac{\partial^2(u+\delta u)}{\partial t^2}-\nabla\cdot\nabla(u+\delta u)=s(t,x_s) \tag{6.20}$$

对式（6.20）展开略去高阶项可得：

$$\frac{1}{v^2}\frac{\partial^2 u}{\partial t^2}-\nabla\cdot\nabla u+\frac{1}{v^2}\frac{\partial^2\delta u}{\partial t^2}-\nabla\cdot\nabla\delta u-\frac{2\delta v}{v^3}\frac{\partial^2 u}{\partial t^2}=s(t,x_s) \tag{6.21}$$

将式（6.19）和式（6.21）相减可得到：

$$\frac{1}{v^2}\frac{\partial^2\delta u}{\partial t^2}-\nabla\cdot\nabla\delta u=\frac{2\delta v}{v^3}\frac{\partial^2 u}{\partial t^2} \tag{6.22}$$

进一步可得：

$$\delta u=L\left(\frac{2\delta v}{v^3}\frac{\partial^2 u}{\partial t^2}\right) \tag{6.23}$$

式中，L 为正传播过程。所以，目标函数的变分表达式（6.17）可以改写为

$$\begin{aligned}\delta E(v)&=\left[R\left(L\left(\frac{2\delta v}{v^3}\frac{\partial^2 u}{\partial t^2}\right)\right)\right]\cdot(Ru-p_{obs})=\left[L\left(\frac{2\delta v}{v^3}\frac{\partial^2 u}{\partial t^2}\right)\right]\cdot R^*(Ru-p_{obs})\\&=\left(\frac{2\delta v}{v^3}\frac{\partial^2 u}{\partial t^2}\right)\cdot L^*\left[R^*(Ru-p_{obs})\right]\end{aligned} \tag{6.24}$$

式中，$R^*(Ru-p_{obs})$ 为将限定在检波器上的数据残差空间扩展到整个空间；$L^*\left[R^*(Ru-p_{obs})\right]$ 为剩余波场逆时传播。

则全波形反演的梯度为

$$g(v)=\frac{\delta E(v)}{\delta v}=\frac{2}{v^3}\sum_{x_s}\sum_t\frac{\partial^2 u}{\partial t^2}L^*\left[R^*(Ru-p_{obs})\right] \tag{6.25}$$

2）步长求取

A. 抛物线搜索

该方法需要计算三个步长 α_1、α_2、α_3，以及对应的三个目标值 $E(\alpha_1)$、$E(\alpha_2)$、$E(\alpha_3)$，且三个步长和目标函数需满足以下关系：

$$\begin{cases}\alpha_1<\alpha_2<\alpha_3\\E(\alpha_1)>E(\alpha_2)>E(\alpha_3)\end{cases} \tag{6.26}$$

假设目标函数与步长之间满足以下关系：

$$E(\alpha)=a\alpha^2+b\alpha+c \tag{6.27}$$

最佳步长为

$$\alpha_0=-\frac{b}{2a} \tag{6.28}$$

为了求取最佳步长，我们将上文的三个步长及目标函数值代入式（6.20）中，可得以下方程组：

$$
\begin{cases}
E(\alpha_1) = a\alpha_1^2 + b\alpha_1 + c \\
E(\alpha_2) = a\alpha_2^2 + b\alpha_2 + c \\
E(\alpha_3) = a\alpha_3^2 + b\alpha_3 + c
\end{cases}
\tag{6.29}
$$

由式（6.28）和式（6.29）可知，只要我们知道三个步长和对应的目标函数值，即可求出最佳步长。

B. 两点二次插值法

该方法需要计算两个步长 α_1、α_2，对应的两个目标值 $E(\alpha_1)$、$E(\alpha_2)$，以及一个目标函数的梯度 $g(\alpha_1)$。

假设目标函数与步长之间满足式（6.27），则目标函数梯度与步长之间有如下关系：

$$
g(\alpha) = 2\alpha + b
\tag{6.30}
$$

则最佳步长可由式（6.28）表示。为了求取最佳步长，需要将两个步长、两个目标函数及一个梯度代入式（6.27）和式（6.30），得到如下方程：

$$
\begin{cases}
E(\alpha_1) = a\alpha_1^2 + b\alpha_1 + c \\
E(\alpha_2) = a\alpha_2^2 + b\alpha_2 + c \\
g(\alpha_1) = 2a\alpha_1 + b
\end{cases}
\tag{6.31}
$$

由式（6.28）和式（6.31）可知，只有确定两个步长、两个目标函数及一个梯度，才可求出最佳步长。

3）实现流程

（1）给定一个比较准确的初始速度模型；

（2）合成地震记录；

（3）合成的地震记录和实际观测地震记录求差；

（4）反向传播波场差值；

（5）通过地震正演得到的正传波场和反向传播波场计算梯度方向；

（6）对梯度方向进行修正，变成共轭梯度方向；

（7）求解最佳步长；

（8）通过迭代公式更新速度参数：

$$
v_{k+1} = v_k - \alpha_k g_k
\tag{6.32}
$$

（9）判断是否符合迭代收敛条件，如果不满足条件，当前得到的速度模型作为输入，返回步骤（2）；如果满足，迭代终止，输出结果。

2. 频率域全波形反演

在频率−空间域，二维各向同性常密度声波方程可以表示为

$$
\left[\nabla^2 + k^2(x, \omega) \right] u(x, x_s, \omega) = -f(\omega) \delta(x - x_s)
\tag{6.33}
$$

式中，$x = (x, z)$ 为笛卡儿坐标系下的空间坐标；x_s 为震源空间坐标；ω 为角频率；∇^2 为拉普拉斯算子；$f(\omega)$ 为频率域的震源项；$\delta(x - x_s)$ 为狄拉克函数；$u(x, x_s, \omega)$ 为频率域波场；$k(x, \omega) = \omega / v(x)$ 为波数，$v(x)$ 为波在地下介质传播的纵波速度。

在频率−空间域，二维声波波动方程的阻抗矩阵表达式形式为

$$S(\omega)u(\omega)=f(\omega) \tag{6.34}$$

式中，$S(\omega)$ 为一个复数类型的阻抗矩阵；$u(\omega)$ 为模拟波场；$f(\omega)$ 为震源项。

对于多炮问题，求解式（6.34）通常会使用直接法来进行解法。直接利用 LU 分解来求式（6.34），那么阻抗矩阵的分解结果就能够重复、高效地处理多震源的正演问题。但是，当模型尺度过大或三维模型情况下，阻抗矩阵的分解以及存储都是一个巨大的问题。所以迭代法成为一种可以替代的方法，迭代法通常所需的内存较小，但是由于阻抗矩阵并非正定矩阵，难以预先设计有效的预条件算子，并且其计算量与震源个数成正比。

在频率域全波形反演中，目标函数对模型参数的导数：

$$g(v)=\frac{\partial E(v)}{\partial v}=\mathrm{Re}\{J^{\mathrm{T}}\delta d^{*}\} \tag{6.35}$$

式中，Re 为取实部；δd^{*}（$\delta d=Lm-d_{\mathrm{obs}}$）为记录残差的复共轭；$J$ 为 Jacobian 矩阵，其矩阵维度为 $k\times l$，其中，k 为检波点的个数，l 为模型空间的元素个数。Jacobian 矩阵的具体表达式如下：

$$J_{ij}=\frac{\partial d_{i}}{\partial v_{j}} \quad (i=1,2,\cdots,k;j=1,2,\cdots,l) \tag{6.36}$$

通过观察分析可知，将式（6.34）两端对模型求导，可以得下式：

$$S\frac{\partial u}{\partial v}=-\frac{\partial S}{\partial v}u \tag{6.37}$$

整理此式子可得

$$\frac{\partial u}{\partial v}=S^{-1}\left(-\frac{\partial S}{\partial v}u\right) \tag{6.38}$$

这里，我们引入虚震源的定义，定义虚震源项如下式：

$$f_{\mathrm{v}}=-\frac{\partial S}{\partial v}u \tag{6.39}$$

则式（6.38）可简化为

$$\frac{\partial u}{\partial v}=S^{-1}f_{\mathrm{v}} \tag{6.40}$$

由式（6.40）可知，Jacobian 矩阵中的 $\frac{\partial d}{\partial v_{j}}$ 可以利用下式求得

$$\frac{\partial d}{\partial v_{j}}=S^{-1}f_{\mathrm{v}}^{j} \tag{6.41}$$

Jacobian 矩阵可表示如下：

$$J=S^{-1}[f_{\mathrm{v}}^{1},f_{\mathrm{v}}^{2},\cdots,f_{\mathrm{v}}^{l}]=S^{-1}F \tag{6.42}$$

式中，F 为维度为 $k\times l$ 的矩阵，它的一列表示一个空间位置处的模型参数对应的虚震源项。利用式（6.42），将 Jacobian 矩阵的直接求解转化成了 l 个正演问题的求解，每一个虚震源需要求解一次式（6.39）而获得。然而，计算梯度并非一定要求出 Jacobian 矩阵的具体值，我们将式（6.42）代入梯度式（6.35）中，可得

$$g(v)=\mathrm{Re}\{F^{\mathrm{T}}[S^{-1}]^{\mathrm{T}}\delta d^{*}\} \tag{6.43}$$

式中，$[S^{-1}]^{\mathrm{T}}\delta d^{*}$ 为反传波场。如果 S^{-1} 是对称矩阵，则有 $[S^{-1}]^{\mathrm{T}}=S^{-1}$，梯度简化成

$$g(v) = \mathrm{Re}\{F^{\mathrm{T}} S^{-1} \delta d^*\} \qquad (6.44)$$

由式（6.44）可知，计算反传波场仅仅需要对残差进行一次波场延拓。相比于直接计算 Jacobian 矩阵，计算量大大降低。通过以上推导，我们知道声波频率域全波形梯度计算实际上包含两个步骤：①将复共轭记录残差作为震源项，利用频率域数值模拟的流程计算反传波场；②利用预测波场及波阻抗矩阵对模型的导数，构建虚震源矩阵。再将虚震源矩阵与反传波场相乘并取实部，获得梯度。利用梯度信息，再结合 6.3.1 节中的反演问题框架，以及步长搜索方法，即可实现频率域全波形反演。

6.3.2　基于变网格的全波形反演

1. 时间域多尺度双变网格全波形反演

1）基于 Wiener 滤波器的多尺度反演方法

Wiener 滤波器能够将源信号转化为十分接近目标信号的形式。Boonyasiriwat 等（2009）提出了基于维纳滤波器的高效时间域波形反演方法，其中维纳滤波器可以表示为

$$W_{\mathrm{w}}(\omega) = \frac{W_{\mathrm{t}}(\omega) W_{\mathrm{o}}^*(\omega)}{|W_{\mathrm{o}}(\omega)|^2 + \varepsilon^2} \qquad (6.45)$$

式中，$W_{\mathrm{t}}(\omega)$ 为目标子波的频谱；$W_{\mathrm{o}}(\omega)$ 为原始子波的频谱。在地震数据子波已知的情况下，利用 Wiener 滤波器可以将原高频地震数据转化为主频较低的数据，转化后的地震数据可以表示为

$$u' = F^{-1}[W_{\mathrm{w}}(\omega) U(\omega)] \qquad (6.46)$$

时间域的反演每阶段需要对多个频率组分进行反演，因此每个反演阶段所对应地下的波数范围较频率域更广。Boonyasiriwat 等（2009）将每个阶段对模型波数有主要贡献的频率成分定义为子波振幅谱一半所对应的范围。

2）多尺度时空双变网格

时间域全波形反演通常采用固定的网格间距进行波场正向延拓和残差波场反向延拓。但当地下存在低降速带、低速目标体、强横纵向变速区或者微小目标体时，地震波正向延拓与残差反向延拓过程中如果采用传统有限差分方法，网格间距必须很小以保证计算精度和稳定性，从而导致计算量增加和局部过采样问题。从空间采样的角度考虑，最有效的保证模拟精度的同时又提高计算效率的方法，就是在模型的不同区域采用不同步长的网格。变网格的方法对地质模型的离散化更合理，在速度梯度纵横向变化较大的区域、低降速带和微小目标体区域，局部网格可以划分地相对精细一些，这就避免了对整个模型以精细网格模拟而导致的局部过采样。

将基于交错网格的时空双变算法应用到时间域多尺度全波形反演中，通过低通滤波将地震数据分成几个频率段，从低频段到高频段一次进行反演，网格尺度逐渐减小，以达到对速度场的精细反演。假定 $f_1, f_2, \cdots, f_N$ 表示事先给定的目标主频，满足 $f_1 < f_2 < \cdots < f_N$。在迭代过程中，当对主频为 f_1 的记录进行反演时，全局网格间距为 $\mathrm{d}x_1$ 和 $\mathrm{d}z_1$，局部精细网

格间距为 $\mathrm{d}x_1/3.0$ 和 $\mathrm{d}z_1/3.0$，全局时间采样步长为 $\mathrm{d}t_1$，局部精细时间采样步长为 $\mathrm{d}t_1/3.0$；当对主频为 f_2 的记录进行反演，则全局网格间距为 $\mathrm{d}x_2$ 和 $\mathrm{d}z_2$，局部精细网格间距为 $\mathrm{d}x_2/3.0$ 和 $\mathrm{d}z_2/3.0$，全局时间采样步长变为 $\mathrm{d}t_2$，局部精细时间采样步长为 $\mathrm{d}t_2/3.0$；以此类推，当对主频为 f_N 的记录进行反演，则全局网格间距变为 $\mathrm{d}x_N$ 和 $\mathrm{d}z_N$，局部精细网格间距为 $\mathrm{d}x_N/3.0$ 和 $\mathrm{d}z_N/3.0$，全局时间采样步长变为 $\mathrm{d}t_N$，局部精细时间采样步长为 $\mathrm{d}t_N/3.0$。这里 $\mathrm{d}x_1>\mathrm{d}x_2>\cdots>\mathrm{d}x_N$，$\mathrm{d}z_1>\mathrm{d}z_2>\cdots>\mathrm{d}z_N$，$\mathrm{d}t_1>\mathrm{d}t_2>\cdots>\mathrm{d}t_N$。图 6.10 中（a）和（b）分别表示大尺度和小尺度的时空双变网格示意图。

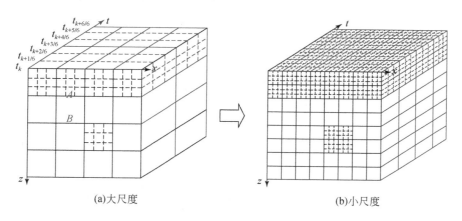

(a)大尺度　　　　　　　　　　　　　(b)小尺度

图 6.10　多尺度网格时空双变示意图

3）时间域多尺度双变网格全波形反演流程图

图 6.11 为基于极性编码的时间域多尺度双变网格全波形反演流程图。对多炮记录进行极性编码并叠加得到超道集，并对初始模型采用同样的编码方式对震源进行编码得到超道集，反传两者的残差得到梯度。在波场正向延拓和残差反向延拓过程中应用时空双变算法，然后求取迭代步长并更新速度场，根据判别条件选取网格间距和时间步长，再判断低速带区域是否满足有限差分稳定性条件，如果不满足则对此区域继续进行加密，如果满足则仅对需要精细刻画的区域进行加密。

采用如图 6.12（a）所示的起伏地表模型测试时空双变网格全波形反演的正确性和优越性，模型大小为 1600m×1600m。正演参数如下：时间采样间隔为 0.6ms，记录时间为 1.2s。主频为 25Hz 的雷克子波震源在起伏地表处激发，震源个数为 50。上边界采用自由边界条件，其他三个边界采用 PML 边界条件。起伏地表以上设为真空，即速度为零，采用真空法进行数值模拟。分别使用常规粗网格 FWI（网格间距为 5m，时间采样间隔为 0.6ms）和时空双变网格 FWI［对图 6.12（a）中黑框所示的区域进行三倍网格加密］进行试算。图 6.12（b）为全波形反演所用的初始速度模型，图 6.13（a）为采用时空双变网格 FWI 得到的 50 次迭代的反演速度，图 6.13（b）为采用常规粗网格 FWI 得到 50 次迭代的反演速度。从两图的对比可以看出，采用常规粗网格 FWI 的反演结果在起伏地表处速度值出现了较大误差，而在深部地层的界面没有收敛，而采用时空双变网格 FWI 方法得到的反演结果都较为准确，起伏地表附近的速度值与深部的速度界面都可以正确地反演出

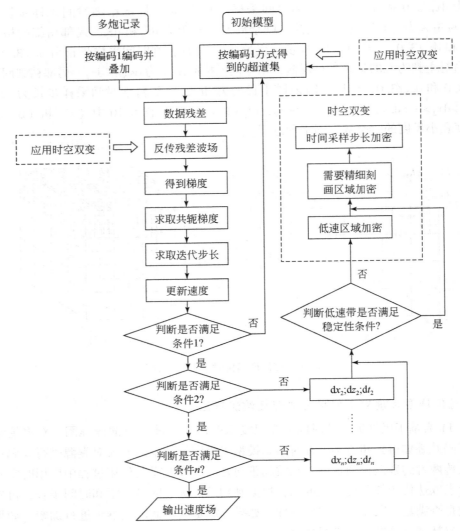

图 6.11　基于极性编码的时间域多尺度双变网格全波形反演流程图

来。为了更加直观的对比两种 FWI 方法对近地表附近的反演结果，对加密区域进行放大，图 6.14（a）为采用时空双变网格 FWI 得到的 50 次迭代近地表区域的反演结果，图 6.14（b）为采用常规粗网格 FWI 得到的 50 次迭代近地表区域的反演结果，两图做对比可以更清楚地看出，采用时空双变网格 FWI 反演得到的近地表区域的速度值更加接近真实速度。相同的计算条件，每次迭代时空双变 FWI 的计算量仅为常规粗网格 FWI 的 1.86 倍，占用内存仅为 1.96 倍。而采用全局细网格 FWI，计算量增加了 5.12 倍，占用内存增加了 5.59倍。因此，从精度上来说，时空双变网格 FWI 反演结果精确，可比常规粗网格 FWI 更准确地刻画目标区域，从效率上来说，时空双变 FWI 的反演效率远远高于常规细网格 FWI。因此，当地下存在需要精细刻画的目标区域或者地下存在低速目标体时，采用时空双变FWI 可以提高反演精度，而且不会增加太多运算量和内存。

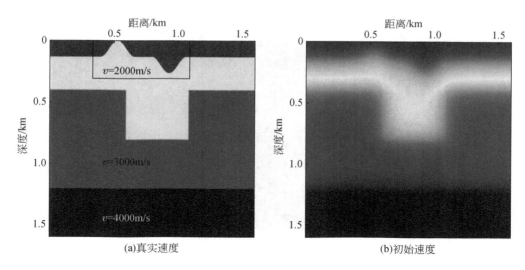

(a)真实速度　　　　　　　　　　　　　　(b)初始速度

图 6.12　起伏地表模型九

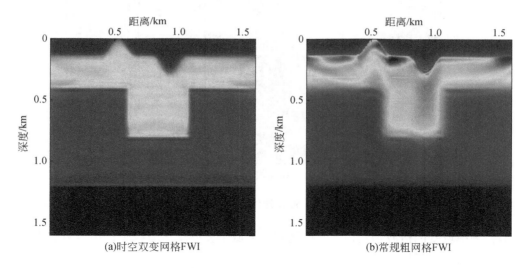

(a)时空双变网格FWI　　　　　　　　　　(b)常规粗网格FWI

图 6.13　次迭代的反演速度

2. 频率域变网格全波形反演

对于声波介质，在自由地表需满足应力为 0 的边界条件。在水平地表情况下，由于矩形网格与地表一致，较易处理自由边界；当地表起伏时，由于矩形网格并不能完整地描述起伏地表，阶梯状的离散方式易在正演波场中产生角点散射。当网格间距相对于地震波波长足够小时，角点散射可得到有效压制。研究表明，当一个波长内有 15 个以上采样时，角点散射才能得到有效压制（Robertsson and Holliger，1997）。本节首先概述起伏地表条件下频率域正演自由地表边界条件的加载方式，然后引入变网格技术，只对近地表附近网格进行加密处理，提高算法的计算效率并降低内存开销。与时间域多尺度双变网格全波形反

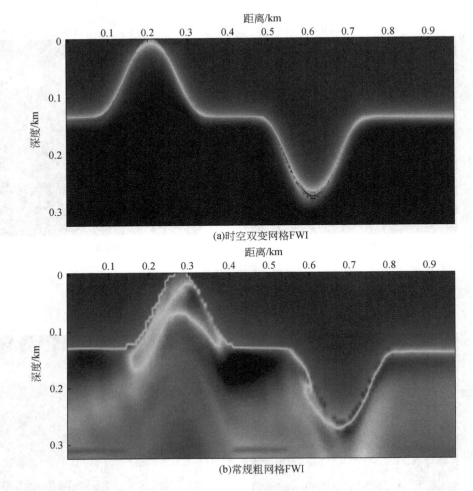

(a)时空双变网格FWI

(b)常规粗网格FWI

图 6.14　50 次迭代的局部速度场

演类似，频率域变网格波场延拓算子应用到频率域全波形反演流程中，很容易实现频率域多尺度变网格全波形反演技术，这里不做赘述。

1）起伏地表条件下频率–空间域自由地表边界条件数值实现

虽然最优 9 点格式有限差分算法的推导是以一阶速度–应力方程为基础，并在数值离散的过程中用到了交错网格的相关算法，但是频域正演的最终形式是同位网格。相对于交错网格算法，该方法加入自由边界较为容易；但相对于时域算法，在频域正演中自由边界条件的引入是隐式的，算法复杂性相对更高。

如图 6.15 所示，考虑粗网格情况，若求取 A 点的空间导数需要用到 $B-I$ 周围 8 个点的信息，由于 E、F 点位于自由表面以上，此处波场值为 0。首先需要将 E、F 点从波场向量中去除，E、F 点波场值为 0 等价于在差分时不考虑该点的影响，也就是说，在构建波场向量 P 及阻抗矩阵 A 时不考虑自由表面以上的点。在实际处理过程中，需要重新定义笛卡儿坐标系与线性坐标系之间的映射关系，并需做好自由表面以上网格点的识别。

在起伏地表条件下笛卡儿坐标系与线性坐标系的映射关系不能利用简单的函数关系表示,需要提前建立两者之间完整的映射关系。自由表面以上网格点的识别在笛卡儿坐标系中实现。

2)变网格技术及数值实现

利用矩形网格对起伏地表进行阶梯状空间离散,在正演过程中会因为阶梯状离散产生严重的角点散射。这是矩形网格处理起伏地表的共同问题,但角点散射会随着网格间距的减小而减弱。通过图 6.15 对比可以看到,利用细网格离散后的结果不仅更接近真实地表形态,而且阶梯状幅度更小,将产生更少的虚假绕射波。

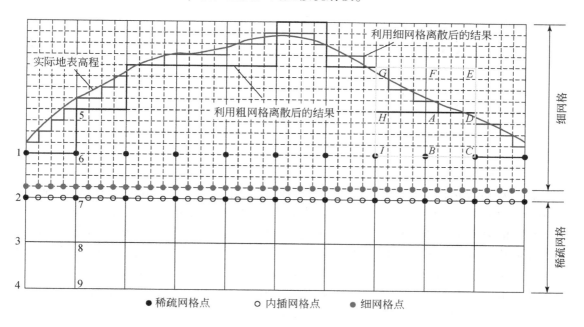

图 6.15 起伏地表条件下基于变网格的网格离散策略

由前述可知,频率域正演的计算效率、内存开销与总共的网格点数有直接关系,全局细网格的正演算法在实际应用中无法接受。引入变网格技术,只在近地表区域加密网格,可在较精确模拟近地表效应的同时提高计算效率、降低内存开销。

变网格的网格离散策略如图 6.15 所示。由于最优 9 点格式有限差分方法计算时需要周围一个网格间距内网格点上的波场值,细网格与粗网格的交界需要定义在地表最小高程一个粗网格间距以下的位置。在粗网格与细网格区域分别利用各自的网格间距进行求解。在过渡区域,粗网格中空间求导要用到该网格点上方网格的波场值,该波场值可直接从细网格中对应位置处取出;细网格中空间求导要用到该网格下方网格点的波场值,而该波场值大部分在粗网格中并没有定义,需利用粗网格点上波场值插值得到,如图 6.15 中空心圆圈所示。

由于在粗网格上内插得到的点并未在阻抗矩阵中显式表示,而是隐式地表示为对应粗网格点上的权系数,所以需要考虑不同的情况分别进行处理。对于如图 6.15 所示的变网格的网格离散策略，网格点内插时共有如图6.16所示的4种情况。当细网格点在左右边界及粗网格内部时，共需要粗网格2个网格点的值［图6.16（a）～（c）］；当细网格在x方向与粗网格重合且不在左右边界上时，共需要3个粗网格点上的值［图6.16（d）］。具体实现方式以图6.16（d）中情况为例进行说明。对于图6.16（d）中标号为1的网格点，构建阻抗时需要其本身的值及周围8个点的信息。由于标号为7的网格点与粗网格点重合，所以只有标号为6和8的网格点需要通过粗网格上的值插值得到。

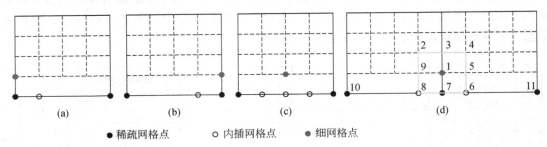

●稀疏网格点　　　○内插网格点　　　●细网格点

图6.16　4种网格点内插示意图

细网格点分别位于左边界（a）、右边界（b）、粗网格内部（c）、内部粗网格上（d）

3）模型试算

4种网格点内插示意图如图6.17所示，横向与纵向范围均为2400m，速度为2500～3800m/s。模型中既有大尺度的背斜、断层等构造，也有小尺度的绕射点，可测试算法对复杂模型的适应性。起伏地表左侧设计为连续变化的类正弦状起伏，右侧为不连续变化的折线状起伏，可测试算法对不同起伏情况的适应性。绘图时将起伏地表以上利用速度为1500m/s的均匀介质填充以获取较好的图形显示效果。为对比算法的计算效率与精度，常规网格选取间距为4m的细网格，横纵向均为600个采样点。震源位于横向1400m、地表以下40m处，正演所用子波为主频为15Hz的雷克子波，共用到110个频率，频率采样间隔为0.41667Hz。PML吸收层厚度为20个采样点。在基于变网格的正演方法中，粗网格处网格间距为12m，表层加密后的网格间距为4m，加密网格厚度为576m，其他正演参数与细网格下正演参数一致。

图6.18为两种方法所得不同时刻波场快照，在波场快照上可以较清晰地看到起伏地表对波场的影响。标号②处为直达波与虚反射的叠加；由于震源距离地表较近，两者在旅行时上差异较少以致在波形上很难分开。标号①处为在右侧高角度起伏地表产生的反射波；该类型波使得随后的波场传播过程更为复杂，这也在一定程度上说明了考虑起伏地表的重要性。

标号③处为地下第一个界面反射波在自由地表产生的表层多次波。通过波场分析可知，起伏地表的影响使得地下波场更为复杂，这种波场的复杂性在接收记录上也可以清晰地看到，如图6.19所示。由于地表的起伏主要反射轴已不完全是双曲形态，给波场的分析带来很大困难，这也在一定程度上验证了在反问题中考虑起伏地表的重要性。分别对比分析图6.18（a）、（b）及图6.18（c）、（d）中波场快照可知：基于变网格的正演方法与基于细网格的常规方法具有相同的精度，并没有因为网格的变化而引起波场不稳定等问题；同时细网格与粗网格交界处的虚假反射由于能量相对很弱，在波场快照中基本看不到其存在。图 6.18（c）、（f）分别为两个时刻波场快照在两种方法下的波场差异。对比分析图 6.18（a）~（c）可以看到，由于地震波还没有传播到地下反射层，波场残差主要是细网格与粗网格交界处产生的虚假反射（图中白色箭头所示），虚假反射波振幅是原始波场的 0.5%，对波场影响较小。与图 6.18（c）不同，图 6.18（f）由于是较大时刻的波场残差，其中除了细网格与粗网格交界处的虚假反射外，更多的是由于 576m 以下粗网格区域与细网格对介质参数的离散采样不同引起的，这是有限差分方法共同的问题。然而通过能量对比可以看到，即使波场残差较为复杂，但是整体能量相对原始波场较弱，在实际波场的正演与反演过程中是可以接受的。图 6.19 为两种方法的观测记录。两者波场基本一致，在图 6.19（b）上基本看不到由网格变化引起的虚假反射。

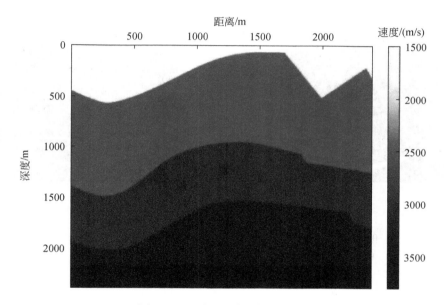

图 6.17　4 种网格点内插示意图

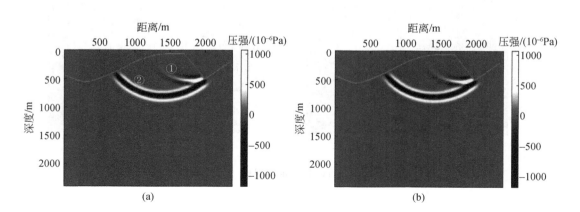

(a)　　　　　　　　　　　　　　　(b)

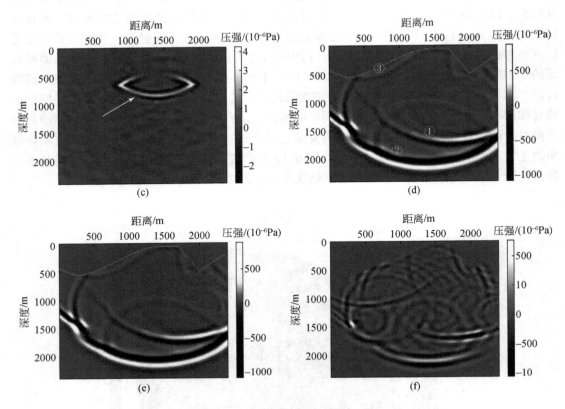

图 6.18　不同时刻波场快照对比

0.418s 时刻波场快照：（a）细网格；（b）变网格；（c）两者之差；

0.837s 时刻波场快照：（d）细网格；（e）变网格；（f）两者之差

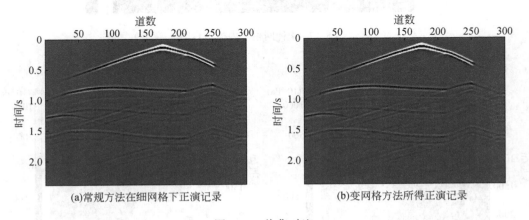

图 6.19　炮集对比

6.3.3　基于曲网格的起伏地表全波形反演

1. 垂向曲网格-矩形网格耦合机制

传统的有限差分法采用常规的矩形网格（图 6.20），难以准确模拟起伏不规则地表的地震波场，原因可通过图 6.20 说明，虚线所示的为真实的起伏地表位置，实线所示的为采用矩形网格剖分的离散位置，从两曲线对比可知，采用常规矩形网格难以准确描述起伏地表的位置，在模拟起伏地表时因其阶梯状离散会引起虚假散射和绕射。针对这一问题，本节使用垂向曲网格-矩形网格（图 6.21）进行离散。

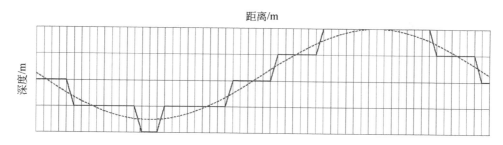

图 6.20　起伏不规则地表的矩形网格剖分

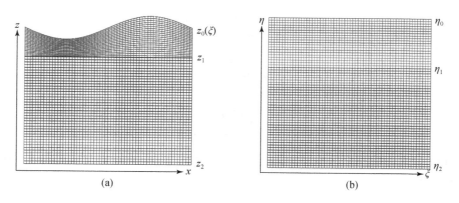

图 6.21　笛卡儿坐标下的垂向曲网格-矩形网格（a）与辅助坐标下的矩形网格（b）

与传统的曲网格生成方法不同，耦合网格方法将起伏不规则地表附近的区域网格化为曲网格，而深层区域则是矩形网格。为了模拟在起伏不规则地表模型的正传和反传波场，将笛卡儿坐标［物理域 (x, z)］下的非均匀曲形-矩形耦合网格变换为辅助坐标［计算域 (ξ, η)］下的均匀矩形网格。通过这样的变换，使不规则起伏地表变换为一个水平面的同时保持深层结构。

首先介绍垂向曲网格-矩形网格耦合网格机制的生成过程。采用如下的网格变换过程：

$$x(\xi, \eta) = \xi \tag{6.47}$$

$$z_0(\xi,\eta) = \frac{z_0(\xi)-z_1}{\eta_0-\eta_1}(\eta-\eta_1)+z_1 \tag{6.48}$$

$$z_1(\xi,\eta) = \frac{z_1}{\eta_1} \cdot \eta \tag{6.49}$$

式中，z_0 为起伏不规则地表的高程函数；z_1 为深层使用矩形网格的高程，最深层高程设为 0，z_0 和 z_1 被定义在笛卡儿坐标下；η_0 和 η_1 为定义在辅助坐标下的高程，分别对应笛卡儿坐标下的 z_0 和 z_1，同样将最深层高程定义为 0。

垂向曲网格–矩形网格耦合机制的稳定性条件为

$$\frac{z_0(\xi)-z_1}{\eta_0-\eta_1}>1 \tag{6.50}$$

$$z_1>\eta_1 \tag{6.51}$$

根据式（6.47）~式（6.49），坐标变换方程可表达为

$$\xi_x = \frac{\partial \xi}{\partial x} = 1 \tag{6.52}$$

$$\xi_z = \frac{\partial \xi}{\partial z} = 0 \tag{6.53}$$

$$\eta_{xc} = \left(\frac{\partial \eta}{\partial x}\right)_c = \frac{\eta-\eta_1}{z_0(\xi)-z_1}\frac{\partial z_0(\xi)}{\partial \xi} \tag{6.54}$$

$$\eta_{zc} = \left(\frac{\partial \eta}{\partial z}\right)_c = \frac{\eta_0-\eta_1}{z_0(\xi)-z_1} \tag{6.55}$$

$$\eta_{xr} = \left(\frac{\partial \eta}{\partial x}\right)_r = 0 \tag{6.56}$$

$$\eta_{zr} = \left(\frac{\partial \eta}{\partial z}\right)_r = \frac{\eta_1}{z_1} \tag{6.57}$$

式中，c 和 r 分别为曲网格区域和矩形网格。使用统一的水平分量关系式将式（6.54）和式（6.56）结合：

$$\eta_x = \frac{\eta_{i-1}-\eta}{z_{i-1}(\xi)-z_i(\xi)} \cdot \frac{\partial z_i(\xi)}{\partial \xi}+\frac{\eta-\eta_i}{z_{i-1}(\xi)-z_i(\xi)} \cdot \frac{\partial z_{i-1}(\xi)}{\partial \xi} \tag{6.58}$$

式中，$i=1$，2，z_2 和 η_2 等于零。类似的，我们得到统一的垂直分量关系式：

$$\eta_z = \frac{\eta_{i-1}-\eta_i}{z_{i-1}(\xi)-z_i(\xi)} \tag{6.59}$$

2. 基于垂向曲形–矩形耦合网格的起伏地表声波 FWI

辅助坐标系中的一阶声波方程可以写成：

$$
\begin{cases}
\rho\,\dfrac{\partial u}{\partial t}-\dfrac{\partial p}{\partial \xi}-\dfrac{\partial p}{\partial \eta}\left[\dfrac{\eta_{i-1}-\eta}{z_{i-1}(\xi)-z_i(\xi)}\cdot\dfrac{\partial z_i(\xi)}{\partial \xi}+\dfrac{\eta-\eta_i}{z_{i-1}(\xi)-z_i(\xi)}\cdot\dfrac{\partial z_{i-1}(\xi)}{\partial \xi}\right]=0\\[4mm]
\rho\,\dfrac{\partial w}{\partial t}-\dfrac{\partial p}{\partial \eta}\left[\dfrac{\eta_{i-1}-\eta_i}{z_{i-1}(\xi)-z_i(\xi)}\right]=0\\[4mm]
\dfrac{1}{v^2}\dfrac{\partial p}{\partial t}-\rho\left\{\dfrac{\partial u}{\partial \xi}+\dfrac{\partial u}{\partial \eta}\left[\dfrac{\eta_{i-1}-\eta}{z_{i-1}(\xi)-z_i(\xi)}\cdot\dfrac{\partial z_i(\xi)}{\partial \xi}+\dfrac{\eta-\eta_i}{z_{i-1}(\xi)-z_i(\xi)}\cdot\dfrac{\partial z_{i-1}(\xi)}{\partial \xi}\right]+\dfrac{\partial w}{\partial \eta}\left[\dfrac{\eta_{i-1}-\eta_i}{z_{i-1}(\xi)-z_i(\xi)}\right]\right\}=f
\end{cases}
$$

$$(6.60)$$

式中，p 为压力；u 和 w 分别为水平分量的质点速度和垂直分量的质点速度；f 为震源项。为了简化，定义以下关系：

$$
A=\begin{pmatrix}0 & 0 & -1\\ 0 & 0 & 0\\ -\rho & 0 & 0\end{pmatrix},\quad
B=\begin{pmatrix}0 & 0 & -\eta_x\\ 0 & 0 & -\eta_z\\ -\rho\eta_x & -\rho\eta_z & 0\end{pmatrix},\quad
C=\begin{pmatrix}\rho & 0 & 0\\ 0 & \rho & 0\\ 0 & 0 & v^{-2}\end{pmatrix},\quad
U=\begin{pmatrix}u\\ w\\ p\end{pmatrix}
\quad(6.61)
$$

那么，辅助坐标下的一阶声波方程可改写为

$$LU=F \tag{6.62}$$

式中，$L=A\partial_\xi+B\partial_\eta+C\partial_t$；$F=(0\quad 0\quad f)^{\mathrm T}$，$f$ 为震源。

速度扰动 δv 产生波场扰动 δu。将关系式 $v+\delta v\to u+\delta u$ 代入到声波方程中并减去式（6.62）可得：

$$
\begin{cases}
\rho\,\dfrac{\partial \delta u}{\partial t}-\dfrac{\partial \delta p}{\partial \xi}-\dfrac{\partial \delta p}{\partial \eta}\left[\dfrac{\eta_{i-1}-\eta}{z_{i-1}(\xi)-z_i(\xi)}\cdot\dfrac{\partial z_i(\xi)}{\partial \xi}+\dfrac{\eta-\eta_i}{z_{i-1}(\xi)-z_i(\xi)}\cdot\dfrac{\partial z_{i-1}(\xi)}{\partial \xi}\right]=0\\[4mm]
\rho\,\dfrac{\partial \delta w}{\partial t}-\dfrac{\partial \delta p}{\partial \eta}\left[\dfrac{\eta_{i-1}-\eta_i}{z_{i-1}(\xi)-z_i(\xi)}\right]=0\\[4mm]
\dfrac{1}{v^2}\dfrac{\partial \delta p}{\partial t}-\rho\left\{\dfrac{\partial \delta u}{\partial \xi}+\dfrac{\partial \delta u}{\partial \eta}\left[\dfrac{\eta_{i-1}-\eta}{z_{i-1}(\xi)-z_i(\xi)}\cdot\dfrac{\partial z_i(\xi)}{\partial \xi}+\right.\right.\\[4mm]
\left.\left.\dfrac{\eta-\eta_i}{z_{i-1}(\xi)-z_i(\xi)}\cdot\dfrac{\partial z_{i-1}(\xi)}{\partial \xi}\right]+\dfrac{\partial \delta w}{\partial \eta}\left[\dfrac{\eta_{i-1}-\eta_i}{z_{i-1}(\xi)-z_i(\xi)}\right]\right\}=\dfrac{2\delta v}{v^3}\dfrac{\partial p}{\partial t}
\end{cases}
$$

$$(6.63)$$

由式（6.63）我们可得 $\delta u=L\!\left(\dfrac{2\delta v}{v^3}\dfrac{\partial p}{\partial t}\right)$，其中 L 表示正演模拟算子。

根据伴随状态理论，伴随算子可以推导为 $L^*=-A^{\mathrm T}\partial_\xi-B^{\mathrm T}\partial_\eta-C^{\mathrm T}\partial_t$。那么伴随矩阵 U^* 可由下式得到

$$L^*U^*=U-U_{\mathrm{obs}} \tag{6.64}$$

我们展开伴随状态式（6.64）为

$$
\begin{cases}
\rho\dfrac{\partial p^*}{\partial \xi}+\rho\dfrac{\partial p^*}{\partial \eta}\left[\dfrac{\eta_{i-1}-\eta}{z_{i-1}(\xi)-z_i(\xi)}\cdot\dfrac{\partial z_i(\xi)}{\partial \xi}+\dfrac{\eta-\eta_i}{z_{i-1}(\xi)-z_i(\xi)}\cdot\dfrac{\partial z_{i-1}(\xi)}{\partial \xi}\right]-\rho\dfrac{\partial u^*}{\partial t}=u-u_{\mathrm{obs}}\\[4mm]
\rho\dfrac{\partial p^*}{\partial \eta}\left[\dfrac{\eta_{i-1}-\eta_i}{z_{i-1}(\xi)-z_i(\xi)}\right]-\rho\dfrac{\partial w^*}{\partial t}=w-w_{\mathrm{obs}}\\[4mm]
\dfrac{\partial u^*}{\partial \xi}+\dfrac{\partial u^*}{\partial \eta}\left[\dfrac{\eta_{i-1}-\eta}{z_{i-1}(\xi)-z_i(\xi)}\cdot\dfrac{\partial z_i(\xi)}{\partial \xi}+\dfrac{\eta-\eta_i}{z_{i-1}(\xi)-z_i(\xi)}\cdot\dfrac{\partial z_{i-1}(\xi)}{\partial \xi}\right]\\[4mm]
+\dfrac{\partial w^*}{\partial \eta}\left[\dfrac{\eta_{i-1}-\eta_i}{z_{i-1}(\xi)-z_i(\xi)}\right]-\dfrac{1}{v^2}\dfrac{\partial p^*}{\partial t}=p-p_{\mathrm{obs}}
\end{cases}
$$

$$(6.65)$$

众所周知，基于二阶声波方程的伴随状态方程与正演方程相同。而我们发现，基于一阶声波方程的伴随式（6.66）不同于其正演方程式（6.60），这是两种方法的本质区别。也就是说，基于一阶声波方程的 FWI 利用式（6.65）而不是式（6.60）得到伴随波场。

梯度公式如下所示：

$$
g(v)=\frac{\delta E(v)}{\delta v}=\frac{2}{v^3}\sum_{x_s}\sum_{t=0}^{T_{\max}}\frac{\partial p}{\partial t}\cdot p^*
$$

$$(6.66)$$

3. 模型试算

1）山包谷沟模型

使用一个起伏不规则地表山包谷沟模型来检验起伏地表声波全波形反演的精度。该起伏不规则地表山包谷沟模型如图 6.22 所示，模型的大小为 1736m×2400m。密度模型通过 $\rho=0.31v^{0.25}$ 计算得到。辅助坐标系下的网格尺寸为 8m。图 6.23 展示的是分别采用常规的垂向曲网格 [图 6.23（a）] 和垂向曲形–矩形耦合网格的剖分图 [图 6.23（b）]。

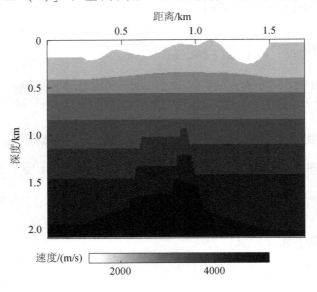

图 6.22　山包谷沟模型二

图 6.24 所示的是不同辅助坐标系下的山包谷沟模型。通过比较在辅助坐标下的纵波速度我们发现：耦合网格方法不仅可以将起伏不规则地表变换为水平地表，同时也保持了深部的原始结构。

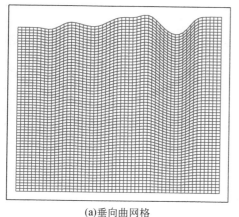 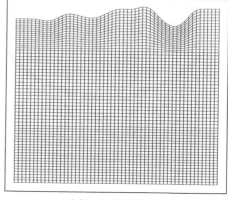

(a)垂向曲网格　　　　　　　　　　　(b)垂向曲形–矩形耦合网格

图 6.23　笛卡儿坐标下的山包谷沟模型二的网格剖分

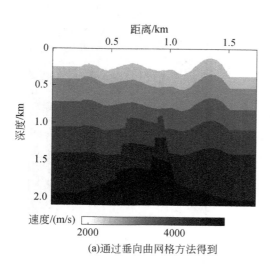 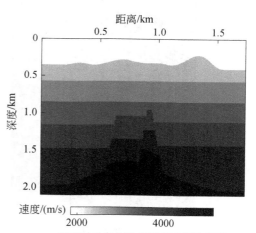

(a)通过垂向曲网格方法得到　　　　　　(b)通过垂向曲形–矩形耦合网格得到

图 6.24　不同辅助坐标下的山包谷沟模型二

震源子波在（868m，8m）处激发，震源函数为 25Hz 主频的雷克子波。检波点数量为218，相邻检波器之间的距离为 8m。时间采样间隔为 0.3ms，记录时间为 2.4s。采用 PML边界条件（Collino and Tsogka，2001）来消除人工边界反射。

我们使用基于曲形–矩形耦合网格和基于曲网格剖分的全波形反演方法模型山包谷沟起伏地表模型的波场。两种方法的波场快照和炮记录分别如图 6.25 和图 6.26 所示。相比于曲网格剖分方法，耦合网格模拟方法产生了更准确和清晰的波场。

然后，采用相同模型测试起伏地表全波形反演方法。总炮数为 50，炮间隔为 32m。采

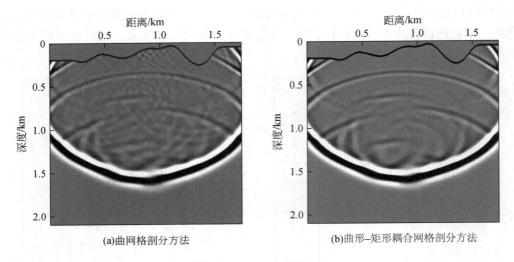

(a)曲网格剖分方法　　　　　　　　　　　(b)曲形-矩形耦合网格剖分方法

图 6.25　800ms 波场快照

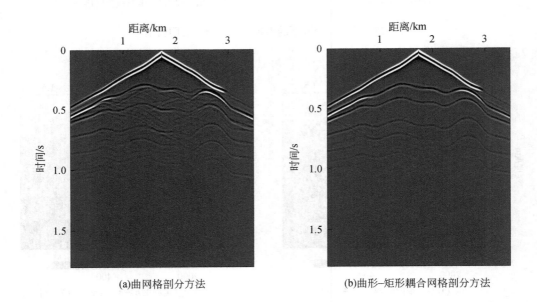

(a)曲网格剖分方法　　　　　　　　　　(b)曲形-矩形耦合网格剖分方法

图 6.26　山包谷沟模型二炮记录

用曲形-矩形耦合网格有限差分正演模拟方法得到的第 10 炮记录如图 6.27（c）所示。我们使用维纳滤波将炮记录分解为不同主频的记录，图 6.27（a）、（b）所示的分别为主频为 5 Hz 和 15 Hz 的炮记录。

图 6.28（a）所示的为初始速度模型，该模型是通过 $v(z)=2.5z+2000$ 公式计算得到的，其中 v 是速度，z 是深度。将低频反演的结果作为高频反演的输入模型。图 6.28（b）~（d）分别表示主频为 5 Hz、15 Hz 和原始炮记录的最终反演结果。随着反演主频的增加，反演结果越来越好。在最终的反演结果［图 6.28（d）］中所有的反射层很好地反演出来，且反演的地层速度非常接近真实的模型。相比之下，我们给出采用单一尺度、垂向曲形-矩形

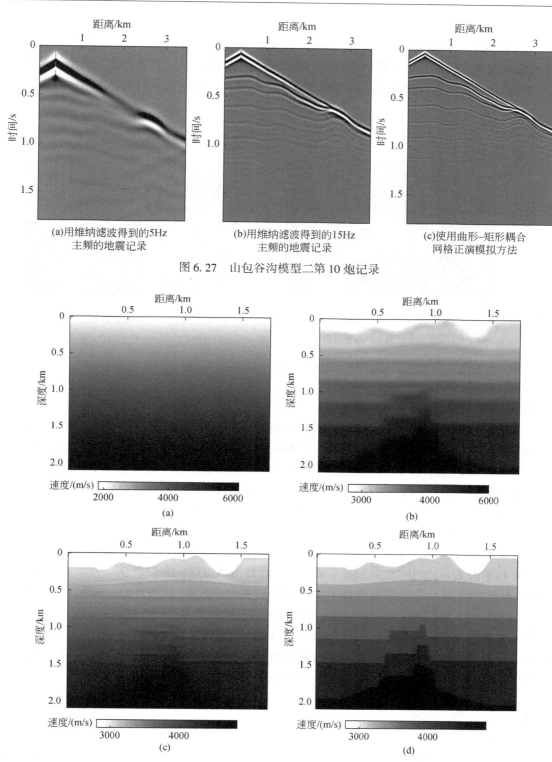

图 6.27　山包谷沟模型二第 10 炮记录

图 6.28　山包谷沟模型二的初始速度模型与多尺度反演速度模型

（a）初始速度模型；使用多尺度起伏地表全波形方法得到的不同主频的
反演结果：（b）5Hz；（c）15Hz；（d）最终的反演结果

耦合网格方法得到的反演结果 ［图6.29（a）］和多尺度垂向曲网格方法得到的反演结果 ［图6.29（b）］。图6.29（a）表明如果初始速度与真实模型相差较大，采用单尺度方法得到的反演速度模型是不准确的。通过与垂向曲网格法的计算结果进行比较可看出，采用耦合网格全波形反演得到的速度模型更接近真实的速度，反演的反射层更加准确。

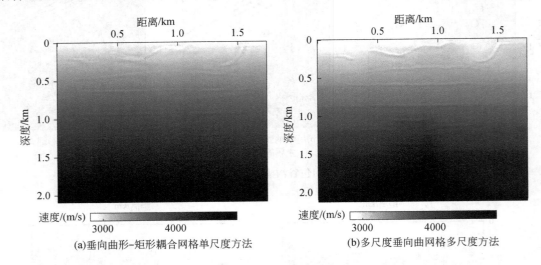

(a)垂向曲形–矩形耦合网格单尺度方法　　　　　(b)多尺度垂向曲网格多尺度方法

图6.29　山包谷沟模型二的反演速度模型

2）起伏地表 Marmousi 模型

采用一个如图6.30（a）所示的起伏地表 Marmousi 模型。在该例子中，国际标准的 Marmousi 模型被抽稀为4416m×1408m，网格间距为12m×8m。地表被修改为起伏地表，最大起伏高程为280m。图6.30（a）、（b）分别为笛卡儿坐标系和曲坐标系下的模型。从地表到280m处，将模型剖分为曲网格，在其他区域使用矩形网格。经过变换后，起伏地表被映射为水平地表，深层地下构造的初始位置被很好地保留了。密度模型同样通过 $\rho = 0.31v^{0.25}$ 计算得到。合成地震数据采用如下的参数：时间采样间隔为0.5ms，记录时间为3s，震源主频为25Hz，总震源数为120，均匀地分布于起伏地表处，同样分布于起伏地表处，道间距为12m，炮间距为36m。采用该合成数据从低频到高频反演速度。在近地表处（从地表至80m深）应用预条件算子加速收敛速度（Guo et al., 2016）。初始速度模型如图6.31（a）所示，图（b）～（d）分别为5Hz、15Hz 和25Hz 主频的反演速度。在低频尺度中，速度模型的大尺度构造被很好地反演出来，但是轮廓比较模糊，在中频尺度中，断层、不整合面、高速层、岩性界面等构造都很好地反演出来，但是分辨率不够高，在高频尺度中，精细构造被很好地恢复，反演结果非常接近于真实速度模型。

6.3.4　本节小结

本节中，将变网格技术和垂向坐标变换技术应用到声波全波形反演中。时空双变网格技术是一种新型的网格剖分技术，该方法在不同的模型区域使用不同的网格间距，并用局

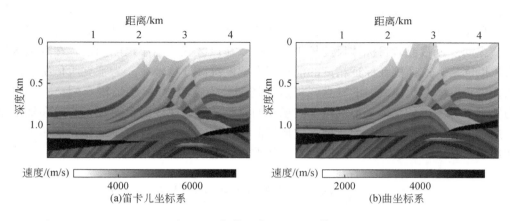

图 6.30　起伏地表 Marmousi 模型

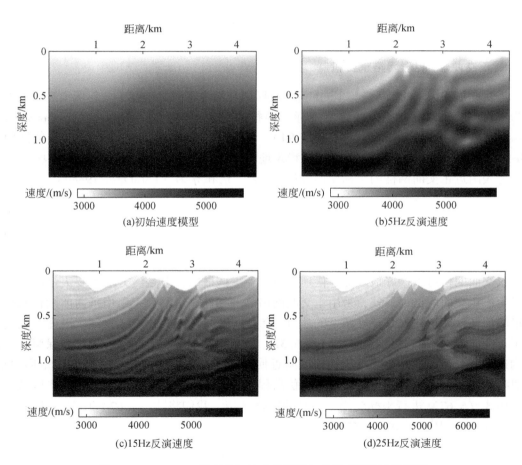

图 6.31　Marmousi 模型的初始速度模型与多尺度反演速度模型

部变时间采样来配合变步长网格技术。时空双变网格技术近些年来在正演模拟中得到广泛应用，在全波形反演的应用较少。但实际上时空双变网格技术在全波形反演中应用的意义重大：当地表存在低降速带或者地下存在低速体，如果采用固定粗网格，就会产生频散和不稳定现象，如果采用固定细网格，就会造成局部过采样和计算量过大的问题；当地下存在强横纵向变速带或者目标体尺度较小时，可以在该区域使用小尺度网格，在其他区域使用大尺度网格，这样能在保证精度的前提下大幅度提高计算效率。为了克服传统有限差分算法在处理剧烈起伏地表时的缺点，将速度场剖分为垂向曲形-矩形耦合网格，并将其映射为辅助坐标系下的均匀矩形网格。波场正向延拓和残差波场的反向延拓都是在辅助坐标系下进行的，本节中介绍的起伏地表波形反演也都不需要常规处理中的静校正步骤，从起伏面出发直接进行波场延拓和速度更新，能够提高速度反演的精度和效率。

6.4 起伏地表弹性波全波形反演

6.4.1 基本原理

1. 正交曲形-矩形网格耦合机制

正交曲形-矩形耦合网格与垂向曲形-矩形耦合网格不同之处在于，起伏地表附近的网格为正交的贴体网格。垂向曲网格坐标变换技术只在垂向上进行网格映射（Jastram and Tessemer，1994；Hestholm and Ruud，1994）。然而，该方法受到严格的稳定性条件限制（Hestholm and Ruud，1994），因此无法稳定地模拟地震波在剧烈起伏地表中的波场。

地表附近正交曲网格的坐标变换方程 ξ_x、ξ_z、η_x 和 η_z 为（Fornberg，1988）：

$$\begin{cases} \xi_x = \dfrac{z_\eta}{x_\xi z_\eta - x_\eta z_\xi} & \xi_z = -\dfrac{x_\eta}{x_\xi z_\eta - x_\eta z_\xi} \\ \eta_x = -\dfrac{z_\xi}{x_\xi z_\eta - x_\eta z_\xi} & \eta_z = \dfrac{x_\xi}{x_\xi z_\eta - x_\eta z_\xi} \end{cases} \quad (6.67)$$

正交曲网格可以很好地匹配起伏地表以避免虚假散射，但是该方法需要大量的迭代计算以生成正交曲网格。另外，采用正交曲网格的波场计算量要大于采用垂向曲网格和矩形网格的波场计算量，因其计算域下的速度-应力方程拥有更多的偏导数项。因此，我们提出了正交曲形-矩形网格耦合方法（图6.32）来克服这一缺点，同样可较好地保留原始深部构造形态。该方法在起伏不规则地表附近使用正交曲网格，在深层区域使用矩形网格。一般我们将正交曲网格的深度设定为起伏高程差的两倍左右。对地表正交曲网格区域，我们使用式（6.67）进行坐标变换，在其他网格区域，我们将式（6.67）中的 x_η 和 x_ξ 分别设定为0和1。因此，式（6.67）变换为

$$\begin{cases} \xi_x = 1 & \xi_z = 0 \\ \eta_x = -\dfrac{z_\xi}{z_\eta} & \eta_z = \dfrac{x_\xi}{z_\eta} \end{cases} \quad (6.68)$$

我们注意到由于正交曲网格和矩形网格的正交性，在两个坐标系之间是连续的，因

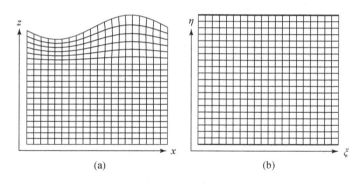

图 6.32　笛卡儿坐标下的正交曲形–矩形耦合网格（a）与辅助坐标下的矩形网格（b）

此，坐标变换方程的偏导数在边界处等于零。

在选择网格机制时，要根据起伏不规则地表形态、计算量和精度要求而定。当模拟地形为剧烈的起伏不规则地表或者起伏高程较大时，无法满足垂向曲形–矩形网格耦合机制时，则需要采用正交曲形–矩形网格耦合机制；当模拟的起伏地表较为平缓时，可采用垂向曲形–矩形网格耦合机制，这样可以大幅度减少波场正传与波场反传的计算量。

2. 基于正交曲形–矩形耦合网格的起伏地表弹性波 FWI

1）梯度公式

曲坐标系下一阶速度–应力方程为

$$\begin{cases} \rho v_{x,t} = \tau_{xx,\xi}\xi_x + \tau_{xx,\eta}\eta_x + \tau_{xz,\xi}\xi_z + \tau_{xz,\eta}\eta_z \\ \rho v_{z,t} = \tau_{xz,\xi}\xi_x + \tau_{xz,\eta}\eta_x + \tau_{zz,\xi}\xi_z + \tau_{zz,\eta}\eta_z \\ \tau_{xx,t} = (\lambda+2\mu)(v_{x,\xi}\xi_x + v_{x,\eta}\eta_x) + \lambda(v_{z,\xi}\xi_z + v_{z,\eta}\eta_z) \\ \tau_{zz,t} = \lambda(v_{x,\xi}\xi_x + v_{x,\eta}\eta_x) + (\lambda+2\mu)(v_{z,\xi}\xi_z + v_{z,\eta}\eta_z) \\ \tau_{xz,t} = \mu(v_{x,\xi}\xi_z + v_{x,\eta}\eta_z + v_{z,\xi}\xi_x + v_{z,\eta}\eta_x) \end{cases} \tag{6.69}$$

式中，v_x，v_z 分别为弹性体中质点在水平方向 x、垂直方向 z 上的速度分量；τ_{xx} 和 τ_{zz} 为正应力；τ_{xz} 为切应力；t 为时间；λ 和 μ 为拉梅常数。为了简化式（6.69），进行了如下定义：

$$A = \begin{pmatrix} 0 & 0 & 0 & 0 & 0 \\ 0 & 0 & 0 & 0 & -1 \\ -(\lambda+2\mu) & 0 & 0 & 0 & 0 \\ -\lambda & 0 & 0 & 0 & 0 \\ 0 & -\mu & 0 & 0 & 0 \end{pmatrix}, \quad B = \begin{pmatrix} 0 & 0 & 0 & 0 & -1 \\ 0 & 0 & 0 & -1 & 0 \\ 0 & -\lambda & 0 & 0 & 0 \\ 0 & -(\lambda+2\mu) & 0 & 0 & 0 \\ -\mu & 0 & 0 & 0 & 0 \end{pmatrix}, \quad C = \begin{pmatrix} \rho & 0 & 0 & 0 & 0 \\ 0 & \rho & 0 & 0 & 0 \\ 0 & 0 & 1 & 0 & 0 \\ 0 & 0 & 0 & 1 & 0 \\ 0 & 0 & 0 & 0 & 1 \end{pmatrix}$$

$$\tag{6.70}$$

则曲坐标系下弹性波波动方程可写为

$$L(u,m) = F \tag{6.71}$$

式中，$L = A\partial_\xi + B\partial_\eta + C\partial_t$；$u = (u, w, \tau_{xx}, \tau_{zz}, \tau_{xz})^T$；$F = (0 \quad 0 \quad f)^T$；$m$ 为参数模型；T 为转置；f 为震源项。

参数扰动 δm 产生波场的扰动 δu。以 λ 为例，将 $\lambda+\delta\lambda \rightarrow u+\delta u$ 代入式（6.69）中，并减去式（6.69）可得

$$\begin{cases} \rho\delta v_{x,t} = \delta\tau_{xx,\xi}\xi_x + \delta\tau_{xx,\eta}\eta_x + \delta\tau_{xz,\xi}\xi_z + \delta\tau_{xz,\eta}\eta_z \\ \rho\delta v_{z,t} = \delta\tau_{xz,\xi}\xi_x + \delta\tau_{xz,\eta}\eta_x + \delta\tau_{zz,\xi}\xi_z + \delta\tau_{zz,\eta}\eta_z \\ \delta\tau_{xx,t} = (\lambda+2\mu)(\delta v_{x,\xi}\xi_x + \delta v_{x,\eta}\eta_x) + \lambda(\delta v_{z,\xi}\xi_z + \delta v_{z,\eta}\eta_z) \\ \qquad + \delta\lambda(v_{x,\xi}\xi_x + v_{x,\eta}\eta_x + v_{z,\xi}\xi_z + v_{z,\eta}\eta_z) \\ \delta\tau_{zz,t} = \lambda(\delta v_{x,\xi}\xi_x + \delta v_{x,\eta}\eta_x) + (\lambda+2\mu)(\delta v_{z,\xi}\xi_z + \delta v_{z,\eta}\eta_z) \\ \qquad + \delta\lambda(v_{x,\xi}\xi_x + v_{x,\eta}\eta_x + v_{z,\xi}\xi_z + v_{z,\eta}\eta_z) \\ \delta\tau_{xz,t} = \mu(\delta v_{x,\xi}\xi_z + \delta v_{x,\eta}\eta_z + \delta v_{z,\xi}\xi_x + \delta v_{z,\eta}\eta_x) \end{cases} \quad (6.72)$$

由式（6.72）可得 $\delta u = L\,F'$，其中 L 表示正演模拟算子，F' 可由下式表示：

$$F' = \begin{bmatrix} 0,0,\delta\lambda(v_{x,\xi}\xi_x + v_{x,\eta}\eta_x + v_{z,\xi}\xi_z + v_{z,\eta}\eta_z) \\ \delta\lambda(v_{x,\xi}\xi_x + v_{x,\eta}\eta_x + v_{z,\xi}\xi_z + v_{z,\eta}\eta_z),0 \end{bmatrix} \quad (6.73)$$

U^* 表示模型空间的残差波场反传，由下式求得

$$L^*(u^*,m) = d - d_{\text{obs}} \quad (6.74)$$

式中，$u^* = (v_{x,t}^*,\ v_{z,t}^*,\ \tau_{xx,t}^*,\ \tau_{zz,t}^*,\ \tau_{xz,t}^*)^{\text{T}}$；$L^*$ 为伴随算子。

则

$$\delta E(v) = \delta\lambda \cdot (v_{x,\xi}\xi_x + v_{x,\eta}\eta_x + v_{z,\xi}\xi_z + v_{z,\eta}\eta_z) \cdot (\tau_{xx,t}^* + \tau_{zz,t}^*) \quad (6.75)$$

所以 λ 的梯度公式为

$$g(\lambda) = \frac{\delta E(v)}{\delta\lambda} = \sum_{x_s}\sum_{t=0}^{T_{\max}} \cdot (v_{x,\xi}\xi_x + v_{x,\eta}\eta_x + v_{z,\xi}\xi_z + v_{z,\eta}\eta_z) \cdot (\tau_{xx,t}^* + \tau_{zz,t}^*) \quad (6.76)$$

类似地，μ 和 ρ 的梯度表示为

$$g(\mu) = \sum_T \left[2\tau_{xx}^*(v_{x,\xi}\xi_x + v_{x,\eta}\eta_x) + 2\tau_{zz}^*(v_{z,\xi}\xi_z + v_{z,\eta}\eta_z) + \tau_{xz}^*(v_{x,\xi}\xi_z + v_{x,\eta}\eta_z + v_{z,\xi}\xi_x + v_{z,\eta}\eta_x) \right]$$

$$g(\rho) = -\sum_T \left[\tau_{xx}^* v_{x,t} + \tau_{zz}^* v_{z,t} \right]$$

$$(6.77)$$

由于密度反演存在不稳定性（Köhn et al., 2012），这里我们只反演 v_p 和 v_s。使用链锁法则计算得到 v_p 和 v_s 的梯度（Köhn et al., 2012）：

$$g(v_p) = 2\rho v_p g(\lambda) \quad (6.78)$$

$$g(v_s) = -4\rho v_s g(\lambda) + 2\rho v_s g(\mu) \quad (6.79)$$

2）子空间步长搜索方法

对于多参数反演，模型更新量 δm 可写为多个参数向量之间的线性叠加：

$$\delta m = \sum_{i=1}^{k} \alpha_i p_i \quad (6.80)$$

式中，k 为反演参数的个数；α_i 为不同参数之间的权重；p_i 为第 i 个参数的更新量。目标函数相对于模型更新量的二阶展开为

$$O(m + \delta m) = O(m) + \left\langle \frac{\partial O(m)}{\partial m}, \delta m \right\rangle + \frac{1}{2} \langle H \delta m, \delta m \rangle$$

$$= O(m) + \sum_{i=1}^{k} \alpha_i \left\langle \frac{\partial O(m)}{\partial m}, p_i \right\rangle + \frac{1}{2} \sum_{j=1}^{k} \sum_{i=1}^{k} \alpha_i \alpha_j \langle H p_i, p_j \rangle \tag{6.81}$$

式中，H 为 Hessian 矩阵，令 $\frac{\partial O(m+\delta m)}{\partial \alpha_i} = 0$ 可得

$$\left\langle \frac{\partial O(m)}{\partial m}, p_i \right\rangle + \sum_{j=1}^{k} \alpha_j \langle H p_i, p_j \rangle = 0 \tag{6.82}$$

若定义

$$\langle H p_i, p_j \rangle = h_{i,j}, \quad \left\langle \frac{\partial O(m)}{\partial m}, p_i \right\rangle = b_i \tag{6.83}$$

则上式可写为

$$h\alpha = -b \tag{6.84}$$

式中，$\alpha = (\alpha_1, \alpha_2, \cdots)^{\mathrm{T}}$。则不同参数对应的步长可通过直接对 h 求逆得到。

由于各向同性介质中的介质参数最多为 3 个，因此上式对矩阵 h 直接求逆的计算量是可以忽略的。

忽略二阶项，利用近似 Hessian 代替原有的精确 Hessian 矩阵，由导数的链式法得

$$\langle H p_i, p_j \rangle = \langle \nabla_m \nabla_m O(m, u) p_i, p_j \rangle = \langle \nabla_u \nabla_u O(m, u) \delta u_i, \delta u_j \rangle \tag{6.85}$$

式中

$$\delta u_i = \frac{\partial u}{\partial m} p_i \tag{6.86}$$

对方程两边相对于 m 求导可得

$$0 = \nabla_m L \delta m + \nabla_u L \delta u \tag{6.87}$$

在式（6.87）中，δu 可表示将 $\nabla_m L \delta m$ 作为二次震源产生的扰动波场。

对于 L2 模目标函数，$\nabla_u \nabla_u O(m, u) = 1$。则式（6.85）可退化为

$$\langle H p_i, p_j \rangle = \langle \delta u_i, \delta u_j \rangle \tag{6.88}$$

6.4.2 模型试算

1. 山包谷沟模型

首先采用山包谷沟模型测试起伏地表波场延拓算子的精度。笛卡儿坐标系下的纵横波速度分别如图 6.33（a）、（c）所示。模型大小为 2180m×2630m，密度由 $\rho = 0.31 v^{0.25}$ 计算得到。图 6.34 所示的为曲形–矩形耦合网格，在地表附近，采用贴体网格剖分，在 750m以下使用矩形网格。图 6.33（b）、（d）所示的为曲坐标系下对应的纵、横波速度场。经过曲形–矩形耦合网格剖分及坐标变换后，起伏地表被映射为水平地表，地下深部构造被很好地保存下来。曲坐标系下的网格间距为 10m。震源位于（1090m，10m）处激发，震源函数为主频 25Hz 的雷克子波。时间采样间隔为 0.6ms，记录长度为 2.4s。

作为对比，我们给出了采用贴体–矩形网格剖分［图 6.34（a）］、贴体网格剖分

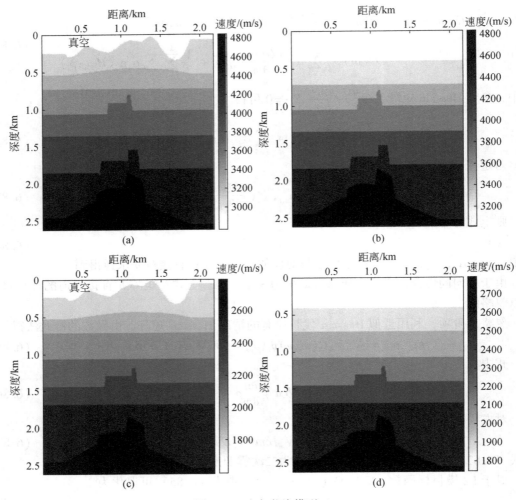

图 6.33　山包谷沟模型三

（a）、（b）v_p；（c）、（d）v_s；（a）、（c）笛卡儿坐标系；（b）、（d）曲坐标系

［图 6.34（c）］、垂向曲网格剖分［图 6.34（d）］正演模拟得到的炮记录如图 6.35 所示。相比于垂向曲网格正演模拟方法，贴体网格正演模拟方法和贴体-矩形耦合网格正演模拟方法产生了更加清晰和准确的波场。但是，贴体-矩形耦合网格正演模拟方法在网格生成和波场模拟时的计算量都更小（表 6.1）。我们使用山包谷沟模拟对该起伏地表弹性波 FWI 进行测试。54 个震源均匀地分布于起伏地表，相邻炮间距为 32m，第一炮位于模型的最左侧，每炮含有 218 个多分量检波器，检波器也均匀分布于起伏地表处。图 6.36 所示的为初始纵波速度和横波速度，该模型由 $v(z)=2.52+2000$ 得到，式中 v 表示纵横波速度，z 表示深度。使用如下所示的预条件算子压制震源点和检波点附近的强梯度及起伏地表附近的强噪声：

$$p = \begin{cases} 0 & z > z_1 \\ \exp\left[-2\left(a \cdot \dfrac{z-z_2}{z_2-z_1}\right)^2\right] & z_1 \leqslant z \leqslant z_2 \\ \dfrac{z}{z_2} & z \leqslant z_2 \end{cases} \tag{6.89}$$

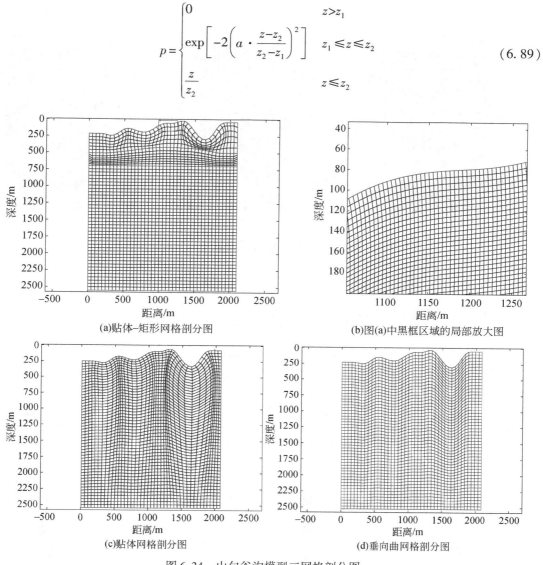

(a)贴体-矩形网格剖分图　　　　　　　　　　(b)图(a)中黑框区域的局部放大图

(c)贴体网格剖分图　　　　　　　　　　　(d)垂向曲网格剖分图

图 6.34　山包谷沟模型三网格剖分图

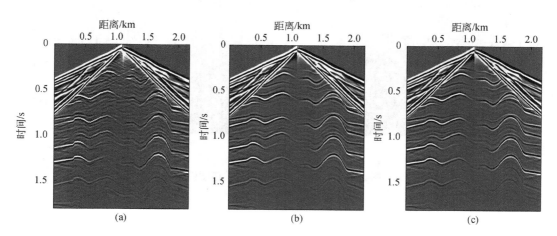

(a)　　　　　　　　　　(b)　　　　　　　　　　(c)

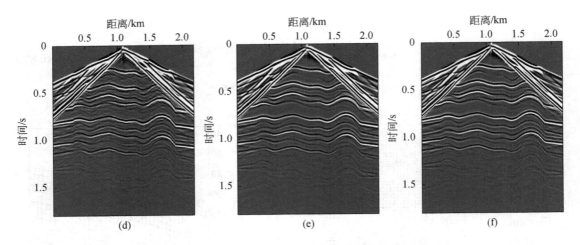

图 6.35　起伏地表弹性波正演模拟得到的炮记录

（a）~（c）水平分量；（d）~（f）垂直分量。（a）、（d）垂向曲网格剖分方法；
（b）、（e）贴体网格剖分方法；（c）、（f）贴体-矩形网格剖分方法

表 6.1　三种起伏地表正演模拟方法的计算时间、稳定性和精度

起伏地表算法	计算时间/s		稳定性/s	精度
	网格生成	波场延拓		
垂向曲网格	0	6977.42	4.2	0.93
贴体网格	15612.54	9065.76	>10	1
贴体-矩形网格	4137.93	4911.15	>10	0.99

注：稳定性是以出现不稳定的时间衡量的，精度是以与贴体网格的相对差值衡量的。

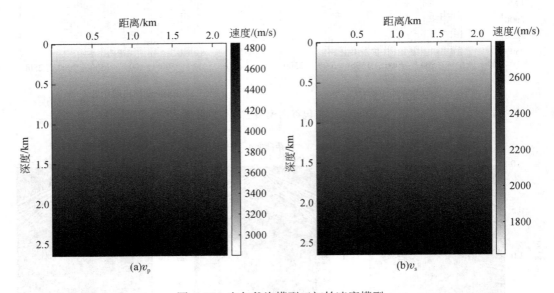

图 6.36　山包谷沟模型三初始速度模型

该例子中，预条件算子的参数 $a = 3.0$，$z_1 = 100m$，$z_2 = 500m$。图 6.37 所示的反演的纵波速度和横波速度。从图中可以看出，反演的纵横波速度非常接近于真实模型。

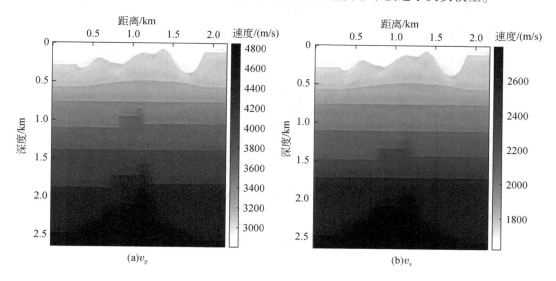

图 6.37　山包谷沟模型三反演速度模型

2. SEG 逆掩断层模型

在实际情况下，起伏近地表通常为非均质构造。为了进一步分析该起伏地表弹性波 FWI 在处理复杂近地表的能力，利用 SEG 逆掩断层模型（图 6.38）进行测试。我们将初始的 SEG 逆掩断层模型（Gray and Marfurt，1995）抽稀为 6664m×2664m，网格间距为 8m。可以看到，复杂的近地表结构和极端地形表面给速度反演提出了一个重大的挑战。图 6.39 为笛卡儿坐标系下的起伏地表高程函数。密度模型同样采用 $\rho = 0.31v_p^{0.25}$ 求得。起伏地表至 900m 处采用贴体网格剖分，在其他区域采用矩形网格剖分。观测系统如下：震源点数为 104，相邻炮间距为 64m，均匀分布于起伏地表处，所有的炮记录由 834 个多分量检波器记录得到，相邻检波器之间的距离为 8m。震源子波为主频为 20Hz 的雷克子波。时间采样间隔为 0.5ms，记录时间为 4s。对记录的多分量地震数据采用该起伏地表弹性波 FWI 从

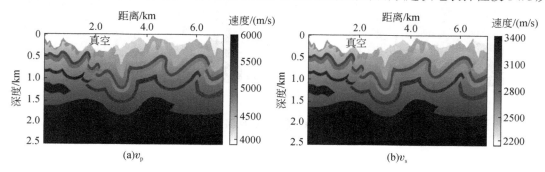

图 6.38　SEG 逆掩断层模型二

低频到高频进行反演。主频为 5 Hz、15 Hz 和 25 Hz 的迭代次数分别为 20、50 和 100。初始速度模型如图 6.40 所示。预条件算子参数为：$a = 3.0$，$z_1 = 200 \text{m}$，$z_2 = 900 \text{m}$。图 6.41 为最终的反演速度模型。反演结果表明，使用该起伏地表弹性波 FWI 方法在非均质复杂近地表情况下也可以得到准确的反演速度。

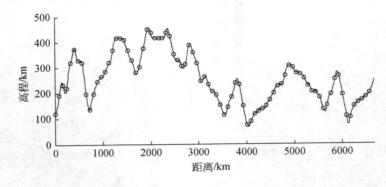

图 6.39　SEG 逆掩断层模型的起伏地表高程函数

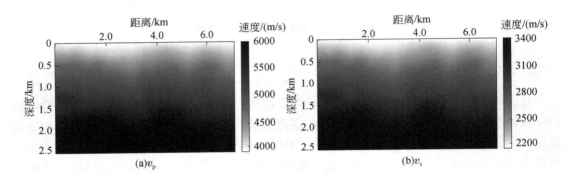

图 6.40　SEG 逆掩断层初始速度模型

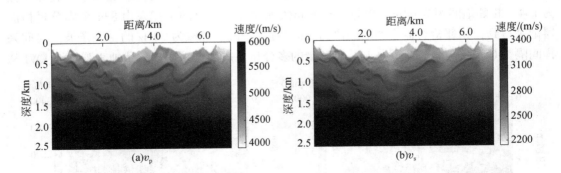

图 6.41　SEG 逆掩断层反演速度模型

6.4.3　本节小结

在本节中介绍了一种起伏地表弹性波全波形反演方法，该方法使用正交曲网格-矩形网格耦合机制计算全波形反演中的波场延拓。

参 考 文 献

秦宁，李振春，杨晓东 . 2011. 基于角道集的井约束层析速度反演 . 石油地球物理勘探，46（5）：725-731.

秦宁，李振春，杨晓东，等 . 2012. 自动拾取的成像空间域走时层析速度反演 . 石油地球物理勘探，47（3）：392-398.

任浩然 . 2011. 声介质地震波反演成像方法研究 . 上海：同济大学 .

Boonyasiriwat C, Valasek P, Routh P, et al. 2009. An efficient multiscale for time-domain waveform tomography. Geophysics, 74（6）：WCC59-WCC68.

Collino F, Tsogka C. 2001. Application of the perfectly matched absorbing layer model to the linear elastodynamic problem in anisotropic heterogeneous media. Geophysics, 66（1）：294-307.

Fornberg B. 1988. The pseudospectral method：accurate representation of interfaces in elastic wave calculations. Geophysics, 53：625-637.

Gray S H, Marfurt K J. 1995. Migration from topography：Improving the near-surface image. Canadian Journal of Exploration Geophysics, 31：18-24.

Guo Y D, Huang J P, Li Z C, et al. 2016. Polarity encoding full waveform inversion with prior model based on blend data. 78th EAGE Conference and Exhibition incorporating Europec.

Hestholm S O, Ruud B O. 1994. 2D finite-difference elastic wave modelling including surface topography. Geophysical Prospecting, 42：371-390.

Jastram C, Tessmer E. 1994. Elastic modeling on a grid with vertically varying spacing. Geophysical Prospecting, 42：357-370.

Köhn D, Nil D D, Kurzmann A, et al. 2012. On the influence of model parametrization in elastic full waveform tomography. Geophysical Journal International, 191：325-345.

Paige C C, Saunders M A. 1982. LSQR：Sparse linear equations and least squares problems. AMC Transactions Math, 8（2）：195-209.

Robertsson J O A, Holliger K. 1997. Modeling of seismic wave propagation near the earth's surface. Physics of the Earth and Planetary Interiors, 104（1/2/3）：193-211.

Sava P C, Fomel S. 2003. Angle-domain commonimaging gathers by wavefield continuation methods. Geophysics, 68（3）：1065-1074.

Zhang K, Li Z C, Zeng T S. 2010. The residual curvature migration velocity analysis on angle domain common imaging gathers. Applied Geophysics, 7（1）：49-56.

第7章 起伏海底界面成像方法

7.1 引　言

目前海洋地震勘探具有广阔的应用前景。与陆上地震波传播途径不同的是，地震波在海洋环境中首先以声波的形式在上覆流体介质中传播，通过海底界面后，在下伏固体介质中以弹性波的形式传播。海底电缆（OBC）技术是将检波器置于海底处激发的地震观测系统。海底电缆地震技术是海洋地震勘探领域的一次巨大突破，与之前常规海洋地震勘探只能记录纵波信息不同的是，该技术得到的海底电缆地震数据能够记录到地下构造的纵横波信息。

海洋环境下成像面临的问题。海洋地震成像相比于陆上地震成像面临几个突出问题：①因海水与空气之间的强波阻抗差，使得海洋环境采集的地震数据发育严重的多次波（刘伊克等，2008；陈小宏和刘华锋，2012）；②鬼波的存在导致振幅畸变，会降低分辨率，严重的会产生虚假的同相轴（Özdemir et al., 2008；刘春成等，2013）；③在深海环境中，剧烈崎岖的海底构造会给地震成像带来严重的干扰（Zhang, 2004）。对于多次波和鬼波处理，国内外学者做了大量的研究，本书重点解决的是崎岖海底构造对地震成像的影响。

崎岖海底构造的处理。我国的海洋环境，特别是南海地区，崎岖海底构造发育，水深变化剧烈。常规处理方法是做静校正处理，该方法基于地表一致性假设（Berryhill, 1979, 1984；刘斌，2016）。然而，如果海底区域高度和速度的变化较大，地表一致性假设是不满足的，这使得高程静校正非常困难，校正量也不准确。除此之外，海水速度的估计对静校正量也有较大的影响（赫建伟等，2017）。因此，针对起伏海底构造环境，需要研发面向崎岖海底构造的直接成像技术。众所周知，地震波正演模拟是地震波成像的基础，传统的海洋介质正演模拟方法通常采用单一的波动方程对波场进行计算，这种方法实现方式简单，仅需令海水区域的横波速度为零。然而，单一方程方法存在严重的缺点，该方法在海水区域也采用弹性波方程，增加了巨额的计算量，特别在三维情形。而且，单一方程方法容易出现不稳定，需要纵横波泊松比不超过0.5，在复杂海洋环境中，常出现不稳定现象。所以，耦合方程方法逐渐得到了发展，该方法在上覆海水层使用声波方程进行模拟，在海底以下介质采用弹性波方程进行模拟，在海底界面处采用适当的边界条件实现两种波动方程的稳定结合（Carcione and Helle, 2004），该方法难以克服崎岖海底界面的影响。

7.2　起伏声–弹耦合介质逆时偏移

7.2.1　起伏声–弹耦合介质波场延拓方法

1. 声–弹耦合波动方程

逆时偏移是最小二乘逆时偏移的第一次迭代，而逆时偏移的第一步是波场的正向延拓。地震波在海洋环境中先以声波形式在海水介质中传播，采用如下所示的一阶声波方程描述：

$$\begin{cases} \rho\, \dfrac{\partial v_x(x,t)}{\partial t} = \dfrac{\partial P(x,t)}{\partial x} \\[2mm] \rho\, \dfrac{\partial v_z(x,t)}{\partial t} = \dfrac{\partial P(x,t)}{\partial z} \\[2mm] \dfrac{\partial P(x,t)}{\partial t} = (\lambda+2\mu)\left[\dfrac{\partial v_x(x,t)}{\partial x} + \dfrac{\partial v_z(x,t)}{\partial z} \right] + f \end{cases} \tag{7.1}$$

式中，P 为声压场；f 为震源项；$x=(x,z)$ 为空间坐标；t 为时间；λ 和 μ 为拉梅常数；ρ 为密度。拉梅常数和速度的关系为

$$\begin{cases} \lambda = (v_p^2 - 2v_s^2)\rho \\[1mm] \mu = v_s^2 \rho \end{cases} \tag{7.2}$$

式中，v_p 和 v_s 分别为纵波速度和横波速度。当地震波穿过海底界面进入弹性介质后，以弹性波形式传播，采用如下所示的弹性波方程进行模拟：

$$\begin{cases} \rho\, \dfrac{\partial v_x(x,t)}{\partial t} = \dfrac{\partial \tau_{xx}(x,t)}{\partial x} + \dfrac{\partial \tau_{xz}(x,t)}{\partial z} \\[2mm] \rho\, \dfrac{\partial v_z(x,t)}{\partial t} = \dfrac{\partial \tau_{xz}(x,t)}{\partial x} + \dfrac{\partial \tau_{zz}(x,t)}{\partial z} \\[2mm] \dfrac{\partial \tau_{xx}(x,t)}{\partial t} = (\lambda+2\mu)\, \dfrac{\partial v_x(x,t)}{\partial x} + \lambda\, \dfrac{\partial v_z(x,t)}{\partial z} \\[2mm] \dfrac{\partial \tau_{zz}(x,t)}{\partial t} = (\lambda+2\mu)\, \dfrac{\partial v_z(x,t)}{\partial z} + \lambda\, \dfrac{\partial v_x(x,t)}{\partial x} \\[2mm] \dfrac{\partial \tau_{xz}(x,t)}{\partial t} = \mu\left[\dfrac{\partial v_x(x,t)}{\partial z} + \dfrac{\partial v_z(x,t)}{\partial x} \right] \end{cases} \tag{7.3}$$

式中，τ_{xx} 和 τ_{zz} 为正应力；τ_{xz} 为切应力。在起伏海底界面处，需要一个控制方程保证声波方程中的声压（P）和弹性波方程中的应力（τ_{xx}，τ_{zz}，τ_{xz}）之间传递的连续性。声压和应力之间的控制方程为（Zhang，2004）

$$\begin{cases} -\alpha P = \alpha \tau_{xx} + \beta \tau_{xz} \\[1mm] -\beta P = \beta \tau_{zz} + \alpha \tau_{xz} \end{cases} \tag{7.4}$$

式中，α 和 β 为海底界面的法向余弦方向。

2. 起伏海底界面声–弹耦合波动方程

当海底界面为剧烈起伏构造时，α 和 β 难以准确求得。因此，对起伏海底构造模型进行非均匀曲网格剖分，并将其映射为曲坐标系下的均匀矩形网格，经过坐标变换之后，起伏海底构造被映射为水平构造。应用链式法则，曲坐标系下一阶声波方程为

$$\begin{cases} \rho\,\dfrac{\partial v_x(x,t)}{\partial t} = \dfrac{\partial P(x,t)}{\partial \xi}\dfrac{\partial \xi}{\partial x} + \dfrac{\partial P(x,t)}{\partial \eta}\dfrac{\partial \eta}{\partial x} \\[2mm] \rho\,\dfrac{\partial v_z(x,t)}{\partial t} = \dfrac{\partial P(x,t)}{\partial \xi}\dfrac{\partial \xi}{\partial z} + \dfrac{\partial P(x,t)}{\partial \eta}\dfrac{\partial \eta}{\partial z} \\[2mm] \dfrac{\partial P(x,t)}{\partial t} = (\lambda+2\mu)\left[\dfrac{\partial v_x(x,t)}{\partial \xi}\dfrac{\partial \xi}{\partial x} + \dfrac{\partial v_x(x,t)}{\partial \eta}\dfrac{\partial \eta}{\partial x} + \dfrac{\partial v_z(x,t)}{\partial \xi}\dfrac{\partial \xi}{\partial z} + \dfrac{\partial v_z(x,t)}{\partial \eta}\dfrac{\partial \eta}{\partial z}\right] + f \end{cases} \tag{7.5}$$

式中，$\partial \xi/\partial x$、$\partial \xi/\partial z$、$\partial \eta/\partial x$ 和 $\partial \eta/\partial z$ 由下式求得（Fornberg，1988）

$$\begin{cases} \dfrac{\partial \xi}{\partial x} = \dfrac{\partial z}{\partial \eta}\Big/\left(\dfrac{\partial x}{\partial \xi}\dfrac{\partial z}{\partial \eta} - \dfrac{\partial x}{\partial \eta}\dfrac{\partial z}{\partial \xi}\right) \\[2mm] \dfrac{\partial \xi}{\partial z} = -\dfrac{\partial x}{\partial \eta}\Big/\left(\dfrac{\partial x}{\partial \xi}\dfrac{\partial z}{\partial \eta} - \dfrac{\partial x}{\partial \eta}\dfrac{\partial z}{\partial \xi}\right) \\[2mm] \dfrac{\partial \xi}{\partial x} = -\dfrac{\partial z}{\partial \xi}\Big/\left(\dfrac{\partial x}{\partial \xi}\dfrac{\partial z}{\partial \eta} - \dfrac{\partial x}{\partial \eta}\dfrac{\partial z}{\partial \xi}\right) \\[2mm] \dfrac{\partial \xi}{\partial x} = \dfrac{\partial x}{\partial \xi}\Big/\left(\dfrac{\partial x}{\partial \xi}\dfrac{\partial z}{\partial \eta} - \dfrac{\partial x}{\partial \eta}\dfrac{\partial z}{\partial \xi}\right) \end{cases} \tag{7.6}$$

同样，曲坐标系下一阶速度–应力方程为

$$\begin{cases} \rho\,\dfrac{\partial v_x(x,t)}{\partial t} = \dfrac{\partial \tau_{xx}(x,t)}{\partial \xi}\dfrac{\partial \xi}{\partial x} + \dfrac{\partial \tau_{xx}(x,t)}{\partial \eta}\dfrac{\partial \eta}{\partial x} + \dfrac{\partial \tau_{xz}(x,t)}{\partial \xi}\dfrac{\partial \xi}{\partial z} + \dfrac{\partial \tau_{xz}(x,t)}{\partial \eta}\dfrac{\partial \eta}{\partial z} \\[2mm] \rho\,\dfrac{\partial v_z(x,t)}{\partial t} = \dfrac{\partial \tau_{xz}(x,t)}{\partial \xi}\dfrac{\partial \xi}{\partial x} + \dfrac{\partial \tau_{xz}(x,t)}{\partial \eta}\dfrac{\partial \eta}{\partial x} + \dfrac{\partial \tau_{zz}(x,t)}{\partial \xi}\dfrac{\partial \xi}{\partial z} + \dfrac{\partial \tau_{zz}(x,t)}{\partial \eta}\dfrac{\partial \eta}{\partial z} \\[2mm] \dfrac{\partial \tau_{xx}(x,t)}{\partial t} = (\lambda+2\mu)\left[\dfrac{\partial v_x(x,t)}{\partial \xi}\dfrac{\partial \xi}{\partial x} + \dfrac{\partial v_x(x,t)}{\partial \eta}\dfrac{\partial \eta}{\partial x}\right] + \lambda\left[\dfrac{\partial v_z(x,t)}{\partial \xi}\dfrac{\partial \xi}{\partial z} + \dfrac{\partial v_z(x,t)}{\partial \eta}\dfrac{\partial \eta}{\partial z}\right] \\[2mm] \dfrac{\partial \tau_{zz}(x,t)}{\partial t} = (\lambda+2\mu)\left[\dfrac{\partial v_z(x,t)}{\partial \xi}\dfrac{\partial \xi}{\partial z} + \dfrac{\partial v_z(x,t)}{\partial \eta}\dfrac{\partial \eta}{\partial z}\right] + \lambda\left[\dfrac{\partial v_x(x,t)}{\partial \xi}\dfrac{\partial \xi}{\partial x} + \dfrac{\partial v_x(x,t)}{\partial \eta}\dfrac{\partial \eta}{\partial x}\right] \\[2mm] \dfrac{\partial \tau_{xz}(x,t)}{\partial t} = \mu\left[\dfrac{\partial v_x(x,t)}{\partial \xi}\dfrac{\partial \xi}{\partial z} + \dfrac{\partial v_x(x,t)}{\partial \eta}\dfrac{\partial \eta}{\partial z} + \dfrac{\partial v_z(x,t)}{\partial \xi}\dfrac{\partial \xi}{\partial x} + \dfrac{\partial v_z(x,t)}{\partial \eta}\dfrac{\partial \eta}{\partial x}\right] \end{cases} \tag{7.7}$$

流体介质与固体介质中的速度值在界面法向方向是垂直的：

$$u^{\mathrm{F}} \cdot n = u^{\mathrm{S}} \cdot n \tag{7.8}$$

式中，u^{F}（v_x^{F}，v_z^{F}）和 u^{S}（v_x^{S}，v_z^{S}）分别为流体和固体介质中的速度值；n 为海底界面的法线方向。

采用贴体网格剖分及坐标变换，n 由下式给出：

$$n = \left(\dfrac{\partial \eta}{\partial x}i + \dfrac{\partial \eta}{\partial z}j\right)\Big/ \sqrt{\left(\dfrac{\partial \eta}{\partial x}\right)^2 + \left(\dfrac{\partial \eta}{\partial z}\right)^2} \tag{7.9}$$

且式 （7.4） 中 α 和 β 为

$$\begin{cases} \alpha = \dfrac{\partial \eta}{\partial x} \bigg/ \sqrt{\left(\dfrac{\partial \eta}{\partial x}\right)^2 + \left(\dfrac{\partial \eta}{\partial z}\right)^2} \\[4mm] \beta = \dfrac{\partial \eta}{\partial z} \bigg/ \sqrt{\left(\dfrac{\partial \eta}{\partial x}\right)^2 + \left(\dfrac{\partial \eta}{\partial z}\right)^2} \end{cases} \tag{7.10}$$

3. 起伏声-弹耦合介质波场分离

在起伏海底界面声-弹耦合介质中进行波场分离时，只需要分离下伏固体介质中的弹性波即可。采用 5.4.1 节 1 内的曲坐标系下分离的纵横波方程对波场进行分离。在这里，我们对曲坐标系下纵横波矢量分解式 （5.53a）、式 （5.53b） 正确性进行理论验证。首先，验证式 （5.53a）、式 （5.53b） 的解 (v_x, v_z) 满足式 （5.51）。地震波场由纵波和横波组成：

$$u = u_p + u_s \tag{7.11}$$

式中，$u = (v_x, v_z)$；$u_p = (v_{xp}, v_{zp})$；$u_s = (v_x, v_z)$。将式 （5.53a） 和式 （5.53b） 的第一个方程相加，我们即可得到式 （5.51） 的第一个方程。同样，我们可以得到第 2 ~ 5 个方程的相同结论。因此式 （5.53a）、式 （5.53b） 的解满足式 （5.51）。

接下来验证式 （5.53a）、式 （5.53b） 能够产生纯纵波和纯横波。众所周知，纵波是无旋场，而横波是无散场。我们首先计算 u_s 的散度场：

$$\nabla \cdot u_s = \frac{\partial v_{xs}}{\partial \xi}\frac{\partial \xi}{\partial x} + \frac{\partial v_{xs}}{\partial \eta}\frac{\partial \eta}{\partial x} + \frac{\partial v_{zs}}{\partial \xi}\frac{\partial \xi}{\partial z} + \frac{\partial v_{zs}}{\partial \eta}\frac{\partial \eta}{\partial z} \tag{7.12}$$

因此，$\nabla \cdot u_s$ 的二阶偏导数为

$$\begin{aligned} \frac{\partial^2 (\nabla \cdot u_s)}{\partial t^2} &= \frac{\partial^2}{\partial t^2}\left(\frac{\partial v_{xs}}{\partial \xi}\frac{\partial \xi}{\partial x} + \frac{\partial v_{xs}}{\partial \eta}\frac{\partial \eta}{\partial x} + \frac{\partial v_{zs}}{\partial \xi}\frac{\partial \xi}{\partial z} + \frac{\partial v_{zs}}{\partial \eta}\frac{\partial \eta}{\partial z} \right) \\ &= \frac{\partial^2}{\partial \xi \partial t}\left(\frac{\partial v_{xs}}{\partial t}\frac{\partial \xi}{\partial x} + \frac{\partial v_{zs}}{\partial t}\frac{\partial \xi}{\partial z} \right) + \frac{\partial^2}{\partial \eta \partial t}\left(\frac{\partial v_{xs}}{\partial t}\frac{\partial \eta}{\partial x} + \frac{\partial v_{zs}}{\partial t}\frac{\partial \eta}{\partial z} \right) \end{aligned} \tag{7.13}$$

结合式 （5.51） 化简整理式 （7.13） 可得

$$\frac{\partial^2 (\nabla \cdot u_s)}{\partial t^2} = 0 \tag{7.14}$$

从式 （7.14） 可得 $\nabla \cdot u_s$ 为一个常数或者一个线性变换的函数。根据波动性质，$\nabla \cdot u_s$ 不可能为一个线性函数，因此 $\nabla \cdot u_s$ 只能是一个常数。根据初始条件，$\nabla \cdot u_s |_{t=0} = 0$，因此 $\nabla \cdot u_s \equiv 0$。同理，可以得出 $\nabla \times u_p \equiv 0$。因此可证明式 （5.53a）、式 （5.53b） 能够产生纯纵波和纯横波。

4. 模型试算

1） 起伏海底界面上覆液相弹性层状介质

首先，我们采用如图 7.1 （a） 所示的起伏海底界面上覆液相弹性层状介质进行测试。模型的大小为 3484m×2276m，网格点数为 871×569，网格间距为 4m。弹性参数在图 7.1 （a） 中进行了展示。图 7.1 （b） 展示的是变换到曲坐标系下的模型。图 7.2 为该模型使

用的网格剖分图，其中 7.2 （a） 为笛卡儿坐标系下的全局正交曲网格，图 7.2 （b） 为笛卡儿坐标系下的局部正交网格，图 7.2 （c） 为曲坐标系下的全局矩形网格，图 7.2 （d） 为曲坐标系下的局部矩形网格。采用的激发震源为爆炸震源，激发位置为 （1742m，4m），采用的子波为雷克子波，主频为 25Hz。合成地震记录由 871 个多分量检波器记录得到。检波器之间的间距为 4m，均匀分布于起伏海底界面处。时间采样间隔为 0.5ms，总计算时间为 2s。

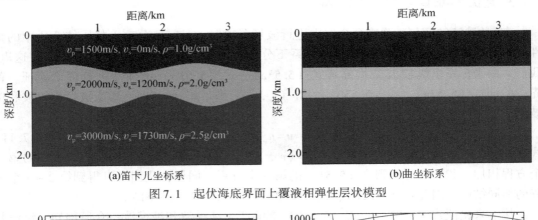

图 7.1　起伏海底界面上覆液相弹性层状模型

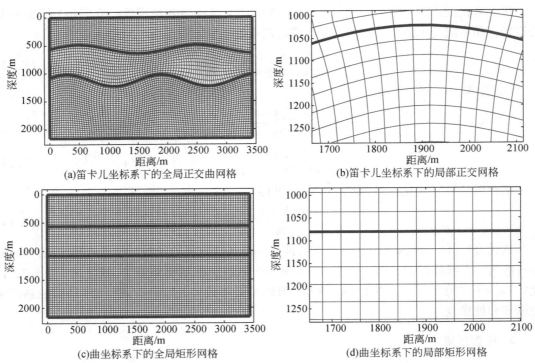

图 7.2　起伏海底界面上覆液相弹性层状模型网格剖分图

图 7.3 （a）、（b） 为曲坐标系下声弹耦合介质正演模拟方法模拟得到的水平分量和垂直分量的海底电缆炮记录。从图中可以看出，反射波形清晰，起伏海底界面的影响得到了

很好的消除。作为对比，给出了传统有限差分方法的模拟结果，如图 7.3（c）、（d）所示。从图中可以看出，采用常规有限差分方法的海底电缆炮记录受到了强烈的散射波和绕射波的影响，信噪比很低。有限元法采用非规则的网格剖分虽然可以得到较为准确的正演模拟结果，但是其计算量要远远超过本书提出的声–弹耦合正演模拟算法。图 7.4 给出从图 7.3 中抽取的 401 道的波形图，其中实线所示的为该方法的结果，虚线所示的为传统有限差分方法的结果。波形图更进一步证明了该方法能够得到更加准确的海底电缆数据模拟结果。因此，该起伏海底界面上覆液相弹性介质正演模拟方法相比传统有限差分正演模拟方法提高了精度和稳定性，相比于有限元法大幅度提高了计算效率。

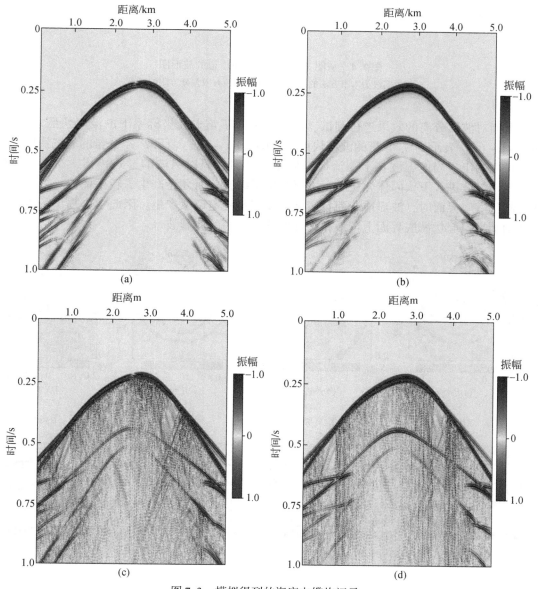

图 7.3　模拟得到的海底电缆炮记录
（a）、（b）采用本书方法得到的炮记录；（c）、（d）采用传统有限差分方法得到的炮记录。
（a）、（c）水平分量；（b）、（d）垂直分量

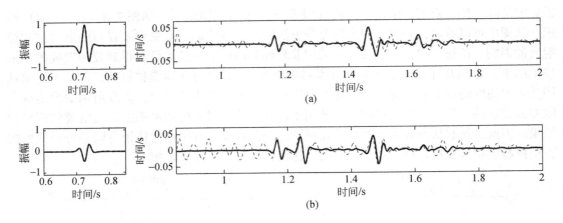

图 7.4　从图 7.3 中抽取的 401 道的波形图

其中实线为本书方法的结果；虚线为传统有限差分方法的结果

下面对波形分离的效果进行测试。图 7.5 展示了笛卡儿坐标系下的波场快照。其中，图（a）~（c）表示 $P\text{-}v_x$ 分量的波场快照，而图（e）~（g）表示 $P\text{-}v_z$ 分量的波场快照。从图中可以看出，当地震波在上覆流体介质中传播时，只以纵波的形式传播，而未产生横波。当地震波进入下伏固体介质时，不仅产生了纵波，而且还产生了转换横波。当地震波通过起伏海底界面时，波形连续而且清晰，没有不稳定现象产生。因此本书提出的方法能够准确地模拟起伏海底界面上覆液相弹性层状介质中的地震波。

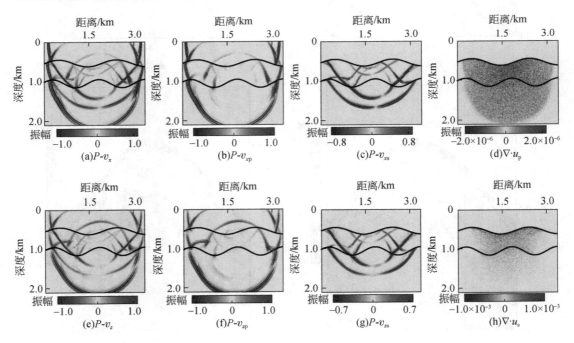

图 7.5　1000ms 笛卡儿坐标系下的波场快照

图 7.5 （b）为笛卡儿坐标系下 P-v_{xp} 分量的波场快照，图 7.5 （f）为笛卡儿坐标系下 P-v_{zp} 分量的波场快照，图 7.5 （c）为笛卡儿坐标系下 P-v_{xs} 分量的波场快照，图 7.5 （g）为笛卡儿坐标系下 P-v_{zs} 分量的波场快照。从各图对比可以看出，采用曲坐标系下的矢量波形分离方法可以准确地将纵横波分离开来，没有损害有效信号及引入异常噪声。图 7.5 （d）为 u_p（v_{xp}，v_{zp}）的旋度，图 7.5 （h）为 u_s（v_{xs}，v_{zs}）的散度。从图中可以看出 u_p 的旋度和 u_s 的散度接近于零，证明了纵波和横波被分离地非常彻底，因为纵波是无旋场而横波是无散场。

为了更好地展示波形分离的效果，我们假设检波器均匀地分布于起伏海底界面之下 10m 处，这样纵横波存在更大的走时差。图 7.6 （a）、（d）是水平分量和垂直分量的海底电缆炮记录。图 7.6 （b）、（c）、（e）、（f）为经过矢量波形分离的纵横波炮记录。从图中也可以看出，纵横波很好地分离开来。图 7.7 为从图 7.6 中抽取的 401 道单道记录。从图中可以看出，纵横波得到了准确分离，且没有对振幅与相位造成影响。

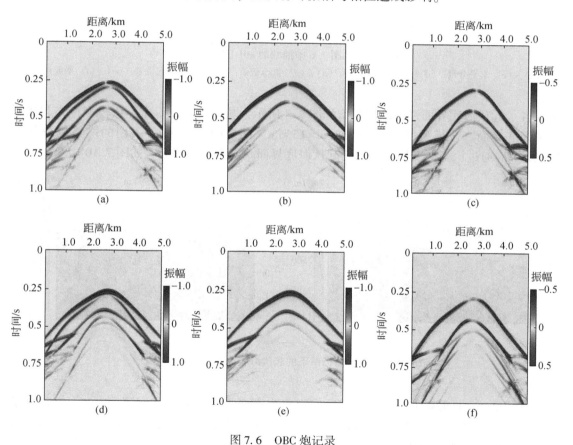

图 7.6　OBC 炮记录

（a）～（c）水平分量；（d）～（f）垂直分量。（a）、（d）混合记录；（b）、（e）纵波记录；（c）、（f）横波记录

2）起伏海底界面逆掩断层模型

最后，对起伏海底界面逆掩断层模型进行测试，验证本书方法对剧烈起伏地表模型的

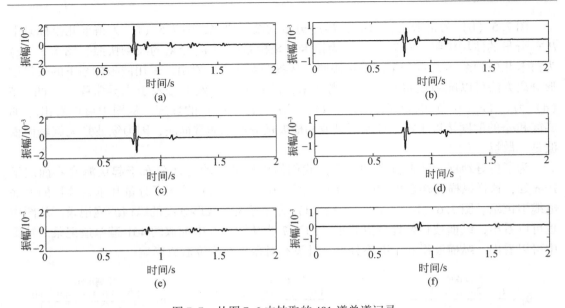

图 7.7　从图 7.6 中抽取的 401 道单道记录

（a）～（c）水平分量；（d）～（f）垂直分量。（a）、（d）混合记录；（b）、（e）纵波记录；（c）、（f）横波记录

适应性。起伏海底界面逆掩断层模型如图 7.8 所示，从图中可以看出，该模型存在起伏剧烈的海底界面。该模型的大小为 3336m×1536m，网格间距为 8m。采用的网格剖分如图 7.9 所示。通过该坐标变换，剧烈的起伏海底界面映射为水平界面，如图 7.10 所示。

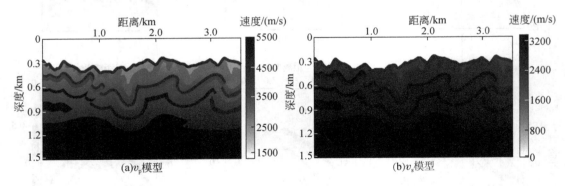

图 7.8　笛卡儿坐标系下的起伏海底界面逆掩断层模型

采用 25Hz 的雷克子波纯纵波震源在海水表面激发，时间采样间隔为 0.6ms，得到的 350ms 波场快照如图 7.11 所示。图 7.11（a）、（d）为纵横波混叠的波场，从图中可以看出，地震波在海水介质中以声波形式传播，遇到剧烈起伏的海底界面后，以弹性波的形式传播，该过程稳定，且没有产生虚假的散射。图 7.11（b）、（e）为分离出的纵波波场，7.11（c）、（f）为分离出的横波波场。通过该模型试算，证明该方法在剧烈起伏海底界面的情形下，也能模拟准确的地震波场，对纵横波进行准确的分离。

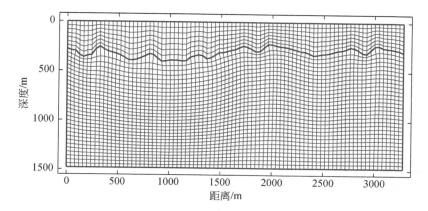

图 7.9 起伏海底界面逆掩断层模型网格剖分图

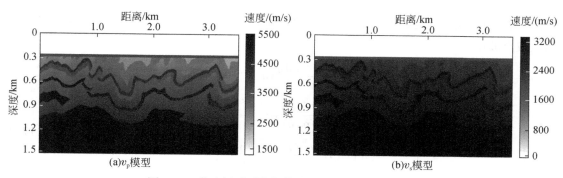

图 7.10 曲坐标系下的起伏海底界面逆掩断层模型

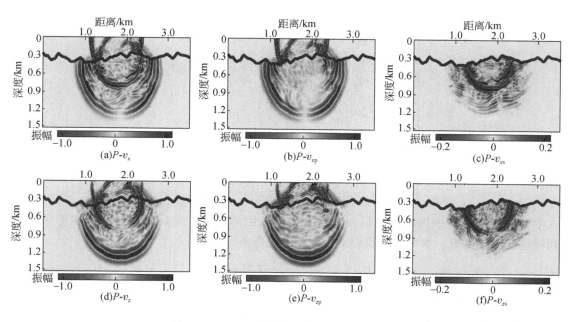

图 7.11 360ms 笛卡儿坐标系下的波场快照

7.2.2　起伏声–弹耦合介质逆时偏移

1. 基本原理

逆时偏移的第一步是求取正向延拓的震源波场，可由下式表示：

$$L\, U^{S}(x,t) = F \tag{7.15}$$

式中，L 为正向延拓算子；$U^{S}(x,\ t)$ 为震源波场，这里 x 为空间坐标；F 为震源项。在起伏声–弹耦合介质逆时偏移中，该震源波场用式（5.53a）和式（5.53b）求得。

逆时偏移的第二步是以观测到的地震数据作为输入求取反向延拓的检波点波场：

$$L^{-1} U^{R}(x,t) = d_{\text{obs}} \tag{7.16}$$

式中，$U^{R}(x,\ t)$ 为检波点波场；L^{-1} 为波场的逆向延拓算子，$L^{-1}(t) = L(T-t)$，T 为计算时间；d^{obs} 为观测的地震数据。本书中采用如下所示的波场分离的波动方程求取反向延拓的检波点波场：

$$\begin{cases} \rho\dfrac{\partial v_{xp}^{R}}{\partial t} = \dfrac{\partial \tau_{xx1}^{R}}{\partial \xi}\dfrac{\partial \xi}{\partial x} + \dfrac{\partial \tau_{xx1}^{R}}{\partial \eta}\dfrac{\partial \eta}{\partial x} + d_{\text{obs}x} \\[2mm] \rho\dfrac{\partial v_{zp}^{R}}{\partial t} = \dfrac{\partial \tau_{zz1}^{R}}{\partial \xi}\dfrac{\partial \xi}{\partial z} + \dfrac{\partial \tau_{zz1}^{R}}{\partial \eta}\dfrac{\partial \eta}{\partial z} + d_{\text{obs}z} \\[2mm] \dfrac{\partial \tau_{xx1}^{R}}{\partial t} = (\lambda+2\mu)\left(\dfrac{\partial v_{x}^{R}}{\partial \xi}\dfrac{\partial \xi}{\partial x} + \dfrac{\partial v_{x}^{R}}{\partial \eta}\dfrac{\partial \eta}{\partial x} + \dfrac{\partial v_{z}^{R}}{\partial \xi}\dfrac{\partial \xi}{\partial z} + \dfrac{\partial v_{z}^{R}}{\partial \eta}\dfrac{\partial \eta}{\partial z}\right) \\[2mm] \dfrac{\partial \tau_{zz1}^{R}}{\partial t} = (\lambda+2\mu)\left(\dfrac{\partial v_{x}^{R}}{\partial \xi}\dfrac{\partial \xi}{\partial x} + \dfrac{\partial v_{x}^{R}}{\partial \eta}\dfrac{\partial \eta}{\partial x} + \dfrac{\partial v_{z}^{R}}{\partial \xi}\dfrac{\partial \xi}{\partial z} + \dfrac{\partial v_{z}^{R}}{\partial \eta}\dfrac{\partial \eta}{\partial z}\right) \end{cases} \tag{7.17a}$$

$$\begin{cases} \rho\dfrac{\partial v_{xs}^{R}}{\partial t} = \dfrac{\partial \tau_{xx2}^{R}}{\partial \xi}\dfrac{\partial \xi}{\partial x} + \dfrac{\partial \tau_{xx2}^{R}}{\partial \eta}\dfrac{\partial \eta}{\partial x} + \dfrac{\partial \tau_{xz}^{R}}{\partial \xi}\dfrac{\partial \xi}{\partial z} + \dfrac{\partial \tau_{xz}^{R}}{\partial \eta}\dfrac{\partial \eta}{\partial z} + d_{\text{obs}x} \\[2mm] \rho\dfrac{\partial v_{zs}^{R}}{\partial t} = \dfrac{\partial \tau_{xz}^{R}}{\partial \xi}\dfrac{\partial \xi}{\partial x} + \dfrac{\partial \tau_{xz}^{R}}{\partial \eta}\dfrac{\partial \eta}{\partial x} + \dfrac{\partial \tau_{zz2}^{R}}{\partial \xi}\dfrac{\partial \xi}{\partial z} + \dfrac{\partial \tau_{zz2}^{R}}{\partial \eta}\dfrac{\partial \eta}{\partial z} + d_{\text{obs}z} \\[2mm] \dfrac{\partial \tau_{xx2}^{R}}{\partial t} = -2\mu\left(\dfrac{\partial v_{z}^{R}}{\partial \xi}\dfrac{\partial \xi}{\partial z} + \dfrac{\partial v_{z}^{R}}{\partial \eta}\dfrac{\partial \eta}{\partial z}\right) \\[2mm] \dfrac{\partial \tau_{zz2}^{R}}{\partial t} = -2\mu\left(\dfrac{\partial v_{x}^{R}}{\partial \xi}\dfrac{\partial \xi}{\partial x} + \dfrac{\partial v_{x}^{R}}{\partial \eta}\dfrac{\partial \eta}{\partial x}\right) \\[2mm] \dfrac{\partial \tau_{xz2}^{R}}{\partial t} = \mu\left(\dfrac{\partial v_{x}^{R}}{\partial \xi}\dfrac{\partial \xi}{\partial z} + \dfrac{\partial v_{x}^{R}}{\partial \eta}\dfrac{\partial \eta}{\partial z} + \dfrac{\partial v_{z}^{R}}{\partial \xi}\dfrac{\partial \xi}{\partial x} + \dfrac{\partial v_{z}^{R}}{\partial \eta}\dfrac{\partial \eta}{\partial x}\right) \end{cases} \tag{7.17b}$$

式中，$d_{\text{obs}x}$ 和 $d_{\text{obs}z}$ 分别为水平分量和垂直分量输入的炮记录。最后采用合适的成像条件得到最终的成像结果。本书中，我们使用互相关成像条件：

$$I(x) = \int_{0}^{T} U^{S}(x,t)\, U^{R}(x,t)\,\mathrm{d}t \tag{7.18}$$

式中，I 为最终的成像结果。在弹性波逆时偏移过程中，通常采用常规两分量互相关成像条件和基于波场分离的四分量的成像条件。在本节中，采用如下所示的八分量成像条件：

$$
\begin{cases}
I_{\mathrm{pp\_}x}(\xi,\eta) = \int v_{xp}(\xi,\eta,t)\cdot v_{xp}^{\mathrm{R}}(\xi,\eta,t)\,\mathrm{d}t, & I_{\mathrm{pp\_}z}(\xi,\eta) = \int v_{zp}(\xi,\eta,t)\cdot v_{zp}^{\mathrm{R}}(\xi,\eta,t)\,\mathrm{d}t \\[2mm]
I_{\mathrm{ps\_}x}(\xi,\eta) = \int v_{xp}(\xi,\eta,t)\cdot v_{xs}^{\mathrm{R}}(\xi,\eta,t)\,\mathrm{d}t, & I_{\mathrm{ps\_}z}(\xi,\eta) = \int v_{zp}(\xi,\eta,t)\cdot v_{zs}^{\mathrm{R}}(\xi,\eta,t)\,\mathrm{d}t \\[2mm]
I_{\mathrm{sp\_}x}(\xi,\eta) = \int v_{xs}(\xi,\eta,t)\cdot v_{xp}^{\mathrm{R}}(\xi,\eta,t)\,\mathrm{d}t, & I_{\mathrm{sp\_}z}(\xi,\eta) = \int v_{zs}(\xi,\eta,t)\cdot v_{zp}^{\mathrm{R}}(\xi,\eta,t)\,\mathrm{d}t \\[2mm]
I_{\mathrm{ss\_}x}(\xi,\eta) = \int v_{xs}(\xi,\eta,t)\cdot v_{xs}^{\mathrm{R}}(\xi,\eta,t)\,\mathrm{d}t, & I_{\mathrm{ps\_}z}(\xi,\eta) = \int v_{zs}(\xi,\eta,t)\cdot v_{zs}^{\mathrm{R}}(\xi,\eta,t)\,\mathrm{d}t
\end{cases}
$$

$$(7.19)$$

式中，$I_{\mathrm{pp\_}x}$，$I_{\mathrm{ps\_}x}$，$I_{\mathrm{sp\_}x}$，$I_{\mathrm{ss\_}x}$ 分别为 x 分量的 PP、PS、SP 和 SS 成像结果；$I_{\mathrm{pp\_}z}$，$I_{\mathrm{ps\_}z}$，$I_{\mathrm{sp\_}z}$，$I_{\mathrm{ss\_}z}$ 分别为 z 分量的 PP、PS、SP 和 SS 成像结果。

2. 模型试算

1）起伏海底界面上覆液相弹性层状介质

首先，对 7.2.1 节中模型计算内的起伏海底界面上覆液相弹性层状介质进行测试，模型参数与正演模拟参数其相同。采用固定排列的观测系统：震源个数为 50，均匀分布于水面以下 4m 处，相邻震源间隔为 70m。每炮的接收点数为 871，相邻接收点间隔为 4m。使用该声弹耦合介质逆时偏移方法对海底电缆数据进行成像。图 7.12 为得到的八分量成像结果。作为对比，这里也给出了采用矩形网格剖分得到的八分量成像结果，如图 7.13 所示。可以看出，在图 7.13 的起伏声–弹界面处产生了大量的虚假散射噪声（如图中箭头所示）。

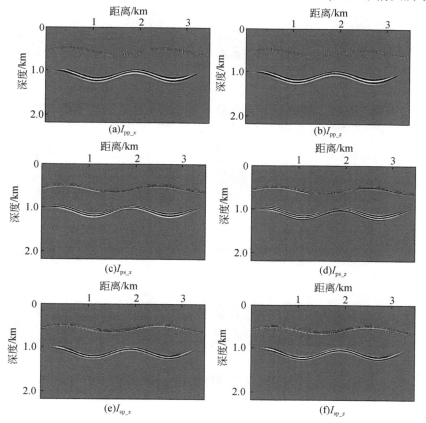

(a)$I_{\mathrm{pp\_}x}$　　　　　　　　　(b)$I_{\mathrm{pp\_}z}$

(c)$I_{\mathrm{ps\_}x}$　　　　　　　　　(d)$I_{\mathrm{ps\_}z}$

(e)$I_{\mathrm{sp\_}x}$　　　　　　　　　(f)$I_{\mathrm{sp\_}z}$

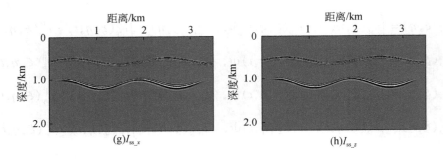

图 7.12　曲网格方法八分量成像结果一

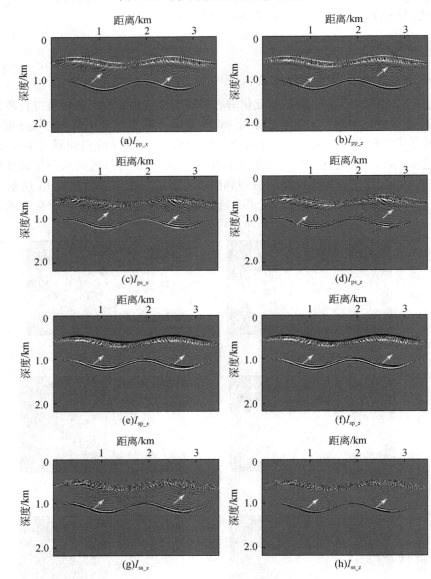

图 7.13　矩形网格方法八分量成像

图 7.14 和图 7.15 为采用曲网格剖分得到的四分量和两分量成像结果。虽然，这两种方法得到的成像结果中，所有的起伏反射界面都得到了准确的成像，但却存在明显的纵横波串扰成像噪声，如图中箭头所示。而本书基于曲网格剖分的八分量成像结果得到了更高质量的起伏海底介质的成像结果。

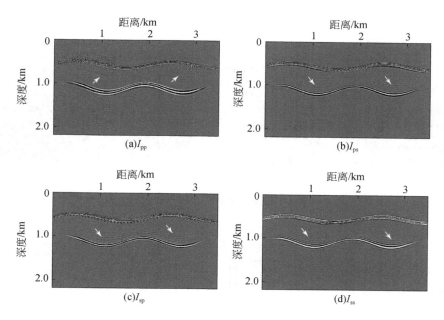

图 7.14　曲网格方法四分量成像结果一

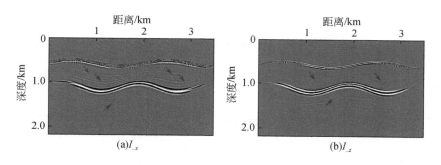

图 7.15　曲网格方法两分量成像结果一

2）起伏海底界面 Marmousi2 模型

采用起伏海底界面 Marmousi2 模型进行测试。在本例子中，标准的 Marmousi2 模型被抽稀为 6633m×2490m，网格大小为 9m×6m，并将水平的海底界面变换为起伏界面，如图 7.16 所示。图 7.17（a）为笛卡儿坐标系下的曲网格剖分图。曲坐标系下的 Marmousi2 模型如图 7.18 所示，从图中可以看出，经过坐标变换，笛卡儿坐标系下非规则曲网格 [图 7.17（a）] 被映射为规则的矩形网格 [图 7.17（b）]，起伏海底界面变换为水平界面。

曲坐标系下的模型进行简单的平滑以后作为偏移的输入模型。采用如图 7.16、图 7.17 所示的观测系统和正演模拟参数生成多分量合成海底电缆数据：震源在水面上激发，总炮数为 100，相邻震源间隔为 18m，震源子波函数主频为 25Hz 的雷克子波，每炮 737 个多分量检波器，均匀地分布于起伏海底界面处，相邻检波点之间的距离为 9m。时间采样间隔为 0.5ms，记录时间为 2s。

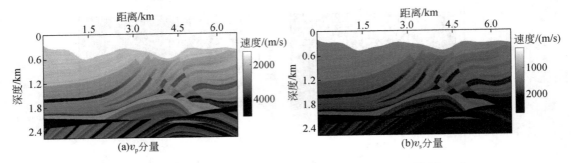

图 7.16　笛卡儿坐标系下的起伏海底界面 Marmousi2 模型

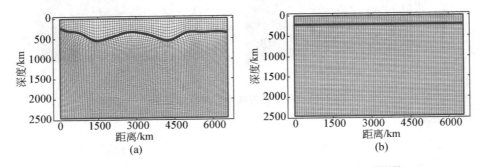

图 7.17　笛卡儿坐标系下的曲网格（a）与曲坐标系下的矩形网格（b）

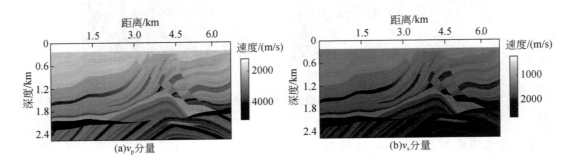

图 7.18　曲坐标系下的起伏海底界面 Marmousi2 模型

本书基于曲网格剖分的八分量成像结果如图 7.19 所示，图 7.20 和图 7.21 分别为四分量和两分量成像结果。在图 7.21 中，存在明显的纵横波串扰噪声，特别在 I_{-x} 分量中，虽然横波的极性反转被校正了，但振幅和相位的变化导致了不准确的成像结果。图 7.19 结果表明，该声-弹耦合介质逆时偏移方法在浅层和深层区域都产生了高质量的成像结果，因为该方法纵横波之间的串扰得到了压制，且振幅和相位没有发生变化。为了突出展示该方法的优势，得到三种方法中部断层区域和深部区域的局部放大图如图 7.22 和图 7.23 所示，此放大图进一步证明本书的声-弹耦合介质逆时偏移方法能够产生具有更高信噪比和更准确成像位置的成像结果。

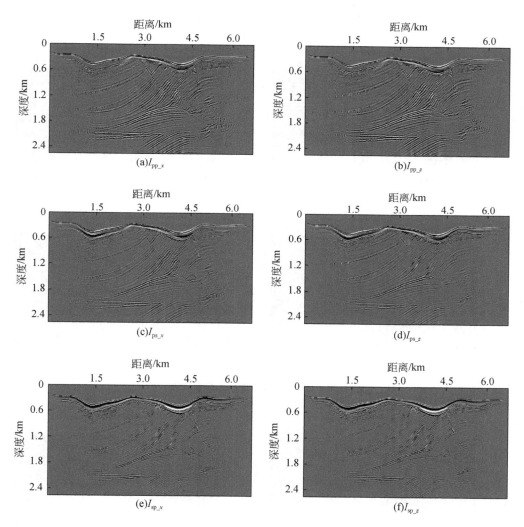

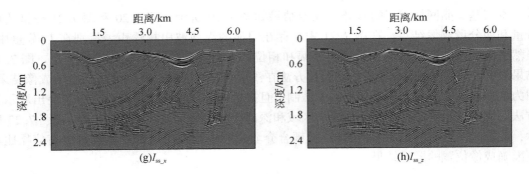

图 7.19　曲网格方法八分量成像结果二

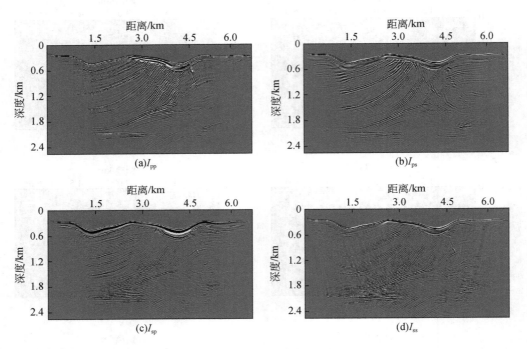

图 7.20　曲网格方法四分量成像结果二

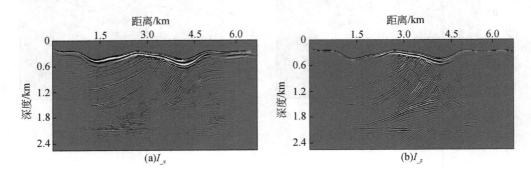

图 7.21　曲网格方法两分量成像结果二

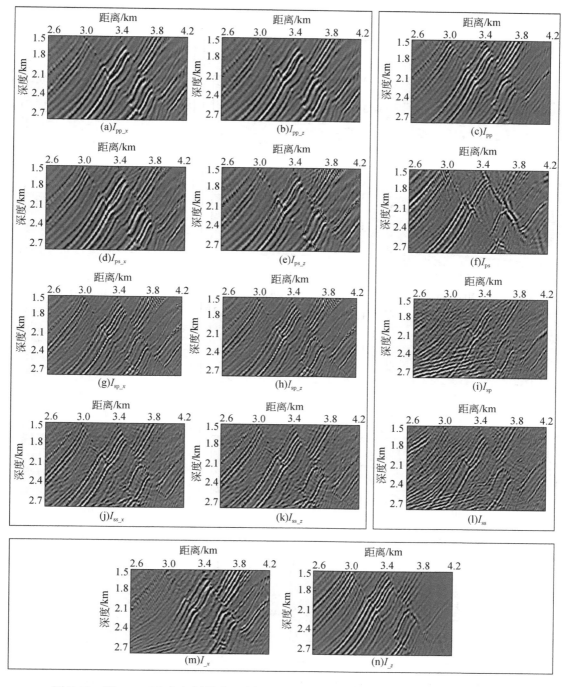

图 7.22　图 7.19（左上方框所示）、图 7.20（右上方框所示）、图 7.21（下方框所示）
中部区域局部放大图

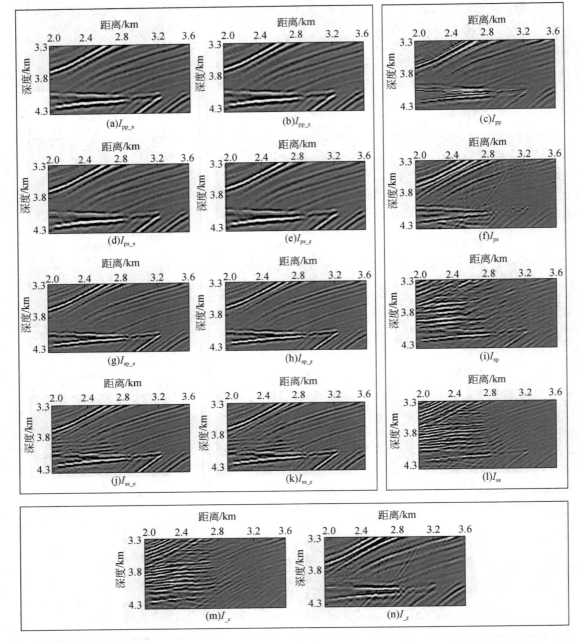

图 7.23　图 7.19（左上方框所示）、图 7.20（右上方框所示）、图 7.21（左下方框所示）
深部区域局部放大图

7.2.3　本节小结

基于贴体网格生成技术、曲坐标系下的声波方程和弹性波方程，结合声–弹耦合介质边界上的位移和应力连续性条件，推导海底界面的声波和弹性波转换方程，成功实现了起伏声–弹耦合介质正演模拟和逆时偏移。分别对起伏地表和起伏声–弹耦合介质的简单和复杂模型进行正演模拟与偏移成像研究，得到了如下结论。

（1）常规矩形网格剖分方法以阶梯状形式逼近不规则边界，从而引起人工角点散射。因此，将贴体网格应用于起伏海底界面正演模拟中，解决了传统网格剖分方法引起的散射噪声问题，对起伏声–弹耦合介质的精确网格剖分，保证了在起伏边界上网格的正交性和平滑性。

（2）海洋介质数值模拟方法主要分为整体法或分区法，即在整个海洋区域中采用单一的波动方程或耦合方程。采用纯声波方程虽然计算速度快，但是缺少横波信息。采用纯弹性波方程，把海水部分的横波速度设为 0，该方法容易出现不稳定，而且计算效率也比较低。本书采用的声–弹耦合方程计算速度比纯弹性波方程快、稳定性高，相比于纯声波方程包含纵横波信息，并且更加符合地震波在海洋环境中的传播情况。

（3）将基于贴体网格剖分的全交错网格有限差分方法应用到起伏声–弹耦合介质逆时偏移中，有效压制了起伏海底界面引起的虚假散射噪声，最终得到了较精确的起伏声–弹耦合介质成像结果。

7.3　起伏海底声–弹耦合介质最小二乘逆时偏移

7.3.1　基本原理

剧烈的起伏海底构造给海洋环境下地震成像带来了巨大困难。为了对起伏海底构造下的似海底反射层进行多分量的精确成像，本节介绍了一种起伏海底构造弹性波最小二乘逆时偏移方法。该方法基于一种耦合方程方法，即海水中使用声波方程，在下伏弹性介质中使用弹性波方程，在海底界面处使用声–弹控制方程使得声波方程中的声压和弹性波方程中的应力稳定连续地传递。为了克服起伏海底界面的影响，将声–弹模型剖分为非均匀曲网格，并采用对应的映射技术，将模型变换到曲坐标系下，通过此坐标变换，直角坐标系下的非均匀曲网格被映射到曲坐标系下的均匀矩形网格，起伏海底界面也被映射为水平界面。通过上述曲坐标系下的声–弹耦合方程推导实现了起伏海底构造弹性波最小二乘逆时偏移算法并提出了实现流程。

在海水流体介质及海底以下固体介质中，分别采用 5.3 节和 5.4 节中曲坐标系下的一阶声波方程和弹性波方程进行波场模拟，在起伏海底界面上，采用 7.2 节中的控制方程保证流体介质中的声压（P）和固体介质中的应力（τ_{xx}，τ_{zz}，τ_{xz}）之间连续稳定地传播。

声弹耦合介质最小二乘逆时偏移需要计算的波场包括：第一，计算声弹耦合介质中地震波的传播波场；第二，计算下伏弹性介质中逆时延拓的波场；第三，计算下伏的弹性介质的扰动波场。声波、弹性波波场延拓方程、弹性波偏移方程及弹性波反偏移方程在 5.3 节和 5.4 节已经给出，这里不再赘述。

7.3.2　数值试算

1. 简单起伏海底界面模型

在模型试算部分，首先对一个简单的含起伏海底界面模型进行测试，模型构造特征及地球物理参数如图 7.24（a）所示，模型大小为 3200m×1600m。将该模型变换到曲坐标系下如图 7.24（b）所示。从图中可以看出，起伏海底界面及其他起伏构造被映射为水平界面。图 7.25（a）、（b）分别为直角坐标系下和曲坐标系下的网格剖分图。为了突出本书方法的优势，我们采用三种方法进行对比。第一种方法（本书方法）使用声-弹耦合方程和曲网格剖分，第二种方法使用常规单一弹性波和曲网格剖分，第三种方法使用声-弹耦合方程和常规矩形网格剖分。正演模拟参数为：空间采样间隔为 8m×8m，时间采样间隔为 0.6ms，震源在（1600m，0m）处激发，爆炸震源子波为雷克子波，震源频率为 25Hz，检波器数量为 201，相邻检波器之间的距离为 16m，均匀分布于起伏海底界面处。

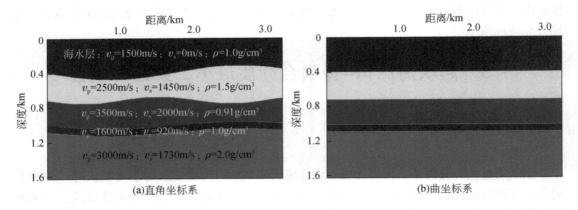

图 7.24　含天然气水合物储层的起伏海底界面模型

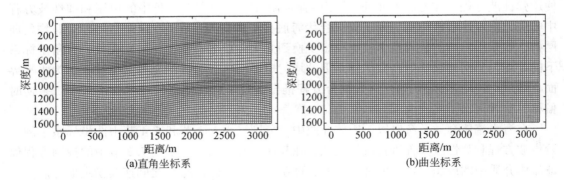

图 7.25　简单起伏海底界面模型网格剖分图

　　采用三种正演模拟方法得到的 600ms 的波场快照如图 7.26 所示。其中图 7.26（a）、
（d）所示的为本书方法的波场快照，图 7.26（b）、（e）为第二种常规方法的波场快照，
图 7.26（c）、（f）为第三种常规方法的波场快照。从图中可以看出，地震波在海水介质
中以声波形式传播（纯纵波），当地震波穿过起伏海底界面时，地震波以弹性波形式传播，
此时除了纵波以外，转换横波也出现了。对比三种方法的波场快照，采用本书方法得到的
结果［图 7.26（a）、（d）］中波形清晰、准确，无虚假噪声产生，采用曲网格单一方程法
得到的波场快照［图 7.26（b）、（e）］中虽然没有出现不稳定现象，但是因为海水介质中
的横波速度为零，采用单一弹性波方程方法会出现明显的频散，采用矩形网格耦合方程法
得到的波场快照［图 7.26（c）、（f）］存在很多因起伏海底界面造成的虚假散射噪声，严
重污染了有效波形。三种方法正演模拟得到的炮记录如图 7.27 所示，对比可以看出，本
书方法的精度更高。我们给出了三种方法的计算时间对比如表 7.1 所示。

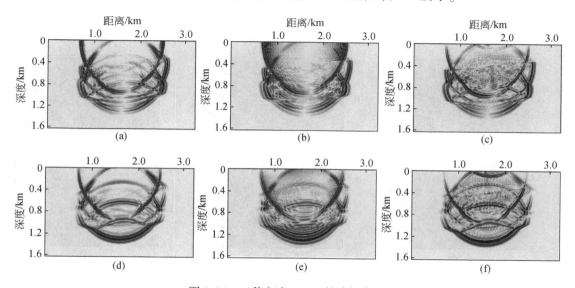

图 7.26　三种方法 600ms 的波场快照
（a）、（d）曲网格耦合方程法；（b）、（e）曲网格单一方程法；（c）、（f）矩形网格耦合方程法；
（a）~（c）水平分量；（d）~（f）垂直分量

表 7.1　三种方法对比表

方法	方程	网格	计算时间/s	成像质量
方法一	声-弹耦合方程	非均匀曲网格	1543.3	清晰、准确
方法二	单一弹性波方程	非均匀曲网格	1945.6	频散噪声
方法三	声-弹耦合方程	均匀矩形网格	956.1	虚假散射噪声

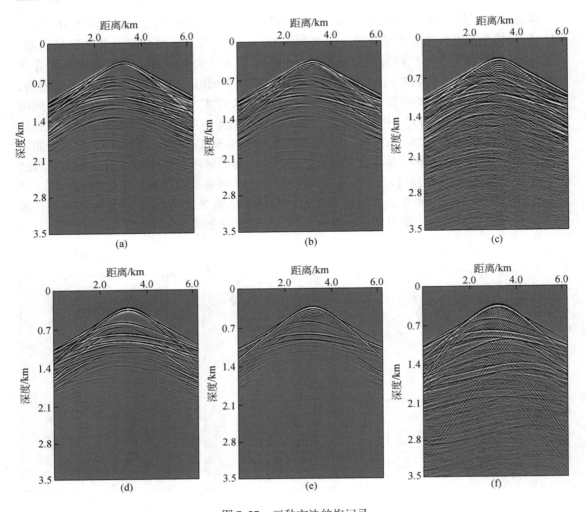

图 7.27　三种方法的炮记录

(a)、(d) 曲网格耦合方程法；(b)、(e) 曲网格单一方程法；

(c)、(f) 矩形网格耦合方程法；(a)~(c) 水平分量；(d)~(f) 垂直分量

　　采用三种弹性波最小二乘逆时偏移方法进行成像。图 7.28 为三种方法的第 20 次成像结果。从图中可以看出明显的似海底反射层的位置，如图实心箭头所示，该反射层大致跟海底界面平行，振幅能量强，相位出现了反转。本书方法得到的纵横波速度成像结果［图 7.28（a）、（b）］接近于真实的反射系数，如图 7.29 所示，反射同相轴清晰，没有受到起伏海底界面的影响。图 7.28（c）、（d）所示的曲网格单一方程最小二乘逆时偏移法成像结果存在少量的虚假同相轴如图中空心箭头所示，图 7.28（e）、（f）所示的矩形网格耦合方程最小二乘逆时偏移法成像结果存在大量的虚假散射噪声。图 7.30 为三种方法数据收敛曲线，从图中可以看出，本书方法收敛速度最快，收敛到了更低的最小值。该例子证明了本书方法具有更好的成像效果和更快的收敛速度。

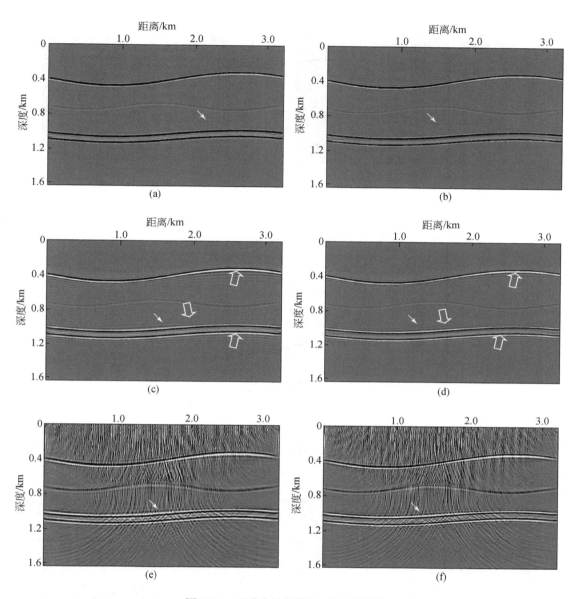

图 7.28　三种方法的第 20 次成像结果

（a）、（b）曲网格耦合方程法；（c）、（d）曲网格单一方程法；（e）、（f）矩形网格耦合方程法；

（a）、（c）、（e）v_p 分量；（b）、（d）、（f）v_s 分量

2. 实际工区模型

接下来，我们对如图 7.31 所示的实际工区模型进行测试。该模型存在一个起伏的海底界面，在海底界面以上为液体介质（用声波方程模拟），在海底界面以下为固体介质（用弹性波方程模拟），海底介质下面存在天然气水合物储层及下伏的低速游离气层。图

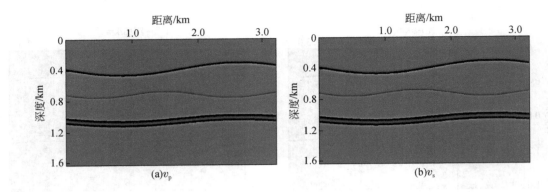

图 7.29　反射系数

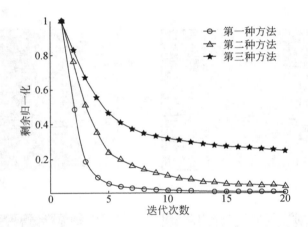

图 7.30　三种方法数据收敛曲线

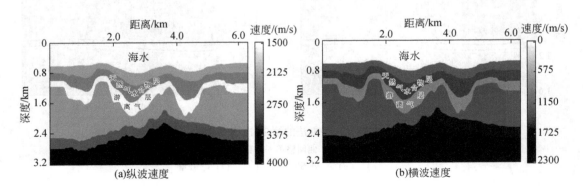

图 7.31　实际工区模型

7.31（a）为纵波速度模型，图 7.31（b）为横波速度模型，液体介质中的纵波速度为 1500m/s，横波速度为 0m/s，密度为 1.0g/cm^3，固体介质的密度为 2.0g/cm^3。模型大小为 6288m×3208m，同样用曲网格剖分方法对该模型进行网格离散，直角坐标系下的非均

匀曲网格剖分图如图 7.32（a）所示。经过坐标映射之后，直角坐标系下的曲网格被映射
为曲坐标系下的均匀矩形网格，如图 7.32（b）所示，网格间距为 8m×8m。经过变换后的
曲坐标系下的该实际工区模型如图 7.33 所示，从图中可以看出，起伏海底界面也映射为
水平界面。

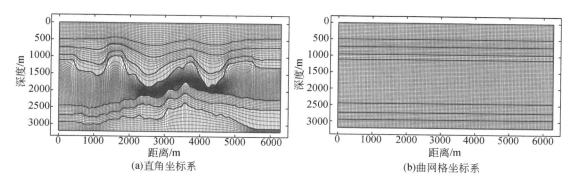

图 7.32 实际工区模型网格剖分图

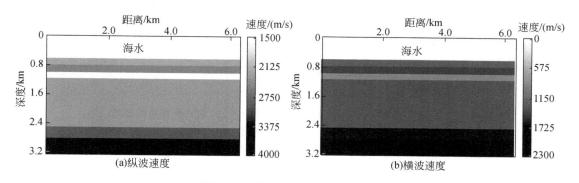

图 7.33 变换后曲坐标系下模型

　　采用本书曲网格声–弹正演方法进行正演模拟，观测系统采用海底电缆方式以记录多
分量地震记录，即震源在海面上激发，检波器均匀放置于海底界面处。激发震源的水平位
置为 3144m，震源为 25Hz 的雷克子波爆炸震源，检波点数为 438，相邻检波点之间的距离
为 16m。正演模拟的时间采样间隔为 0.5ms，计算时间为 3.5s。正演模拟得到的 1.25s 曲
坐标系的波场快照如图 7.34 所示，其中图 7.34（a）为 $P\text{-}v_x$ 分量，图 7.34（b）为 $P\text{-}v_z$ 分
量。为了更清楚地展示波场的物理特征，将该波场反映射到直角坐标系下，如图 7.35 所
示，从图中可以看出，地震波在海水介质中以纵波形式传播，当遇到起伏海底界面时，除
了纵波之外，还出现了转换横波，以弹性波的形式传播，在起伏海底界面处，稳定连续地
传播，且没有虚假散射噪声产生，波形清晰。图 7.36 为采用本书曲网格声–弹正演方法
得到的海底电缆炮记录。为了突出本书方法的优势，我们给出了传统声–弹正演方法得到

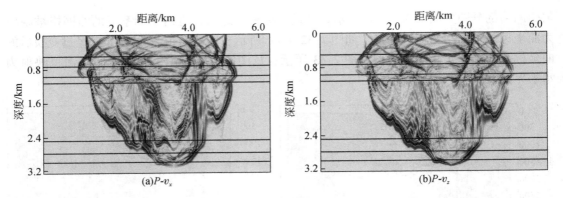

图 7.34　采用本书曲网格声–弹正演方法得到的 1.25s 曲坐标系的波场快照

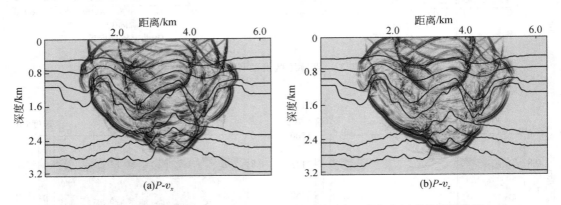

图 7.35　采用本书曲网格声–弹正演方法得到的 1.25s 直角坐标系的波场快照

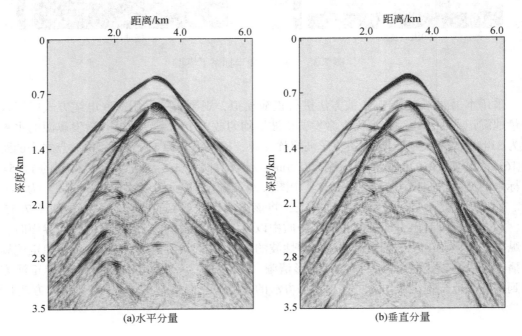

图 7.36　采用本书曲网格声–弹正演方法得到的海底电缆炮记录

的 1.25s 直角坐标系的波场快照如图 7.37 所示。从图中可以看出，地震波在穿过起伏海底界面时，产生了大量的散射噪声，图 7.38 所示的炮记录同样可以看出，散射噪声对有效能量造成了污染，深部的有效反射能量无法得到准确的模拟。该模型试算证明了本书采用的曲网格声–弹正演方法的正确性，为下面最小二乘逆时偏移提供了准确的波场延拓基础。

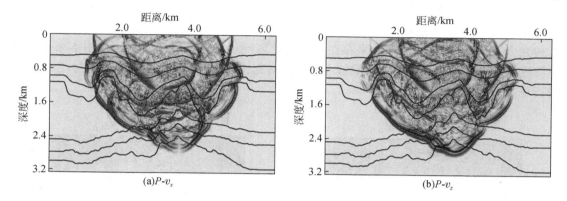

图 7.37　采用传统正演方法得到的 1.25s 直角坐标系的波场快照

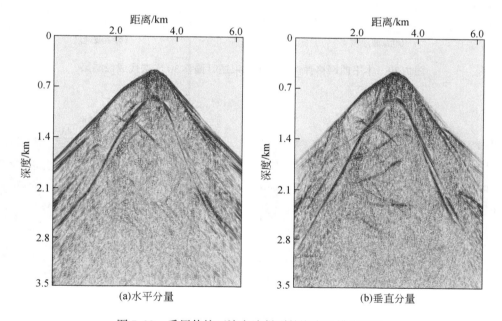

图 7.38　采用传统正演方法得到的海底电缆炮记录

最后，采用起伏海底构造弹性波最小二乘逆时偏移方法对含天然气水合物储层的实际工区模型进行成像试算。输入的海底电缆炮记录共 112 炮，炮间距为 56m，均匀地分布于海面处。输入的参数场为曲坐标系下的平滑拉梅常数场。图 7.39 为本书提出的起伏海底构造弹性波最小二乘逆时偏移方法得到的 30 次迭代成像结果，其中，图 7.39（a）为纵波速度成像结果，图 7.39（b）为横波速度成像结果。从图中可以看出，纵波速度分量成像结果的分辨率略高于横波速度分量，箭头所示的为似海底反射层。主要表现的特征与海底界面大致平行，反射系数能量较大，相位出现反转，此为天然气水合物储层的重要标志。图 7.40 为纵横波速度分量的反射系数模型，该模型仅用作结果对比，从结果中可以看出，本书方法的成像结果与反射系数模型得到了很好的匹配。图 7.41 为采用传统矩形网格弹性波最小二乘逆时偏移 30 次迭代成像结果，相比于本书方法的成像结果（图 7.39），传统矩形网格的成像结果存在大量的散射噪声。从该例子看出，采用本书提出起伏海底构造弹性波最小二乘逆时偏移方法可以对起伏海底界面条件下的天然气水合物储层进行更准确的成像。

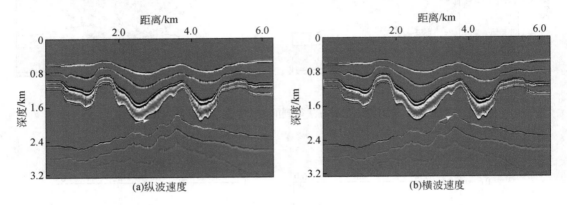

图 7.39　本书曲网格弹性波最小二乘逆时偏移 30 次迭代成像结果

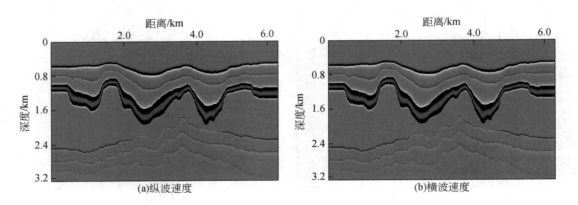

图 7.40　用作对比的反射系数模型

7.3.3　本节小结

本书介绍了起伏海底界面弹性波最小二乘逆时偏移方法。该方法与传统多分量成像方法相比具有以下三个优势。

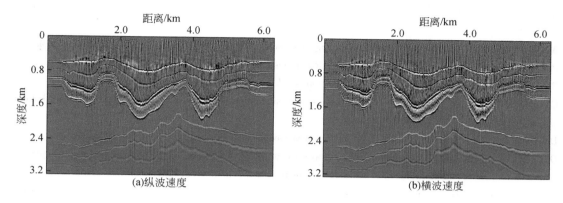

图 7.41　传统弹性波最小二乘逆时偏移 30 次迭代成像结果

（1）采用曲网格剖分的有限差分算法，既能保留传统有限差分方法计算速度快、占用内存低和实现简单等优点，又克服了传统有限差分方法因其规则的矩形网格剖分导致的对起伏海底构造环境成像的局限性。

（2）采用声–弹波动方程进行波场延拓，能够克服传统单一弹性波方程计算量大、内存高、稳定性差、海水介质中频散明显等缺点。

（3）提出了基于伴随状态理论和反演思想的声–弹耦合介质最小二乘逆时偏移方法，得到信噪比高、分辨率高、振幅保幅性好的高精度多分量地震成像剖面。

通过对起伏海底的简单模型和实际工区模型测试得出了如下两点结论。

（1）该方法与两种传统方法（矩形网格剖分法、单一弹性波方程法）相比，能够兼具效率和精度。

（2）与纵波最小二乘逆时偏移相比，多分量最小二乘逆时偏移技术可以同时利用纵波和横波信息，纵横波之间的耦合更好地保持了地震波场的运动学和动力学特征，因此能够提供更多的地下介质信息。与纵波相比，横波（转换波）具有更高的分辨率。

本书方法也存在一些缺点，需要进行进一步研究。

（1）多分量最小二乘逆时偏移方法虽然能在一定程度上压制纵横波串扰噪声，但该纵横波串扰依旧影响该方法的收敛速度。

（2）与常规最小二乘逆时偏移一样，该方法对初始速度的依赖同样较高。

（3）未考虑密度扰动的影响。

参 考 文 献

陈小宏，刘华锋．2012．预测多次波的逆散射级数方法与 SRME 方法及比较．地球物理学进展，27（3）：1040-1050.

赫建伟，周家雄，王宇，等．2017．崎岖海底 OBC 地震数据全波形反演策略．世界地质，36（1）：274-282.

刘斌．2016．南海北部陆坡崎岖海底区地震成像：OBS 旅行时反演．物探与化探，40（6）：1244-1249.

刘春成，刘志斌，顾汉明．2013．利用上/下缆合并算子确定海上上/下缆采集的最优沉放深度组合．石油物探，52（6）：623-629.

刘伊克, 常旭, 王辉, 等. 2008. 波路径偏移压制层间多次波的理论与应用. 地球物理学报, (2): 589-595.

Aki K, Richards P. 2002. Quantitative seismology (second edition). New York: University Science Books.

Berryhill J R. 1979. Wave equation datuming. Geophysics, 44 (8): 1329-1344.

Berryhill J R. 1984. Wave equation datuming before stack. Geophysics, 49 (11): 2064-2066.

Carcione J M, Helle H B. 2004. The physics and simulation of wave propagation at the ocean bottom. Geophysics, 69 (3): 825-839.

Dankbaar J W M. 1985. Separation of P- and S waves. Geophysical Prospecting, 33 (7): 970-986.

Devaney A J, Oristagliot M L. 1986. A plane-wave decomposition for elastic wave fields applied to the separation of P-waves and S-waves in vector seismic data. Geophysics, 51 (2): 419-423.

Fornberg B. 1988. The pseudospectral method: accurate representation of interfaces in elastic wave calculations. Geophysics, 53: 625-637.

Lu J, Wang Y, Yao C. 2012. Separating P- and S-waves in an affine coordinate system. J Geophys Eng, 9 (1): 12-18.

Ma D T, Zhu G M. 2003. Numerical modeling of P- wave and S- wave separation in elastic wavefield. Oil Geophysical Prospecting, 38 (5): 482-486.

Min D J, Shin C, Yoo H S. 2004. Free- surface boundary condition in finite- difference elastic wave modeling. Bulletin of the Seismological Society of America, 94: 237-250.

Mirko V D B. 2006. PP/PS Wavefield separation by independent component analysis. Geophys J Int, 166 (1): 339-348.

Özdemir A K, Caprioli P, Özbek A, et al. 2008. Optimized deghosting of over/under towed-streamer data in the presence of noise. The Leading Edge, 27 (2): 190-199.

Sun R, Chow J, Chen K J. 2001. Phase correction in separating P- and S- waves in elastic data. Geophysics, 66 (5): 1515-1518.

Sun R, McMechan G A, Chuang H. 2011. Amplitude balancing in separating P- and S- waves in 2D and 3D elastic seismic data. Geophysics, 76 (3): S103-S113.

Wang Y B, Satish C S, Penny J B. 2002. Separation of P- and SV-wavefields from multi-component seismic data in the τ-p domain. Geophys J Int, 151 (2): 663-672.

Zhang J. 2004. Wave propagation across fluid-solid interfaces: a grid method approach. Geophysical Journal International, 159 (1): 240-252.

第8章 起伏地表与各向异性黏声介质偏移

8.1 引　言

地球介质广泛发育黏弹性和各向异性，一般在处理实际地震资料时，地下介质通常被视为完全弹性的，从而忽略了黏弹性和各向异性的影响。如果不考虑黏弹性的影响，理论计算得到的地震记录与实际采集到的记录在振幅、相位等方面存在很大差异。实际介质对地震波的黏性影响会使地震记录中的高频成分缺失，深层信息模糊不清，地震分辨率降低。如果在反演成像时忽略了介质的黏弹性，观测数据与模拟数据的振幅、相位等无法准确匹配，而且因振幅衰减没有得到补偿导致深部成像能量较弱。因各向异性的影响，地震波在传播时弹性特征会由于波的传播方向的不同发生变化，导致波的传播速度、偏振方向等随着传播方向的不同产生变化，同时出现体波间的相互耦合、横波分裂等现象。

地下介质存在较强的黏弹性，对地震波有强烈的吸收衰减作用。校正地下介质黏弹性对地震波传播的影响，改善地震剖面分辨率是学者们研究的重要课题。针对黏弹性校正，主要包含两大类。

第一类：反 Q 滤波技术。反 Q 滤波技术能够补偿吸收衰减的影响并改善相位特征，在早期得到了广泛应用。该方法主要包括基于波场延拓的反 Q 滤波方法（Zhang et al.，2007；张瑾等，2013）、基于级数展开的反 Q 滤波方法（裴江云和何樵登，1994；高军和凌云，1996；Bickel and Natarajan，1985）、基于相位校正的反 Q 滤波方法（Hargreaves and Calvert，1991；Bano，1996）及基于相位校正与振幅补偿的反 Q 滤波方法（Futterman，1962；Hale，1981；Varela et al.，1993）。反 Q 滤波方法虽然有效且计算效率高，但反 Q 滤波的方法基于层状介质假设，无法适应实际复杂介质，并且没有考虑地震波的传播路径，而实际上地震波的能量跟传播路径有着很大的关系。

第二类：反 Q 偏移技术。随着偏移技术的发展，反 Q 偏移技术逐渐成为研究的热点。反 Q 偏移可以分为基于射线理论的反 Q 偏移、基于单程波方程的反 Q 偏移和基于双程波方程的反 Q 偏移三种。

（1）基于射线理论的反 Q 偏移。基于射线理论的主要有叠前深度偏移衰减补偿方法（Zhang et al.，2013）、变换域衰减补偿方法（刘喜武等，2006）及带衰减补偿的 Kirchhoff 偏移方法（Traynin et al.，2008）。这些方法都考虑了 Q 的横向变化，可以提高衰减补偿效应的精度，但在复杂介质中尤其是有多散射体或尖锐反射面存在的情况下成像精度会下降。任浩然等（2007）提出了一种沿着射线路径方向补偿地震衰减的方法。Xin 等（2008）和 Xie 等（2009）在地震波的传播过程中根据射线传播路径及传播时间对地震波的衰减进行补偿。

（2）基于单程波方程的反 Q 偏移。1994 年，Dai 和 West（1994）首次提出基于单程波波动方程理论的反 Q 偏移方法，实现了在偏移的过程中对地震波的衰减进行补偿。Zhang 和 Wapenaar（2002）使用单程波方法进行深度偏移补偿。Yu 等（2002）使用单程波方法对地震波吸收衰减进行补偿。Wang（2007）使用有限差分法偏移，将反 Q 滤波结合到偏移的过程中，实现偏移能量补偿。孙天真等（2013）基于单程波波动方程，并且在频率-波数域进行波场延拓算子推导，对传播算子中的负根式进行精确展开，来提高延拓算子的精度，从而实现补偿衰减的目的。郭恺和娄婷婷（2014）基于单程波动方程方法和复速度理论对包含起伏地表的复杂介质进行了反 Q 滤波偏移研究。

（3）基于双程波方程的反 Q 偏移。随着逆时偏移的发展，国内外学者们又提出了逆时偏移的 Q 补偿算法。Zhang 等（2010）在常 Q 模型黏声波动方程中加入了一个伪差分算子进行黏声逆时偏移成像消除振幅衰减和速度频散。Bai 等（2013）在逆时偏移成像过程中采用了类似的方式进行衰减补偿，采用了无须记忆变量的黏声波动方程。白敏等（2016）采用高斯束逆时偏移方法对多分量地震数据进行吸收衰减补偿。周彤等（2018）以线性黏弹性体模型为基础，提出了一种利用有限差分模拟进行声波衰减补偿的方法来实现逆时偏移，从而提高了成像精度。对于 Q 补偿的逆时偏移方法，在反向传播过程中，高频成分的噪声会产生严重的数值频数，导致巨大的振荡的振幅。为了解决这个问题，可以通过添加一个正则化算子（Zhang et al.，2010）或进行高通滤波（Zhu et al.，2014）及引入黏介质伴随算子（Dutta and Schuster，2014；李振春等，2014）的方法用以稳定反向传播。

为了补偿黏弹性的影响，基于黏声波近似，学者们提出了众多黏声最小二乘逆时偏移方法，如李振春等（2014）基于最小二乘反演框架，建立了黏声介质的最小平方逆时偏移方法。Dutta 和 Schuster（2014）利用最小二乘逆时偏移补偿衰减，可以得到高精度的成像结果，并且稳定性较好。李金丽等（2018）基于广义标准线性固体的黏声波动方程，推导了三维黏声最小二乘偏移算子、反偏移算子与梯度公式，提出三维黏声最小二乘算法。Qu 等（2017）提出了同时校正各向异性和黏弹性影响的黏声各向异性最小二乘逆时偏移。

目前，最受学者关注的各向异性介质主要有三类：垂直横向各向同性介质（VTI）、水平横向各向同性介质（HTI）和倾斜横向各向同性介质（TTI），统称 TI 介质，尽管其地质成因差异较大，但在等效模型参数表征中，仅仅表现为倾角的不同。与各向同性介质类似，在 TI 介质中主要存在两类波，即纵波与横波，但偏振特征有所区别，除了特定方向之外，纵波的极化方向与传播方向不平行，横波的极化方向与传播方向也不垂直，因此称纵波为准纵波（即 qP 波），称横波为准横波，此外，在各向异性介质中，两类横波的传播速度并不一致，因此又分别称为快、慢横波（也即 qSV 波和 SH 波），这一现象称为横波分裂。各向异性全弹性波方程可准确且全面地描述各类地震波在地层中的传播情况，但是全弹性波正演、成像与反演困难较大：①野外多分量地震数据采集十分昂贵；②需要输入更多的背景参数，如横波速度、横波各向异性强度参数等，而以当前的技术，这些参数尚难完全准确地获取；③计算成本过高，I/O 及内存需求较大，算法设计复杂，增加了成像和反演的难度；④波形分离与分解十分困难，存在分离不彻底或计算量大等问题。因此，在 TI 介质正演模拟、逆时偏移及参数反演中仍然以采用简化的 qP 波方程为主。

　　简单实用的标量纵波方程是实现 RTM、LSRTM 以及全波形反演的核心，但是在各向异性介质中始终存在纵横波耦合，即 qP 波传播特征受横波垂向速度影响，很难导出仅仅刻画 qP 波运动学与动力学特征的精确纯 qP 波方程。为此，多年来国内外许多学者提出了一系列理论：Thomsen（1986）首先提出了弱各向异性近似理论，随后，Tsvankin（1996）推导了用 Thomsen 参数表征的 VTI 介质 qP-qSV 波精确相速度公式，为了简化该式，Alkhalifah（1998）提出了著名的 "声学近似"，这些成果成为后续各向异性研究的理论基础，在构建 qP 波控制方程、推动逆时偏移技术应用等方面发挥了重要作用。追溯 qP 波方程的简化历程，可大致归为两类。

　　第一类是 qP-qSV 波耦合波动方程（Alkhalifah，2000；Zhou et al.，2006），该方程在倾角急剧变化的区域中存在严重的不稳定现象，且不稳定效应随传播时间不断加剧；为了克服不稳定问题，发展了三种解决方案：①Flecther 等（2009）提出的重新引入非零横波速度来修正上述波动方程以保证成像稳定；②从虎克定律出发，推导一种新的稳定波动方程用于成像处理中（Duveneck et al.，2008；Zhang Y and Zhang H Z，2009；Zhang et al.，2011；程玖兵等，2013）；③采取 Yoon 等（2010）提出的各向异性参数匹配技术，将 TTI 介质极化倾角急剧变化的区域设置为椭圆各向异性，上述三类方法缓解了耦合方程不稳定的产生，但并未能消除不稳定和伪横波假象。

　　第二类是完全不含伪横波干扰的 TI 介质纯 qP 波控制方程，Klié 和 Toro（2001）最早开始讨论 qP 与 qSV 波的解耦问题，目的是压制波动方程的人为假解，并缓解由于解的指数增长所导致的不稳定问题，随后，Du 等（2005）和 Zhang 等（2005）基于弱各向异性近似和平方根近似，推导出一种在运动学上较为准确的 TTI 介质时间–波数域纯 qP 波解耦方程，但在时空域表现为拟微分形式，数值求解难度较大，对此，国内外学者先后发展了多种算法：①时空域最佳分离近似（OSA）方案（Song，2001；Zhang Y and Zhang H Z，2009；Liu et al.，2009），此方法计算精度较高但分离成本十分昂贵；②快速展开法（REM），被广泛应用于 VTI 介质逆时偏移成像中（Pestana and Stoffa，2010）；③基于 REM 的 TTI 介质混合有限差分与伪谱法，该方法需进行多次傅里叶变换（二维 7 次，三维 22 次）和插值处理，效率很低（Zhan et al.，2012，2013）；④拟微分算子分解策略，即将传播算子分解成易于处理的微分算子和标量算子形式，然后分别求解，该策略计算效率较高，被成功推广至 TTI 和 TOA 介质成像处理中（Sheng and Zhou，2014）。近年来，Alkhalifah 等（2013）另辟蹊径，通过利用 qP 波走时来建立等效各向同性模型，进而计算纯 qP 波场，此外，Chu 等（2013）导出一种不含分数阶算子的时空域纯 qP 波近似方程，并构建了经典的有限差分法计算方案。

　　在本章中，我们针对起伏地表条件下黏声介质和各向异性介质的成像进行研究，在成像过程中同时校正起伏地表、黏滞性和各向异性的影响。

8.2　起伏地表黏声逆时偏移

8.2.1　黏声逆时偏移

当所研究的介质并非理想情况，即考虑介质的黏滞性时，应该注意地震波在传播过程中的吸收衰减效应，这种衰减特性可以用品质因子 Q 来表征。常用来描述介质吸收的参数还包括吸收系数。其中吸收系数与品质因子的关系为

$$Q = \frac{\pi}{\alpha\lambda} \tag{8.1}$$

由式（8.1）可知，品质因子与吸收系数成反比。也就是说介质模型的品质因子 Q 越小，地震波吸收衰减作用越大；反过来讲，品质因子 Q 越大，地震波能量衰减损耗越小。因此，当品质因子 Q 趋近于无穷大的时候，该介质模型就变成理想的完全弹性模型。大量的观测数据都证明在地震勘探频带内品质因子 Q 基本稳定为一个常数，并不随频率而改变。因此，学者大多选择对常 Q 模型的研究，而不是吸收系数，从而减少黏性介质中的参数。

在实际的石油勘探得到的记录中，地下介质的品质因子 Q 对地震资料存在着巨大的影响，如高频成分的吸收、能量的衰减等。因此，在后续处理当中，可以通过品质因子来研究地震波在实际地球地层中传播过程造成的能量衰减和损耗，用来进行补偿。国内外许多学者在品质因子的求取过程中，付出大量的精力，大致从时间域和频率域两方面出发，其中包括频率域的频谱对比法、时间域的振幅衰减法等；在实际操作中常用的常速扫描法，还有就是利用品质因子 Q 和速度 V 之间的关系得到的经验公式（李氏经验公式法）、反 Q 滤波方法及反演 Q 值方法等。

RTM 现在已经是比较成熟的一种时间偏移方法，实现时主要有三个步骤：①震源激发地震波通过一个合适的地球模型正向传播，震源波场可表示为 $S(x,t)$，x 为空间位置向量；②检波波场通过相同的模型逆向传播，检波波场可表示为 $R(x,t)$；③应用合适的成像条件，如零延迟互相关成像条件：

$$I(x) = \int_0^T S(x,t) R(x,t) \, \mathrm{d}t \tag{8.2}$$

式中，$S(x,t)$ 和 $R(x,t)$ 为在非衰减介质中 t 时刻正向传播的震源波场和逆向传播的检波波场；T 为数据的时间长度。显然地，在这种成像条件中，表示反射相对振幅的成像值由震源波场和检波波场的幅值决定。

在黏声介质中，地震波在地下传播时是衰减并频散的，为了说明成像中黏性的影响，考虑黏声介质的平面波解，即在声介质的平面波解上乘一个指数衰减项，在这里用 A 表示，它是衰减系数和传播距离的函数。衰减介质中地震波的传播反射示意图如图 8.1 所示，波由震源激发传播到反射层并被反射到检波点处。当考虑平面波解时，波在黏声介质的传播过程中仅存在黏性影响，因此很明显黏声介质中接收到的检波波场与声介质中相比受到下行和上行过程中黏性累积的影响：

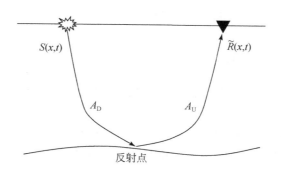

图 8.1　衰减介质中的地震波传播反射示意图

$$\tilde{R}(x,t) = A_{\mathrm{D}} A_{\mathrm{U}} R(x,t) \qquad (8.3)$$

式中，A 为黏性影响，下标 D 和 U 分别为下行波和上行波受到的黏性衰减影响，在这里起衰减的作用。由上式可以看出，若实现完全的补偿，应对接收到的检波波场做 $A_{\mathrm{D}}^{-1} A_{\mathrm{U}}^{-1}$ 的校正。

在声介质中，考虑平面波解，对于得到的检波波场 $R(x, t)$，正向延拓时各处的波场都等同于 $S(x, t)$，反向延拓时各处的波场都等同于 $R(x, t)$，而在黏声介质中，正向传播的震源波场在反射点处为 $A_{\mathrm{D}} S(x, t)$，反向传播的检波波场 $\tilde{R}(x, t)$ 补偿后在反射点处为 $A_{\mathrm{U}}^{-1} A_{\mathrm{D}} A_{\mathrm{U}} R(x, t) = A_{\mathrm{D}} R(x, t)$，因此对于黏声介质中接收到的检波波场 $\tilde{R}(x, t)$，若做常规声波 RTM，则

$$\tilde{I}(x) = \int_0^T S(x,t)\tilde{R}(x,t)\,\mathrm{d}t = A_{\mathrm{D}} A_{\mathrm{U}} I(x) \qquad (8.4)$$

由式 (8.4) 可以看出，这种情况下相较于非衰减介质中成像值包含一次上行波黏性的影响和一次下行波黏性的影响，即整个传播路径上的黏性衰减影响。因此对于不同的成像位置，深度越深，传播距离越长，黏性影响越大，成像值相对越小。

如果仅在反向延拓中补偿黏性影响，震源波场正向延拓仍然是衰减的，则成像时震源波场为 $A_{\mathrm{D}} S(x, t)$，检波波场为 $A_{\mathrm{D}} R(x, t)$，成像值为

$$\tilde{I}_2(x) = \int_0^T A_{\mathrm{D}} S(x,t) A_{\mathrm{D}} R(x,t)\,\mathrm{d}t = A_{\mathrm{D}}^2 I(x) \qquad (8.5)$$

由式 (8.5) 可以看出，这种情况下相较于非衰减介质中成像值包含两次下行波的黏性影响，与常规声波 RTM 的式 (8.4) 相比，达不到黏性衰减补偿的目的。

观察式 (8.2)~式 (8.5)，很明显可以看出，若要达到振幅补偿的目的，或者实现完全的补偿，可以在反向延拓过程中补偿检波波场的同时令震源波场为 $A_{\mathrm{D}}^{-1} S(x, t)$，此时有

$$\tilde{I}_3(x) = \int_0^T A_{\mathrm{D}}^{-1} S(x,t) A_{\mathrm{D}} R(x,t)\,\mathrm{d}t = I(x) \qquad (8.6)$$

这样成像值与非衰减介质中相同，这里震源波场 $A_{\mathrm{D}}^{-1} S(x, t)$ 也是有意义的，可以看作是在正向延拓过程中对震源波场也做黏性衰减补偿。

综上所述，Q-RTM 的基本原理就是在常规声波 RTM 的基础上在正反向延拓过程中都进行吸收衰减补偿。

1. 二阶黏声波动方程黏声逆时偏移

当地下介质存在明显的黏弹性时，需要对黏弹性影响进行校正。基于 GSLS 模型的一阶波动方程在波场反传时存在一些困难。而且，因为该方程存在记忆变量，因此规则化算子很难应用。因此，很多不含记忆变量的黏声拟微分波动方程被不断推导出来，用来实现黏声介质的逆时偏移成像。在黏声逆时偏移中，采用 Bai 等（2013）提出的黏声拟微分方程：

$$\left(\frac{\partial^2}{\partial t^2}+\frac{\tau v}{2}\frac{\partial}{\partial t}\sqrt{-\nabla^2}-v^2\ \nabla^2\right)p=0 \tag{8.7}$$

式中，∇^2 为拉普拉斯算子；$\tau=\tau_\varepsilon/\tau_\sigma-1$ 由 Q 值确定。应力松弛时间 τ_σ 和应变松弛时间 τ_ε 可通过 τ-Q 关系计算得到（Carcione，2001）：

$$\tau_\sigma=\frac{\sqrt{Q^2+1}-1}{\omega Q} \tag{8.8}$$

$$\tau_\varepsilon=\frac{\sqrt{Q^2+1}+1}{\omega Q} \tag{8.9}$$

式中，ω 为角频率。式（8.7）中第二项为衰减项。在黏声拟微分方程中不含记忆变量项。当 τ 等于零时，黏声拟微分波动方程变为声波方程。反向传播时，或者黏声介质补偿时，只需将第二项变号为

$$\left(\frac{\partial^2}{\partial t^2}-\frac{\tau v}{2}\frac{\partial}{\partial t}\sqrt{-\nabla^2}-v^2\ \nabla^2\right)p=0 \tag{8.10}$$

数值求解式（8.7）和式（8.10）时可采用高阶有限差分方法，分数阶拉普拉斯算子可在波数域处理。在这里采用时间二阶、空间 $2M$ 阶的有限差分格式，具体的离散形式如下：

$$\left.\frac{\partial^2 p}{\partial t^2}\right|_{t=n}\approx\frac{1}{\Delta t^2}(p^{n+1}+p^{n-1}-2p^n) \tag{8.11}$$

$$\left.\frac{\partial}{\partial t}\sqrt{-\nabla^2}p\right|_{t=n}\approx\frac{1}{\Delta t}F^{-1}\big[\ |k|\,F(p^n-p^{n-1})\big] \tag{8.12}$$

$$\left.\frac{\partial^2 p}{\partial x^2}\right|_{x=i}\approx D_x^2 p=\frac{1}{\Delta x^2}\Big[c_0 p+\sum_{m=1}^{M}c_m(p_{i+m}+p_{i-m})\Big] \tag{8.13}$$

式中，Δt 和 Δx 分别为时间和空间 x 方向的间隔，上标为时间离散，下标为空间离散；k 为波数；F 和 F^{-1} 分别为空间-波数的傅里叶变换和反变换；c 为差分系数，可由泰勒展开得到，空间 z 方向的二阶导数与 x 方向类似。这样计算时的递推更新格式为

$$p^{n+1}=2p^n-p^{n-1}\pm\frac{\tau}{2}v_0\Delta tF^{-1}\big[\ |k|\,F(p^n-p^{n-1})\big]+\Delta t^2 v_0^2(D_x^2 p^n+D_z^2 p^n) \tag{8.14}$$

式中，等号右边第三项前面的符号，取"-"时表示衰减介质的正演模拟，取"+"时表示衰减介质的反向传播或"反"衰减介质的正向传播，此时能量是增强的，具有吸收补偿的作用，在本书的 Q-RTM 方法中，正反向延拓都采用这一吸收补偿的格式，这里上标仅

代表递推延拓的先后，并不代表物理意义上的时间前后，或者说对于正向延拓，这一格式是由前一时刻推出后一时刻，而对于反向延拓来说，这一格式是由后一时刻推出前一时刻。由上式也可以看出，与常规声波方程相比，这里需要进行空间的傅里叶变换和反变换，这会大大增加计算量，不过下面的几个数值试验表明，在现有硬件和计算能力的条件下，这还是可以承受的，不过实际应用时需要注意和考虑。

需要说明的是在正反向延拓过程中进行吸收补偿时，解是指数增长的，而且高频成分增长更快，数值计算时就会造成不稳定，使误差和高频噪声快速增长扩散，影响整个结果，可以采用规则化或者低通滤波处理。

衰减介质中 Q-RTM 的整个流程与常规声波 RTM 基本一致，主要包括三个步骤：

（1）震源波场的正向延拓。利用式（8.14）求解式（8.7），得到吸收补偿的正向传播的震源波场；

（2）检波波场的反向延拓。对衰减介质中接收到的检波波场进行反向传播，数值求解时所用格式与步骤（1）相同，但意义不同，而且在时间上翻转炮记录并作为检波点处的边界条件，得到吸收补偿的反向传播的检波波场；

（3）应用成像条件。最后一步是采用式（8.6）对得到的震源波场和检波波场做零延迟互相关提取成像值，并压制低频噪声。

2. 规则化处理

前面已经提到，在正反向延拓过程中对吸收衰减进行补偿，解是指数增长的，尤其高频增长更为严重，因此数值计算时误差和高频噪声会增强扩散影响计算结果，这时为了保持稳定就需要进行规则化，主要有两种方式：添加规则化项和低通滤波，其实这两种方式本质一样，都可看作是低通滤波，只是形式和实现方式不同，下面分别阐述。

1）添加规则化项

添加规则化项是使吸收补偿保持稳定的规则化方式之一。规则化项的构造在平面波解的角度来看有很多方式，本书在式（8.10）的基础上构造如下：

$$\left(\frac{\partial^2}{\partial t^2}-\frac{\tau v_0}{2}\frac{\partial}{\partial t}\sqrt{-\nabla^2}-v_0^2\nabla^2-\sigma\frac{\tau v_0^2}{2}\frac{\partial}{\partial t}\nabla^2\right)p=0 \tag{8.15}$$

上式与式（8.10）相比多了等号左边最后一项，其中 σ 是一个小的正的规则化参数，可以凭经验获取，也可以通过其对平面波解的影响选择阈值获取。

下面从波动方程平面波解的角度进行解释。首先定义算子 $\varphi=v_0\sqrt{-\nabla^2}$，其空间傅里叶变换是波数 $|k|$ 的线性函数，则式（8.10）可以写为

$$\left(\frac{\partial^2}{\partial t^2}-\frac{\varphi}{2/\tau}\frac{\partial}{\partial t}+\varphi^2\right)p=0 \tag{8.16}$$

式中，φ 可以看作是一个空间域的拟微分算子。

然后定义算子：

$$\Lambda_t=\mathrm{e}^{-\frac{\varphi}{4/\tau}t} \tag{8.17}$$

并引入中间波场：

$$q(x,t) = \Lambda_t p(x,t) \tag{8.18}$$

将式（8.18）代入式（8.16）可得

$$\left(\frac{\partial^2}{\partial t^2} - \frac{\varphi}{2/\tau} \frac{\partial}{\partial t} + \varphi^2 \right) \Lambda_t^{-1} q = 0 \tag{8.19}$$

式（8.19）等号两边同时作用算子 Λ_t 并化简整理可以得到下面的波动方程：

$$\left\{ \frac{\partial^2}{\partial t^2} + \left[1 - \frac{1}{(4/\tau)^2} \right] \varphi^2 \right\} q = 0 \tag{8.20}$$

由上式可以看出，这样转换以后方程中不再含有一阶时间导数项，且形式类似于常规二阶声波方程：

$$\left[\frac{\partial^2}{\partial t^2} - v_0^2 \nabla^2 \right] p = 0 \tag{8.21}$$

这样黏声介质反向传播的波动式（8.16）可以等价地改写为

$$\begin{cases} \left[\frac{\partial^2}{\partial t^2} + \left(1 - \frac{1}{(4/\tau)^2} \right) \varphi^2 \right] q(x,t) = 0 \\ p(x,t) = e^{\frac{\varphi}{4/\tau} t} q(x,t) \end{cases} \tag{8.22}$$

式中，波场 $q(x, t)$ 可以看作是常规二阶声波波动方程的解，它的通解具有一般平面波解的形式，而波场 $p(x, t)$ 是关于时间 t 或波数 $|k|$ 呈指数增长的形式，这样数值求解时就会产生不稳定。

为了缓解不稳定的情况，可以对指数项进行改造，在上面加一个关于 φ 的高次项的规则化项，将式（8.22）改写为

$$\begin{cases} \left\{ \frac{\partial^2}{\partial t^2} + \left[1 - \frac{1}{(4/\tau)^2} \right] \varphi^2 \right\} q(x,t) = 0 \\ p(x,t) = e^{\frac{\varphi - \sigma \varphi^2}{4/\tau} t} q(x,t) \end{cases} \tag{8.23}$$

式中，σ 为规则化参数。

再将式（8.23）合并，近似化简并整理可以得到规则化的波动方程：

$$\left(\frac{\partial^2}{\partial t^2} - \frac{\varphi - \sigma \varphi^2}{2/\tau} \frac{\partial}{\partial t} + \varphi^2 \right) p = 0 \tag{8.24}$$

式（8.24）将算子 φ 代入并整理后与式（8.15）是一致的。综上可以看出，由于算子 φ 的空间傅里叶变换是关于波数 $|k|$ 的线性函数，所以也可以将添加规则化项的本质看作是低通滤波，只不过滤波时的窗相当于一个指数窗，不同的规则化项具有不同的指数形式，除了本书的形式还可以有其他的构造方式，这里的指数项上的核心是波数的平方，因此这种添加规则化项的方式对所有波数的波场都会有所改造，只不过低波数影响小，高波数被压制严重。另外添加的规则化项在时空域有明确的形式，与原来的方程相比，只进行较小的改动即可，而且它可以看作是局部的，因为波数与速度有关，解的指数增长与品质因子有关，这样可以针对不同的品质因子和不同的传播速度，构造与二者相关的规则化参数，这对品质因子变化大、速度差异大等非均匀性严重的情况比较有意义。

2）低通滤波

前面已经提到，不稳定产生的原因主要是高频的误差和噪声增长很快，所以进行低

通滤波也是比较有效的稳定化方式之一，在这里可以对每一个时间步进行空间-波数傅里叶变换和波数域低通滤波。不过傅里叶变换和滤波可以看作是全局的，只能对整个波场进行同样的滤波，由于波数与传播速度有关，不稳定增长与品质因子有关，当速度和品质因子变化较大时，只能按照最坏的情况进行较为严格的滤波，这对波场可能产生较大的影响。

由于一阶时间导数项是不稳定产生的根源，在这里延拓时只对这一项进行低通滤波，截止波数可以根据子波最大频率与速度计算出的波数并经验调整得到，滤波时采用 Tukey 窗，其窗函数为

$$
w(x) = \begin{cases} \dfrac{1}{2}\left\{1+\cos\left[\dfrac{2\pi}{r}(x-r/2)\right]\right\} & 0 \leqslant x < \dfrac{r}{2} \\[2mm] 1 & \dfrac{r}{2} \leqslant x < 1-\dfrac{r}{2} \\[2mm] \dfrac{1}{2}\left\{1+\cos\left[\dfrac{2\pi}{r}(x-1+r/2)\right]\right\} & 1-\dfrac{r}{2} \leqslant x \leqslant 1 \end{cases} \tag{8.25}
$$

式中，x 为归一化的自变量；$w(x)$ 为函数值；r 为调节参数，三者取值范围均为 $[0,1]$，选择不同的调节参数时它的结果如图 8.2 所示，由图中可以看出，它是矩形窗和两个余弦窗的叠加，为了最大限度地保护有效波场，并防止吉布斯现象发生，本书选择 $r=0.5$ 进行滤波。

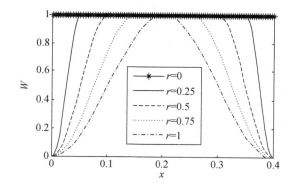

图 8.2　Tukey 窗函数

8.2.2　起伏地表黏声逆时偏移

1. 基于曲网格的黏声逆时偏移

基于广义标准线性固体模型的一阶黏声方程为

$$\begin{cases} \rho \dfrac{\partial v_x}{\partial t} = -\dfrac{\partial p}{\partial x} \\[2mm] \rho \dfrac{\partial v_z}{\partial t} = -\dfrac{\partial p}{\partial z} \\[2mm] -\dfrac{\partial p}{\partial t} = K^{\mu}\left(\dfrac{\partial v_x}{\partial x}+\dfrac{\partial v_z}{\partial z}\right)+K^{R}E \\[2mm] \dfrac{\partial E}{\partial t} = -\dfrac{1}{\tau_{\sigma}}E+\left(\dfrac{\partial v_x}{\partial x}+\dfrac{\partial v_z}{\partial z}\right)\dfrac{1}{\tau_{\sigma}}\left(1-\dfrac{\tau_{\varepsilon}}{\tau_{\sigma}}\right) \end{cases} \tag{8.26}$$

式中，v_x 和 v_z 为质点速度；p 为声压场；t 为时间；ρ 为密度；K^{R} 和 K^{μ} 分别为松弛体模量和非松弛体模量；E 为记忆变量（Carcione et al., 1988）；τ_{σ} 和 τ_{ε} 分别为应力松弛时间和应变松弛时间。在笛卡儿坐标系 (x, z) 下采用曲网格对起伏地表模型进行剖分，并通过坐标变换映射到曲坐标系 (ξ, η) 下的水平地表。将式（8.26）采用链式法则变换到曲坐标系下得：

$$\begin{cases} \rho \dfrac{\partial v_x}{\partial t} = -\dfrac{\partial p}{\partial \xi}\dfrac{\partial \xi}{\partial x}-\dfrac{\partial p}{\partial \eta}\dfrac{\partial \eta}{\partial x} \\[2mm] \rho \dfrac{\partial v_z}{\partial t} = -\dfrac{\partial p}{\partial \xi}\dfrac{\partial \xi}{\partial z}-\dfrac{\partial p}{\partial \eta}\dfrac{\partial \eta}{\partial z} \\[2mm] -\dfrac{\partial p}{\partial t} = K^{\mu}\left(\dfrac{\partial v_x}{\partial \xi}\dfrac{\partial \xi}{\partial x}+\dfrac{\partial v_x}{\partial \eta}\dfrac{\partial \eta}{\partial x}+\dfrac{\partial v_z}{\partial \xi}\dfrac{\partial \xi}{\partial z}+\dfrac{\partial v_z}{\partial \eta}\dfrac{\partial \eta}{\partial z}\right)+K^{R}E \\[2mm] \dfrac{\partial E}{\partial t} = -\dfrac{1}{\tau_{\sigma}}E+\left(\dfrac{\partial v_x}{\partial \xi}\dfrac{\partial \xi}{\partial x}+\dfrac{\partial v_x}{\partial \eta}\dfrac{\partial \eta}{\partial x}+\dfrac{\partial v_z}{\partial \xi}\dfrac{\partial \xi}{\partial z}+\dfrac{\partial v_z}{\partial \eta}\dfrac{\partial \eta}{\partial z}\right)\cdot\dfrac{1}{\tau_{\sigma}}\left(1-\dfrac{\tau_{\varepsilon}}{\tau_{\sigma}}\right) \end{cases} \tag{8.27}$$

式中，

$$\begin{cases} \dfrac{\partial \xi}{\partial x} = \dfrac{\partial z}{\partial \eta}\Big/\left(\dfrac{\partial x}{\partial \xi}\dfrac{\partial z}{\partial \eta}-\dfrac{\partial x}{\partial \eta}\dfrac{\partial z}{\partial \xi}\right),\ \dfrac{\partial \xi}{\partial z} = -\dfrac{\partial x}{\partial \eta}\Big/\left(\dfrac{\partial x}{\partial \xi}\dfrac{\partial z}{\partial \eta}-\dfrac{\partial x}{\partial \eta}\dfrac{\partial z}{\partial \xi}\right) \\[3mm] \dfrac{\partial \eta}{\partial x} = -\dfrac{\partial z}{\partial \xi}\Big/\left(\dfrac{\partial x}{\partial \xi}\dfrac{\partial z}{\partial \eta}-\dfrac{\partial x}{\partial \eta}\dfrac{\partial z}{\partial \xi}\right),\ \dfrac{\partial \eta}{\partial z} = \dfrac{\partial x}{\partial \xi}\Big/\left(\dfrac{\partial x}{\partial \xi}\dfrac{\partial z}{\partial \eta}-\dfrac{\partial x}{\partial \eta}\dfrac{\partial z}{\partial \xi}\right) \end{cases} \tag{8.28}$$

虽然式（8.27）能够补偿波场传播过程中的能量损失，但因为振幅衰减和相位频散的影响在该方程中耦合在一起，因此较难同时校正频散影响。为了克服该问题，可通过式（8.27）推导出不含记忆变量的黏声波动方程（推导过程见8.2.2节中2.）：

$$\left(\dfrac{\partial^2}{\partial t^2}+\dfrac{\tau v}{2}\dfrac{\partial}{\partial t}\sqrt{-\left[A(\xi)\dfrac{\partial^2}{\partial \xi^2}+B(\xi,\eta)\dfrac{\partial^2}{\partial \xi\partial \eta}+C(\eta)\dfrac{\partial^2}{\partial \eta^2}\right]}\right.$$
$$\left. -\left[A(\xi)\dfrac{\partial^2}{\partial \xi^2}+B(\xi,\eta)\dfrac{\partial^2}{\partial \xi\partial \eta}+C(\eta)\dfrac{\partial^2}{\partial \eta^2}\right]v^2\right)p=0 \tag{8.29}$$

式中，

$$A(\xi)=\left(\dfrac{\partial \xi}{\partial x}\right)^2+\left(\dfrac{\partial \xi}{\partial z}\right)^2 \tag{8.30}$$

$$B(\xi,\eta)=2\left(\dfrac{\partial \xi}{\partial x}\dfrac{\partial \eta}{\partial x}+\dfrac{\partial \xi}{\partial z}\dfrac{\partial \eta}{\partial z}\right) \tag{8.31}$$

$$C(\eta)=\left(\dfrac{\partial \eta}{\partial x}\right)^2+\left(\dfrac{\partial \eta}{\partial z}\right)^2 \tag{8.32}$$

在式（8.29）中，第二项和第三项分别为衰减项和频散项。可以看出，衰减项和频散项被很好地解耦。根据 Zhu 等（2014），在进行检波波场反向延拓时，衰减项变为负号并保持频散项不变。因此，Q 补偿的曲坐标系下黏声拟微分方程为

$$\left(\frac{\partial^2}{\partial t^2} - \frac{\tau v}{2} \frac{\partial}{\partial t} \sqrt{ -\left[A(\xi) \frac{\partial^2}{\partial \xi^2} + B(\xi,\eta) \frac{\partial^2}{\partial \xi \partial \eta} + C(\eta) \frac{\partial^2}{\partial \eta^2} \right] } \right.$$
$$\left. -\left[A(\xi) \frac{\partial^2}{\partial \xi^2} + B(\xi,\eta) \frac{\partial^2}{\partial \xi \partial \eta} + C(\eta) \frac{\partial^2}{\partial \eta^2} \right] v^2 \right) p = d_{\mathrm{obs}} \tag{8.33}$$

为了稳定 Q 补偿的波场，引入规则化项，可得：

$$\left(\frac{\partial^2}{\partial t^2} - \frac{\tau v}{2} \frac{\partial}{\partial t} \sqrt{ -\left[A(\xi) \frac{\partial^2}{\partial \xi^2} + B(\xi,\eta) \frac{\partial^2}{\partial \xi \partial \eta} + C(\eta) \frac{\partial^2}{\partial \eta^2} \right] } - \left[A(\xi) \frac{\partial^2}{\partial \xi^2} + B(\xi,\eta) \frac{\partial^2}{\partial \xi \partial \eta} \right. \right.$$
$$\left. \left. + C(\eta) \frac{\partial^2}{\partial \eta^2} \right] v^2 + \sigma \frac{\tau v^2}{2} \frac{\partial}{\partial t} \left[A(\xi) \frac{\partial^2}{\partial \xi^2} + B(\xi,\eta) \frac{\partial^2}{\partial \xi \partial \eta} + C(\eta) \frac{\partial^2}{\partial \eta^2} \right] \right) p = d_{\mathrm{obs}} \tag{8.34}$$

其中规则化参数 σ 被设为 0.01，规则化算子的推导过程与 8.2.1 节中 1. 相同。衰减项在时空域很难求解，因此可使用伪谱法或者混合空间偏导数方法求解。伪谱法的递推格式为

$$p_{i,j}^{n+1} = 2p_{i,j}^n - p_{i,j}^{n-1} - \frac{\tau}{2} v \Delta t F^{-1} \left[\sqrt{ A(\xi) k_\xi^2 + 2B(\xi,\eta) k_\xi k_\eta + C(\eta) k_\eta^2 } \right.$$
$$\left. F(p_{i,j}^n - p_{i,j}^{n-1}) \right] + \Delta t^2 v^2 \left\{ A(\xi) \cdot F^{-1} \left[-(k_\xi)^2 F(p_{i,j}^n) \right] + 2B(\xi,\eta) \right.$$
$$\left. F^{-1} \left[-(k_\xi k_\eta) F(p_{i,j}^n) \right] + C(\eta) \cdot F^{-1} \left[-(k_\xi)^2 F(p_{i,j}^n) \right] \right\} + d_{\mathrm{obs}i,j0}^n \tag{8.35}$$

式中，Δt 为时间采样间隔；对于变量 p，上标和下标分别为时间和空间坐标；j_0 为检波点的深度坐标。混合空间偏导数在波数域求解衰减项，在时空域求解衰减项：

$$p_{i,j}^{n+1} = 2p_{i,j}^n - p_{i,j}^{n-1} - \frac{\tau}{2} v \Delta t \cdot F^{-1} \left[\sqrt{ A(\xi) k_\xi^2 + 2B(\xi,\eta) k_\xi k_\eta + C(\eta) k_\eta^2 } \right.$$
$$\left. F(p_{i,j}^n - p_{i,j}^{n-1}) \right] + \Delta t^2 v^2 \left\{ \frac{A(\xi)}{\Delta \xi^2} \left[c_0^2 p_{i,j}^n + \sum_{m=1}^M c_m^2 (p_{i+m,j}^n + p_{i-m,j}^n) \right] + \frac{2B(\xi,\eta)}{\Delta \xi \Delta \eta} \right.$$
$$\left. \left[\sum_{\substack{m=-M \\ m \neq 0}}^M c_m^1 \sum_{\substack{n=-M \\ n \neq 0}}^M c_n^1 p_{i+m,j+n}^n \right] + \frac{C(\eta)}{\Delta \eta^2} \left[c_0^2 p_{i,j}^n + \sum_{n=1}^M c_n^2 (p_{i,j+n}^n + p_{i,j-n}^n) \right] \right\} + d_{\mathrm{obs}i,j0}^n \tag{8.36}$$

式中，$\Delta \xi$ 和 $\Delta \eta$ 分别为 ξ- 和 η- 方向的网格大小；c^1 和 c^2 分别为一阶和二阶差分系数；M 为差分精度。

2. 曲坐标系下二阶黏声拟微分方程

将式（8.27）变换到频率域：

$$\begin{cases} i\rho\omega\tilde{U}_x = -ik_\xi\tilde{P}\dfrac{\partial\xi}{\partial x} - ik_\eta\tilde{P}\dfrac{\partial\eta}{\partial x} \\[2mm] i\rho\omega\tilde{U}_z = -ik_\xi\tilde{P}\dfrac{\partial\xi}{\partial z} - ik_\eta\tilde{P}\dfrac{\partial\eta}{\partial z} \\[2mm] -i\omega\tilde{P} = v\rho\dfrac{\tau_\varepsilon}{\tau_\sigma}\left(ik_\xi\tilde{U}_x\dfrac{\partial\xi}{\partial x} + ik_\eta\tilde{U}_x\dfrac{\partial\eta}{\partial x} + ik_\xi\tilde{U}_z\dfrac{\partial\xi}{\partial z} + ik_\eta\tilde{U}_z\dfrac{\partial\eta}{\partial z}\right) + v\rho E \\[2mm] i\omega\tilde{E} = -\dfrac{1}{\tau_\sigma}\tilde{E} + \left(ik_\xi\tilde{U}_x\dfrac{\partial\xi}{\partial x} + ik_\eta\tilde{U}_x\dfrac{\partial\eta}{\partial x} + ik_\xi\tilde{U}_z\dfrac{\partial\xi}{\partial z} + ik_\eta\tilde{U}_z\dfrac{\partial\eta}{\partial z}\right)\cdot\dfrac{1}{\tau_\sigma}\left(1 - \dfrac{\tau_\varepsilon}{\tau_\sigma}\right) \end{cases} \tag{8.37}$$

式中，上标"～"为频率域的变量；k_ξ 和 k_η 为 ξ-方向和 η-方向的波数；ω 为角频率。从式（8.37）中的前两项可得：

$$\tilde{U}_x = \frac{-k_\xi\tilde{P}\dfrac{\partial\xi}{\partial x} - k_\eta\tilde{P}\dfrac{\partial\eta}{\partial x}}{\rho\omega} \tag{8.38}$$

$$\tilde{U}_z = \frac{-k_\xi\tilde{P}\dfrac{\partial\xi}{\partial z} - k_\eta\tilde{P}\dfrac{\partial\eta}{\partial z}}{\rho\omega} \tag{8.39}$$

将式（8.38）和式（8.39）代入式（8.37）的后两项可得：

$$\begin{aligned} -i\omega\tilde{P} = v\rho\frac{\tau_\varepsilon}{\tau_\sigma}\Bigg(&i\frac{-k_\xi^2 P\left(\dfrac{\partial\xi}{\partial x}\right)^2 - k_\xi k_\eta\tilde{P}\left(\dfrac{\partial\xi}{\partial x}\dfrac{\partial\eta}{\partial x}\right)}{\rho\omega} + i\frac{-k_\xi k_\eta\tilde{P}\left(\dfrac{\partial\xi}{\partial x}\dfrac{\partial\eta}{\partial x}\right) - k_\eta^2\tilde{P}\left(\dfrac{\partial\eta}{\partial x}\right)^2}{\rho\omega} \\ &+ i\frac{-k_\xi^2\tilde{P}\left(\dfrac{\partial\xi}{\partial z}\right)^2 - k_\eta k_\xi\tilde{P}\left(\dfrac{\partial\xi}{\partial z}\dfrac{\partial\eta}{\partial z}\right)}{\rho\omega} + i\frac{-k_\xi k_\eta\tilde{P}\left(\dfrac{\partial\xi}{\partial z}\dfrac{\partial\eta}{\partial z}\right) - k_\eta^2 P\left(\dfrac{\partial\eta}{\partial z}\right)^2}{\rho\omega}\Bigg) + v\rho\tilde{E} \end{aligned} \tag{8.40}$$

$$\begin{aligned} i\omega\tilde{E} = \Bigg(&i\frac{-k_\xi^2\tilde{P}\left(\dfrac{\partial\xi}{\partial x}\right)^2 - k_\eta k_\xi\tilde{P}\left(\dfrac{\partial\xi}{\partial x}\dfrac{\partial\eta}{\partial x}\right)}{\rho\omega} + i\frac{-k_\xi k_\eta\tilde{P}\left(\dfrac{\partial\xi}{\partial x}\dfrac{\partial\eta}{\partial x}\right) - k_\eta^2\tilde{P}\left(\dfrac{\partial\eta}{\partial x}\right)^2}{\rho\omega} \\ &+ i\frac{-k_\xi^2\tilde{P}\left(\dfrac{\partial\xi}{\partial z}\right)^2 - k_\xi k_\eta\tilde{P}\left(\dfrac{\partial\xi}{\partial z}\dfrac{\partial\eta}{\partial z}\right)}{\rho\omega} + i\frac{-k_\xi k_\eta\tilde{P}\left(\dfrac{\partial\xi}{\partial z}\dfrac{\partial\eta}{\partial z}\right) - k_\eta^2\tilde{P}\left(\dfrac{\partial\eta}{\partial z}\right)^2}{\rho\omega}\Bigg)\cdot\frac{1}{\tau_\sigma}\left(1 - \frac{\tau_\varepsilon}{\tau_\sigma}\right) - \frac{1}{\tau_\sigma}\tilde{E} \end{aligned} \tag{8.41}$$

通过式（8.40）和式（8.41）消去记忆变量 $\tilde{E}$，并整理可得曲坐标系下的频散关系：

$$\frac{\omega^2}{v^2} = \left[k_\xi^2\left(\frac{\partial\xi}{\partial x}\right)^2 + 2k_\xi k_\eta\left(\frac{\partial\xi}{\partial x}\frac{\partial\eta}{\partial x}\right) + k_\eta^2\left(\frac{\partial\eta}{\partial x}\right)^2 + k_\xi^2\left(\frac{\partial\xi}{\partial z}\right)^2 + 2k_\eta k_\xi\left(\frac{\partial\xi}{\partial z}\frac{\partial\eta}{\partial z}\right) + k_\eta^2\left(\frac{\partial\eta}{\partial z}\right)^2\right]\frac{1 + i\omega\tau_\varepsilon}{1 + i\omega\tau_\sigma} \tag{8.42}$$

式中，i 为虚数单位，由式（8.42）可得

$$\begin{aligned} \omega^2 = v^2\Bigg[&k_\xi^2\left(\frac{\partial\xi}{\partial x}\right)^2 + 2k_\xi k_\eta\left(\frac{\partial\xi}{\partial x}\frac{\partial\eta}{\partial x}\right) + k_\eta^2\left(\frac{\partial\eta}{\partial x}\right)^2 + k_\xi^2\left(\frac{\partial\xi}{\partial z}\right)^2 \\ &+ 2k_\eta k_\xi\left(\frac{\partial\xi}{\partial z}\frac{\partial\eta}{\partial z}\right) + k_\eta^2\left(\frac{\partial\eta}{\partial z}\right)^2\Bigg]\cdot\left(\frac{1 + \omega^2\tau_\varepsilon\tau_\sigma}{1 + \omega^2\tau_\sigma^2} + i\frac{\omega\tau\tau_\sigma}{1 + \omega^2\tau_\sigma^2}\right) \end{aligned} \tag{8.43}$$

式中，$\tau = \dfrac{\tau_\varepsilon}{\tau_\sigma} - 1$。

当 Q 不是很小时，$\tau \ll 1$（在大部分黏声介质中，$Q>20$），此时有如下近似式：

$$\frac{1+\omega^2\tau_\varepsilon\tau_\sigma}{1+\omega^2\tau_\sigma^2}=\frac{1+\omega_0^2\left(\sqrt{Q^2+1}-1\right)\left(\sqrt{Q^2+1}-1\right)/\omega_0^2Q^2}{1+\omega_0^2\left(\sqrt{Q^2+1}-1\right)^2/\omega_0^2Q^2}=\frac{Q^2}{Q^2+1-\sqrt{Q^2+1}}\approx\frac{Q^2}{Q^2+1-Q}\approx1 \quad (8.44)$$

$$\frac{\omega\tau\tau_\sigma}{1+\omega^2\tau_\sigma^2}=\frac{\omega\tau\left(\sqrt{Q^2+1}-1\right)/\omega Q}{1+\omega^2\left(Q^2+2-2\sqrt{Q^2+1}\right)/\omega^2Q^2}=\frac{Q\left(\sqrt{Q^2+1}-1\right)\tau}{2\left(Q^2+1-\sqrt{Q^2+1}\right)}\approx\frac{Q(Q-1)}{2(Q^2+1-Q)}\tau\approx\frac{\tau}{2}$$

$$(8.45)$$

这样频散关系可以近似为

$$\omega^2=v^2\left[k_\xi^2\left(\frac{\partial\xi}{\partial x}\right)^2+2k_\xi k_\eta\left(\frac{\partial\xi}{\partial x}\frac{\partial\eta}{\partial x}\right)+k_\eta^2\left(\frac{\partial\eta}{\partial x}\right)^2+k_\xi^2\left(\frac{\partial\xi}{\partial z}\right)^2+2k_\eta k_\xi\left(\frac{\partial\xi}{\partial z}\frac{\partial\eta}{\partial z}\right)+k_\eta^2\left(\frac{\partial\eta}{\partial z}\right)^2\right]\left(1+\mathrm{i}\frac{\tau}{2}\right)$$

$$(8.46)$$

进一步可将式（8.46）近似并整理为

$$\omega^2-\mathrm{i}\omega v\frac{\tau}{2}\sqrt{k_\xi^2\left(\frac{\partial\xi}{\partial x}\right)^2+2k_\xi k_\eta\left(\frac{\partial\xi}{\partial x}\frac{\partial\eta}{\partial x}\right)+k_\eta^2\left(\frac{\partial\eta}{\partial x}\right)^2+k_\xi^2\left(\frac{\partial\xi}{\partial z}\right)^2+2k_\eta k_\xi\left(\frac{\partial\xi}{\partial z}\frac{\partial\eta}{\partial z}\right)+k_\eta^2\left(\frac{\partial\eta}{\partial z}\right)^2}$$
$$-\left[k_\xi^2\left(\frac{\partial\xi}{\partial x}\right)^2+2k_\xi k_\eta\left(\frac{\partial\xi}{\partial x}\frac{\partial\eta}{\partial x}\right)+k_\eta^2\left(\frac{\partial\eta}{\partial x}\right)^2+k_\xi^2\left(\frac{\partial\xi}{\partial z}\right)^2+2k_\eta k_\xi\left(\frac{\partial\xi}{\partial z}\frac{\partial\eta}{\partial z}\right)+k_\eta^2\left(\frac{\partial\eta}{\partial z}\right)^2\right]v^2=0$$

$$(8.47)$$

将上式返回时空域可得

$$\left(\frac{\partial^2}{\partial t^2}+\frac{\tau v}{2}\frac{\partial}{\partial t}\sqrt{-\left\{\frac{\partial^2}{\partial\xi^2}\left[\left(\frac{\partial\xi}{\partial x}\right)^2+\left(\frac{\partial\xi}{\partial z}\right)^2\right]+2\frac{\partial^2}{\partial\xi\partial\eta}\left(\frac{\partial\xi}{\partial x}\frac{\partial\eta}{\partial x}+\frac{\partial\xi}{\partial z}\frac{\partial\eta}{\partial z}\right)+\frac{\partial^2}{\partial\eta^2}\left[\left(\frac{\partial\eta}{\partial x}\right)^2+\left(\frac{\partial\eta}{\partial z}\right)^2\right]\right\}}\right.$$
$$\left.-\left\{\frac{\partial^2}{\partial\xi^2}\left[\left(\frac{\partial\xi}{\partial x}\right)^2+\left(\frac{\partial\xi}{\partial z}\right)^2\right]+2\frac{\partial^2}{\partial\xi\partial\eta}\left(\frac{\partial\xi}{\partial x}\frac{\partial\eta}{\partial x}+\frac{\partial\xi}{\partial z}\frac{\partial\eta}{\partial z}\right)+\frac{\partial^2}{\partial\eta^2}\left[\left(\frac{\partial\eta}{\partial x}\right)^2+\left(\frac{\partial\eta}{\partial z}\right)^2\right]\right\}v^2\right)p=0 \quad (8.48)$$

化简整理可得式（8.29）。

3. 模型试算

下面分别采用起伏地表 Marmousi 模型对该起伏地表黏声逆时偏移方法进行测试。起伏地表衰减 Marmousi2 模型是在国际标准的 Marmousi2 速度模型的基础上修改得到的。初始的 Marmousi2 模型被抽稀为 11055m×3320m，网格间距为 15m×8m，另外，原模型被修改为起伏地表［图 8.3（a）］，笛卡儿坐标系下的 Q 模型如图 8.3（b）所示。将笛卡儿坐标系下的速度模型和 Q 模型映射到曲坐标系下，如图 8.3（c）、（d）所示。图 8.4 所示的为网格剖分图，其中图 8.4（a）、（b）分别为笛卡儿坐标系和曲坐标系下的网格。

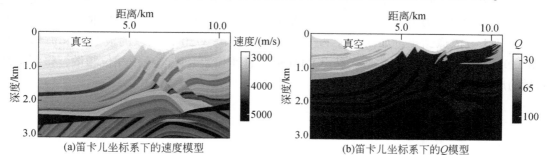

(a)笛卡儿坐标系下的速度模型   (b)笛卡儿坐标系下的Q模型

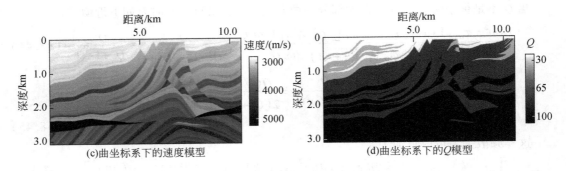

图 8.3　起伏地表衰减 Marmousi 模型

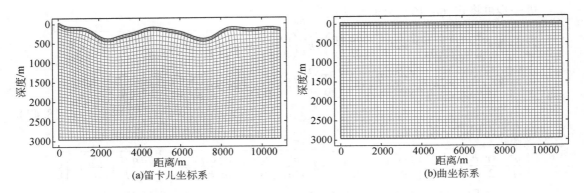

图 8.4　起伏地表衰减 Marmousi 模型网格剖分图

　　使用式（8.29）对起伏地表黏声 Marmousi 模型进行正演模拟。产生黏声炮记录的观测系统为：激发震源数为 100，相邻炮间距为 90m，均匀地分布于起伏地表以下 8m，震源子波为主频为 25Hz 的雷克子波，369 个检波点均匀地分布于起伏地表处。记录时间为 3s，时间采样间隔为 0.5ms。图 8.5 为黏声介质和声波介质中得到的合成地震记录。图 8.6 为从图 8.5 中 $x=3000$m 处抽取的波形图。从图中可知，式（8.29）很好地模拟了地震波在起伏地表黏声 Marmousi 模型中的传播过程。

　　使用起伏地表黏声 RTM 对该合成地震数据进行偏移。图 8.7（a）为第一炮 1.5s 的 Q 补偿的检波点波场。作为对比，我们也给出了未补偿的检波点波场如图 8.7（b）所示。图 8.8（a）、（b）所示的分别为 Q 补偿的和未补偿的 RTM 成像结果。相比于未补偿衰减的 RTM 成像结果，Q 补偿的 RTM 成像结果校正了振幅和相位，成像结果非常接近于参考成像值［声波成像结果，如图 8.8（c）所示］。从 $x=3750$ 处抽取的波数谱和波形曲线（图 8.9）进一步证明了起伏地表黏声 RTM 通过补偿振幅衰减、校正相位频散，得到了高质量的成像结果。

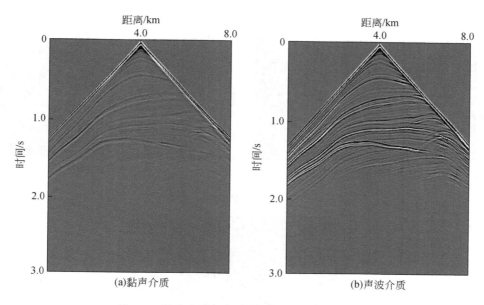

图 8.5　黏声介质与声波介质中的合成地震记录

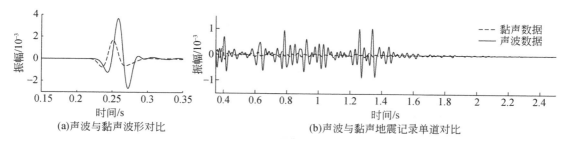

图 8.6　从炮记录中 $x=3000\text{m}$ 处抽取的波形曲线

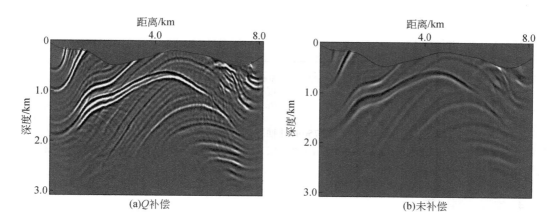

图 8.7　1.5s 时刻的检波点反传波场

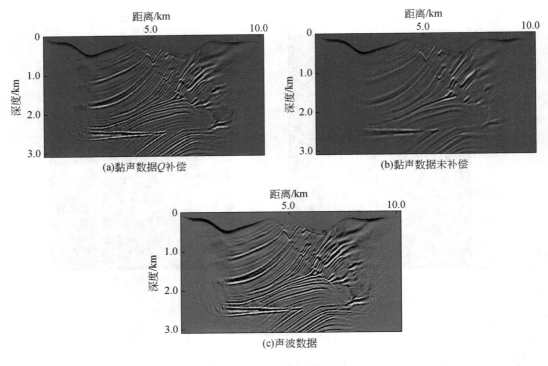

图 8.8　起伏地表成像结果

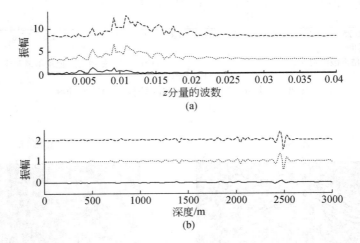

图 8.9　从图 8.8 水平位置 3750m 处抽取的波数谱（a）和波形曲线（b）

其中实线、点线和虚线分别表示黏声数据未补偿衰减 RTM、黏声数据补偿衰减 RTM 和声波数据 RTM

4. 实际资料试算

最后，通过对实际资料试处理验证该起伏地表黏声逆时偏移方法的正确性。总共 1180

炮，每炮 906 个检波点。在偏移成像之前的数据进行了面波、随机噪声压制等试处理。偏移速度模型和 Q 模型如图 8.10 所示。速度的范围为 1910 ~ 6480m/s，Q 的范围为 36 ~ 110。偏移采用的子波函数为 25Hz 的雷克震源子波。时间采样间隔为 2ms，记录时间为 8s。图 8.11（a）、（b）分别为 Q 补偿和未补偿的起伏地表 RTM 成像结果。在图 8.11 (b) 中，深部构造的成像能量很弱，且信噪比较低。在起伏地表黏声 RTM 的成像结果中 [图 8.11（a）]，经过 Q 补偿，断层、不整合面和其他构造都被很好地成像出来，波形图（图 8.12）和波数谱图（图 8.13）也印证了这一结论。

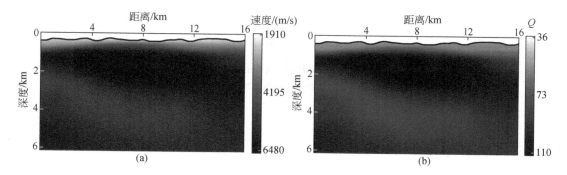

图 8.10　实际资料的速度场（a）和 Q 模型（b）

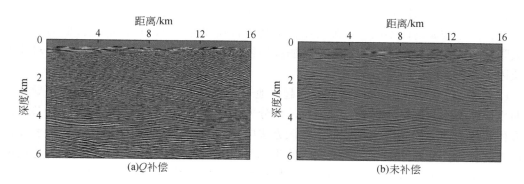

图 8.11　起伏地表黏声逆时偏移成像结果

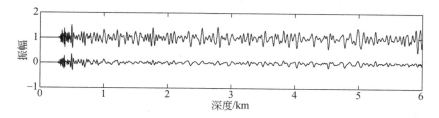

图 8.12　从图 8.11 水平位置 4000m 处抽取的单道成像振幅
其中下面和上面曲线分别表示黏声数据未补偿衰减 RTM 和黏声数据补偿衰减 RTM

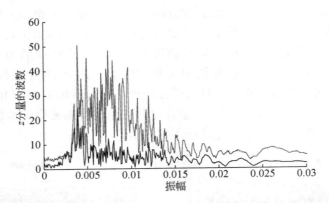

图 8.13　从图 8.11 水平位置 4000m 处抽取的波数谱曲线

其中下面和上面曲线分别表示黏声数据未补偿衰减 RTM 和黏声数据补偿衰减 RTM

8.2.3　本节小结

（1）本节中，首先对黏声介质逆时偏移的基本实现过程进行了介绍。可以在成像过程中对吸收衰减进行较为可观的补偿，直接得到消除黏性影响的成像结果。成像过程中引入了两种规则化方法来防止不稳定发生，本质上来说两种规则化方法是一致的，都可以看作是滤波，但是滤波的窗不同，添加规则化项会对有效波场进行改造，而直接低通滤波可以最大限度地保护低波数波场，因此直接滤波的补偿效果较好，但是添加规则化项对速度和品质因子变化大的区域更有意义。

（2）然后介绍了基于曲网格剖分的起伏地表黏声逆时偏移，该方法是通过推导基于一种曲坐标系下不含记忆变量的二阶黏声拟微分方程，利用伪谱法或者混合域空间差分计算该方程实现起伏地表黏声逆时偏移。在该方法中，黏声起伏地表模型根据起伏地表和地下构造被剖分为正交曲网格，并被映射为曲坐标系下的水平地表。一种曲坐标系下稳定的规则化算子被引入拟微分方程中压制黏声补偿过程中的高频噪声。对模型和实际资料进行了成像测试，验证了本书方法的正确性和有效性。

8.3　起伏地表黏声最小二乘逆时偏移

8.3.1　基于曲坐标系下一阶黏声方程的黏声最小二乘逆时偏移

1. 一阶黏声拟微分方程

我们推导出一阶速度–压力黏声波方程，如下所示：

$$\begin{cases} \rho\,\dfrac{\partial v_x}{\partial t}=\dfrac{\partial p}{\partial \xi}\dfrac{\partial \xi}{\partial x}+\dfrac{\partial p}{\partial \eta}\dfrac{\partial \eta}{\partial x},\rho\,\dfrac{\partial v_z}{\partial t}=\dfrac{\partial p}{\partial \xi}\dfrac{\partial \xi}{\partial z}+\dfrac{\partial p}{\partial \eta}\dfrac{\partial \eta}{\partial z}\\[2mm] \dfrac{\partial p}{\partial t}=\rho v^2\left(\dfrac{\partial v_x}{\partial \xi}\dfrac{\partial \xi}{\partial x}+\dfrac{\partial v_x}{\partial \eta}\dfrac{\partial \eta}{\partial x}+\dfrac{\partial v_z}{\partial \xi}\dfrac{\partial \xi}{\partial z}+\dfrac{\partial v_z}{\partial \eta}\dfrac{\partial \eta}{\partial z}\right)+\dfrac{\tau\varepsilon v}{2}\sqrt{-\varGamma}\,p\\[2mm] -\sigma\rho\,\dfrac{\tau(\varepsilon+1)v^2}{4}\dfrac{\partial}{\partial t}\left(\dfrac{\partial v_x}{\partial \xi}\dfrac{\partial \xi}{\partial x}+\dfrac{\partial v_x}{\partial \eta}\dfrac{\partial \eta}{\partial x}+\dfrac{\partial v_z}{\partial \xi}\dfrac{\partial \xi}{\partial z}+\dfrac{\partial v_z}{\partial \eta}\dfrac{\partial \eta}{\partial z}\right) \end{cases} \tag{8.49}$$

其中，

$$\varGamma=A(\xi)\frac{\partial^2}{\partial \xi^2}+B(\xi,\eta)\frac{\partial^2}{\partial \xi\partial \eta}+C(\eta)\frac{\partial^2}{\partial \eta^2} \tag{8.50}$$

式中，$\dfrac{\tau\varepsilon v}{2}\sqrt{-\varGamma}\,p$ 为衰减补偿项，在波数域中求解，而其他项在时空域中求解。在本节中，我们使用基于全交错网格（FSG，Lebedev，1964），具有时间二阶和空间 $2M$ 阶（M 表示任何正整数）方案的有限差分法来求解式（8.49）。FSG 方案如图 8.14 所示。

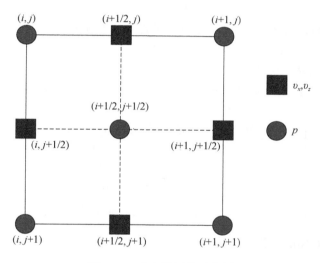

图 8.14　全交错网格示意图

2. 曲坐标系中的 Q 衰减反偏移算子

基于 Born 近似理论，给定速度扰动 δv 将会产生波场扰动 $\delta\tilde{U}$（这里我们假设 $\delta\rho=0$，$\delta\tau=0$），由此可得

$$\begin{cases} \delta v=v-v_s,\\ \delta\tilde{U}=\tilde{U}-\tilde{U}_s \end{cases} \tag{8.51}$$

式中，$\tilde{U}=(\tilde{v}_x,\tilde{v}_z,\tilde{p})$ 为衰减的波场；v_s 为背景速度；$\tilde{U}_s$ 为衰减的背景波场。将 $\tilde{U}=\delta\tilde{U}+\tilde{U}_s$ 和 $\tilde{U}_s$ 代入式（8.49），可以得到如下 Q 衰减的反偏移方程式：

$$
\begin{cases}
\rho \dfrac{\partial \delta \tilde{v}_x}{\partial t} = \dfrac{\partial \delta \tilde{p}}{\partial \xi} \dfrac{\partial \xi}{\partial x} + \dfrac{\partial \delta \tilde{p}}{\partial \eta} \dfrac{\partial \eta}{\partial x}, \rho \dfrac{\partial \delta \tilde{v}_z}{\partial t} = \dfrac{\partial \delta \tilde{p}}{\partial \xi} \dfrac{\partial \xi}{\partial z} + \dfrac{\partial \delta \tilde{p}}{\partial \eta} \dfrac{\partial \eta}{\partial z} \\[2mm]
\dfrac{1}{v_s^2} \dfrac{\partial \delta \tilde{p}}{\partial t} = \rho \left(\dfrac{\partial \delta \tilde{v}_x}{\partial \xi} \dfrac{\partial \xi}{\partial x} + \dfrac{\partial \delta \tilde{v}_x}{\partial \eta} \dfrac{\partial \eta}{\partial x} + \dfrac{\partial \delta \tilde{v}_z}{\partial \xi} \dfrac{\partial \xi}{\partial z} + \dfrac{\partial \delta \tilde{v}_z}{\partial \eta} \dfrac{\partial \eta}{\partial z} \right) - \dfrac{\tau}{2} \dfrac{1}{v_s} \sqrt{-\Gamma} \delta \tilde{p} \\[2mm]
\qquad + m(v) \left[\dfrac{1}{v_s^2} \dfrac{\partial \tilde{p}_s}{\partial t} + \dfrac{1}{4} \dfrac{\tau}{v_s} \sqrt{-\nabla} \tilde{p}_s \right]
\end{cases}
\tag{8.52}
$$

式中，$m(v) = \dfrac{2\delta v}{v_s}$ 为反射系数模型。

3. 曲坐标系中的 Q 补偿伴随算子

基于伴随状态理论有

$$
\langle \hat{A}^R \hat{U}^R, \hat{U} \rangle = \langle \hat{U}^R, \hat{A} \hat{U} \rangle
\tag{8.53}
$$

式中，$\hat{A}$ 为 Q 补偿正向延拓算子；$\hat{A}^R$ 为 $\hat{A}$ 的伴随算子；$\hat{U}^R$ 为 $\hat{U}$ 的伴随波场。根据式 (8.53)，我们可以得出 Q 补偿的一阶波动方程的伴随方程如下：

$$
\begin{cases}
\dfrac{1}{\rho} \left(\dfrac{\partial \hat{p}^R}{\partial \xi} \dfrac{\partial \xi}{\partial x} + \dfrac{\partial \hat{p}^R}{\partial \eta} \dfrac{\partial \eta}{\partial x} \right) - \dfrac{1}{\rho} \dfrac{\partial \hat{v}_x^R}{\partial t} = 0 \\[2mm]
\dfrac{1}{\rho} \left(\dfrac{\partial \hat{p}^R}{\partial \xi} \dfrac{\partial \xi}{\partial z} + \dfrac{\partial \hat{p}^R}{\partial \eta} \dfrac{\partial \eta}{\partial z} \right) - \dfrac{1}{\rho} \dfrac{\partial \hat{v}_z^R}{\partial t} = 0 \\[2mm]
\left(\dfrac{\partial \hat{v}_x^R}{\partial \xi} \dfrac{\partial \xi}{\partial x} + \dfrac{\partial \hat{v}_x^R}{\partial \eta} \dfrac{\partial \eta}{\partial x} + \dfrac{\partial \hat{v}_z^R}{\partial \xi} \dfrac{\partial \xi}{\partial z} + \dfrac{\partial \hat{v}_z^R}{\partial \eta} \dfrac{\partial \eta}{\partial z} \right) - \dfrac{1}{v^2} \dfrac{\partial \hat{p}}{\partial t} + \dfrac{\tau}{2} \dfrac{1}{v} \sqrt{-\Gamma} \hat{p} \\[2mm]
- \sigma \dfrac{\tau}{2} \dfrac{\partial}{\partial t} \left(\dfrac{\partial \hat{v}_x^R}{\partial \xi} \dfrac{\partial \xi}{\partial x} + \dfrac{\partial \hat{v}_x^R}{\partial \eta} \dfrac{\partial \eta}{\partial x} + \dfrac{\partial \hat{v}_z^R}{\partial \xi} \dfrac{\partial \xi}{\partial z} + \dfrac{\partial \hat{v}_z^R}{\partial \eta} \dfrac{\partial \eta}{\partial z} \right) = \tilde{d}_{cal} - d_{obs}
\end{cases}
\tag{8.54}
$$

式中，$\tilde{d}_{cal} = \delta \tilde{p}(x_r)$ 为经过 Q 补偿的合成地震记录，$\delta \tilde{p}$ 由式 (8.52) 计算得到。

4. Q-LSRTM 的梯度方程

目标函数的扰动 δE 可以表示为

$$
\delta E = \langle Y \delta \hat{U}, Y \tilde{U} - d_{obs} \rangle = \langle \delta \tilde{U}, Y^R (Y \tilde{U} - d_{obs}) \rangle = \langle \hat{L} F', Y^R (Y \tilde{U} - d_{obs}) \rangle
$$
$$
= \langle \hat{F}', \hat{L}^R Y^R (Y \tilde{U} - d_{obs}) \rangle
\tag{8.55}
$$

式中，Y 为将整个模型空间的波场限制在检波器位置上的算子；Y^R 为将接收器位置的地震记录扩展到整个模型空间的算子；$\hat{L}^R Y^R (Y \tilde{U} - d_{obs}) = \hat{U}^R$ 和 $\hat{F}'$ 为构造一个新的震源从而计算得到 $\delta \hat{U}$：

$$
\hat{F}' = \left(0, \quad 0, \quad \dfrac{2\delta v}{v_s} \left[\dfrac{1}{v_s^2} \dfrac{\partial \hat{p}_s}{\partial t} - \dfrac{1}{4} \dfrac{\tau \varepsilon}{v_s} \sqrt{-\Gamma} \hat{p}_s \right] \right)^T
\tag{8.56}
$$

式中，T 为转置。则有

$$
\delta E = \delta(\hat{F}' \hat{U}^R) = \left[\dfrac{2\delta v}{v_s^3} \dfrac{\partial \hat{p}_s}{\partial t} - \dfrac{1}{2} \dfrac{\tau \varepsilon \delta v}{v_s^2} \sqrt{-\Gamma} \hat{p}_s \right] \hat{p}^R
\tag{8.57}
$$

相对于 v 的梯度方程为

$$g(v) = \frac{\delta(\hat{F}'\hat{U}^{\mathrm{R}})}{\delta v} = \left[\frac{2}{v_{\mathrm{s}}^3} \frac{\partial \hat{p}_{\mathrm{s}}}{\partial t} - \frac{1}{2} \frac{\tau \varepsilon}{v_{\mathrm{s}}^2} \sqrt{-\Gamma} \hat{p}_{\mathrm{s}} \right] \hat{p}^{\mathrm{R}} \tag{8.58}$$

5. 起伏地表简单衰减模型

为了验证提出的起伏地表 Q-LSRTM 方法，我们在具有起伏地表的简单衰减模型上进行了实验（图 8.15）。模型的大小设置为 4400m×2464m，网格间隔为 8m。笛卡儿坐标中的速度，Q 和密度模型分别如图 8.15（a）~（c）所示。根据 Thompson（1982）的理论，不规则表面的高程函数，将地形模型划分为边界拟合的曲网格，如图 8.16 所示，并将其转换为水平坐标系下的曲坐标系。相应的速度、Q 和密度模型如图 8.15（d）~（f）所示。

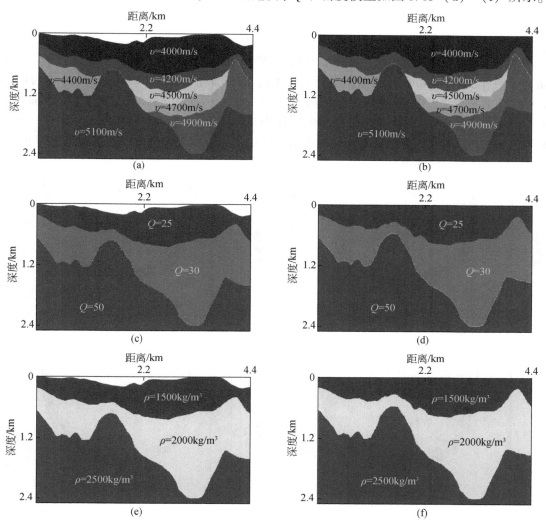

图 8.15　起伏地表简单衰减模型

（a）~（c）分别为笛卡儿坐标下的速度、Q、密度；（d）~（f）分别为曲坐标下的速度、Q、密度

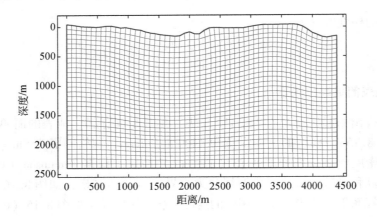

图 8.16　起伏地表简单衰减模型曲网格剖分图

　　首先，我们使用具有起伏地表的简单衰减模型测试一阶黏声方程的拟正演算子。采用雷克子波作为爆炸源中间放炮，主频为 30Hz。时间采样间隔为 0.6ms，总计算时间为 1.8s。在曲坐标系中模型的周围采用吸收边界（Cerjan et al., 1985），厚度为 400m。图 8.17（a）、（c）分别在笛卡儿坐标和曲坐标中显示了在 360ms 时的黏声波场快照。在图 8.17（a）中，黑实线描绘了不规则地表的高程位置，显示了通过使用所提出的黏声正演

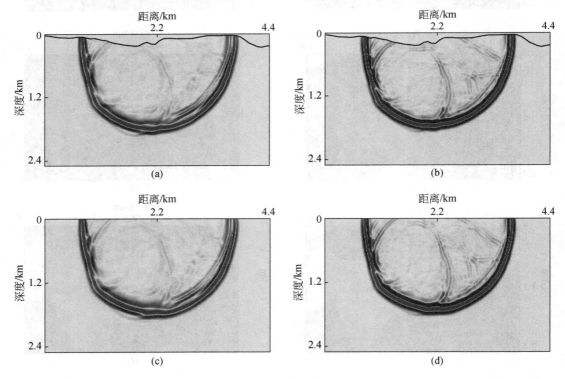

图 8.17　360ms 波场快照

（a）、（c）黏声介质；（b）、（d）声波介质；（a）、（b）笛卡儿坐标系；（c）、（d）曲坐标系

模型方法的黏声炮记录。为了进行比较，我们在声波介质中生成了相应的波场快照［图8.17（b）、（d）］和炮记录［图 8.18（b）］。我们观察到，模拟的黏声波场和炮记录中的振幅比声波结果中的振幅要弱得多。图 8.19（a）、（b）分别显示了振幅比较和相应的频谱比较，其中实线和虚线分别表示声波和黏声波。通过比较表明，新推导的一阶黏声方程可以精确模拟地震波场，由于 Q 衰减效应，模拟的地震波场存在振幅损失和相位失真。

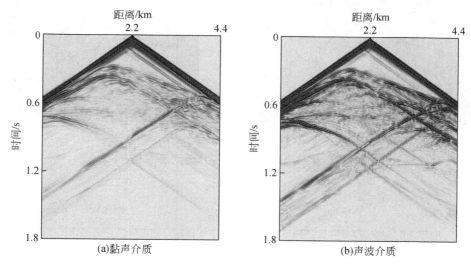

图 8.18　简单衰减模型炮记录

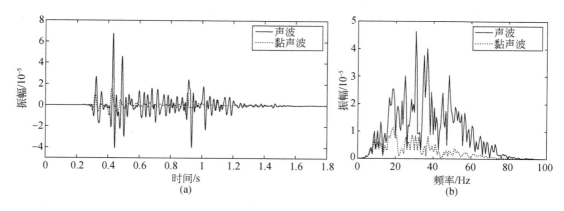

图 8.19　抽取的单道记录（a）与对应的频谱图（b）

接下来，我们测试提出的 Q 衰减反偏移算子和 Q 补偿伴随算子。图 8.20（a）给出了偏移速度模型，它是通过真实模型平滑得到的。在这里，我们假设偏移中使用的密度模型是准确的。图 8.20（b）中显示了用于生成合成反偏移记录的反射系数模型［$m(v)=2\delta v/v_s$］。图 8.21（a）、（b）分别显示了在黏声和声波中的偏移记录，可以看出所提出的 Q 衰减的偏移可以准确地产生合成炮记录。图 8.22（a）、（b）分别展示了曲坐标系中的 360ms 的

Q 补偿波场快照和非补偿波场快照。通过比较，我们发现由 Q 衰减引起的能量损失得到了很好的补偿。这些结果表明，基于新的一阶黏声拟微分方程，以及推导出的 Q 衰减的反偏移和 Q 补偿的伴随算子是准确和稳定的。

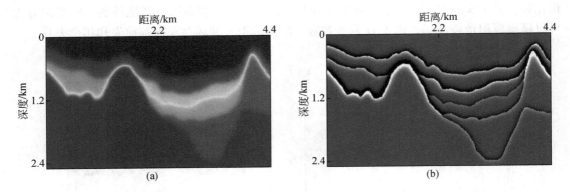

图 8.20　偏移速度模型（a）与反射系数模型（b）

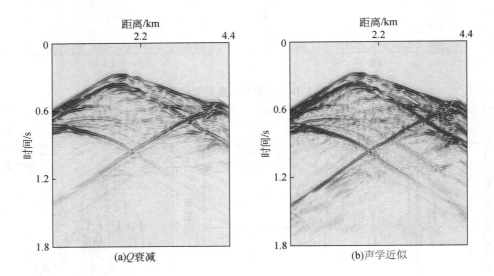

图 8.21　反偏移算子

　　然后，我们证明了所提出的 Q-LSRTM 的准确性。观测记录是通过使用黏声有限差分正演模拟方法生成的。图 8.23（a）显示了所提出的 Q-LSRTM 第一次迭代时的成像结果。与未补偿 LSRTM 的第一次迭代图像相比［图 8.23（b）］，可以看出，由于衰减补偿，图 8.23（a）中显示的图像具有更好的分辨率和更强的深能量。经过 30 次迭代，所提出的 Q-LSRTM 的成像结果，如图 8.23（c）所示，具有比第一次迭代图像更清晰的结构、更好的分辨率、更宽的照明度和更均衡的振幅。相比之下，经过 30 次迭代后，未补偿 LSRTM 的图像质量受到限制，如图 8.23（d）所示。此外，使用提出的 Q-LSRTM 可以很好地克

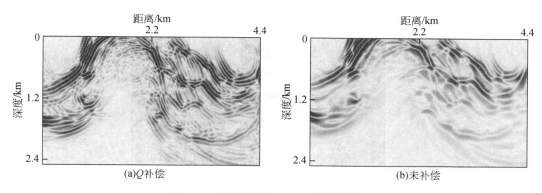

图 8.22　曲坐标系下 360ms 的波场快照

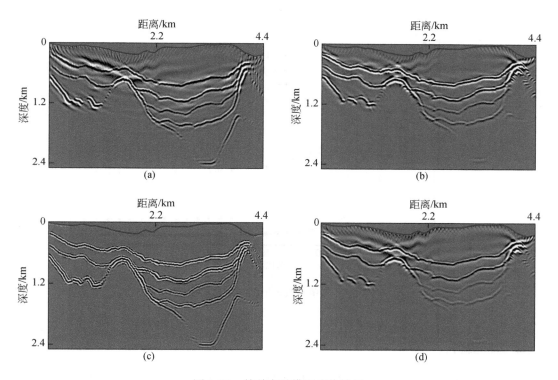

图 8.23　简单衰减模型成像结果
（a）、（c）起伏地表 Q-LSRTM；（b）、（d）未补偿的起伏地表 LSRTM；
（a）、（b）第一次迭代；（c）、（d）第 30 次迭代

服不规则表面对成像结果的影响。图 8.24 显示了在第 30 次迭代中 Q 补偿的基于矩形网格的 LSRTM 的成像结果。三种方法的归一化残差收敛曲线在图 8.25 中可以看到，其中实线、点线和虚线分别表示起伏地表 Q-LSRTM、基于矩形网格的 Q-LSRTM 和起伏地表非补偿 LSRTM 的残差曲线。收敛曲线表明，起伏地表 Q-LSRTM 方法具有最快的收敛速度，收敛到最小值。

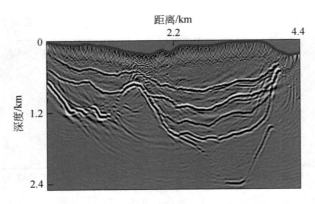

图 8.24　基于矩形网格剖分 Q-LSRTM 的 30 次迭代成像结果

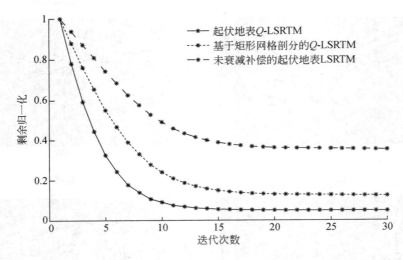

图 8.25　简单衰减模型归一化残差曲线

6. 实际资料

最后，我们对实际资料数据进行了 Q-LSRTM 方法测试。勘测的范围是从 $0 \sim 16.0\mathrm{km}$，每炮总共有 1180 个震源和 906 个接收器。计算区域在深度方向上最大为 $6.0\mathrm{km}$。所有震源源和检波点都位于模型的表面上。总记录时间为 $8\mathrm{s}$，时间采样间隔为 $2\mathrm{ms}$。图 8.26（a）为笛卡儿坐标系中的偏移速度模型，速度值的范围是 $1910 \sim 6480\mathrm{m/s}$。$Q$ 模型在图 8.26（b）中给出，Q 值的范围从 $36 \sim 110$。图 8.27（a）、（b）分别为由 Q-LSRTM 在第一次和第 30 次迭代中产生的成像结果。为了比较从 Q-RTM 和 Q-LSRTM 产生的成像结果，我们在图 8.28 中给出了放大的图像。放大结果表明，由 Q-LSRTM 产生的成像结果具有更高的分辨率（由实心箭头标记）和更强的反射能量（由空心箭头标记）。图 8.29 所示的归一化数据残差随迭代次数减少。因此，实际资料示例进一步证明，Q-LSRTM 能够产生具有清晰结构、改善的 SNR 且高分辨率和平衡振幅的高质量图像。

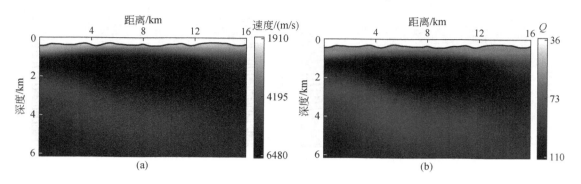

图 8.26　笛卡儿坐标系中的偏移速度模型（a）与 Q 模型（b）

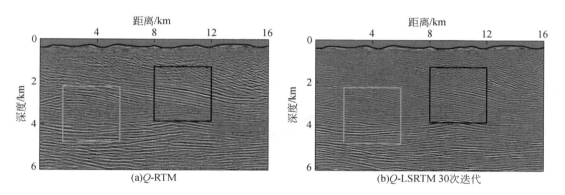

图 8.27　实际资料成像结果

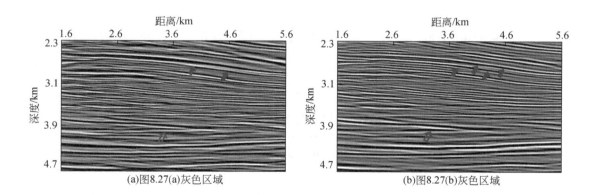

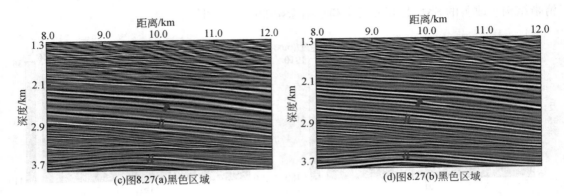

(c)图8.27(a)黑色区域　　　　　　　　(d)图8.27(b)黑色区域

图 8.28　图 8.27 中部分区域放大图

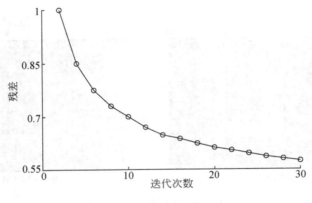

图 8.29　残差收敛曲线

8.3.2　基于曲坐标系下二阶黏声方程的黏声最小二乘逆时偏移

1. 基本原理

曲坐标系下的残差波场反传的黏声拟微分方程为

$$
\begin{aligned}
&\left(\frac{\partial^2}{\partial t^2}-\frac{\tau v}{2}\frac{\partial}{\partial t}\sqrt{-\left[A(\xi)\frac{\partial^2}{\partial \xi^2}+\frac{\partial^2}{\partial \xi \partial \eta}B(\xi,\eta)+C(\eta)\frac{\partial^2}{\partial \eta^2}\right]}-v^2\left[A(\xi)\frac{\partial^2}{\partial \xi^2}+\frac{\partial^2}{\partial \xi \partial \eta}B(\xi,\eta)\right.\right.\\
&\left.\left.+C(\eta)\frac{\partial^2}{\partial \eta^2}\right]+\sigma\frac{\tau v^2}{2}\frac{\partial}{\partial t}\left[\frac{\partial^2}{\partial \xi^2}A(\xi)+\frac{\partial^2}{\partial \eta^2}B(\eta)+2\frac{\partial^2}{\partial \xi \partial \eta}C(\xi,\eta)\right]\right)p^R=\Delta d
\end{aligned}
\tag{8.59}
$$

黏声起伏地表的最小二乘逆时偏移反偏移公式为

$$\frac{1}{v_0^2}\frac{\partial^2 \mathrm{d}p}{\partial t^2}+\frac{\tau}{2}\frac{1}{v_0}\sqrt{-\left[A(\xi)\frac{\partial^2}{\partial \xi^2}+B(\xi,\eta)\frac{\partial^2}{\partial \xi \partial \eta}+C(\eta)\frac{\partial^2}{\partial \eta^2}\right]\frac{\partial \mathrm{d}p}{\partial t}}-\left[A(\xi)\frac{\partial^2}{\partial \xi^2}+B(\xi,\eta)\frac{\partial^2}{\partial \xi \partial \eta}\right.$$

$$\left.+C(\eta)\frac{\partial^2}{\partial \eta^2}\right]\mathrm{d}p=m(x)\left(\frac{\partial^2 p_0}{\partial t^2}+\frac{\tau v_0}{4}\sqrt{-\left[A(\xi)\frac{\partial^2}{\partial \xi^2}+B(\xi,\eta)\frac{\partial^2}{\partial \xi \partial \eta}+C(\eta)\frac{\partial^2}{\partial \eta^2}\right]\frac{\partial p_0}{\partial t}}\right)$$

$$(8.60)$$

黏声起伏地表的最小二乘逆时偏移梯度公式为

$$g(v)=\int_t\left\{\frac{1}{v_0}\left(\sqrt{-\left[A(\xi)\frac{\partial^2}{\partial \xi^2}+B(\xi,\eta)\frac{\partial^2}{\partial \xi \partial \eta}+C(\eta)\frac{\partial^2}{\partial \eta^2}\right]\frac{\partial p_0}{\partial t}p^R}\right)+\frac{2}{v_0^2}\left(\frac{\partial^2 p_0}{\partial t^2}p^R\right)\right\}\mathrm{d}t$$

$$(8.61)$$

2. 模型试算

对衰减起伏地表的 Marmousi 模型进行试算，如图 8.30 所示，其中 8.30（a）为速度模型，8.30（b）为品质因子 Q 模型。Marmousi 模型大小为 4416m×3320m，网格大小为 12m×8m。图 8.31 为偏移速度场图［图 8.31（a）］和反射系数模型［图 8.31（b），仅用做对比］，分别采用衰减补偿起伏地表最小二乘逆时偏移成像方法和声波起伏地表最小二乘逆时偏移成像方法得到成像结果如图 8.32 所示。对比衰减补偿起伏地表最小二乘逆时偏移成像方法得到的成像结果［图 8.32（a）］和常规声波起伏地表最小二乘逆时偏移成像方法得到的成像结果［图 8.32（b）］可以看出，两种方法都得到了较准确的成像结果，克服了起伏地表对成像的影响。图 8.32（a）中的成像振幅更加均衡、中深部能量更强，而 8.32（b）中的中深部能量较弱，也表明本书方法能够很好地补偿地层衰减的影响。

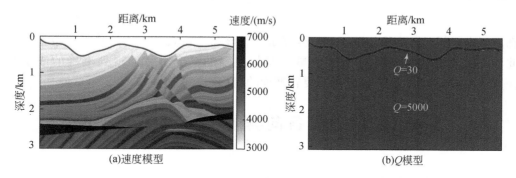

图 8.30　衰减起伏地表 Marmousi 模型

8.3.3　本节小结

（1）本节在基于曲网格剖分的起伏地表黏声逆时偏移的基础上，发展了起伏地表黏声最小二乘逆时偏移方法，该方法也很容易发展到起伏地表黏声全波形反演及三维情况下。

（2）该算法也存在一些缺点有待进一步研究：①该方法比常规有限差分方法计算量大，原因是曲坐标系下的波动方程含有更多的变量和计算过程，且在求解该方程时在每一

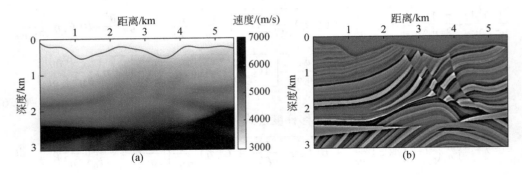

图 8.31 偏移速度场（a）与反射系数模型（b）

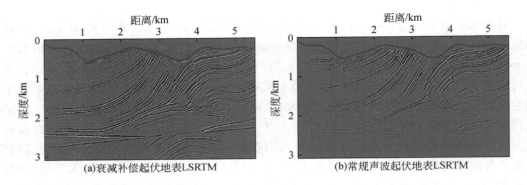

图 8.32 最小二乘逆时偏移成像结果

步都需要进行傅里叶变换，这会增加计算量；②该黏声拟微分方程是基于弱 Q 假设下的，因此，起伏地表 LSRTM 也需要在衰减不是特别强的情况下才能得到准确的成像结果；③该方法跟常规 LSRTM 一样，都需要较准确的偏移速度模型。

8.4 起伏地表各向异性拟声波偏移成像

8.4.1 各向异性拟声波逆时偏移方法

1. VTI 拟声波 LSRTM 实现过程

逆时偏移可看做最小二乘逆时偏移的第一次迭代过程。这里直接对各向异性拟声波最小二乘逆时偏移方法进行介绍。

Duveneck 等（2008）推导的二维常密度 VTI 拟微分方程被广泛地应用于各向异性介质逆时偏移中，其表达式为

$$\begin{cases} \dfrac{1}{v_{\mathrm{pz}}^2}\dfrac{\partial^2 p(x,t)}{\partial t^2} - (1+2\varepsilon)\dfrac{\partial^2 p(x,t)}{\partial x^2} - \sqrt{1+2\delta}\dfrac{\partial^2 q(x,t)}{\partial z^2} = f_x(x,t) \\[4mm] \dfrac{1}{v_{\mathrm{pz}}^2}\dfrac{\partial^2 q(x,t)}{\partial t^2} - \sqrt{1+2\delta}\dfrac{\partial^2 p(x,t)}{\partial x^2} - \dfrac{\partial^2 q(x,t)}{\partial z^2} = f_z(x,t) \end{cases} \tag{8.62}$$

式中，p 和 q 分别为水平应力场和垂直应力场；v_{pz} 为对称轴方向的相速度；ε 和 δ 为各向异性参数。

通过与声波介质反偏移方程类似的推导过程，可得 VTI 介质的反偏移方程为（详细推导过程见 8.4.1 节中 2.）：

$$\begin{cases} \dfrac{1}{v_{\mathrm{pz0}}^2}\dfrac{\partial^2 \delta p(x,t;x_s)}{\partial t^2} - (1+2\varepsilon)\dfrac{\partial^2 \delta p(x,t;x_s)}{\partial x^2} - \sqrt{1+2\delta}\dfrac{\partial^2 \delta q(x,t;x_s)}{\partial z^2} = m(x)\dfrac{1}{v_{\mathrm{pz0}}^2}\dfrac{\partial^2 p_0(x,t;x_s)}{\partial t^2} \\[4mm] \dfrac{1}{v_{\mathrm{pz0}}^2}\dfrac{\partial^2 \delta q(x,t;x_s)}{\partial t^2} - \sqrt{1+2\delta}\dfrac{\partial^2 \delta p(x,t;x_s)}{\partial x^2} - \dfrac{\partial^2 \delta q(x,t;x_s)}{\partial z^2} = m(x)\dfrac{1}{v_{\mathrm{pz0}}^2}\dfrac{\partial^2 q_0(x,t;x_s)}{\partial t^2} \end{cases}$$
$$\tag{8.63}$$

式中，p_0 和 q_0 为背景波场；v_{pz}^0 为背景相速度，背景波场可由式（8.62）计算得到。波场 p 和 q 的伴随变量 p^R 和 q^R 满足如下的偏移算子方程：

$$\begin{cases} \dfrac{1}{v_{\mathrm{pz}}^2}\dfrac{\partial^2 p^R(x,t;x_s)}{\partial t^2} - (1+2\varepsilon)\dfrac{\partial^2 p^R(x,t;x_s)}{\partial x^2} - \sqrt{1+2\delta}\dfrac{\partial^2 q^R(x,t;x_s)}{\partial z^2} = \Delta d_p(x_r,t;x_s) \\[4mm] \dfrac{1}{v_{\mathrm{pz}}^2}\dfrac{\partial^2 q^R(x,t;x_s)}{\partial t^2} - \sqrt{1+2\delta}\dfrac{\partial^2 p^R(x,t;x_s)}{\partial x^2} - \dfrac{\partial^2 q^R(x,t;x_s)}{\partial z^2} = \Delta d_q(x_r,t;x_s) \end{cases} \tag{8.64}$$

Δd_p 和 Δd_q 可由下式求得

$$\begin{cases} \Delta d_p(x_r,t;x_s) = \delta p(x_r,t;x_s) - d_{\mathrm{obs}}(x_r,t;x_s) \\ \Delta d_q(x_r,t;x_s) = \delta q(x_r,t;x_s) - d_{\mathrm{obs}}(x_r,t;x_s) \end{cases} \tag{8.65}$$

误差泛函 f 需要同时考虑 p 和 q 分量，那么，VTI 介质最小二乘逆时偏移的梯度为

$$g(x;x_s) = \frac{2}{v_{\mathrm{pz0}}^2}\int_t \left(\frac{\partial^2 p_0(x,t;x_s)}{\partial t^2} p^R(x,t;x_s) + \frac{\partial^2 q_0(x,t;x_s)}{\partial t^2} q^R(x,t;x_s) \right) \tag{8.66}$$

2. VTI 拟声波 LSRTM 反偏移算子

根据伴随状态理论，相速度 v_{pz} 包括两部分：背景速度 v_{pz0} 和速度扰动 δv_{pz}。那么，真实的速度模型可由下式描述：

$$v_{\mathrm{pz}} = v_{\mathrm{pz0}} + \delta v_{\mathrm{pz}} \tag{8.67}$$

为了简化，本书假设参数 ε 和 δ 是准确的而不存在扰动，即 $\mathrm{d}\varepsilon = 0$，$\mathrm{d}\delta = 0$。那么，波场 p 和 q 可以被分成两部分：背景波场（p_0，q_0）和扰动波场（$\mathrm{d}p$，$\mathrm{d}q$）。背景波场和扰动波场的关系可以由下式表示：

$$p = p_0 + \mathrm{d}p \tag{8.68}$$
$$q = q_0 + \mathrm{d}q \tag{8.69}$$

背景波场可由下式计算得到：

$$\begin{cases} \dfrac{1}{v_{pz0}^2}\dfrac{\partial^2 p_0}{\partial t^2}-(1+2\varepsilon)\dfrac{\partial^2 p_0}{\partial x^2}-\sqrt{1+2\delta}\dfrac{\partial^2 q_0}{\partial z^2}=f_x \\[3mm] \dfrac{1}{v_{pz0}^2}\dfrac{\partial^2 q_0}{\partial t^2}-\sqrt{1+2\delta}\dfrac{\partial^2 p_0}{\partial x^2}-\dfrac{\partial^2 q_0}{\partial z^2}=f_z \end{cases} \tag{8.70}$$

将式（8.62）减去式（8.70），并使用泰勒展开近似，可得

$$\begin{cases} \dfrac{1}{v_{pz0}^2}\dfrac{\partial^2 \delta p}{\partial t^2}-(1+2\varepsilon)\dfrac{\partial^2 \delta p}{\partial x^2}-\sqrt{1+2\delta}\dfrac{\partial^2 \delta q}{\partial z^2}=\dfrac{2\delta v_{pz}}{v_{pz0}^3}\dfrac{\partial^2 p_0}{\partial t^2}+O(\delta v_{pz}) \\[3mm] \dfrac{1}{v_{pz0}^2}\dfrac{\partial^2 \delta q}{\partial t^2}-\sqrt{1+2\delta}\dfrac{\partial^2 \delta p}{\partial x^2}-\dfrac{\partial^2 \delta q}{\partial z^2}=\dfrac{2\delta v_{pz}}{v_{pz0}^3}\dfrac{\partial^2 q_0}{\partial t^2}+O(\delta v_{pz}) \end{cases} \tag{8.71}$$

反射系数模型定义为

$$m(x)=\dfrac{2\delta v_{pz}}{v_{pz0}} \tag{8.72}$$

将反射系数式（8.72）代入式（8.71）并忽略高阶项可得 VTI 介质最小二乘逆时偏移的反偏移算子：

$$\begin{cases} \dfrac{1}{v_{pz0}^2}\dfrac{\partial^2 \delta p}{\partial t^2}-(1+2\varepsilon)\dfrac{\partial^2 \delta p}{\partial x^2}-\sqrt{1+2\delta}\dfrac{\partial^2 \delta q}{\partial z^2}=m(x)\dfrac{1}{v_{pz0}^2}\dfrac{\partial^2 p_0}{\partial t^2} \\[3mm] \dfrac{1}{v_{pz0}^2}\dfrac{\partial^2 \delta q}{\partial t^2}-\sqrt{1+2\delta}\dfrac{\partial^2 \delta p}{\partial x^2}-\dfrac{\partial^2 \delta q}{\partial z^2}=m(x)\dfrac{1}{v_{pz0}^2}\dfrac{\partial^2 q_0}{\partial t^2} \end{cases} \tag{8.73}$$

8.4.2　基于曲网格的各向异性波场延拓算子

1. 基本原理

应用链式法则，可得到曲坐标系下的各向异性速度应力方程：

$$\begin{cases} \rho\dfrac{\partial v_x}{\partial t}=\dfrac{\partial \tau_{xx}}{\partial \xi}\dfrac{\partial \xi}{\partial x}+\dfrac{\partial \tau_{xx}}{\partial \eta}\dfrac{\partial \eta}{\partial x}+\dfrac{\partial \tau_{xz}}{\partial \xi}\dfrac{\partial \xi}{\partial z}+\dfrac{\partial \tau_{xz}}{\partial \eta}\dfrac{\partial \eta}{\partial z} \\[3mm] \rho\dfrac{\partial v_z}{\partial t}=\dfrac{\partial \tau_{xz}}{\partial \xi}\dfrac{\partial \xi}{\partial x}+\dfrac{\partial \tau_{xz}}{\partial \eta}\dfrac{\partial \eta}{\partial x}+\dfrac{\partial \tau_{zz}}{\partial \xi}\dfrac{\partial \xi}{\partial z}+\dfrac{\partial \tau_{zz}}{\partial \eta}\dfrac{\partial \eta}{\partial z} \\[3mm] \dfrac{\partial \tau_{xx}}{\partial t}=\left(c_{11}\dfrac{\partial \xi}{\partial x}+c_{15}\dfrac{\partial \xi}{\partial z}\right)\dfrac{\partial v_x}{\partial \xi}+\left(c_{11}\dfrac{\partial \eta}{\partial x}+c_{15}\dfrac{\partial \eta}{\partial z}\right)\dfrac{\partial v_x}{\partial \eta}+\left(c_{15}\dfrac{\partial \xi}{\partial x}+c_{13}\dfrac{\partial \xi}{\partial z}\right)\dfrac{\partial v_z}{\partial \xi}+\left(c_{15}\dfrac{\partial \eta}{\partial x}+c_{13}\dfrac{\partial \eta}{\partial z}\right)\dfrac{\partial v_z}{\partial \eta} \\[3mm] \dfrac{\partial \tau_{zz}}{\partial t}=\left(c_{13}\dfrac{\partial \xi}{\partial x}+c_{35}\dfrac{\partial \xi}{\partial z}\right)\dfrac{\partial v_x}{\partial \xi}+\left(c_{13}\dfrac{\partial \eta}{\partial x}+c_{35}\dfrac{\partial \eta}{\partial z}\right)\dfrac{\partial v_x}{\partial \eta}+\left(c_{35}\dfrac{\partial \xi}{\partial x}+c_{33}\dfrac{\partial \xi}{\partial z}\right)\dfrac{\partial v_z}{\partial \xi}+\left(c_{35}\dfrac{\partial \eta}{\partial x}+c_{33}\dfrac{\partial \eta}{\partial z}\right)\dfrac{\partial v_z}{\partial \eta} \\[3mm] \dfrac{\partial \tau_{xz}}{\partial t}=\left(c_{15}\dfrac{\partial \xi}{\partial x}+c_{55}\dfrac{\partial \xi}{\partial z}\right)\dfrac{\partial v_x}{\partial \xi}+\left(c_{15}\dfrac{\partial \eta}{\partial x}+c_{55}\dfrac{\partial \eta}{\partial z}\right)\dfrac{\partial v_x}{\partial \eta}+\left(c_{55}\dfrac{\partial \xi}{\partial x}+c_{35}\dfrac{\partial \xi}{\partial z}\right)\dfrac{\partial v_z}{\partial \xi}+\left(c_{55}\dfrac{\partial \eta}{\partial x}+c_{35}\dfrac{\partial \eta}{\partial z}\right)\dfrac{\partial v_z}{\partial \eta} \end{cases} \tag{8.74}$$

式中，v_x、v_z 分别为弹性体中质点在水平方向 x、垂直方向 z 上的速度分量；τ_{xx} 和 τ_{zz} 为正应力；τ_{xz} 为切应力；ρ 为密度；c_{ij} 为弹性张量，由下式表示：

$$C = \begin{bmatrix} c_{11} & c_{13} & c_{15} \\ c_{13} & c_{33} & c_{35} \\ c_{15} & c_{35} & c_{55} \end{bmatrix} = M\ C^0\ M' = M \begin{bmatrix} c_{11}^0 & c_{13}^0 & 0 \\ c_{13}^0 & c_{33}^0 & 0 \\ 0 & 0 & c_{55}^0 \end{bmatrix} M' \tag{8.75}$$

式中，C^0 为 VTI 介质参数矩阵；M 为坐标变换矩阵：

$$M = \begin{bmatrix} \cos^2\theta & \sin^2\theta & -\sin^2\theta \\ \sin^2\theta & \cos^2\theta & \sin^2\theta \\ \dfrac{1}{2}\sin^2\theta & -\dfrac{1}{2}\sin^2\theta & \cos^2\theta \end{bmatrix} \tag{8.76}$$

式中，θ 为极化角（VTI 介质主对称轴与 Z 轴夹角）。

模拟自由地表时，边界条件的实施是关键，本书结合自由表面牵引力为 0 和 MFD 算子来实施自由边界条件。

令自由表面牵引力为 0，由式（8.74）可得到速度自由表面条件：

$$Z \begin{bmatrix} \dfrac{\partial v_x}{\partial \eta} & \dfrac{\partial v_z}{\partial \eta} \end{bmatrix}^{\mathrm{T}} = -X \begin{bmatrix} \dfrac{\partial v_x}{\partial \xi} & \dfrac{\partial v_z}{\partial \xi} \end{bmatrix}^{\mathrm{T}} \tag{8.77}$$

式中

$$Z = \begin{bmatrix} c_{11}\eta_x\eta_x + 2c_{15}\eta_x\eta_z + c_{55}\eta_z\eta_z & c_{15}\eta_x\eta_x + (c_{13}+c_{55})\eta_x\eta_z + c_{35}\eta_z\eta_z \\ c_{15}\eta_x\eta_x + (c_{13}+c_{55})\eta_x\eta_z + c_{35}\eta_z\eta_z & c_{55}\eta_x\eta_x + 2c_{35}\eta_x\eta_z + c_{33}\eta_z\eta_z \end{bmatrix} \tag{8.78}$$

$$X = \begin{bmatrix} c_{11}\eta_x\xi_x + c_{15}\eta_x\xi_z + c_{15}\xi_x\eta_z + c_{55}\eta_z\xi_z & c_{15}\eta_x\xi_x + c_{13}\eta_x\xi_z + c_{55}\xi_x\eta_z + c_{35}\eta_z\xi_z \\ c_{15}\eta_x\xi_x + c_{55}\eta_x\xi_z + c_{13}\xi_x\eta_z + c_{35}\eta_z\xi_z & c_{55}\eta_x\xi_x + c_{35}\eta_x\xi_z + c_{35}\xi_x\eta_z + c_{33}\eta_z\xi_z \end{bmatrix} \tag{8.79}$$

本节中主要介绍了弹性各向异性介质波场延拓算子的基本原理，基于各向异性一阶及二阶方程的声波波场延拓算子也可用相似的方法实现。本节中主要介绍基于二阶各向异性拟微分方程的起伏地表最小二乘逆时偏移方法。

2. 模型试算

1）倾斜地表模型

向上 30°倾斜地表各向异性介质的贴体网格剖分示意图如图 8.33（a）所示，模型网格大小为 301×301，网格间距约为 5m，密度为 $1000\mathrm{kg/m}^3$，VTI 介质各向异性参数分别为 $C_{11}^0 = 10.0\mathrm{GPa}$，$C_{13}^0 = 2.5\mathrm{GPa}$，$C_{33}^0 = 6.0\mathrm{GPa}$，$C_{55}^0 = 2.0\mathrm{GPa}$，将 VTI 介质绕主对称轴旋转即可得到相应的 TTI 介质。数值模拟所用爆炸震源为主频 20Hz 的雷克子波，震源位于（750m，5m）。图 8.33（b）为 VTI 介质在 0.3s 时刻的垂直分量波场快照，图 8.33（c）、（d）分别为极化角为 30°和 60°时 TTI 介质在相同时刻的波场快照，图中虚线主对称轴方向。从图 8.33 可以看出，各向异性介质中地震波传播速度具有明显的方向性，且 qSV 波波前出现三叉区现象。

2）高斯山峰山谷模型

高斯山峰山谷模型的高程表达式：

$$y = 0 - 200\exp\left[-(x-800)^2/110^2\right] + 200\exp\left[-(x-2200)^2/110^2\right]\ m, x \in [0, 3000]\ m \tag{8.80}$$

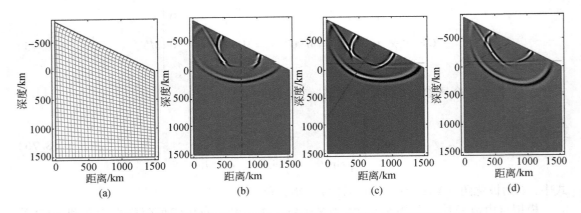

图 8.33　倾斜模型网格剖分图与 0.3s 垂直分量波场快照

(a) 网络剖分图；(b) VTI 介质坡场快照；(c) 30°极化角的 TTI 介质；(d) 60°极化角的 TTI 介质

其速度场如图 8.34 (a) 所示，贴体网格剖分示意图如图 8.34 (b) 所示。双层山峰山谷模型的参数如下，第一层 VTI 参数为 $C_{11}^0 = 10.0\text{GPa}$，$C_{13}^0 = 2.5\text{GPa}$，$C_{33}^0 = 6.0\text{GPa}$，$C_{55}^0 = 2.0\text{GPa}$，第二层 VTI 参数为 $C_{11}^0 = 16.0\text{GPa}$，$C_{13}^0 = 4.48\text{GPa}$，$C_{33}^0 = 16.0\text{GPa}$，$C_{55}^0 = 5.76\text{GPa}$，模型网格大小为 301×201，网格间距约为 10m。震源为主频 20Hz 的雷克子波，时间采样间隔 0.6ms，最大记录时间 1.8s，炮点位于 (1500m, 10m) 处。图 8.35 为采用本书方法正演模拟得到的 0.45s 时刻的水平分量波场快照，其中 8.35 (a) 为 VTI 介质，8.35 (b) 是极化角为 30°的 TTI 介质。从图 8.35 可以看出，qSV 波的三叉区，且小山峰、山谷相当于一个二次震源，所有经过山峰山谷的波都会激发出反射波和转换波，极大地丰富了波形，增加了波场的复杂性。总之，起伏地表的存在使得地震波在地下介质的传播模式发生很大的变化，使波场变得更加复杂。

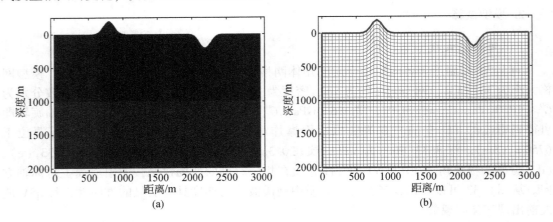

图 8.34　高斯山峰山谷模型速度场 (a) 与网格剖分示意图 (b)

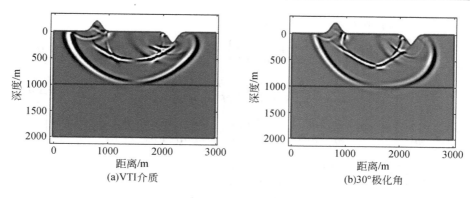

图 8.35 时刻 0.45s 的水平分量波场快照

8.4.3 起伏地表各向异性最小二乘逆时偏移

1. 基本原理

通过坐标变换，曲坐标系下的各向异性介质拟声波背景场可由下式求得：

$$
\begin{cases}
\dfrac{\partial^2 p_0}{\partial t^2} - v_{px0}^2 \left[\dfrac{\partial^2}{\partial \xi^2}\left(\dfrac{\partial \xi}{\partial x}\right)^2 + \dfrac{\partial^2}{\partial \eta^2}\left(\dfrac{\partial \eta}{\partial x}\right)^2 + 2\dfrac{\partial^2}{\partial \xi \partial \eta}\dfrac{\partial \xi}{\partial x}\dfrac{\partial \eta}{\partial x} + \dfrac{\partial}{\partial \xi}\dfrac{\partial^2 \xi}{\partial x^2} + \dfrac{\partial}{\partial \eta}\dfrac{\partial^2 \eta}{\partial x^2} \right] p_0 \\[2mm]
\quad - v_{pn0} v_{pz0}\left[\dfrac{\partial^2}{\partial \xi^2}\left(\dfrac{\partial \xi}{\partial z}\right)^2 + \dfrac{\partial^2}{\partial \eta^2}\left(\dfrac{\partial \eta}{\partial z}\right)^2 + 2\dfrac{\partial^2}{\partial \xi \partial \eta}\dfrac{\partial \xi}{\partial z}\dfrac{\partial \eta}{\partial z} + \dfrac{\partial}{\partial \xi}\dfrac{\partial^2 \xi}{\partial z^2} + \dfrac{\partial}{\partial \eta}\dfrac{\partial^2 \eta}{\partial z^2} \right] q_0 = 0 \\[3mm]
\dfrac{\partial^2 q_0}{\partial t^2} - v_{pn0} v_{pz0}\left[\dfrac{\partial^2}{\partial \xi^2}\left(\dfrac{\partial \xi}{\partial x}\right)^2 + \dfrac{\partial^2}{\partial \eta^2}\left(\dfrac{\partial \eta}{\partial x}\right)^2 + 2\dfrac{\partial^2}{\partial \xi \partial \eta}\dfrac{\partial \xi}{\partial x}\dfrac{\partial \eta}{\partial x} + \dfrac{\partial}{\partial \xi}\dfrac{\partial^2 \xi}{\partial x^2} + \dfrac{\partial}{\partial \eta}\dfrac{\partial^2 \eta}{\partial x^2} \right] p_0 \\[2mm]
\quad - v_{pz0}^2 \left[\dfrac{\partial^2}{\partial \xi^2}\left(\dfrac{\partial \xi}{\partial z}\right)^2 + \dfrac{\partial^2}{\partial \eta^2}\left(\dfrac{\partial \eta}{\partial z}\right)^2 + 2\dfrac{\partial^2}{\partial \xi \partial \eta}\dfrac{\partial \xi}{\partial z}\dfrac{\partial \eta}{\partial z} + \dfrac{\partial}{\partial \xi}\dfrac{\partial^2 \xi}{\partial z^2} + \dfrac{\partial}{\partial \eta}\dfrac{\partial^2 \eta}{\partial z^2} \right] q_0 = 0
\end{cases}
\tag{8.81}
$$

式中，p 和 q 分别为波场和辅助波场；v_{pz0} 和 v_{px0} 分别为对称轴方向和对称平面方向的背景相速度；v_{pn0} 为背景 NMO 速度。v_{px0} 和 v_{pn0} 由下式求得：

$$
\begin{cases}
v_{px0} = v_{pz0}\sqrt{1+2\varepsilon} \\[2mm]
v_{pn0} = v_{pz0}\sqrt{1+2\delta}
\end{cases}
\tag{8.82}
$$

曲坐标系下，VTI 介质拟声波反偏移方程为

$$
\begin{cases}
\dfrac{1}{v_{pz0}^2}\dfrac{\partial^2 \delta p(x,t)}{\partial t^2} - (1+2\varepsilon)\left[\dfrac{\partial^2}{\partial \xi^2}\left(\dfrac{\partial \xi}{\partial x}\right)^2 + \dfrac{\partial^2}{\partial \eta^2}\left(\dfrac{\partial \eta}{\partial x}\right)^2 + 2\dfrac{\partial^2}{\partial \xi \partial \eta}\dfrac{\partial \xi}{\partial x}\dfrac{\partial \eta}{\partial x} + \dfrac{\partial}{\partial \xi}\dfrac{\partial^2 \xi}{\partial x^2} + \dfrac{\partial}{\partial \eta}\dfrac{\partial^2 \eta}{\partial x^2} \right]\delta p \\[2mm]
\quad - \sqrt{1+2\delta}\left[\dfrac{\partial^2}{\partial \xi^2}\left(\dfrac{\partial \xi}{\partial z}\right)^2 + \dfrac{\partial^2}{\partial \eta^2}\left(\dfrac{\partial \eta}{\partial z}\right)^2 + 2\dfrac{\partial^2}{\partial \xi \partial \eta}\dfrac{\partial \xi}{\partial z}\dfrac{\partial \eta}{\partial z} + \dfrac{\partial}{\partial \xi}\dfrac{\partial^2 \xi}{\partial z^2} + \dfrac{\partial}{\partial \eta}\dfrac{\partial^2 \eta}{\partial z^2} \right]\delta q = m(x)\dfrac{\partial^2 p_0(x,t)}{\partial t^2} \\[3mm]
\dfrac{1}{v_{pz0}^2}\dfrac{\partial^2 \delta q(x,t)}{\partial t^2} - \sqrt{1+2\delta}\left[\dfrac{\partial^2}{\partial \xi^2}\left(\dfrac{\partial \xi}{\partial x}\right)^2 + \dfrac{\partial^2}{\partial \eta^2}\left(\dfrac{\partial \eta}{\partial x}\right)^2 + 2\dfrac{\partial^2}{\partial \xi \partial \eta}\dfrac{\partial \xi}{\partial x}\dfrac{\partial \eta}{\partial x} + \dfrac{\partial}{\partial \xi}\dfrac{\partial^2 \xi}{\partial x^2} + \dfrac{\partial}{\partial \eta}\dfrac{\partial^2 \eta}{\partial x^2} \right]\delta p \\[2mm]
\quad - \left[\dfrac{\partial^2}{\partial \xi^2}\left(\dfrac{\partial \xi}{\partial z}\right)^2 + \dfrac{\partial^2}{\partial \eta^2}\left(\dfrac{\partial \eta}{\partial z}\right)^2 + 2\dfrac{\partial^2}{\partial \xi \partial \eta}\dfrac{\partial \xi}{\partial z}\dfrac{\partial \eta}{\partial z} + \dfrac{\partial}{\partial \xi}\dfrac{\partial^2 \xi}{\partial z^2} + \dfrac{\partial}{\partial \eta}\dfrac{\partial^2 \eta}{\partial z^2} \right]\delta q = m(x)\dfrac{\partial^2 q_0(x,t)}{\partial t^2}
\end{cases}
\tag{8.83}
$$

曲坐标系下波场 p 和 q 偏移算子方程：

$$\begin{cases} \dfrac{1}{v_{pz}^2}\dfrac{\partial^2 p^R}{\partial t^2} - (1+2\varepsilon)\left[\dfrac{\partial^2}{\partial\xi^2}\left(\dfrac{\partial\xi}{\partial x}\right)^2 + \dfrac{\partial^2}{\partial\eta^2}\left(\dfrac{\partial\eta}{\partial x}\right)^2 + 2\dfrac{\partial^2}{\partial\xi\partial\eta}\dfrac{\partial\xi}{\partial x}\dfrac{\partial\eta}{\partial x} + \dfrac{\partial}{\partial\xi}\dfrac{\partial^2\xi}{\partial x^2} + \dfrac{\partial}{\partial\eta}\dfrac{\partial^2\eta}{\partial x^2}\right]p^R \\ \qquad -\sqrt{1+2\delta}\left[\dfrac{\partial^2}{\partial\xi^2}\left(\dfrac{\partial\xi}{\partial z}\right)^2 + \dfrac{\partial^2}{\partial\eta^2}\left(\dfrac{\partial\eta}{\partial z}\right)^2 + 2\dfrac{\partial^2}{\partial\xi\partial\eta}\dfrac{\partial\xi}{\partial z}\dfrac{\partial\eta}{\partial z} + \dfrac{\partial}{\partial\xi}\dfrac{\partial^2\xi}{\partial z^2} + \dfrac{\partial}{\partial\eta}\dfrac{\partial^2\eta}{\partial z^2}\right]q^R = \Delta d_p \\ \dfrac{1}{v_{pz}^2}\dfrac{\partial^2 q^R}{\partial t^2} - \sqrt{1+2\delta}\left[\dfrac{\partial^2}{\partial\xi^2}\left(\dfrac{\partial\xi}{\partial x}\right)^2 + \dfrac{\partial^2}{\partial\eta^2}\left(\dfrac{\partial\eta}{\partial x}\right)^2 + 2\dfrac{\partial^2}{\partial\xi\partial\eta}\dfrac{\partial\xi}{\partial x}\dfrac{\partial\eta}{\partial x} + \dfrac{\partial}{\partial\xi}\dfrac{\partial^2\xi}{\partial x^2} + \dfrac{\partial}{\partial\eta}\dfrac{\partial^2\eta}{\partial x^2}\right]p^R \\ \qquad -\left[\dfrac{\partial^2}{\partial\xi^2}\left(\dfrac{\partial\xi}{\partial z}\right)^2 + \dfrac{\partial^2}{\partial\eta^2}\left(\dfrac{\partial\eta}{\partial z}\right)^2 + 2\dfrac{\partial^2}{\partial\xi\partial\eta}\dfrac{\partial\xi}{\partial z}\dfrac{\partial\eta}{\partial z} + \dfrac{\partial}{\partial\xi}\dfrac{\partial^2\xi}{\partial z^2} + \dfrac{\partial}{\partial\eta}\dfrac{\partial^2\eta}{\partial z^2}\right]q^R = \Delta d_q \end{cases} \tag{8.84}$$

式中，Δd_p 和 Δd_q 由式（8.65）求得，VTI 介质拟声波最小二乘逆时偏移的梯度由式（8.66）求得。

2. 模型试算

采用如图 8.36 所示的 VTI 介质 Marmousi 模型测试本书的起伏地表 VTI 拟声波 LSRTM 方法。网格剖分如图 8.37 所示。产生炮记录的观测系统为：激发震源数为 100，相邻炮间距为 90m，均匀地分布于起伏地表以下 8m，震源子波为主频为 25Hz 的雷克子波，369 个检波点均匀地分布于起伏地表处。记录时间为 3s，时间采样间隔为 0.5ms。图 8.38（d）为反射系数模型，该模型仅用于对比成像结果。

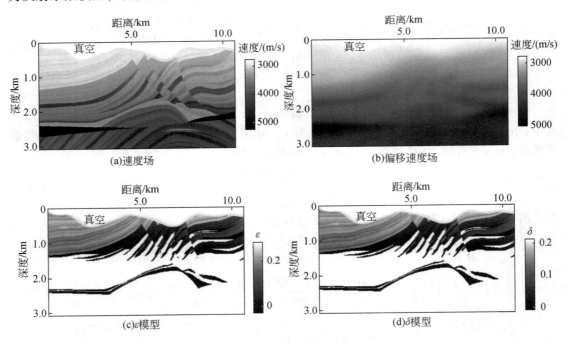

图 8.36　起伏地表 VTI 介质 Marmousi 模型

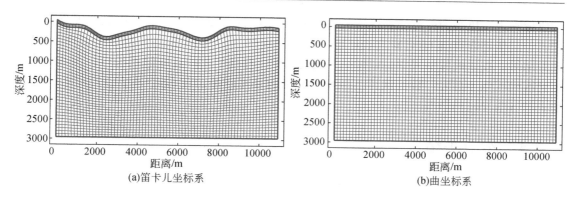

(a)笛卡儿坐标系　　　　　　　　　　　　　　(b)曲坐标系

图 8.37　VTI 介质 Marmousi 模型网格剖分图

图 8.38（a）为第一次迭代的成像结果，在该结果中，各向异性对地震波形的传播影响得到了校正，因此，地质构造的同相轴非常清晰，较好地对地下构造进行了成像。但是也存在一些缺点：①在浅层区域，震源干扰效应影响严重，存在偏移假象；②在中深层地区，振幅不均衡；③分辨率较低。采用起伏地表 VTI 拟声波 LSRTM 可以较好地克服这一缺点。经过多次迭代后，成像分辨率变得越来越高，振幅越来越均衡，信噪比越来越高。图 8.38（b）展示的为经过 50 次迭代的 VTI 拟声波 LSRTM 成像结果。与第一次迭代的成像结果［图 8.38（a）］相比，经过 50 迭代的最终成像结果［图 8.38（b）］表现了更少

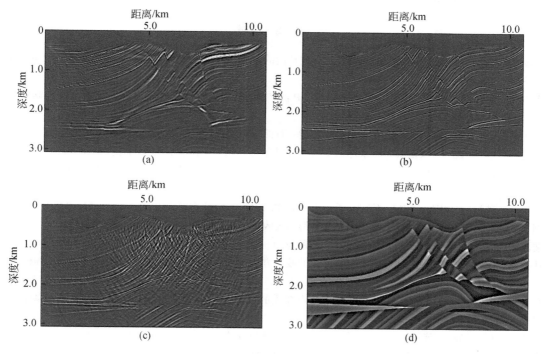

图 8.38　VTI 介质 Marmousi 模型成像结果与反射系数模型

（a）起伏地表 VTI 拟声波 RTM 得到的成像结果；（b）起伏地表 VTI 拟声波 LSRTM 得到的
成像结果；（c）起伏地表声波 LSRTM 的成像结果；（d）反射系数模型

的成像噪声、更高的分辨率和更均衡的振幅。作为对比，对在 VTI 介质中采集的炮记录应用四种起伏地表声波 LSRTM 方法进行成像。图 8.38（c）为采用各向同性 LSRTM 得到的成像结果。在该成像结果中，成像结果出现错位，存在严重的成像串扰噪声，深部结构未得到准确成像。总之，数值试算结果表明起伏地表 VTI 拟声波 LSRTM 方法能够校正起伏地表和各向异性的影响。

8.4.4　本节小结

（1）起伏地表 VTI 成像方法校正了起伏地表的影响，弥补了各向同性正演算法的不足，消除了预测数据与观测数据之间由于模拟方法带来的成像误差，特别是走时（或者相位）误差，有利于解决各向异性探区成像效果不佳的问题。

（2）通过曲网格剖分，完全克服起伏地表的影响，但通过坐标变换及应用链式法则，原有的方程增加了较多的计算项，加重了计算和内存负担。

（3）本节中各向异性方法也存在一些问题：①受构造运动的影响，地球介质还表现为极化各向异性、方位各向异性及正交各向异性特征，起伏地表 VTI 介质成像方法对此类介质的精确成像尚有不足；②该类方法需要同时具备相对正确的偏移速度场和各向异性 Thomsen 参数。目前，尽管已经发展出多种各向异性参数提取方法（刘玉柱等，2015），但对各向异性 Thomsen 参数的估计通常是不正确的，其反演难度比速度大得多，这势必制约本方法的实用性。

参 考 文 献

白敏，陈小宏，吴娟，等．2016．基于吸收衰减补偿的多分量高斯束逆时偏移．地球物理学报，59（9）：3379-3393.

程玖兵，康玮，王腾飞．2013．各向异性介质 qP 波传播描述 I：伪纯模式波动方程．地球物理学报，56（10）：3474-3486.

高军，凌云．1996．时频域球面波发散和吸收补偿．石油地球物理勘探，31（6）：865-866.

郭恺，娄婷婷．2014．双复杂介质条件下的反 Q 滤波偏移延拓算子研究．物探与化探，58（3）：571-576.

李金丽，曲英铭，刘建勋，等．2018．三维黏声最小二乘逆时偏移方法模型研究．物探与化探，42（5）：1013-1025.

李振春，郭振波，田坤．2014．黏声介质最小平方逆时偏移．地球物理学报，57（1）：214-228.

刘喜武，年静波，刘洪．2006．基于广义 S 变换的吸收衰减补偿方法．石油物探，45（1）：9-14.

裴江云，何樵登．1994．基于 Kjartansson 模型的反 Q 滤波．地球物理学进展，9（1）：90-100.

任浩然，王华忠，张立彬．2007．沿射线路径的波动方程延拓吸收与衰减补偿方法．石油物探，46（6）：557-561.

孙天真，谷玉田，张惠欣，等．2013．基于粘声介质的反 Q 滤波叠前深度偏移方法研究．石油物探，52（3）：275-279.

张瑾，刘财，冯晅，等．2013．波场延拓反 Q 滤波的正则化方法．世界地质，32（1）：123-129.

周彤，胡文毅，宁杰远．2018．一种黏声波方程逆时偏移成像中的衰减补偿方法．地球物理学报，61（6）：2433-2445.

Alkhalifah T. 1998. Acoustic approximations for processing in transversely isotropic media. Geophysics, 63（2）：

623-631.

Alkhalifah T. 2000. An acoustic wave equation for anisotropic media. Geophysics, 65 (4): 1239-1250.

Alkhalifah T, Ma X X, Waheed U, et al. 2013. Efficient anisotropic wavefield extrapolation using effective isotropic models. 13th International Congress of the Brazilian Geophysical Society & EXPOGEF. Rio de Janeiro, Brazil, 1540-1543.

Bai J, Chen G, Yingst D, et al. 2013. Attenuation compensation in viscoacoustic reverse time migration. SEG Technical Program Expanded Abstracts 2013. Society of Exploration Geophysicists, 3825-3830.

Bano M. 1996. Q- phase compensation of seismic records in the frequency domain. Bulletin of the Seismological Society of America, 86 (4): 1179-1186.

Bickel S H, Natarajan R R. 1985. Plane-wave Q deconvolution. Geophysics, 50 (9): 1246- 1439.

Carcione Kosloff M D, Kosloff R. 1988. Wave propagation simulation in a linear viscoelastic medium. Geophysical Journal International, 95: 597-611.

Carcione J. 2001. Wave Fields in Real Media: Wave Propagation in Anisotropic, Anelastic and Porous Media. Handbook of Geophysical Exploration, Seismic Exploration.

Cerjan C, Kosloff D, Kosloff R, et al. 1985. A nonreflecting boundary condition for discrete acoustic and elastic wave equations. Geophysics, 50 (4): 705-708.

Chu C L, Macy B K, Anno P D. 2013. Pure acoustic wave propagation in transversely isotropic media by the pseudospectral method. Geophysical Prospecting, 61 (3): 556-567.

Dai N, West G F. 1994. Inverse Q migration. Expanded Abstracts, 64th SEG Annual Meeting, 1418-1421.

Du X, Bancroft J C, Lines L R. 2005. Reverse- time migration for tilted TI media. SEG Technical Program Expanded Abstracts. SEG, 1930-1934.

Dutta G, Schuster G T. 2014. Attenuation compensation for least- squares reverse time migration using the viscoacoustic- wave equation. Geophysics, 79 (6): 251-262.

Duveneck E, Milcik P, Bakker P M, et al. 2008. Acoustic VTI wave equations and their application for anisotropic reverse- time migration. 78 Annual International Meeting, SEG, Technical Program Expanded Abstracts, 2186-2190.

Fletcher R P, Du X, Fowler P J. 2009. Reverse time migration in tilted transversely isotropic (TTI) media. Geophysics, 74 (6): WCA179-WCA187.

Futterman W I. 1962. Dispersive body waves. Journal of Geophysical Research, 67 (13): 5279-5291.

Hale D. 1981. An inverse- Q filter. Stanford Exploration Project Report, 26 (2): 231-243.

Hargreaves N D, Calvert A J. 1991. Inverse Q filtering by Fourier transform. Geophysics, 56 (4): 519-527.

Klié H, Toro W. 2001. A new acoustic wave equation for modeling in anisotropic media. SEG Technical Program Expanded Abstracts. SEG, 1171-1174.

Lebedev V I. 1964. Difference analogues of orthogonal decompositions, basic differential operators and some boundary problems of mathematical physics. I. USSR Computational Mathematics and Mathematical Physics, 4 (3): 69-92.

Liu F Q, Morton S A, Jiang S S, et al. 2009. Decoupled wave equations for P and SV waves in an acoustic VTI media. SEG Technical Program Expanded Abstracts. SEG, 2844-2848.

Pestana R C, Stoffa P L. 2010. Time evolution of the wave equation using rapid expansion method. Geophysics, 75 (4): 121-131.

Qu Y, Huang J, Li Z, et al. 2017. Attenuation compensation in anisotropic least-squares reverse time migration. Geophysics, 82 (6): 411-423.

Sheng X, Zhou H B. 2014. Accurate simulations of pure quasi-P-waves in complex anisotropic media. Geophysics, 79 (6): T341-T348.

Song J. 2001. The optimized expression of a high dimensional function/manifold in a lower dimensional space. Chinese Scientific Bulletin, 46: 977-984.

Song X L, Fomel S, Ying L X. 2013. Lowrank finite-differences and lowrank Fourier finite-differences for seismic wave extrapolation in the acoustic approximation. Geophysical Journal International, 193 (2): 960-969.

Thompson J F. 1982. Elliptic grid generation. Applied Mathematics & Computation, 10 (none): 79-105.

Thomsen L. 1986. Weak elastic anisotropy. Geophysics, 51 (10): 1954-1966.

Traynin P, Liu J, Reilly J M. 2008. Amplitude and bandwidth recovery beneath gas zones using Kirchhoff prestack depth Q- migration. SEG Technical Program Expanded Abstracts 2008. Society of Exploration Geophysicists, 2412-2416.

Tsvankin I. 1996. P-wave signatures and notation for transversely isotropic media. Geophysics, 61 (1): 467-483.

Varela C L, Rosa A L R, Ulrych T J. 1993. Modelling of attenuation and dispersion. Geophysics, 58 (7): 1167-1173.

Wang X, Dai W, Huang Y, et al. 2014. 3D plane-wave least-squares Kirchhoff migration. SEG Technical Program Expanded Abstracts. Society of Exploration Geophysicists, 3974-3979.

Wang Y H. 2007. Inverse-Q filtered migration. Geophysics, 73 (1): 1-6.

Xie Y, Xin K, Sun J, et al. 2009. 3D prestack depth migration with compensationfor frequency dependent absorption and dispersion. Expanded Abstracts of 79th SEG Annual International Meeting, 2919-2922.

Xin Y, Birdus B, Sun J. 2008. 3D tomographic amplitude inversion forcompensating amplitude attenuation in the overburden. Expanded Abstracts of 78th SEG Annual International Meeting, 3239-3243.

Yoon K, Suh S, Ji J, et al. 2010. Stability and speedup issues in TTI RTM implementation. 80th Annual International Meeting, SEG, Expanded Abstracts.

Yu Y, Lu R S, Deal M M. 2002. Compensation for the effects of shallow gas attenuation with viscoacoustic wave-equation migration. Expanded Abstracts, 72nd SEG Annual Meeting, 21: 2062-2065.

Zhan G, Pestana R C, Stoffa P L. 2012. Decoupled equations for reverse time migration in tilted transversely isotropic media. Geophysics, 77 (2): T37-T45.

Zhan G, Pestana R C, Stoffa P L. 2013. An efficient hybrid pseudospectral/finite- difference scheme for solving TTI pure P-wave equation. 13th International Congress of the Brazilian Geophysical Society & EXPOGEF. Rio de Janeiro, Brazil, 1322-1327.

Zhang J. 2004. Wave propagation across fluid-solid interfaces: A grid method approach. Geophysical Journal International, 159 (1): 240-252.

Zhang J, Wapenaar K. 2002. Wavefield extrapolation and prestack depth migration in anelastic inhomogeneous media. Geophysical Prospecting, 50 (6): 629-643.

Zhang J, Wu J, Li X. 2013. Compensation for absorption and dispersion in prestack migration: An effective Q approach. Geophysics, 78 (1): S1-S14.

Zhang L B, Rector J W III, Hoversten G M. 2005. Finite- difference modelling of wave propagation in acoustic tilted TI media. Geophysical Prospecting, 53 (6): 843-852.

Zhang X W, Han L G, Zhang F J, et al. 2007. An inverse Q-filter algorithm based on stable wavefeild continuation. Applied Geophysicis, 4 (4): 263-270.

Zhang Y, Zhang H Z. 2009. A stable TTI reverse time migration and its implementation. 79th Annual International Meeting, SEG, Expanded Abstracts.

Zhang Y, Zhang H Z, Zhang G Q. 2011. A stable TTI reverse time migration and its implementation. Geophysics, 76 (3): WA3-WA11.

Zhang Y, Zhang P, Zhang H. 2010. Compensating for visco-acoustic effects in reverse-time migration. Seg Technical Program Expanded, 29 (1): 3160-3164.

Zhou H B, Zhang G Q, Bloor R. 2006. An anisotropic acoustic wave equation for modeling and migration in 2D TTI media. 76th Annual International Meeting, SEG, Expanded Abstracts, 194-198.

Zhu T Z, Harris J M, Biondi B. 2014. Q-compensated reverse-time migration. Geophysics, 73 (9): S77-S87.

第9章 起伏地表与起伏海底构造条件下特殊波成像

9.1 引 言

油气勘探目标由简单的构造性油气藏逐渐转向复杂的岩性油气藏、隐蔽性油气藏、复合型油气藏以及非常规油气藏等，这类油气藏的主要特点是目标地质体变小、非均质性增强、横向变速问题严重。

地下构造十分复杂，断裂发育、断块众多，导致地层产状变化大且部分地区发育高陡地层，此外，高速盐丘体对盐下构造形成屏蔽等。因此，可采用地震特殊波对地下地质目标进行成像。在本章中，主要介绍棱柱波成像和多次波成像两大类。

（1）棱柱波成像。棱柱波可考虑用于改善对高陡构造的照明和成像效果（Farmer et al., 2006；Jin et al., 2006；Malcolm et al., 2011）。Broto 和 Lailly（2001）通过有限差分正演模拟描述了棱柱波的运动学特征，并提出了识别棱柱波的准则。棱柱波包含两个反射点和三个反射路径（Cavalca and Lailly, 2001）。Marmalyevskyy 等（2005）提出一种基于基尔霍夫的棱柱波成像方法，用于描述高陡的盐丘侧面。Li 等（2011）提出一种用于棱柱波成像的 RTM 方法，可以对高陡的盐丘侧面进行成像。同时，Dai（2012）也提出一种棱柱波 RTM 方法，用于对具有棱柱波的盐侧面进行成像。黄建平等（2016）将 Poynting 成像条件和平面波解构算子引入棱柱波 RTM 中。刘金朋等（2015）对棱柱波逆时偏移的成像效果进行了分析。Qu 等（2016）提出一种棱柱波形反演方法，改善波形反演中高陡构造速度反演精度。

（2）多次波成像。与一次波相比，多次波有着更长的传播路径和更小的反射角度，因此多次波的横向照明区域更加广泛、纵向分辨率也更高。多次波成像模式大致可分为四种。①把多次波转换为准一次波后再进行偏移处理，这一技术的核心问题是如何从多次波中准确地构建出准一次波，这种多次波成像方法需要和射线类方法（Reiter et al., 1991；Yu and Schuster, 2001；He et al., 2007）或者波动方程类方法（Berkhout and Verschuur, 2003；Shan, 2003；Berkhout et al., 2004；Verschuur and Berkhout, 2005）一起使用，该方法的缺点是在构建准一次波的过程中会有不同程度的干涉波被引入；②利用低阶多次波作为震源去实现高阶的多次波成像（Youn and Zhou, 1999；Liu et al., 2011），Li 等（2017）利用从观测数据中分离出来的多次波进行逆时偏移处理；③Marchenko 成像，该方法可以在事先不了解目标区域的上覆介质的情况下就可以正确地进行多次波成像，但格林函数构建的计算量非常庞大（Wapenaar et al., 2014；Slob et al., 2014；Wapenaar et al., 2017）；④最小二乘多次波成像，主要包括基于射线的最小二乘多次波偏移技术（Brown and Guitton, 2005）和最小二乘多次波逆时偏移技术（Wong et al., 2015；Tu and

Herrmann，2015；Liu et al.，2016）。

9.2　起伏地表棱柱波偏移成像

9.2.1　起伏地表声波介质棱柱波偏移成像

1. 棱柱波逆时偏移

棱柱波是一种特殊的多次波，包含一次波所没有的高陡构造的信息。基于零延迟互相关成像条件的棱柱波逆时偏移成像共有 5 步：①震源波场正向延拓；②检波点波场逆时延拓；③结合 born 近似，正向延拓的震源反射波场与逆时延拓的检波点波场做互相关；④结合 born 近似，正向延拓的震源波场与逆时延拓的检波点反射波场做互相关；⑤步骤③与步骤④的成像结果相加即可得到最终的棱柱波逆时偏移结果。

为了书写的简洁性，在频率域中表达波动方程，共炮域的逆时偏移公式可写为

$$m_{\text{mig}}(x\mid x_{\text{s}})=\sum_{\text{w}}\sum\omega^{2}W^{*}(\omega)G^{*}(x\mid x_{\text{s}})G^{*}(x\mid x_{\text{g}})d(x_{\text{g}}\mid x_{\text{s}}) \tag{9.1}$$

式中，$m_{\text{mig}}(x\mid x_{\text{s}})$ 为逆时偏移成像结果的波场值；$W^{*}(\omega)$ 为震源频谱；x_{g} 为检波点位置；$*$ 为复数共轭；G 为格林函数；$d(x_{\text{g}}\mid x_{\text{s}})$ 为炮记录；x_{s} 为震源点位置。

在偏移速度场给定后，可以求得震源波场 G_0，进而可求得反射波的格林函数 G_1，即

$$G_{1}(x\mid x_{\text{s}})=\int_{x'}\omega^{2}m_{1}(x')G_{0}(x'\mid x_{\text{s}})G_{0}(x'\mid x)\mathrm{d}x' \tag{9.2}$$

式中，$m_{1}(x')$ 为水平反射层在常规逆时偏移处理后得到的反射系数模型；由此可得笛卡儿坐标系下的频率域棱柱波逆时偏移表达式，即

$$\sum_{\omega}\omega^{2}W^{*}(\omega)G_{0}^{*}(x\mid x_{\text{s}})G_{1}^{*}(x\mid x_{\text{g}})d_{1}(x_{\text{g}}\mid x_{\text{s}})$$

$$=\sum_{\omega}\omega^{2}W^{*}(\omega)\int_{x'}\omega^{2}m_{1}(x')G_{0}^{*}(x'\mid x_{\text{s}})G_{0}^{*}(x'\mid x)\mathrm{d}x'G_{0}^{*}(x\mid x_{\text{g}})d_{2}(x_{\text{g}}\mid x_{\text{s}})$$

$$=\sum_{\omega}\omega^{2}P_{1}^{*}(x\mid x_{\text{s}})Q_{0}(x\mid x_{\text{s}}) \tag{9.3}$$

式中，$d_{1}(x_{\text{g}}\mid x_{\text{s}})$ 为一阶散射反射波；$d_{2}(x_{\text{g}}\mid x_{\text{s}})$ 为二次散射棱柱波，其中的 P_{1} 和 Q_{0} 可由下式求得，即

$$\begin{cases}\left[\nabla^{2}+\omega^{2}v_{0}^{-2}(x)\right]P_{0}(x)=W(\omega)\delta(x-x_{\text{s}}) \\ \left[\nabla^{2}+\omega^{2}v_{0}^{-2}(x)\right]P_{1}(x)=\omega^{2}m_{1}(x)P_{0}(x) \\ \left[\nabla^{2}+\omega^{2}v_{0}^{-2}(x)\right]Q_{0}(x\mid x_{\text{s}})=d_{2}(x_{\text{g}}\mid x_{\text{s}})\delta(x-x_{\text{g}})\end{cases} \tag{9.4}$$

式中，ω 为频率；$v_{0}(x)$ 为偏移速度；$P_{0}(x)$ 为震源波场；$P_{1}(x)$ 为反射波场；$W(\omega)$ 为震源频谱；x_{s} 为震源位置；x_{g} 为检波点位置；$Q_{0}(x)$ 为检波点波场；$m_{1}(x)$ 为水平反射层在常规逆时偏移处理后得到的反射系数模型。

2. 曲坐标系棱柱波逆时偏移

曲坐标系下的一阶速度应力方程为

$$\begin{cases} \rho\dfrac{\partial v_x}{\partial t}=\dfrac{\partial p}{\partial \xi}\dfrac{\partial \xi}{\partial x}+\dfrac{\partial p}{\partial \eta}\dfrac{\partial \eta}{\partial x},\rho\dfrac{\partial v_z}{\partial t}=\dfrac{\partial p}{\partial \xi}\dfrac{\partial \xi}{\partial z}+\dfrac{\partial p}{\partial \eta}\dfrac{\partial \eta}{\partial z} \\[2mm] \dfrac{1}{v_p^2}\dfrac{\partial p}{\partial t}=\rho\left(\dfrac{\partial v_x}{\partial \xi}\dfrac{\partial \xi}{\partial x}+\dfrac{\partial v_x}{\partial \eta}\dfrac{\partial \eta}{\partial x}+\dfrac{\partial v_z}{\partial \xi}\dfrac{\partial \xi}{\partial z}+\dfrac{\partial v_z}{\partial \eta}\dfrac{\partial \eta}{\partial z}\right) \end{cases} \tag{9.5}$$

速度扰动可由下式表达，即

$$v_p=v_{p0}+\delta v_p \tag{9.6}$$

式中，v_{p0}为背景速度；δv_p为扰动速度。

令$\delta v_p=0$，扰动速度产生了扰动波场，应力场p_0可通过下式求解：

$$\begin{cases} \rho\dfrac{\partial v_{x_0}}{\partial t}=\dfrac{\partial p}{\partial \xi}\dfrac{\partial \xi}{\partial x}+\dfrac{\partial p}{\partial \eta}\dfrac{\partial \eta}{\partial x},\rho\dfrac{\partial v_{z_0}}{\partial t}=\dfrac{\partial p}{\partial \xi}\dfrac{\partial \xi}{\partial z}+\dfrac{\partial p}{\partial \eta}\dfrac{\partial \eta}{\partial z} \\[2mm] \dfrac{1}{v_p^2}\dfrac{\partial p_0}{\partial t}=\rho\left(\dfrac{\partial v_{x0}}{\partial \xi}\dfrac{\partial \xi}{\partial x}+\dfrac{\partial v_{x0}}{\partial \eta}\dfrac{\partial \eta}{\partial x}+\dfrac{\partial v_{z0}}{\partial \xi}\dfrac{\partial \xi}{\partial z}+\dfrac{\partial v_{z0}}{\partial \eta}\dfrac{\partial \eta}{\partial z}\right) \end{cases} \tag{9.7}$$

由泰勒公式可知，背景速度与扰动速度的关系式，即

$$\frac{1}{v_p^2}\approx\frac{1}{v_{p0}^2}-\frac{2\delta v_p}{v_{p0}^3} \tag{9.8}$$

将式（9.8）代入式（9.5）中，并减去式（9.7），即

$$\begin{cases} \rho\dfrac{\partial \delta v_x}{\partial t}=\dfrac{\partial \delta p}{\partial \xi}\dfrac{\partial \xi}{\partial x}+\dfrac{\partial \delta p}{\partial \eta}\dfrac{\partial \eta}{\partial x},\rho\dfrac{\partial \delta v_z}{\partial t}=\dfrac{\partial \delta p}{\partial \xi}\dfrac{\partial \xi}{\partial z}+\dfrac{\partial \delta p}{\partial \eta}\dfrac{\partial \eta}{\partial z} \\[2mm] \dfrac{1}{v_p^2}\dfrac{\partial \delta p}{\partial t}=\rho\left(\dfrac{\partial \delta v_x}{\partial \xi}\dfrac{\partial \xi}{\partial x}+\dfrac{\partial \delta v_x}{\partial \eta}\dfrac{\partial \eta}{\partial x}+\dfrac{\partial \delta v_z}{\partial \xi}\dfrac{\partial \xi}{\partial z}+\dfrac{\partial \delta v_z}{\partial \eta}\dfrac{\partial \eta}{\partial z}\right) \end{cases} \tag{9.9}$$

现将反射系数模型定义为如下形式：

$$m(v_p)=\frac{\delta v_p}{v_{p0}} \tag{9.10}$$

将式（9.10）代入式（9.9）中，即

$$\begin{cases} \rho\dfrac{\partial \delta v_x}{\partial t}=\dfrac{\partial \delta p}{\partial \xi}\dfrac{\partial \xi}{\partial x}+\dfrac{\partial \delta p}{\partial \eta}\dfrac{\partial \eta}{\partial x},\rho\dfrac{\partial \delta v_z}{\partial t}=\dfrac{\partial \delta p}{\partial \xi}\dfrac{\partial \xi}{\partial z}+\dfrac{\partial \delta p}{\partial \eta}\dfrac{\partial \eta}{\partial z} \\[2mm] \dfrac{1}{v_{p0}^2}\dfrac{\partial \delta p}{\partial t}=\rho\left(\dfrac{\partial \delta v_x}{\partial \xi}\dfrac{\partial \xi}{\partial x}+\dfrac{\partial \delta v_x}{\partial \eta}\dfrac{\partial \eta}{\partial x}\right)+\rho\left(\dfrac{\partial \delta v_z}{\partial \xi}\dfrac{\partial \xi}{\partial z}+\dfrac{\partial \delta v_z}{\partial \eta}\dfrac{\partial \eta}{\partial z}\right)+\dfrac{2m(v_p)}{v_{p0}^2}\dfrac{\partial p_0}{\partial t} \end{cases} \tag{9.11}$$

在本书曲坐标系成像中，扰动场（δp，δv_x，δv_z）为反射波场（p_1，v_{x1}，v_{z1}）。$m(v_p)$为用常规逆时偏移成像结果I代替，即

$$\begin{cases} \rho\dfrac{\partial v_{x1}}{\partial t}=\dfrac{\partial p_1}{\partial \xi}\dfrac{\partial \xi}{\partial x}+\dfrac{\partial p_1}{\partial \eta}\dfrac{\partial \eta}{\partial x},\rho\dfrac{\partial v_{z1}}{\partial t}=\dfrac{\partial p_1}{\partial \xi}\dfrac{\partial \xi}{\partial z}+\dfrac{\partial p_1}{\partial \eta}\dfrac{\partial \eta}{\partial z} \\[2mm] \dfrac{1}{v_{p0}^2}\dfrac{\partial p_1}{\partial t}=\rho\left(\dfrac{\partial v_{x1}}{\partial \xi}\dfrac{\partial \xi}{\partial x}+\dfrac{\partial v_{x1}}{\partial \eta}\dfrac{\partial \eta}{\partial x}\right)+\rho\left(\dfrac{\partial v_{z1}}{\partial \xi}\dfrac{\partial \xi}{\partial z}+\dfrac{\partial v_{z1}}{\partial \eta}\dfrac{\partial \eta}{\partial z}\right)+\dfrac{2I}{v_{p0}^2}\dfrac{\partial p_0}{\partial t} \end{cases} \tag{9.12}$$

曲坐标系棱柱波逆时偏移技术流程包括如下步骤：①输入笛卡儿坐标系下的地震炮记录和偏移速度模型；②建立观测系统，计算曲网格并把偏移速度转换到曲坐标系下；③计

算正向延拓的震源波场和逆时延拓的检波点波场；④得到曲坐标系下的常规逆时偏移；⑤在步骤③的正向延拓震源波场的基础上再一次波场正传计算正向延拓的反射波场；⑥在步骤③的逆时延拓的检波点波场的基础上再一次波场逆传计算逆时延拓的反射波场；⑦得到曲坐标系下的棱柱波逆时偏移成像结果；⑧将棱柱波逆时偏移的成像结果反变换到笛卡儿坐标系下；⑨输出棱柱波成像结果。

3. 模型试算

笛卡儿坐标系下的简单起伏地表凹陷速度模型如图 9.1（a）所示，三层的速度分别是 3000m/s、4000m/s、4500m/s，坐标变换到曲坐标系下的速度模型如图 9.1（b）所示。该模型尺寸为 2.4km×2.4km，网格点数为 301×301，空间网格步长为 8m，采用贴体网格剖分曲坐标系下的速度模型如图 9.2（a）所示，图 9.2（b）所示的为其局部放大如图。采用主频为 25Hz 的雷克子波，震源 30 个，位于起伏地表处激发，道间距为 80m，301 个检波器沿地表均匀分布，总记录时间为 2.4s，采样间隔为 0.6ms。

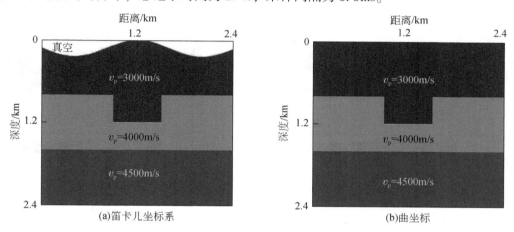

图 9.1 简单起伏地表凹陷速度模型

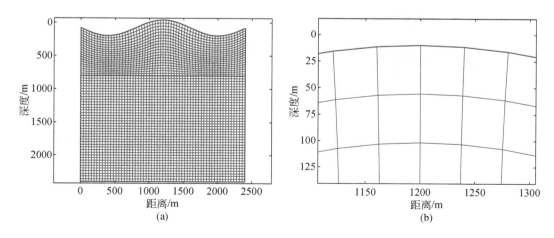

图 9.2 贴体网格剖分（a）与其局部放大图（b）

对模拟的地震数据分别进行常规逆时偏移和棱柱波逆时偏移。图 9.3（a）、（c）分别为 540ms 的曲坐标系下正向延拓的 p_0 和 p_1 波场快照，笛卡儿坐标系下的波场快照分别如图 9.3（b）、（d）所示。从图中可以看出，p_0 波场快照中来自水平层的地震波能量 [图 9.3（a）、（b）空心箭头所示] 比来自高陡构造的地震波能量 [图 9.3（a）、（b）实线箭头处] 强得多；而 p_0 波场快照中两者的能量更均衡，如图 9.3（c）、（d）所示，因此高陡构造的成像能量将更均衡。图 9.4（a）、（b）分别为常规逆时偏移和棱柱波逆时偏移的成像结果，从图中可以看出，常规逆时偏移的高陡构造的成像结果较弱，棱柱波逆时偏移的成像结果中，水平构造成像不如常规逆时偏移，但高陡构造的成像效果得到了明显提高（图 9.4 白色实线箭头处）。

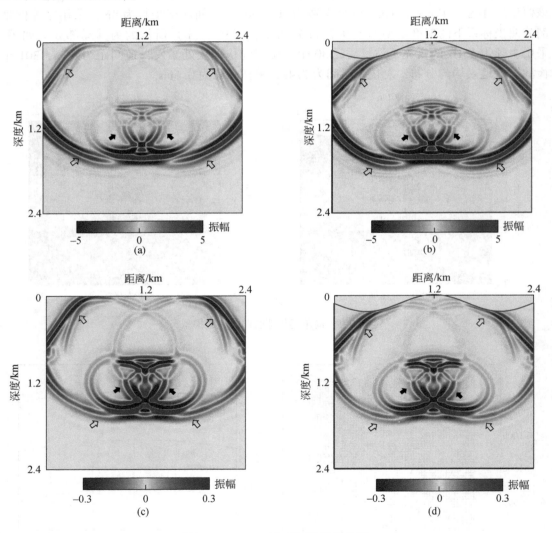

图 9.3　540ms 正向延拓的波场快照

曲坐标系下的 p_0 波场（a）；笛卡儿坐标系下的 p_0 波场（b）；曲坐标系下的 p_1
波场（c）；笛卡儿坐标系下的 p_1 波场（d）

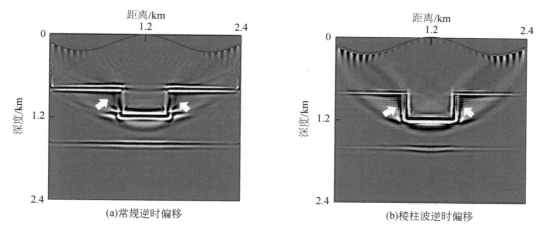

(a)常规逆时偏移　　　　　　　　　　　(b)棱柱波逆时偏移

图 9.4　简单起伏地表凹陷模型偏移结果

9.2.2　起伏地表黏声介质棱柱波偏移成像

1. 黏声棱柱波最小二乘逆时偏移

棱柱波 FI 和 IF 的传播方向相反，因此，在进行棱柱波逆时偏移时（图 9.5），正向传播的震源波场和反向传播的检波点波场是不同的。同理，在棱柱波最小二乘逆时偏移过程中，应该首先将两种类型的棱柱波分开。在黏声介质中，Q 衰减的棱柱波 FI（$da_{Q^-}^{obs}$）和 IF（$db_{Q^-}^{obs}$）可以描述为

$$\begin{cases} da_{Q^-}^{obs} = A_{D10}A_{D11}A_{U1}d\ a^{obs} \\ db_{Q^-}^{obs} = A_{D2}A_{U20}A_{U21}db^{obs} \end{cases} \tag{9.13}$$

式中，da^{obs} 为声波介质中的棱柱波 FI 的观测记录；db^{obs} 为声波介质中的棱柱波 IF 的观测记录；A_{D10} 为从震源到高陡构造的下行波算子；A_{D11} 为从高陡构造到沉积层的下行波算子；A_{U1} 为从沉积层到检波器的上行波算子；A_{D2} 为从震源到沉积层的下行波算子；A_{U20} 为从沉积层到高陡构造的上行连波算子；A_{U21} 为从高陡构造到检波器的上行波算子。使用衰减记录进行棱柱波成像时，应沿着所有三个传播路径对 Q 衰减进行补偿。图 9.6 为未补偿和 Q 补偿的棱柱波逆时偏移示意图。

Q 补偿的正向传播的震源波场可以通过以下公式计算：

$$\begin{cases} La_{Q^+}\left[Ua_{Q^+}^{S}(x,t) \right] = F \\ Lb_{Q^+}\left[Ub_{Q^+}^{S}(x,t) \right] = F \end{cases} \tag{9.14}$$

式中，La_{Q^+} 和 Lb_{Q^+} 分别为 Q 补偿的棱柱波 FI 和 IF 正向传播算子；$Ua_{Q^+}^{S}$ 和 $Ub_{Q^+}^{S}$ 分别为 Q 补偿的棱柱波 FI 和 IF 正向传播的震源波场，如图 9.5 所示；x 为空间坐标；t 为时间；F 为震源矩阵。

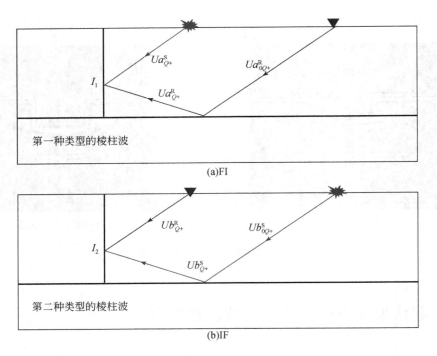

(a)FI

(b)IF

图 9.5　棱柱波逆时偏移路径图

Q 补偿的反向传播检波点波场可以通过以下方程求得：

$$\begin{cases} La_{Q^+}^{R}\left[\, Ua_{Q^+}^{R}(x, T-t)\,\right] = d_{Q^-}^{obs} \\ Lb_{Q^+}^{R}\left[\, Ub_{Q^+}^{R}(x, T-t)\,\right] = d_{Q^-}^{obs} \end{cases} \tag{9.15}$$

式中，$La_{Q^+}^{R}$ 和 $Lb_{Q^+}^{R}$ 分别为 Q 补偿的棱柱波 FI 和 IF 逆时传播算子；$Ua_{Q^+}^{R}$ 和 $Ub_{Q^+}^{R}$ 分别为 Q 补偿的棱柱波 FI 和 IF 逆时传播的检波点波场，如图 9.6 所示；T 为总计算时间。

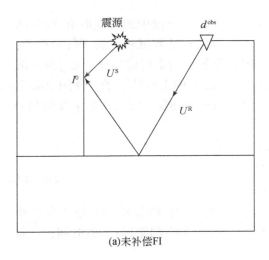

(a)未补偿FI

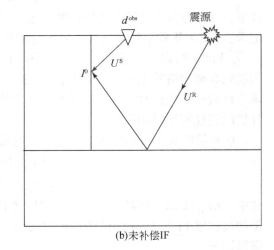

(b)未补偿IF

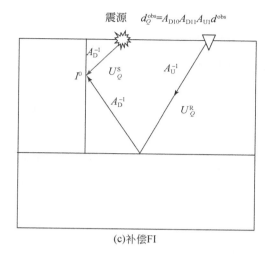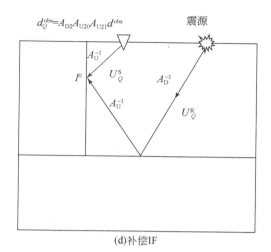

$$d_Q^{\mathrm{obs}}=A_{\mathrm{D10}}A_{\mathrm{D11}}A_{\mathrm{U1}}d^{\mathrm{obs}}$$

$$d_Q^{\mathrm{obs}}=A_{\mathrm{D2}}A_{\mathrm{U20}}A_{\mathrm{U21}}d^{\mathrm{obs}}$$

(c)补偿FI

(d)补偿IF

图 9.6　棱柱波 RTM 的示意图

黏声棱柱波最小二乘逆时偏移的第二步是使用棱柱波的线性正演算子来计算棱柱波的合成数据：

$$L_{Q\text{-}}\big[\,\delta U_{2Q\text{-}}^{\mathrm{S}}(x,t)\,\big]=F'(I) \tag{9.16}$$

式中，$\delta U_{2Q\text{-}}^{\mathrm{S}}(x,\ t)$ 为 Q 衰减的二阶散射波场；$L_{Q\text{-}}$ 为 Q 衰减的棱柱波线性正演算子；$F'(I)$ 为重建的震源，I 为前一次迭代的成像结果。

则第 k 次迭代的棱柱波衰减记录 （$d_{\mathrm{prism}}^{\mathrm{cal},k}$） 为

$$d_{\mathrm{prism}}^{\mathrm{cal},k}=\delta U_{2Q\text{-}}^{\mathrm{S}}(x_{\mathrm{r}},t) \tag{9.17}$$

式中，x_{r} 为检波器的位置；k 为迭代次数。合成的棱柱波衰减数据和观测的棱柱波衰减数据之间的残差 （$\delta d_{\mathrm{prism}}^{k}$） 为

$$\delta d_{\mathrm{prism}}^{k}=d_{\mathrm{prism}}^{\mathrm{cal},k}-d_{\mathrm{prism}}^{\mathrm{obs}} \tag{9.18}$$

式中，$d_{\mathrm{prism}}^{\mathrm{obs}}$ 为观测的棱柱波记录。$d_{\mathrm{prism}}^{\mathrm{obs}}$ 近似计算为

$$d_{\mathrm{prism}}^{\mathrm{obs}}\approx d^{\mathrm{obs}}-R\delta U_{1Q\text{-}}^{\mathrm{S}} \tag{9.19}$$

式中，R 为一个将波场限制在检波器位置的算子。

如果 $\delta d_{\mathrm{prism}}^{k}$ 满足停止条件，则输出 Q 补偿的棱柱波成像结果。如果不满足，则使用以下方程式继续计算 Ua_{Q+}^{R} 和 Ub_{Q+}^{R}：

$$\begin{cases}La_{Q+}^{T}\big(Ua_{Q+}^{\mathrm{R},k}\big[\,x,T-t\,\big]\big)=\delta d_{\mathrm{prism}}^{k}\\[2mm] Lb_{Q+}^{T}\big[\,Ub_{Q+}^{\mathrm{R},k}\big(x,T-t\big)\,\big]=\delta d_{\mathrm{prism}}^{k}\end{cases} \tag{9.20}$$

第 k 次迭代 （g^{k}） 时黏声棱柱波最小二乘逆时偏移的梯度公式为

$$g^{k}(x)=\int_{0}^{T}Ua_{Q+}^{\mathrm{S},k}(x,t)\,Ua_{Q+}^{\mathrm{R},k}(x,t)\,\mathrm{d}t+\int_{0}^{T}Ub_{Q+}^{\mathrm{S},k}(x,t)\,Ub_{Q+}^{\mathrm{R},k}(x,t)\,\mathrm{d}t \tag{9.21}$$

2. 曲坐标系下黏声拟微分方程

我们采用 8.2 节中的曲坐标系下的二阶黏声拟微分方程来实施黏声棱柱波最小二乘逆

时偏移：

$$\left[\frac{\partial^2}{\partial t^2}+\frac{\tau v}{2}\frac{\partial}{\partial t}\sqrt{-\Gamma^2(\xi,\eta)}-\Gamma^2(\xi,\eta)v^2\right]p^{\mathrm{S}-}=F \tag{9.22}$$

式中，v 为速度；$p^{\mathrm{S}-}$ 为 Q 补偿的震源波场；(ξ,η) 为曲坐标系下的空间坐标值；F 为震源；$\Gamma^2(\xi,\eta)$ 由下式计算得到：

$$\Gamma^2(\xi,\eta)=\left[\left(\frac{\partial\xi}{\partial x}\right)^2+\left(\frac{\partial\xi}{\partial z}\right)^2\right]\frac{\partial^2}{\partial\xi^2}+2\left(\frac{\partial\xi}{\partial x}\frac{\partial\eta}{\partial x}+\frac{\partial\xi}{\partial z}\frac{\partial\eta}{\partial z}\right)\frac{\partial^2}{\partial\xi\partial\eta}+\left[\left(\frac{\partial\eta}{\partial x}\right)^2+\left(\frac{\partial\eta}{\partial z}\right)^2\right]\frac{\partial^2}{\partial\eta^2} \tag{9.23}$$

这里采用混合空间偏导数方法求解式（9.22）。

Q 补偿的震源波场可以通过以下公式计算，这里将式（9.22）中的衰减项有正号更改为负号：

$$\begin{cases}\left[\dfrac{\partial^2}{\partial t^2}-\dfrac{\tau v}{2}\dfrac{\partial}{\partial t}\sqrt{-\Gamma^2(\xi,\eta)}-\Gamma^2(\xi,\eta)v^2\right]Ua_{Q^+}^{\mathrm{S}}=F\\[3mm]\left[\dfrac{\partial^2}{\partial t^2}-\dfrac{\tau v}{2}\dfrac{\partial}{\partial t}\sqrt{-\Gamma^2(\xi,\eta)}-\Gamma^2(\xi,\eta)v^2\right]Ub_{0Q^+}^{\mathrm{S}}=F\end{cases} \tag{9.24}$$

在衰减介质中进行 Q 补偿时，高频噪声将随着时间呈指数增加，从而导致数值不稳定。在这方面，我们引入了一个正则化算子来自动压制高频噪声：

$$\begin{cases}\left[\dfrac{\partial^2}{\partial t^2}-\dfrac{\tau v}{2}\dfrac{\partial}{\partial t}\sqrt{-\Gamma^2(\xi,\eta)}-\Gamma^2(\xi,\eta)v^2+\sigma\dfrac{\tau v^2}{2}\dfrac{\partial}{\partial t}\Gamma^2(\xi,\eta)\right]Ua_{Q^+}^{\mathrm{S}}=F\\[3mm]\left[\dfrac{\partial^2}{\partial t^2}-\dfrac{\tau v}{2}\dfrac{\partial}{\partial t}\sqrt{-\Gamma^2(\xi,\eta)}-\Gamma^2(\xi,\eta)v^2+\sigma\dfrac{\tau v^2}{2}\dfrac{\partial}{\partial t}\Gamma^2(\xi,\eta)\right]Ub_{0Q^+}^{\mathrm{S}}=F\end{cases} \tag{9.25}$$

这里正则化参数 σ 设置为 0.02。然后，我们利用 Q 补偿的正演方程生成棱柱波震源波场 $Ub_{Q^+}^{\mathrm{S}}$：

$$\left[\frac{1}{v^2}\frac{\partial^2}{\partial t^2}-\frac{\tau}{2}\frac{1}{v}\frac{\partial}{\partial t}\sqrt{-\Gamma^2(\xi,\eta)}-\Gamma^2(\xi,\eta)-\sigma\frac{\tau}{2}\frac{\partial}{\partial t}\Gamma^2(\xi,\eta)\right]\cdot$$

$$Ub_{Q^+}^{\mathrm{S}}(x,t)=I_0(x)\frac{1}{v^2}\left[\frac{\partial^2}{\partial t^2}-\frac{\tau v}{4}\frac{\partial}{\partial t}\sqrt{-\Gamma^2(\xi,\eta)}\right]Ub_{0Q^+}^{\mathrm{S}}(x,t) \tag{9.26}$$

式中，I_0 为常规黏声最小二乘逆时偏移的成像结果。

根据伴随状态理论，可以通过以下方式产生 Q 补偿的检波器波场 $Ua_{0Q^+}^{\mathrm{R}}$ 和 $Ub_{Q^+}^{\mathrm{R}}$：

$$\begin{cases}\left[\dfrac{\partial^2}{\partial(T-t)^2}-\dfrac{\tau v}{2}\dfrac{\partial}{\partial(T-t)}\sqrt{-\Gamma^2(\xi,\eta)}-\Gamma^2(\xi,\eta)v^2+\sigma\dfrac{\tau v^2}{2}\dfrac{\partial}{\partial(T-t)}\Gamma^2(\xi,\eta)\right]Ua_{0Q^+}^{\mathrm{R}}=d_{Q^-}^{\mathrm{obs}}\\[3mm]\left[\dfrac{\partial^2}{\partial(T-t)^2}-\dfrac{\tau v}{2}\dfrac{\partial}{\partial(T-t)}\sqrt{-\Gamma^2(\xi,\eta)}-\Gamma^2(\xi,\eta)v^2+\sigma\dfrac{\tau v^2}{2}\dfrac{\partial}{\partial(T-t)}\Gamma^2(\xi,\eta)\right]Ub_{Q^+}^{\mathrm{R}}=d_{Q^-}^{\mathrm{obs}}\end{cases} \tag{9.27}$$

类似地，我们可以通过以下方程式获得 Q 补偿的检波器波场 $Ua_{Q^+}^{\mathrm{R}}$：

$$\left[\frac{1}{v^2}\frac{\partial^2}{\partial(T-t)^2}-\frac{\tau}{2}\frac{1}{v}\frac{\partial}{\partial(T-t)}\sqrt{-\Gamma^2(\xi,\eta)}-\Gamma^2(\xi,\eta)-\sigma\frac{\tau}{2}\frac{\partial}{\partial(T-t)}\Gamma^2(\xi,\eta)\right]\cdot$$

$$Ua_{Q^+}^{\mathrm{R}}(x,t)=I_0(x)\frac{1}{v^2}\left[\frac{\partial^2}{\partial(T-t)^2}-\frac{\tau v}{4}\frac{\partial}{\partial(T-t)}\sqrt{-\Gamma^2(\xi,\eta)}\right]Ua_{0Q^+}^{\mathrm{R}}(x,t) \tag{9.28}$$

当使用反偏移算子来计算合成数据时，需要模拟衰减波场而不是对其进行补偿。因

此，我们不需要计算稳定项。因此，Q 衰减的棱柱波反偏移算子为

$$\left[\frac{1}{v^2}\frac{\partial^2}{\partial t^2}+\frac{1}{v}\frac{\tau}{2}\frac{\partial}{\partial t}\sqrt{-\Gamma^2(\xi,\eta)}-\Gamma^2(\xi,\eta)\right]U_{0Q\text{-}}^{\text{s}}=F \tag{9.29}$$

$$\left[\frac{1}{v^2}+\frac{1}{v}\frac{\tau}{2}\frac{\partial}{\partial t}\sqrt{-\Gamma^2(\xi,\eta)}-\Gamma^2(\xi,\eta)\right]\delta U_{1Q\text{-}}^{\text{s}}=I(x)\frac{1}{v^2}\left[\frac{\partial^2}{\partial t^2}+\frac{\tau v}{2}\frac{\partial}{\partial t}\sqrt{-\Gamma^2(\xi,\eta)}\right]U_{0Q\text{-}}^{\text{s}} \tag{9.30}$$

$$\left[\frac{1}{v^2}+\frac{1}{v}\frac{\tau}{2}\frac{\partial}{\partial t}\sqrt{-\Gamma^2(\xi,\eta)}-\Gamma^2(\xi,\eta)\right]\delta U_{2Q\text{-}}^{\text{s}}=I(x)\left[\frac{1}{v^2}\frac{\partial^2}{\partial t^2}+\frac{\tau v}{2}\frac{\partial}{\partial t}\sqrt{-\Gamma^2(\xi,\eta)}\right]\delta U_{1Q\text{-}}^{\text{s}} \tag{9.31}$$

式中，$U_{0Q\text{-}}^{\text{s}}$ 和 $\delta U_{1Q\text{-}}^{\text{s}}$ 为背景震源波场和一阶散射波场。

曲坐标系中的正向延拓的 Q 衰减黏声拟微分方程为

$$\left[\frac{1}{v^2}\frac{\partial^2}{\partial t^2}+\frac{1}{v}\frac{\tau}{2}\frac{\partial}{\partial t}\sqrt{-\Gamma^2(\xi,\eta)}-\Gamma^2(\xi,\eta)\right]U_{Q\text{-}}^{\text{s}}=F \tag{9.32}$$

式中，$U_{Q\text{-}}^{\text{s}}$ 为 Q 衰减的震源波场，由下式计算得到：

$$U_{Q\text{-}}^{\text{s}}=U_{0Q\text{-}}^{\text{s}}+\delta U_{1Q\text{-}}^{\text{s}}+\delta U_{2Q\text{-}}^{\text{s}} \tag{9.33}$$

式中，$\delta U_{1Q\text{-}}^{\text{s}}$ 为一阶散射波场；$\delta U_{2Q\text{-}}^{\text{s}}$ 为二阶散射波场。

背景波场 $U_{0Q\text{-}}^{\text{s}}$ 可以通过以下方程计算：

$$\left[\frac{1}{v_0^2}\frac{\partial^2}{\partial t^2}+\frac{1}{v_0}\frac{\tau}{2}\frac{\partial}{\partial t}\sqrt{-\Gamma^2(\xi,\eta)}-\Gamma^2(\xi,\eta)\right]U_{0Q\text{-}}^{\text{s}}=F \tag{9.34}$$

已知 v 由背景速度（偏移速度）v_0 和扰动速度 δv 组成：

$$v=v_0+\delta v \tag{9.35}$$

通过泰勒展开式后，我们有：

$$\frac{1}{v^2}=\frac{1}{v_0^2}-\frac{2\delta v}{v_0^3}+O(\delta v) \tag{9.36}$$

将式（9.33）、式（9.35）和式（9.36）代入式（9.32），并忽略 v 的高阶项得：

$$\left[\left(\frac{1}{v_0^2}-\frac{2\delta v}{v_0^3}\right)\frac{\partial^2}{\partial t^2}+\left(\frac{1}{v}-\frac{\delta v}{v_0^2}\right)\frac{\tau}{2}\frac{\partial}{\partial t}\sqrt{-\Gamma^2(\xi,\eta)}-\Gamma^2(\xi,\eta)\right]\cdot(U_{0Q\text{-}}^{\text{s}}+\delta U_{1Q\text{-}}^{\text{s}}+\delta U_{2Q\text{-}}^{\text{s}})=F \tag{9.37}$$

忽略高阶项 $\delta v\delta U_{2Q\text{-}}^{\text{s}}$，从而得到以下方程：

$$\frac{1}{v_0^2}(\delta U_{1Q\text{-}}^{\text{s}}+\delta U_{2Q\text{-}}^{\text{s}})+\frac{1}{v_0}\frac{\tau}{2}\frac{\partial}{\partial t}\sqrt{-\Gamma^2(\xi,\eta)}(\delta U_{1Q\text{-}}^{\text{s}}+\delta U_{2Q\text{-}}^{\text{s}})-\Gamma^2(\xi,\eta)(\delta U_{1Q\text{-}}^{\text{s}}+\delta U_{2Q\text{-}}^{\text{s}})$$

$$=\frac{2\delta v}{v_0^3}\frac{\partial^2}{\partial t^2}U_{0Q\text{-}}^{\text{s}}+\frac{2\delta v}{v_0^3}\frac{\partial^2}{\partial t^2}\delta U_{1Q\text{-}}^{\text{s}}+\frac{\delta v}{v_0^2}\frac{\tau}{2}\frac{\partial}{\partial t}\sqrt{-\Gamma^2(\xi,\eta)}U_{0Q\text{-}}^{\text{s}}+\frac{\delta v}{v_0^2}\frac{\tau}{2}\frac{\partial}{\partial t}\sqrt{-\Gamma^2(\xi,\eta)}\delta U_{1Q\text{-}}^{\text{s}} \tag{9.38}$$

将式（9.38）分为两部分：

$$\left[\frac{1}{v_0^2}+\frac{1}{v_0}\frac{\tau}{2}\frac{\partial}{\partial t}\sqrt{-\Gamma^2(\xi,\eta)}-\Gamma^2(\xi,\eta)\right]\delta U_{1Q\text{-}}^{\text{s}}=\frac{2\delta v}{v_0^3}\frac{\partial^2}{\partial t^2}U_{0Q\text{-}}^{\text{s}}+\frac{\delta v}{v_0^2}\frac{\tau}{2}\frac{\partial}{\partial t}\sqrt{-\Gamma^2(\xi,\eta)}U_{0Q\text{-}}^{\text{s}} \tag{9.39}$$

$$\frac{1}{v_0^2}(\delta U_{2Q^-}^{\mathrm{S}}) + \frac{1}{v_0}\frac{\tau}{2}\frac{\partial}{\partial t}\sqrt{-\Gamma^2(\xi,\eta)}(\delta U_{2Q^-}^{\mathrm{S}}) - \Gamma^2(\xi,\eta)(\delta U_{2Q^-}^{\mathrm{S}}) = \frac{2\delta v}{v_0^3}\frac{\partial^2}{\partial t^2}\delta U_{1Q^-}^{\mathrm{S}}$$

$$+\frac{\delta v}{v_0^2}\frac{\tau}{2}\frac{\partial}{\partial t}\sqrt{-\Gamma^2(\xi,\eta)}\,\delta U_{1Q^-}^{\mathrm{S}} \qquad (9.40)$$

3. 计算流程

这里给出传统的 Q-LSRTM 与棱柱波 Q-LSRTM 联合成像的算法流程。

第一：计算传统的 Q-LSRTM。

（1）输入观测到的炮记录和偏移速度场；

（2）得到基于地表和地下结构的网格，转换偏移速度模型到曲坐标系下；

（3）计算 Q 补偿分正传波场（$Ua_{0Q^+}^{\mathrm{R}}$）和反传波场（$Ua_{0Q^+}^{\mathrm{R}}$）；

（4）通过互相关成像条件得到偏移剖面；

（5）通过反偏移算子计算得到 Q 衰减的合成数据 $d_{Q^-}^{\mathrm{cal}}$ 和数据残差 $\delta(d) = d_{Q^-}^{\mathrm{cal}} - d_{Q^-}^{\mathrm{obs}}$；

（6）如果满足停止条件 1，跳到步骤（9），否则，计算向后传播波场残差；

（7）计算梯度方向和步长；

（8）跳到步骤（5）更新成像结果；

第二，计算棱柱波的 Q-LSRTM。

（9）计算 Q 补偿的正向传播波场 $Ub_{0Q^+}^{\mathrm{S}}$，$Ua_{Q^+}^{\mathrm{S}}$ 和 $Ub_{Q^+}^{\mathrm{S}}$；

（10）通过反偏移算子计算 Q 衰减的棱柱波合成数据 $d_{\mathrm{prism}}^{\mathrm{cal},k}$，并得到数据残差；

（11）如果满足停止步骤（2），跳到步骤（14），否则跳到步骤（12）；

（12）计算 Q 补偿的逆时延拓波场 $Ua_{0Q^+}^{\mathrm{R}}$、$Ua_{Q^+}^{\mathrm{R}}$ 和 $Ub_{Q^+}^{\mathrm{R}}$；

（13）计算梯度方向和步长，更新图像并跳到步骤（10）；

（14）把成像结果转换到笛卡儿坐标系下并输出最终的成像剖面。

9.2.3　数值试算

我们用一个起伏地表黏声盐丘模型（图9.7）来测试本书方法。图9.7（a）、（b）分别给出了速度模型和 Q 模型，在笛卡儿坐标系下，速度模型有一个起伏地表，模型大小为

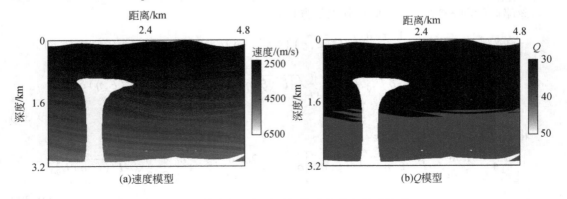

图9.7　笛卡儿坐标系下起伏地表黏声盐丘模型

4800m×3200m，网格点数为601×401，且网格间距为8m，模型中含有一个高陡的盐丘侧翼。我们针对该模型生成网格如图9.8所示，图9.8（b）展示了局部放大图。

观测系统如下：炮点数为60，相邻炮间隔80m，激发纵波震源位于起伏地表上，采用主频为30Hz的雷克子波，检波点数为601，采样时长为3.0s，采样间隔为了0.6ms。图9.9（a）为第30炮的合成地震记录。为了对比，我们也给出了该模型在非衰减介质的情况下的炮记录，如图9.9（b）所示。在图9.9（c）中，我们将图9.9（a）的左半部分和图9.9（b）的右半部分结合在了一起。

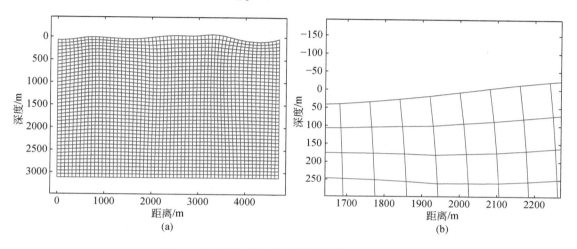

图9.8　黏声盐丘模型曲网络剖分与局部放大图

（a）曲网格剖分图；（b）局部放大图

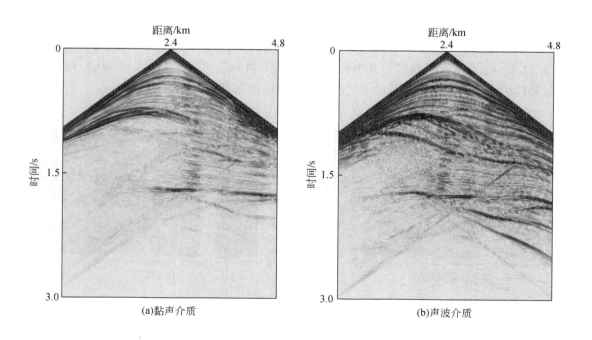

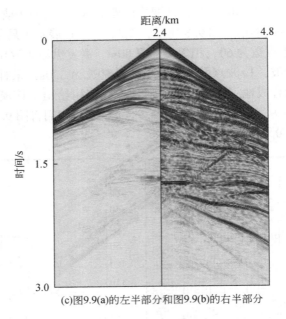

(c)图9.9(a)的左半部分和图9.9(b)的右半部分

图 9.9　黏声盐丘模型炮记录

　　我们对该合成衰减数据应用本书的起伏地表棱柱波 Q-LSRTM 进行成像。在这个例子中，起伏地表一次波 Q-LSRTM、棱柱波 Q-LSRTM 和一次波 Q-LSRTM 的迭代次数都是 10 次。图 9.10 是曲坐标系下的偏移纵波速度模型和 Q 模型。在曲坐标系下进行偏移成像，这样起伏地表可以被映射为水平地表。600ms 时刻曲坐标系下第 30 炮的 Ub_{0Q+}^S 和 Ub_{Q+}^S 波场快照如图 9.11（a）、（c）所示。在 Ub_{0Q+}^S 的波场快照中，实箭头所示的一次波能量远高于虚线所示的棱柱波能量。对比之下，Ub_{Q+}^S 中的棱柱波与一次波的能量之比更加均衡。图 9.11（b）、（d）所示的是笛卡儿坐标系下的 Ub_{0Q+}^S 和 Ub_{Q+}^S。图 9.11（e）、（h）阐述了未经过补偿的波场快照，明显看出一次波与棱柱波的能量都很弱。

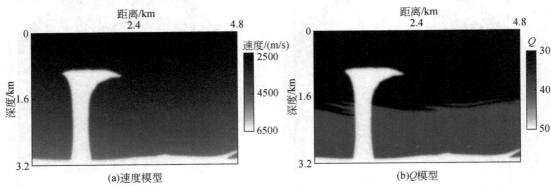

(a)速度模型　　　　　　　　　　　(b)Q模型

图 9.10　曲坐标系下黏声盐丘模型的偏移场

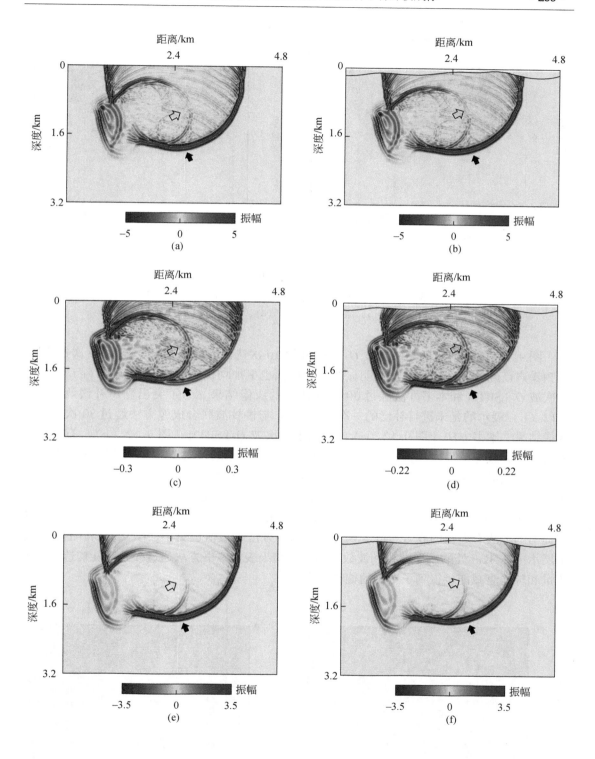

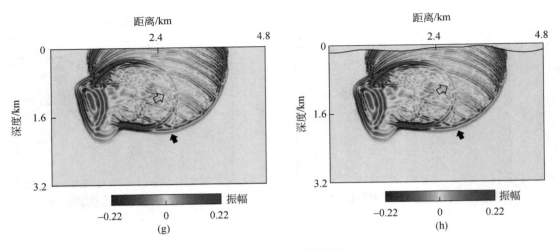

(g)　　　　　　　　　　　　　　(h)

图 9.11　600ms 波场快照

（a）、（b）$Ub_{0Q^+}^S$；（c）、（d）$Ub_{Q^+}^S$；（e）、（f）Ub_0^S；（g）、（h）Ub^S；

（a）、（c）、（e）、（g）曲坐标系；（b）、（d）、（f）、（h）笛卡儿坐标系

　　图 9.12（a）所示的是一次波 Q-LSRTM 第 10 次迭代的成像结果。经过 10 次迭代后，低频噪声已经被滤除掉，分辨率明显提升，振幅也更加均衡。图 9.12（b）、（c）分别是一次波 Q-LSRTM 和本书方法经过 30 次迭代后的成像结果。为了突出黏声补偿效果，图 9.12（d）展示的是未进行补偿的一次波 LSRTM 与棱柱波联合成像方法经过 30 次迭代的成像结果。本书方法［图 9.12（c）］相比于一次波 Q-LSRTM［图 9.12（b）］有更清楚的高陡侧翼成像结果（用箭头标出），相比于未进行补偿的一次波 LSRTM 与棱柱波联合成像方法的成像结果［图 9.12（d）］有更高的分辨率，振幅更加均衡。为了对比，图 9.13 是在声波介质下一次波与棱柱波联合 LSRTM 经过 30 次迭代的结果［第 30 次的声波炮记录在图 9.9（b）中已经给出］。图 9.14 是归一化后残差曲线，从该图中我们可以看出本书提出的方法有更快的收敛速度，相比其他两种方法收敛值也更小。图 9.15 和图 9.16 分别展示了 2.4km 处的波形曲线和波数谱曲线，结果表明本书方法通过提升高陡构造的成像质量和补偿衰减能量得到了更好的偏移效果图。

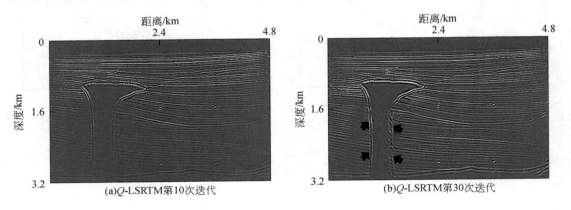

(a)Q-LSRTM第10次迭代　　　　　　　(b)Q-LSRTM第30次迭代

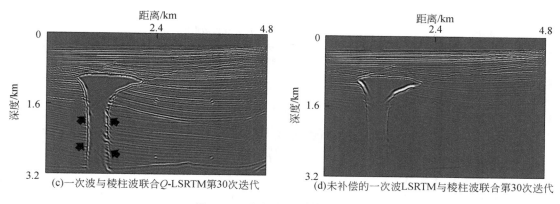

(c)一次波与棱柱波联合Q-LSRTM第30次迭代　　　　(d)未补偿的一次波LSRTM与棱柱波联合第30次迭代

图 9.12　黏声盐丘模型成像结果

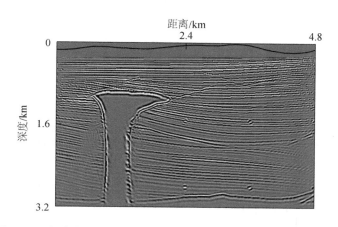

图 9.13　声波介质下一次波与棱柱波联合 LSRTM30 次的迭代结果

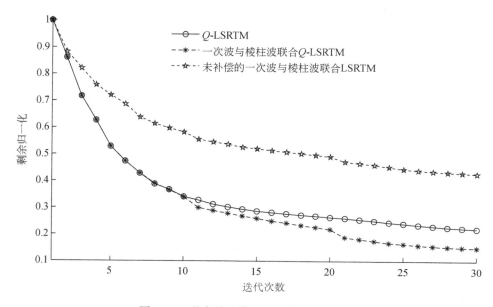

图 9.14　黏声盐丘模型归一化后残差曲线

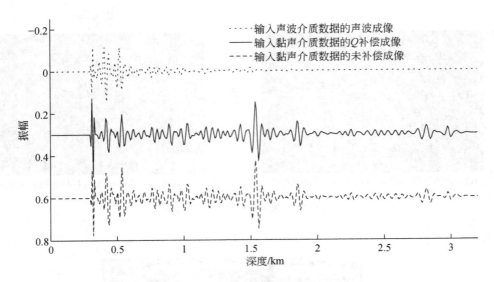

图 9.15　2.4km 处的不同方法的波形曲线

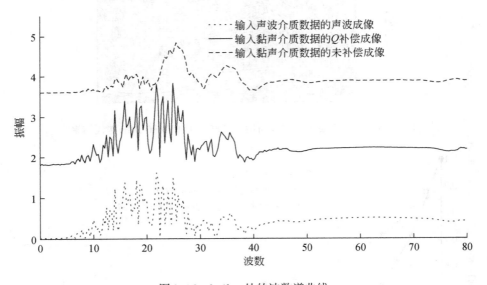

图 9.16　2.4km 处的波数谱曲线

9.2.4　本节小结

在前人研究的基础上，本书将基于贴体网格的曲坐标系声波方程与棱柱波逆时偏移技术相结合，提出了基于贴体网格剖分的曲坐标系棱柱波逆时偏移成像原理；并利用简单起伏地表凹陷模型数据初步验证了贴体网格生成的正确性。波场快照分析结果表明，该方法能够加强来自高陡构造的多次波能量，使得一次波与多次波的能量更加均衡。因此，棱柱波逆时偏移结果中高陡构造的成像效果更加清晰。

　　通过对曲坐标系下 Q 衰减的反偏移算子、Q 补偿的正向传播算子、棱柱波 FI 和 IF 的逆向传播伴随算子分别进行求导，得到了起伏地表棱柱波 Q-LSRTM 方法。基于反演理论，该方法沿着棱柱波 FI 和 IF 的传播路径补偿了 Q 衰减。将传统的 Q-LSRTM 和本书的棱柱波 Q-LSRTM 联合起来，轮流实施，以此更新偏移结果。

　　本书方法得到的成像结果高陡构造更清、深部能量更强、分辨率更高。两个数值模拟试算和一个实际数据测试很好地证实本书提出的方法相比于传统 Q-LSRTM 和未补偿 LSRTM 的优越性。

9.3　起伏海底界面黏声多次波成像

9.3.1　不同阶多次波的波场正向传播算子

　　正向传播一次反射波震源波场（u_0）可以通过以下方式模拟：

$$\begin{cases} \left[\dfrac{1}{v_0^2}\dfrac{\partial^2}{\partial t^2} - \Gamma^2(\xi,\eta) \right] u_0(\xi,\eta < \eta_m, t) = f(x_s,t) \\ \left[\dfrac{1}{v^2}\dfrac{\partial^2}{\partial t^2} - \dfrac{\tau}{2}\dfrac{1}{v}\dfrac{\partial}{\partial t}\sqrt{-\Gamma^2(\xi,\eta)} - \Gamma^2(\xi,\eta) + \dfrac{\sigma\tau}{2}\dfrac{\partial}{\partial t}\Gamma^2(\xi,\eta) \right] u_0(\xi,\eta \geq \eta_m, t) = 0 \end{cases} \tag{9.41}$$

式中，$x_s = (\xi_s, \eta_s)$ 为曲坐标系中震源的坐标；η_m 为曲坐标中海底界面的 η 方向坐标。我们令

$$L = \begin{cases} \dfrac{1}{v_0^2}\dfrac{\partial^2}{\partial t^2} - \Gamma^2(\xi,\eta) & \eta < \eta_m \\ \dfrac{1}{v^2}\dfrac{\partial^2}{\partial t^2} - \dfrac{\tau}{2}\dfrac{1}{v}\dfrac{\partial}{\partial t}\sqrt{-\Gamma^2(\xi,\eta)} - \Gamma^2(\xi,\eta) + \dfrac{\sigma\tau}{2}\dfrac{\partial}{\partial t}\Gamma^2(\xi,\eta) & \eta \geq \eta_m \end{cases} \tag{9.42}$$

式中，L 为曲坐标系中流-固介质的正向传播算子。因此，式（9.41）可以简化为

$$Lu_0(\xi,\eta,t) = f(x_s,t) \tag{9.43}$$

　　根据 Liu 等（2011）的研究，可以通过将观察到的一次反射波 $[d_0(x,t)]$ 的记录作为虚拟源来生成一阶多次波 $[u_1(x,t)]$，如图 9.17（a）所示。如图 9.17（b）所示，可以从（$N-1$）阶多次波 $[d_{N-1}(x,t)]$ 的记录中计算出 N 阶多次波 $[u_N(x,t)]$。但是，当将该方法扩展到黏声情况时，通过这种注入方法进行的多次波偏移不能完全补偿 Q 衰减。从图 9.17 可以看出，沿着实线所示的传播路径的 Q 衰减得到了补偿，而虚线所示的 Q 衰减未被补偿。因此，我们提出了一种全路径补偿方法（FCM），以沿着不同阶多次波的所有传播路径完全补偿 Q 衰减。

　　图 9.18 为 FCM 方法产生不同阶多次波的正向传播震源波场的示意图，$\delta u_0(\xi,\eta,t)$ 可以基于 Born 近似理论通过以下方程式进行计算：

$$L\delta u_0(\xi,\eta,t) = I(\xi,\eta) \cdot L_b u_0(\xi,\eta,t) \tag{9.44}$$

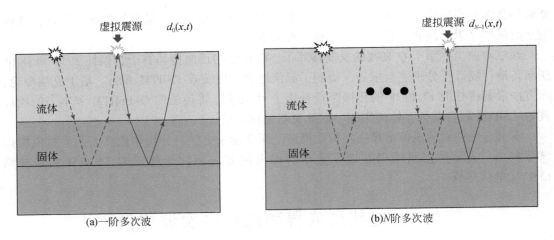

图 9.17 流-固介质正向传播震源波场示意图

式中，δu_0 为一次波的扰动波场；I 为前一次迭代的成像结果；L_b 可以通过以下公式得出：

$$L_b = \begin{cases} \dfrac{1}{v_0^2}\dfrac{\partial^2}{\partial t^2} & \eta < \eta_m \\[3mm] \dfrac{1}{v^2}\dfrac{\partial^2}{\partial t^2} - \dfrac{\tau}{4}\dfrac{1}{v}\dfrac{\partial}{\partial t}\sqrt{-\Gamma^2(\xi,\eta)} & \eta \geqslant \eta_m \end{cases} \tag{9.45}$$

取 $\delta u_0\,(\xi,\ \eta = 0,\ t)$ 作为震源，Q 补偿的一阶多次波场可以由下式计算：

$$Lu_1(\xi,\eta,t) = \delta u_0(\xi,\eta=0,t) \tag{9.46}$$

依此类推，可以通过以下公式产生 Q 补偿的 N 阶多次波场 $u_N\,(\xi,\ \eta,\ t)$：

$$\begin{cases} L\delta u_{N-1}(\xi,\eta,t) = I(\xi,\eta)\cdot L_b u_{N-1}(\xi,\eta,t) \\[2mm] Lu_N(\xi,\eta,t) = \delta u_{N-1}(\xi,\eta=0,t) \end{cases} \tag{9.47}$$

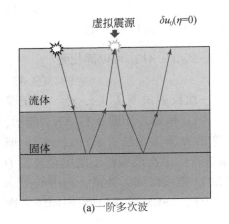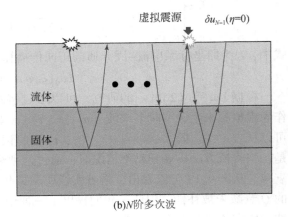

图 9.18 流-固介质 FCM 正向传播震源波场示意图

在本书中，我们仅考虑一阶多次波和二阶多次波，因为在实际情况下，超过二阶的高阶多次波非常弱。

　　我们利用一个包括起伏海底界面的黏声分层模型［图 9.19（a）］验证不同阶多次波的波场模拟算子。速度和 Q 参数如图 9.19（a）所示，图 9.19（b）所示的为笛卡儿坐标系中的曲网格。该模型大小为 1200m×1200m，沿水平 $\xi-$ 和 $\eta-$ 方向的网格间隔为 6m。P 波震源从海面上激发，震源子波为 25Hz 主频的雷克子波。用 201 个检波器在地面上以 6m 的间隔均匀地接收炮记录，总计算时间为 3.0s，采样率为 0.5ms。

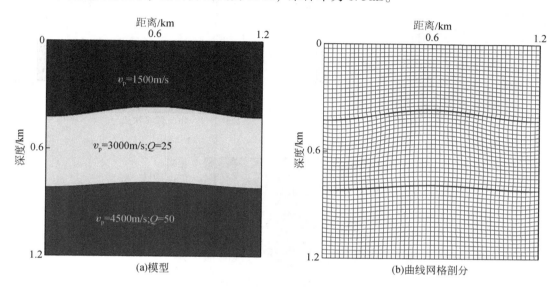

图 9.19　具有起伏海底界面黏声分层模型

　　我们分别从声波和黏声介质中生成一次反射波、一阶多次波和二阶多次波的合成记录，分别如图 9.20 和图 9.21 所示。衰减的合成记录由本书的波场延拓算子计算。与图 9.20 所示的数据相比，由于 Q 衰减，一次反射波、一阶多次波和二阶多次波的衰减数据具有较弱的能量。因为二阶多次波具有更长的传播路径，二阶多次波的衰减更强。这就是在深海衰减环境中偏移多次波时必须补偿 Q 衰减的原因。图 9.22（a）、（b）显示了通过使用黏声波和声波正演模型，具有一次反射波和不同阶多次波的波场快照。从图中可以看出，本书的波场延拓算子可以精确地模拟一次反射波、一阶多次波和二阶多次波的波场。

9.3.2　一次反射波和不同阶数多次波的伴随算子和反偏移算子

　　同样，常规的多次波逆时偏移方法不能在多次波的反向传播过程中完全补偿 Q 衰减。我们还使用本书中的 FCM 方法构造不同阶多次波的伴随算子。

　　基于伴随状态理论：

$$\langle L^*p^*,p\rangle=\langle p^*,Lp\rangle \tag{9.48}$$

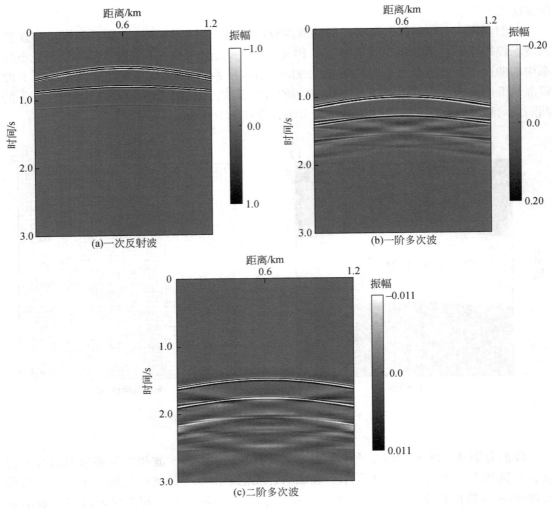

(a)一次反射波　　(b)一阶多次波

(c)二阶多次波

图 9.20　声波分层模型炮记录

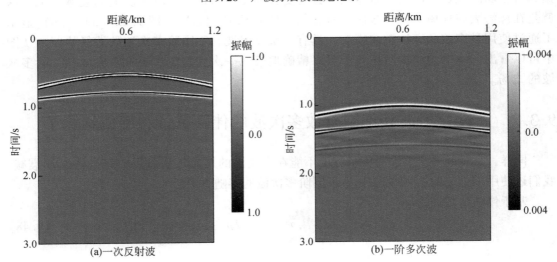

(a)一次反射波　　(b)一阶多次波

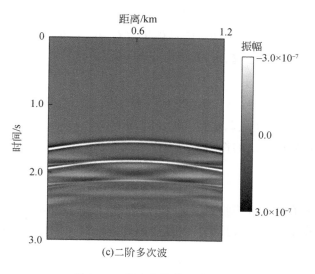

(c)二阶多次波

图 9.21　黏声分层模型炮记录

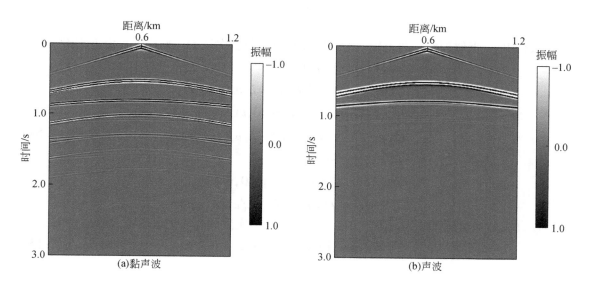

图 9.22　分层模型炮记录

　　分别通过以下方程生成一次反射波（u_0^*），一阶（u_1^*）、二阶（u_2^*），…，N 阶（u_N^*）多次波的反向传播的检波点波场：

$$L^* u_0^*(\xi,\eta,t) = \delta d_0 \tag{9.49}$$

$$\begin{cases} L^* u_0^*(\xi,\eta,t) = \delta d_1 \\ L^* \delta u_0^*(\xi,\eta,t) = I(\xi,\eta) \cdot L_b^* u_0^*(\xi,\eta,t) \\ L^* u_1^*(\xi,\eta,t) = \delta u_0^*(\xi,\eta=0,t) \end{cases} \tag{9.50}$$

$$\begin{cases} L^* u_0^*(\xi,\eta,t)=\delta d_n \\ L^* \delta u_0^*(\xi,\eta,t)=I(\xi,\eta)\cdot L_b^* u_0^*(\xi,\eta,t) \\ L^* u_1^*(\xi,\eta,t)=\delta u_0^*(\xi,\eta=0,t) \\ \qquad\qquad \cdots \\ L^* \delta u_{N-1}^*(\xi,\eta,t)=I(\xi,\eta)\cdot L_b^* u_{N-1}^*(\xi,\eta,t) \\ L^* u_N^*(\xi,\eta,t)=\delta u_{N-1}^*(\xi,\eta=0,t) \end{cases} \tag{9.51}$$

式中，L^* 和 L_b^* 分别为 L 和 L_b 的伴随，可以由下式给出：

$$\begin{cases} L^*(t)=L(T-t) \\ L_b^*(t)=L_b(T-t) \end{cases} \tag{9.52}$$

当使用反偏移算子（线性模拟算子）来计算一次反射波和不同阶数多次波的合成记录时，需要衰减模拟波场而不是对其进行补偿。因此，没有正则化项（L^Q）的衰减波场延拓算子为

$$L^Q=\begin{cases} \dfrac{1}{v_0^2}\dfrac{\partial^2}{\partial t^2}-\Gamma^2(\xi,\eta) & \eta<\eta_m \\ \dfrac{1}{v^2}\dfrac{\partial^2}{\partial t^2}+\dfrac{\tau}{2}\dfrac{1}{v}\dfrac{\partial}{\partial t}\sqrt{-\Gamma^2(\xi,\eta)}-\Gamma^2(\xi,\eta) & \eta\geqslant\eta_m \end{cases} \tag{9.53}$$

根据 Born 近似理论，曲坐标中的一次波和不同阶多次波的反偏移方程由下式给出：

$$\begin{cases} L^Q u_0(\xi,\eta,t)=f(x_s,t) \\ L^Q \delta u_0(\xi,\eta,t)=I(\xi,\eta)\cdot L_b^Q u_0(\xi,\eta,t) \\ L^Q u_1(\xi,\eta,t)=\delta u_0(\xi,\eta=0,t) \\ L^Q \delta u_1(\xi,\eta,t)=I(\xi,\eta)\cdot L_b^Q u_1(\xi,\eta,t) \\ \qquad\qquad \cdots \\ L^Q u_N(\xi,\eta,t)=\delta u_{N-1}(\xi,\eta=0,t) \\ L^Q \delta u_N(\xi,\eta,t)=I(\xi,\eta)\cdot L_b^Q u_N(\xi,\eta,t) \end{cases} \tag{9.54}$$

Q 衰减的一次反射波，一阶、二阶、$\cdots$、N 阶多次波的合成记录由下式给出：

$$d_N^{\mathrm{cal}}=\delta u_N(x_r,t)\qquad N=1,2,3\cdots \tag{9.55}$$

$$L_b^Q=\begin{cases} \dfrac{1}{v_0^2}\dfrac{\partial^2}{\partial t^2} & \eta<\eta_m \\ \dfrac{1}{v^2}\dfrac{\partial^2}{\partial t^2}+\dfrac{\tau}{4}\dfrac{1}{v}\dfrac{\partial}{\partial t}\sqrt{-\Gamma^2(\xi,\eta)} & \eta\geqslant\eta_m \end{cases} \tag{9.56}$$

9.3.3　梯度和计算流程

常规的逆时偏移（RTM）使用其正向传播算子的伴随，而不是正向算子的逆：

$$\begin{cases} m_{\mathrm{true}}=L^* d^{\mathrm{obs}} \\ m_{\mathrm{rtm}}=(L^*L)^{-1}L^* d^{\mathrm{obs}} \end{cases} \tag{9.57}$$

式中，m_{true} 和 m_{rtm} 为传统 RTM 的真实反射系数和成像结果；$H = L^* L$ 为 Hessian 算子，这对反演理论很重要。但是，H^{-1} 求解需要大量的计算成本，因此，H^{-1} 难以直接计算。作为替代方案，我们使用预处理的共轭梯度（CG）方法解决最小二乘反问题。同时，引入保幅偏移权重方法作为近似的前置条件。

根据构造的目标函数，可以将梯度公式推导为

$$g = \frac{2}{v}\left(w_{R_0} L_{\text{b}} u_0 \cdot u_0^* + w_{R_1} L_{\text{b}} u_1 \cdot u_1^* + \cdots + w_{R_N} L_{\text{b}} p_N \cdot p_N^* \right) \tag{9.58}$$

式中，w_{R_N} 为加权系数。我们同时使用一次反射波，一阶和二阶多次波来更新成像结果。因此有：

$$g^k = \frac{2}{v}\left(w_{R_0}^k L_{\text{b}} u_0 \cdot u_0^* + w_{R_1}^k L_{\text{b}} u_1 \cdot u_1^* + w_{R_2}^k L_{\text{b}} p_2 \cdot p_2^* \right) \tag{9.59}$$

这里

$$\begin{cases} w_{R_0}^k = e^{-b_1(k-1)} \\ w_{R_1}^k = e^{-b_2(k-1)}\left[1 - e^{-b_1(k-1)}\right] \\ w_{R_2}^k = \left[1 - e^{-b_2(k-1)}\right]\left[1 - e^{-b_1(k-1)}\right] \end{cases} \tag{9.60}$$

式中，b_1 和 b_2 为衰减因子，b_1、$b_2 > 0$；k 为迭代次数。令 $b_1 = 0.1$，$b_2 = 0.03$。w_{R_0}、w_{R_1} 和 w_{R_2} 及其迭代过程如图 9.23 所示。

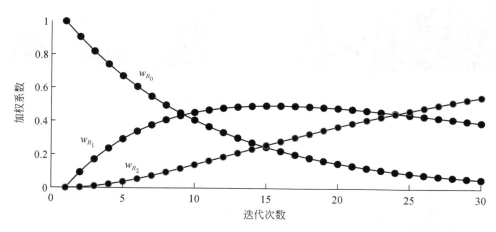

图 9.23　迭代的加权因子

可以通过以下公式计算第 k 个迭代步骤的共轭梯度方向 g_c：

$$g_c^{k+1} = Cg^{k+1} + \beta^k g_c^k \tag{9.61}$$

式中，C 为一个预处理运算符；β^k 为从最速下降（SD）法开始的第 k 个迭代步骤的步长：

$$\beta^k = \frac{(g^{k+1})^{\text{T}}(Cg^{k+1})}{(g^k)^{\text{T}}(Cg^k)} \tag{9.62}$$

式中，T 为转置。CG 方法使用以下公式更新反射系数模型：

$$I^{k+1} = I^k - \alpha^{k+1} g_c^{k+1} \tag{9.63}$$

式中，α 为 CG 方法的步长，可以通过以下公式计算：

$$\alpha^k = \frac{(g_c^k)^{\mathrm{T}}(g_c^k)}{(Lg_c^k)^{\mathrm{T}}(Lg_c^k)} \tag{9.64}$$

9.3.4　数值算例

1. 实际工区模型

首先采用如图 9.24 所示的实际工区模型进行测试。速度模型和 Q 模型分别如图 9.24（a）、（b）所示。该模型具有起伏的海底界面，给地震成像带来了挑战。我们基于起伏海底界面将模型划分为曲网格，然后转换到曲坐标系下。将非均匀曲网格映射为均匀矩形网格后，曲坐标系中的速度模型和 Q 模型如图 9.25 所示。变换后，将起伏海底界面映射到水平界面。模型大小为 4400m×3200m，网格点数为 551×401，网格间距为 8m。

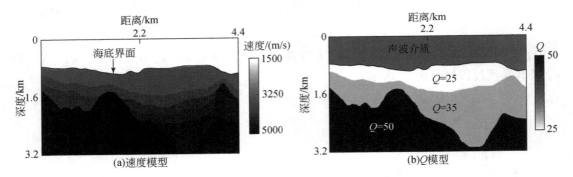

图 9.24　笛卡儿坐标系中具有起伏海底界面的实际工区模型

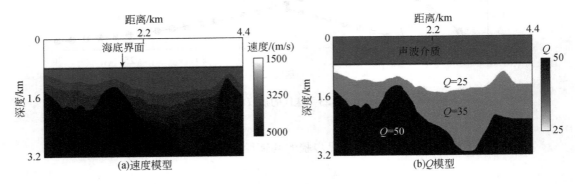

图 9.25　曲坐标系中具有起伏海底界面的实际工区模型

观测系统总共 50 炮，每一炮在海面上等距分布，并且每个网格点的检波器也位于海面上。输入的炮记录如图 9.26（a）所示。为了进行比较，我们还给出了从声波介质中获得的炮记录，如图 9.26（b）所示。黑色箭头所示的反射波是从海底界面产生的，其能量在图 9.26（a）和（b）中几乎相同，因为海水几乎没有衰减。但是，在图 9.26（a）中，白色箭头所示的来自海底界面反射波的振幅比图 9.26（b）中的振幅弱。因此，我们应该补偿一次反射波和多次波偏移过程中的衰减。图 9.27 是从图 9.26（a）所示的衰减数据集中分离出的一次反射波、一阶多次波和二阶多次波。

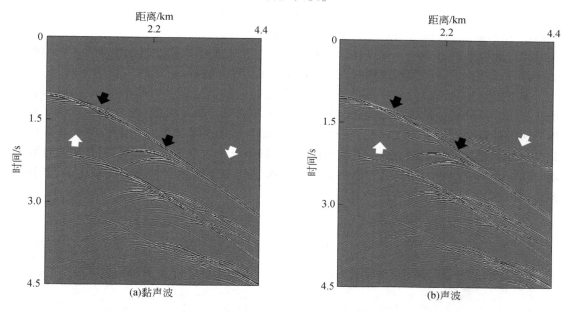

图 9.26　去除直达波炮记录

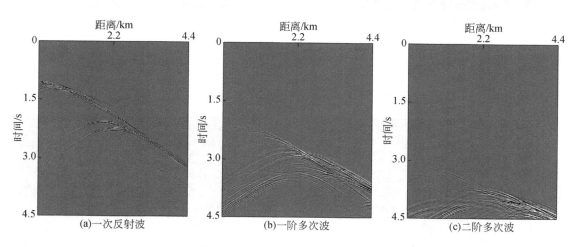

图 9.27　衰减记录中分离出的记录

　　我们对该炮记录进行偏移成像测试。在实施起伏海底界面黏声多次波成像之前，应将偏移速度转换成曲坐标系，如图 9.28（a）所示。图 9.28（b）是笛卡儿坐标系下的偏移速度。图 9.29（a）~（d）分别是曲网格黏声多次波最小二乘逆时偏移、曲网格黏声最小二乘逆时偏移、曲网格声波多次波最小二乘逆时偏移和矩形网格黏声多次波最小二乘逆时偏移最小二乘逆时偏移经过 20 次迭代后的成像结果。从图中可以看出，基于曲网格的黏声 LSRTM 产生的成像结果，如图 9.29（b）所示具有严重的虚假噪声（由白色箭头指示），这是由一次反射波和不同阶数多次波的串扰引起的。曲网格声波多次波最小二乘逆时偏移的成像结果［图 9.29（c）］中白色椭圆所示的成像能量非常弱，特别是在箭头指示的较深区域中，这些结构是不可见的，原因是基于声波多次波最小二乘逆时偏移无法补偿海底界面以下的 Q 衰减。基于矩形网格的黏声多次波最小二乘逆时偏移获得了低信噪比的图像，但产生了一些因不规则的强反射海底界面引起的强散射噪声（由箭头所示）。因此，本书中基于曲网格的黏声多次波最小二乘逆时偏移产生了具有高信噪比、高分辨率、均衡振幅、清晰成像结构和强深层能量的最佳成像结果，如图 9.29（a）所示。为了评估该方法的计算时间，我们又将归一化数据残差最小二乘逆时偏移的停止条件重置为 0.2。此外，如果迭代次数超过 200，则 LSRTM 将强制停止，表 9.1 给出了不同方法的计算成本。从表 9.1 中得出的结论是，本书方法在一次迭代上比其他三种方法花费更多的时间，但是该方法的总时间是所有这些方法中最少的。

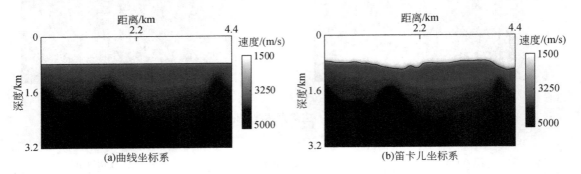

图 9.28　实际工区偏移速度模型

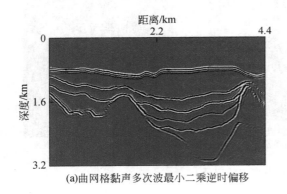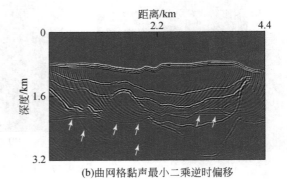

(a)曲网格黏声多次波最小二乘逆时偏移　　　(b)曲网格黏声最小二乘逆时偏移

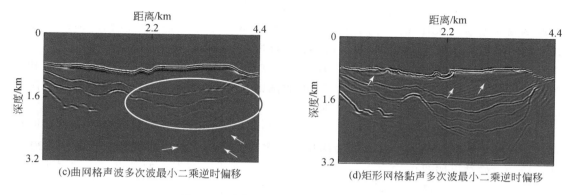

(c)曲网格声波多次波最小二乘逆时偏移　　　　　　(d)矩形网格黏声多次波最小二乘逆时偏移

图 9.29　实际工区 20 次迭代后成像结果

表 9.1　不同方法的计算成本

介质	声波–黏声介质				黏声介质
计算方法	黏声多次波最小二乘逆时偏移	黏声最小二乘逆时偏移	声波多次波最小二乘逆时偏移	黏声多次波最小二乘逆时偏移	多次波最小二乘逆时偏移
网格	曲网格			矩形网格	曲网格
一次迭代时间/s	6482.5	1079.2	2107.5	2592.0	9360.6
总时间/s	71307.5	迭代次数>200	迭代次数>200	393984.7s	102966.5

2. 改进的衰减 Sigsbee2B 模型

然后，我们使用改进的衰减 Sigsbee2B 模型，如图 9.30（a）所示，来测试本书中的起伏声–黏声多次波最小二乘逆时偏移方法。将标准 Sigsbee2B 模型修改为 8.0km×4.0km，网格间距为 10m×10m。此外，将 Sigsbee2B 模型修改为深海环境模型，在该模型中，近地表速度更改为 1500m/s（大约等于海水速度），海底以下声介质更改为黏声介质。Q 模型由 $Q = 7 \cdot (v_{\mathrm{p}}/1000)$ 计算得到。改进的衰减 Sigsbee2B 模型在成像过程中面临着巨大的挑战：①起伏海底是强波阻抗界面；②高速盐下的构造很难成像。图 9.30（b）展示了曲坐标系中的 Sigsbee2B 速度模型。

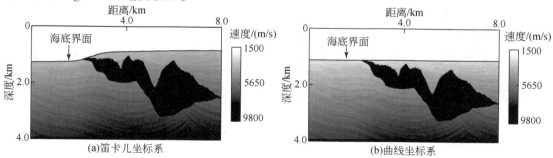

(a)笛卡儿坐标系　　　　　　　　　　　　　　(b)曲线坐标系

图 9.30　Sigsbee2B 速度模型

　　正演模拟的观测系统为：总激发炮数为 100，炮间隔为每 80m。震源位于海面激发，震源函数为主频为 30Hz 的雷克子波。每一炮包含 800 个检波器，这些检波器沿海面以 10m 的间隔均匀分布，总计算时间为 6.8s，采样率为 0.8ms。

　　图 9.31 是去除直达波的炮记录，其中，一次反射波、一阶多次波、二阶多次波和三阶多次波由空心箭头指示。我们将观察到的数据集分为一次反射波、一阶多次波和二阶多次波记录，分别如图 9.31（b）~（d）所示。

　　我们对该地震记录分别采用的黏声多次波最小二乘逆时偏移、黏声最小二乘逆时偏移、一次反射波黏声最小二乘逆时偏移和声波多次波最小二乘逆时偏移进行测试，20 次迭代后的成像结果如图 9.32（a）~（d）所示。可以看出，本书中的黏声多次波最小二乘逆时偏移比常规黏声最小二乘逆时偏移的成像结果信噪比更高，与一次反射波黏声最小二乘逆时偏移相比有更清晰的盐下结构 [图 9.32（c）]，并且比声波多次波最小二乘逆时偏移有更强的能量 [图 9.32（d）]，成像结果非常接近于使用声波模拟数据应用声波多次波最小二乘逆时偏移的成像结果 [图 9.32（e）]。

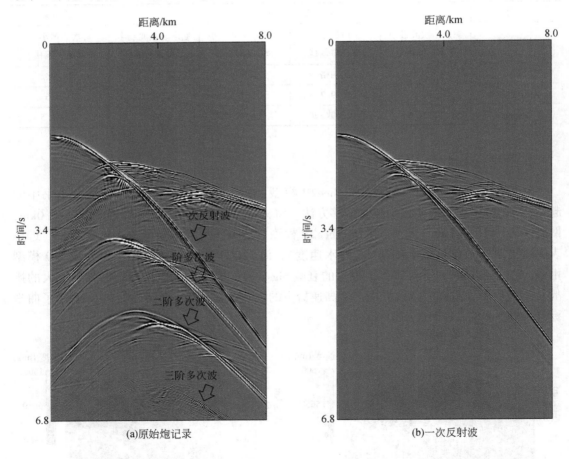

(a)原始炮记录　　　　　　　　　　　　　(b)一次反射波

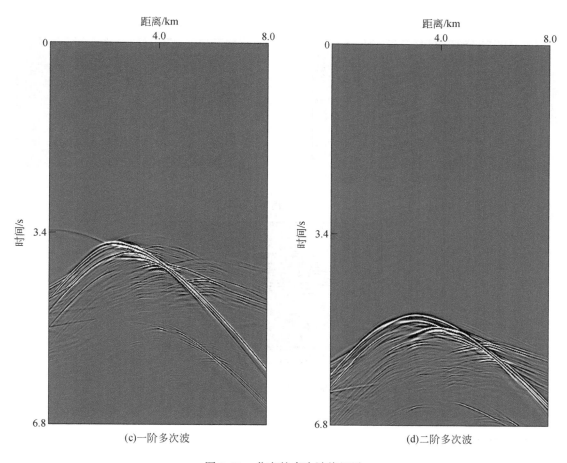

图 9.31　分离的多次波炮记录

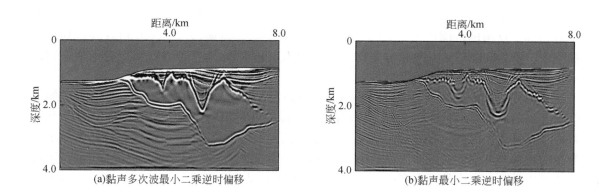

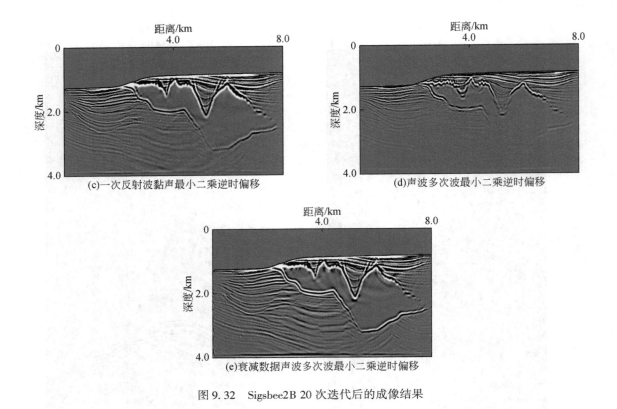

(c)一次反射波黏声最小二乘逆时偏移

(d)声波多次波最小二乘逆时偏移

(e)衰减数据声波多次波最小二乘逆时偏移

图 9.32　Sigsbee2B 20 次迭代后的成像结果

3. 实际资料

最后，我们对一组深海实际数据使用我们的方法进行测试。计算区域在 14.4km×4.0km。该地区的平均海水深度约为 0.85km。图 9.33 （a）显示了曲坐标系中的偏移速度模型，该模型是通过速度分析估算的，速度的范围为 1500～6500m/s。图 9.33 （b）给出了 Q 模型，Q 值的范围从 25～175。基于起伏海底界面，将偏移速度模型和 Q 模型划分为曲网格，网格间隔沿 ξ 方向和 η 方向分别设置为 12m 和 4m。图 9.33 （c）为一个单炮记录，其中包含 240 道，道间隔为 20m。

我们先使用声波多次波最小二乘逆时偏移进行成像，30 次迭代后的成像结果如图 9.34 （a）所示。从图中可以看出，成像结果的深层能量很弱，因为深海环境中的 Q 衰减没有得到补偿，因此，有效的深层成像结构被淹没在成像噪声中。一次反射波黏声最小二乘逆时偏移和本书的黏声多次波最小二乘逆时偏移结果如图 9.34 （b）、（c）所示。通过对比可以看出，本书的黏声多次波最小二乘逆时偏移结果中深层结构的衰减能量得到了补偿，从而产生了更强、更均衡的振幅。与常规一次波的黏声最小二乘逆时偏移相比，本书方法获得了更好的成像结果，其中箭头所示的成像位置更清晰。实际数据试算结果表明，本书的方法可产生更高质量的成像结果，成像结果具有更高的分辨率、更清晰的成像结果和更高的信噪比。

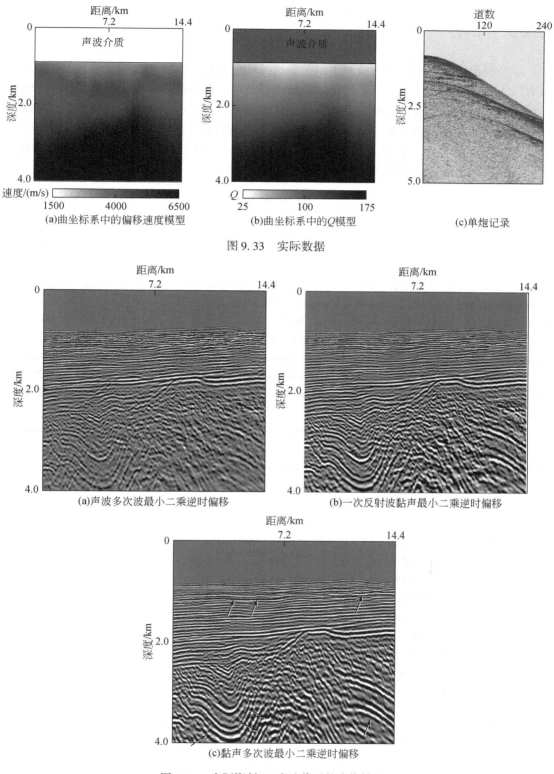

(a)曲坐标系中的偏移速度模型　　　(b)曲坐标系中的Q模型　　　(c)单炮记录

图 9.33　实际数据

(a)声波多次波最小二乘逆时偏移　　　　　(b)一次反射波黏声最小二乘逆时偏移

(c)黏声多次波最小二乘逆时偏移

图 9.34　实际资料 30 次迭代后的成像结果

9.3.5　结论

本节提出了联合一次反射波和不同阶多次波的全路径补偿最小二乘逆时偏移。该方法具有以下特点：①在震源波场正向传播和检波器波场反向传播期间，沿所有传播路径完全补偿了的不同阶多次波的衰减；②构造了多次波最小二乘逆时偏移的目标函数，以结合使用一次反射波和不同阶多次波来更新成像结果；③为降低计算成本，将深海环境分为声波介质和黏声介质部分，推导了声黏耦合正向延拓算子、伴随算子、反偏移算子和梯度公式；④引入曲坐标系以处理不规则的强反射海底界面。

参 考 文 献

黄建平, 刘培君, 李庆洋, 等. 2016. 一种棱柱波逆时偏移方法及优化. 石油物探, 55 (5): 719-727.

刘金朋, 王培培, 方中于, 等. 2015. 逆时偏移对棱柱波和回折波的成像效果分析. 地球物理学进展, 30 (3): 1396-1401.

Berkhout A J, Verschuur D J. 2003. Transformation of multiples into primary reflections. 73rd Annual International Meeting, SEG, Expanded Abstracts, 1925-1928.

Berkhout A J, Verschuur D J, Romijn R. 2004. Reconstruction of seismic data using the Focal Transformation. 74th Annual International Meeting, SEG, Expanded Abstracts, 1993-1996.

Broto K, Lailly P. 2001. Towards the tomogtaphic inversion of prismatic reflections. KIM 2001 Annual Report.

Brown M, Guitton A. 2005. Least-squares joint imaging of multiples and primaries. Geophysics, 70: S79-S89.

Cavalca M, Lailly P. 2001, Towards the tomogtaphic inversion of prismatic reflections. 71st Annual International Meeting, SEG, Expanded Abstracts, 726-729.

Dai W. 2012. Multisource least-squares migration and prism wave reverse time migration. The University of Utah, America.

Duquet B, Marfurt K J, Dellinger J A. 2000. Kirchhoff modeling, inversion for reflectivity, and subsurface illumination. Geophysics, 65: 1195-1209.

Farmer P A, Jones I F, Zhou H, et al. 2006. Application of reverse time migration to complex imaging problems. First Break, 24 (9): 65-73.

He R Q, Hornby B, Schuster G. 2007. 3D wave-equation interferometric migration of VSP free-surface multiples. Geophysics, 72 (5): S195-S203.

Jin S, Xu S, Walraven D. 2006. One-return wave equation migration: Imaging of duplex waves. Zn. SEG Technical Program Expanded Abstracts. Society of Exploration Geophysicists, 2006: 2338-2342.

Li Y F, Agnihotri Y, Ty T. 2011. Prismatic wave imaging with dual flood RTM. 81th Ann. Internat. Mtg Soc Expl Geophys, Expanded Abstracts, Expanded Abstracts, 3290-3294.

Li Z N, Li Z C, Wang P, et al. 2017. One-way wave-equation migration of multiples based on stereographic imaging condition. Geophysics, 82 (6), P. S479-S488.

Liu Y, Chang X, Jin D, et al. 2011. Reverse time migration of multiples for subsalt imaging. Geophysics, 76 (5): WB209-WB216.

Liu Y, Liu X, Osen A, et al. 2016. Least-squares reverse time migration using controlled-order multiple reflections. Geophysics, 81 (5): S347-S357.

Malcolm A E, De Hoop M V, Ursin B. 2011. Recursive imaging with multiply scattered waves using partial image